Física Moderna:

Experimental e aplicada

Editora Livraria da Física

Carlos Chesman
Carlos André
Augusto Macêdo

Física Moderna:

Experimental e aplicada

Editora Livraria da Física

São Paulo – 2004 – 1ª. edição

Copyright 2004: Editora Livraria da Física

Editor : José Roberto Marinho
Revisão : Ana Luiza Sério
Capa : Arte Ativa
Impressão: Gráfica Paym

Dados Internacionais de Catalogação na Publicação (CIP)
(Câmara Brasileira do Livro, SP, Brasil)

Chesman, Carlos

Física moderna: experimental e aplicada / Carlos Chesman, Carlos André, Augusto Macêdo. – 2.e
– São Paulo : Editora Livraria da Física, 2004.

1. Física 2. Física – Problemas, exercícios etc I. André, Carlos. II. Macêdo, Augusto . III.Título.

03-3840 CDD-530.

Índices para catálogo sistemático:
1.Experimentos : Química 540.724
2.Química : experimentos 540.724

Editora Livraria da Física

Telefone: 0xx11 – 3936 3413
Fax: 0xx11 – 3815 8688
Página na internet : www.livrariadafisica.com.br

Índice Resumido

Introdução 01
01 - Tubos de Crookes 04
02 - Ondas eletromagnéticas 25
03 - Raios X 49
04 - Relatividade 62
05 - Quantização da energia 91
06 - O Átomo 111
07 - Dualidade onda-partícula 149
08 - Física Nuclear 167

  Questões complementares 201

  Bibliografia 292

Respostas:

  Consultar a página: www.overdosedefisica.com.br

Índice Detalhado

Tubos de Crookes
    Cronologia
    Lâmpada a arco
    Lâmpada a filamento
    Lâmpadas a gases rarefeitos
  Globo de plasma
    Curiosidade

Ondas eletromagnéticas
    Lei de Gauss - campo elétrico
    Lei de Gauss - campo magnético
    Lei de Faraday
    Lei de Ampère
    O arco-íris de Maxwell

Raios X
    A descoberta de Röntgen
    Pesquisa básica
    Pesquisa aplicada
    Na indústria
    Na medicina e na agricultura
    Curiosidade

Relatividade
    Experiência de Michelson-Morley
    Experiência de W. Bertozzi
    Teoria da relatividade especial
    A relatividade da simultaneidade
    A dilatação do tempo
    Contração do comprimento
    Cálculo da velocidade relativa
    O efeito Doppler relativístico
    Paradoxos e outras surpresas
    Dinâmica relativística
    Curiosidade

Quantização da energia
    Quantização de Planck
    Quantização de Einstein
    Aplicações do efeito fotoelétrico
    Efeito Compton
    Curiosidade

O Átomo
   A descoberta do elétron
   A quantização da carga elétrica
   Modelos atômicos
   Modelo de Rutherford
   Modelo de Bohr
   Experiência de Franck-Hertz
   O espectro discreto de raios X
   O laser
   Curiosidade

Dualidade onda-partícula
   As idéias da dualidade
   As experiências da dualidade
   Princípio da incerteza
   Princípio da incerteza: uma realização experimental
   Um pouco mais sobre dualismo

Física nuclear
   O início, Becquerel, M. Curie e P. Curie
   Contador Geiger e partículas α, β e γ
   Origem da radioatividade
   Fissão nuclear
   Enriquecendo urânio
   Acidente nuclear de Chernobyl
   Fusão nuclear
   Esquema de funcionamento das bombas nucleares
   Decaimento radioativo
   Mais aplicações da física nuclear
   Mais perigos da radiação nuclear
   Curiosidade

Questões Complementares
   Questões: UFRN
   Questões: Nordeste
   Questões: Centro-Oeste
   Questões: Sudeste
   Questões: Sul
   Questões: Provão de Física
   Questões: Diversos

Apresentação

Há cerca de dois anos, participando de um programa de colaboração científica na minha área de atuação, tive a oportunidade de passar uma temporada no Departamento de Física da Universidade Federal do Rio Grande do Norte, em Natal, e conviver com o trabalho sério e estimulante de um pequeno grupo de colegas. Nessa ocasião conheci o laboratório de pesquisas montado pelo Prof. Carlos Chesman de Araújo Feitosa, enfrentando as dificuldades habituais de recursos e infra-estrutura. Durante essa visita a Natal, Chesman, como é chamado pelos colegas, me deu uma versão de um texto que tinha escrito em colaboração com dois colegas professores do ensino médio, publicada de forma ainda restrita e artesanal, dando ênfase a experiências, conceitos e aplicações, com o objetivo de ensinar física moderna para alunos do ensino médio. O texto que está sendo agora publicado pela Livraria da Física, em colaboração com os professores Carlos André e Augusto Macedo, que possuem um currículo de vários anos de dedicação ao ensino no agora chamado ensino médio, é uma versão expandida e melhor acabada dessa publicação original, destinado ao mesmo público e com os mesmos objetivos.

A escolha da Livraria da Física é particularmente feliz. O pessoal da Livraria percorre departamentos e simpósios por todo o país, realizando um esforço notável de divulgação e venda de publicações na área de física (e de outras ciências, ou de popularização científica), com muita relevância e especial impacto no caso de autores nacionais. Há alguns anos, a Livraria também se transformou em Editora, contando hoje em dia com um catálogo de cerca de duas dezenas de títulos. Estão ficando bem maiores as oportunidades para os autores nacionais. Mas praticamente todos os títulos editados pela Livraria destinam-se a um público universitário, de preferência com alguns anos de estudo superior. Ao contrário dessa linha, o texto de Chesman, André e Macedo vai abrir nova fronteira, dirigindo-se a público muito mais numeroso e notoriamente carente, que merece publicações cuidadas, numa linguagem mais acessível, embora cientificamente rigorosa e atual.

Carlos Chesman tem o perfil apropriado para escrever um texto dessa natureza. A experiência dos seus colegas autores no ensino secundário deve garantir clareza de objetivos e linguagem adequada. A física moderna (incluindo tópicos sobre tubos de raios catódicos, ondas eletromagnéticas, raios-X, relatividade, quantização da energia, o átomo de Bohr, dualidade onda-partícula, noções de física nuclear) é tratada com paixão, dando ênfase nas experiências decisivas, nos conceitos e no desenvolvimento histórico. As principais experiências são sempre esquematizadas, numa linguagem simples e que me parece perfeitamente acessível a um (bom) estudante do ensino médio. Talvez texto e linguagem seja até mesmo adequados para suplementar a formação dos alunos que ingressam nos nossos cursos universitários, carregando tantas falhas e lacunas intelectuais. Carlos Chesman concluiu com louvor o Curso de Física na própria UFRN, realizou o mestrado em óptica quântica e o doutorado em magnetismo, sempre na área experimental, junto ao excelente grupo de física da Universidade Federal de Pernambuco, em Recife, tendo científicos nas melhores revistas internacionais. Foi agraciado com "menção honrosa" do prêmio de 1999 da Sociedade Brasileira de Física pela melhor tese de doutoramento. Trata-se de um pesquisador ativo, proveniente de um dos nossos melhores programas de pós-graduação. É ótimo que um colega tão bem qualificado tenha se aliado a dois professores experientes a fim de escrever sobre física moderna para alunos do Ensino Médio, com especial atenção às bases experimentais da nossa ciência.

Em geral, os textos para o curso secundário dão importância a tópicos mais tradicionais (mecânica clássica, incluindo noções de cinemática, estática e dinâmica, circuitos elétricos simples, termologia) e passam com maior rapidez sobre tópicos da época (gloriosa) da "física moderna" (entre 1850, a partir do eletromagnetismo maxwelliano, até os anos de 1940, com a fissão do núcleo atômico). Os autores preenchem esta lacuna com muita maestria. Todos os capítulos incluem uma introdução histórica, com a descrição das experiências fundamentais, na forma de esquemas simplificados, que muitas vezes podem ser reproduzidos num laboratório didático. Há propostas curiosas (por exemplo, para a medida da velocidade da luz), além de exemplos didáticos bem trabalhados, sugeridos muitas vezes por textos conhecidos. Em todos os capítulos há referências a exemplos e aplicações contemporâneos, estabelecendo de certa forma conexões entre o antigo e o moderno cotidiano (há referências ao funcionamento do laser, a comunicações via satélite, à utilização dos raios-X na medicina, ao microscópio eletrônico, à usina de Angra dos Reis, e até aos acidentes de Chernobyl e Goiânia). Quase todos os capítulos incluem uma "sessão de curiosidade". Por exemplo, no capítulo sobre raios-X, menciona-se a repercussão e o reconhecimento quase imediato da descoberta de Rontgen, e, 1895, que se transformou em notícia nos grandes jornais europeus e americanos – como curiosidade, os autores garimpam um artigo, altamente apropriado, publicado no jornal brasileiro "O Paiz", em 14 de fevereiro de 1896!

Os nossos alunos que se preparem agora para uma leitura fluente e agradável. Mas que se preparem também para uma enorme coleção de exercícios, retirados em parte dos exames vestibulares de diversas universidades do país (complementados com mais exercícios do provão, do próprio curso de "Overdose" de Física coordenado pelos André e Macedo em Natal, ou de "sites" variados da Internet). O aprendizado de física exige trabalho sério, enfrentando bons exercícios, que podem incluir a realização e o teste de esquemas experimentais.

Espero que esta publicação acabe motivando outras aventuras em física contemporânea (teórica ou experimental) para alunos iniciantes. A "época gloriosa", até meados do século XX, está devidamente representada e coberta. Para onde vamos agora? Será que já se torna possível imaginar a física do século XXI? Eu arriscaria alguns tópicos para os próximos autores: sistemas complexos (incluindo fractais, caos, entropia), com todas as suas conexões, desde problemas metalúrgicos e novos materiais até múltiplas aplicações em biologia.

São Paulo, 28 de maio de 2004.
Sílvio R. A. Salinas
Professor do Instituto de Física da USP.

Dedicatória

A Deus (sempre em primeiro lugar), a toda a minha família, em especial, minha mãe que me ensinou quase tudo que eu sei, minhas queridas avós (Bebel e Adália). E a todos meus alunos que sempre vestiram a nossa camisa e fizeram com que nós chegássemos aonde estamos hoje.

Carlos André

Dedico este trabalho a minha esposa, Veruska e a meus filhos, Daniel e Danielle.

Augusto Macêdo

Dedico aos meus pais, Djalma (in memoriam) e Irene. E, em especial, ao amigo e tio João Feitoza.
A você, pelo incentivo.

Carlos Chesman

Agradecimentos

Quero, aqui, registrar os meus sinceros agradecimentos a todos aqueles que contribuíram diretamente para a escrita do livro. Aos colegas do Depto. de Física da UFRN, em especial, ao grupo de Ensino de Física. Aos colegas que fazem a Oficina Ciência, Amadeu, Benone e Charlie. Ao colega e amigo Prof. Edvaldo Nogueira pelas inúmeras sugestões. E a minha família, minha esposa Karina e meus filhos Chesman, Cauê e Kaline que aceitam, tranqüilamente a minha constante ausência.

Carlos Chesman

A todos os alunos que durante todos esses anos nos fizeram companhia nessa dura caminhada chamada vestibular. Em especial a todos os monitores que antes alunos e hoje compõem a equipe do Overdose de Física. Merecem destaque especial Rodrigo (Alff), Carol e Sharel que contribuíram com nosso trabalho. Por último não menos importante, Dinho, Alex Douglas, Sr. Nivaldo, Serginho e todos os colegas professores cuja opiniões são fundamentais para o progresso desse livro.

Carlos André

Quero agradecer à minha família, a todos que durante esses anos me ajudaram e aqueles que contribuíram no início da minha vida profissional, principalmente os professores José Clementino, Antônio Roberto e Nelson Solano.

Augusto Macêdo

Overdose de Física

Empresa norte-riograndense especializada em ministrar cursos isolados para o vestibular. A criação do curso isolado surgiu da necessidade dos alunos aprender Física. Este foi fundado em 1999 pelo professor Carlos André e, devido ao grande número de aulas, simulados experiências e exercícios, os alunos passaram a chamar o curso de Overdose de Física. Em 2000, o curso isolado passou a ser chamado oficialmente de Overdose de Física. Após mais um excelente resultado no vestibular, hoje atualmente o curso é referência no Estado. Em 2000, o Overdose agregou o professor Augusto Macêdo - figura de renome na cidade, e vem adquirindo equipamentos da Oficina Ciência - ícone no Norte-Nordeste em educação experimental. A fórmula deu certo. A união de aulas multimídias, aulas experimentais, simulados, plantões tira-dúvidas com uma superdupla de professores faz, hoje, do Overdose de Física, uma empresa conceituada no Mercado.

Deixamos aqui uma forma de contato, seja para sugestões, críticas ou maiores informações:

Overdose de Física: (84) 231-1001

Oficina Ciência: www.oficinaciencia.com.br

Introdução

Até 1450, a visão do mundo era baseada nas idéias de Aristóteles e nos ensinamentos contidos nas doutrinas teológicas e religiosas. As explicações eram deduzidas somente por hipóteses e, dessa forma, a descrição do mundo era apenas qualitativa. Esse quadro começa a ser alterado quando diversos pensadores/cientistas, entre os quais *Nicolau Copérnico, Francis Bacon, Leonardo da Vinci, Johannes Kepler, Galileu Galilei* e *René Descartes*, questionam essa antiga visão e, com idéias novas, iniciam uma revolução científica que, entre outros resultados, culmina numa nova representação do universo baseada no sistema heliocêntrico, proposto por Copérnico, e na introdução do método experimental através do físico e astrônomo italiano Galileu Galilei. Para muitos estudiosos, essa vem ser a maior contribuição desse período para a formação da ciência moderna. O mundo passa a ser descrito de maneira quantitativa, pois, conforme os ensinamentos de Galileu, as hipóteses tinham de ser testadas pelos experimentos e, mais ainda, os seus resultados descritos pela linguagem da matemática.

O francês René *Descartes*, que era matemático e considerado o fundador da filosofia moderna, não aceitava qualquer conhecimento tradicional pois, segundo ele, todo o conhecimento deveria ser construído. Ele considerava que todo o universo era composto simplesmente por máquinas. Em particular, em seu pensamento, os seres humanos, os animais e os vegetais eram máquinas perfeitas. Desse modo, ele contribuiu para a formação de uma visão reducionista do mundo (tudo seria composto por máquinas), que outras ciências acataram, de maneira que ainda hoje, muitos biólogos, médicos, sociólogos, economistas, entre outros, usam o chamado antigo "método científico" nas suas investigações. Em 1642 morre Galileu, ano que, coincidentemente, vem a ser o de nascimento físico inglês Isaac Newton. Herdando os conhecimentos deixados por Galileu e Kepler, Newton conseguiu modificar de maneira radical a Física ao formular as leis básicas do movimento, sintetizadas nas famosas três leis de Newton, e a lei da gravitação universal. É oportuno lembrar que os resultados de Newton foram publicados em 1687. Nos 200 anos seguintes, a credibilidade da Física Newtoniana é tal que uma enorme quantidade de fenômenos e descobertas importantes passam a ser explicada com idéias mecanicistas. Além disso, a Mecânica Newtoniana explicava, com a precisão desejada para a época, diversos fenômenos - como por exemplo, o movimento de carruagens -, e fazia, ainda, previsões sobre as órbitas dos planetas, eclipses e a passagem de cometas.

As idéias da Mecânica Newtoniana influenciaram profundamente outros ramos da Física, pois foram usadas, por exemplo, na Termodinâmica, para descrever o comportamento dos gases, dando origem a chamada Teoria Cinética dos gases. Por outro lado, a grande capacidade de explicação e previsão de fenômenos pela Física Newtoniana implicou numa visão de mundo totalmente mecanicista e numa crença acentuada de que os fenômenos da natureza eram descritos por leis com um alto grau de determinismo ou de previsibilidade. É importante destacar que, na parte final do período acima descrito (por volta de 1850), ocorreram também grandes avanços no que hoje denominamos por Teoria Eletromagnética. Essa teoria, que apresenta uma forte base experimental, foi formulada de maneira magistral pelo físico escocês James Clerk Maxwell. Ele apresentou as quatro equações (equações de Maxwell) que descrevem a segunda unificação de teorias físicas, no caso a Eletricidade, o Magnetismo e a Óptica. Portanto, no final do século XIX, acreditava-se que todos os fenômenos da natureza, sejam eles mecânicos, termodinâmicos, elétricos, magnéticos ou ópticos, podiam ser, a priori, explicados com as teorias existentes - a Mecânica Newtoniana e a Teoria Eletromagnética - que juntas formam o núcleo do que hoje denominamos de Física Clássica. Tal situação levou alguns cientistas a dizer que a Física estava estagnada em termos de novas teorias, uma vez que não existiam fatos experimentais que necessitassem de novas explicações, ou seja, considerava-se que o destino dos físicos seria apenas calcular e criar novas ferramentas e métodos para alcançar melhores precisões nas medidas das grandezas físicas. Mas não tardou muito para a Física Clássica apresentar falhas nas explicações de dois tipos de fenômenos. O primeiro deles, relacionado ao movimento de corpos com velocidades muito elevadas (10% da velocidade da luz), deu origem, em 1905, à Teoria da Relatividade, do alemão Albert Einstein. O segundo, associado às propriedades de corpos do mundo microscópico (átomos e moléculas), levou à construção da chamada Mecânica Quântica. Tais teorias produziram um grande impacto na Física, o qual se alastrou por diversas áreas da ciência, por exemplo, a Química e a Biologia, permitindo a elaboração de uma nova visão da natureza.

Neste livro iremos denominar a Física desenvolvida entre 1850 e 1940 como Física Moderna. No que se refere à Mecânica Quântica, consideramos que o seu início se dá por volta de 1850, com os estudos sobre descargas elétricas em gases rarefeitos, propiciados pelo desenvolvimento das técnicas de vidraçaria e de bombas de vácuo mais eficientes. Tais estudos resultaram no aparecimento de novos fenômenos microscópicos, inexplicáveis pelas teorias existentes. É importante ressaltar que muitos autores consideram a explicação da radiação do corpo negro, por volta de 1900, como ponto de partida inicial da nova Física Quântica. Em relação à Teoria da Relatividade, existe um relativo consenso de que ela começa com a análise dos resultados da experiência dos norte-americanos Michelson e Morley, que negam a existência de um referencial privilegiado para a propagação das ondas eletromagnéticas.

Nos Capítulos seguintes, apresentaremos os aparatos experimentais, que foram utilizados na obtenção dos principais resultados, os quais formam a base conceitual da Física Moderna. Na explicação desses resultados, mostraremos as incoerências, das abordagens mecanicista, bem como a nova abordagem oferecida pela Física Moderna para esses mesmos problemas. Como iremos observar, todos esses estudos foram de grande relevância para o surgimento e consolidação da Física Moderna.

No Capítulo 1, faremos uma descrição cronológica dos estudos de descargas elétricas em tubos evacuados, os chamados tubos de *Crookes*, que resultaram na descoberta dos raios catódicos. No Capítulo 2, trataremos da produção e caracterização das ondas eletromagnéticas. Daremos ênfase às suas aplicações e aos equipamentos construídos com base nos estudos dessas ondas. No Capítulo 3, descreveremos os raios X e, em particular, analisaremos em detalhes as suas propriedades e aplicações.

No Capítulo 4, discutiremos a Teoria da Relatividade Especial. Mostraremos os principais efeitos da nova visão do espaço e do tempo, como também os equipamentos experimentais que foram essenciais para a elaboração da mesma. Os estudos espectroscópicos da emissão de um corpo aquecido, que levou o físico alemão *Max Planck* a postular que a energia é quantizada, são apresentados e discutidos no Capítulo 5. Nesse capítulo discute-se também o efeito fotoelétrico e o efeito Compton.

No Capítulo 6, apresentaremos a importante descoberta de que os raios catódicos eram partículas carregadas negativamente, cujos estudos levaram à descoberta do elétron por *J. J. Thomson*, em 1897. Em seguida, discutimos o experimento que comprovou que a carga do elétron é quantizada. Além disso, destacaremos como podemos controlar partículas ionizadas na presença de campos elétricos e magnéticos. Tal conhecimento foi muito relevante para o desenvolvimento da eletrônica e na construção dos atuais aceleradores de partículas, que são utilizados na investigação das estruturas atômica e nuclear da matéria. Ainda nesse Capítulo, relataremos algumas tentativas de se obter um modelo atômico da matéria. Em especial, descreveremos as famosas experiências realizadas, em 1911, pelo físico neozelandês *Ernest Rutherford* e o modelo proposto, em 1913, pelo físico dinamarquês *Niels Bohr*, cujos resultados contribuíram significativamente para o desenvolvimento da Física Quântica. No Capítulo 7, abordaremos a nova visão da matéria associada ao conceito da dualidade onda-partícula. Veremos que as partículas atômicas não podem mais ser descritas por "bolinhas rígidas" pois, em determinadas situações, partículas materiais podem se comportar como ondas. Esses conceitos, aparentemente contraditórios, foram introduzidos por *Louis de Broglie* e *Werner Heisenberg*. Discutiremos também o chamado princípio da incerteza de *Heisenberg*, que foi o responsável pelo banimento do determinismo na Física, uma vez que está intimamente associado a uma descrição baseada em conceitos da teoria de probabilidades. E portanto, em princípio, a uma descrição indeterminada dos fenômenos físicos.

Finalmente, no Capítulo 8, trataremos do fenômeno da radioatividade, onde faremos um resumo dos fatos relacionados à sua descoberta e a evolução do seu conhecimento, conforme os resultados obtidos por *A. H. Becquerel, P. Curie* e *M. Curie*. Destacaremos as contribuições que culminaram na criação da Física Nuclear e suas conseqüências, tais como a construção, atualmente, das usinas nucleares e das famigeradas bombas atômicas. Aplicações da energia nuclear são apresentadas e discutidas.

 Tubos de Crookes

Neste Capítulo, descreveremos os resultados experimentais do estudo das descargas elétricas em gases rarefeitos. As diversas informações sobre os detalhes experimentais são necessárias por duas razões. Primeiro, pela proposta desse livro, que é abordar enfaticamente os aspectos experimentais da Física Moderna. Segundo, para que se possa ter um verdadeiro entendimento dos conflitos conceituais surgidos entre os pontos fundamentais (dogmas) e padrões (paradigmas) dos novos resultados com as teorias físicas até então existentes.

Os primeiros estudos sistemáticos, de caráter qualitativo, sobre descargas elétricas em gases rarefeitos foram efetuados por *Francis Hauksbee* e *Michael Faraday*. Em 1705, *Hauksbee* observou que o barômetro de mercúrio (instrumento utilizado para medida de pressão atmosférica, inventado por *Torricelli* e usado pela primeira vez em 1643), ao ser girado da vertical para a horizontal, emitia um rápido brilho luminoso. Seguindo a abordagem experimental do livro, segue uma descrição sobre o barômetro de mercúrio: é formado por um tubo cilíndrico de vidro fino, com *0,5 cm* de diâmetro interno e *1 m* de comprimento, fechado em um dos lados, contendo mercúrio metálico internamente. O tubo é preenchido com o mercúrio e depois girado, ficando na forma de uma coluna vertical com *760 mm* de comprimento de altura de mercúrio, a qual é uma medida da pressão atmosférica no nível do mar, e a temperatura de *25 °C*.

Esse fenômeno (a emissão de um rápido brilho luminoso pelo barômetro) observado por *Hauksbee* também foi observado pelo astrônomo Francês *Jean Picard* em 1675. Trata-se de um fenômeno experimentalmente de difícil visualização, de maneira que *Hauksbee* construiu um dispositivo mecânico que fazia a coluna de mercúrio girar ampliando desse modo, o espaço onde se produzia o "vácuo". Este ao ser preenchido pelo ar, aumentava a intensidade do brilho luminoso. Com essa "máquina" e com o uso de diferentes tipos de materiais na região evacuada, *Hausksbee* investigou o problema da produção de luz, dando origem a uma nova área de pesquisa: a triboluminescência, que significa a produção de luz por atrito. Em 1838, *Faraday* realizou uma série de experimentos com descargas elétricas em gases rarefeitos, usando pilhas voltaicas como fonte de produção de energia elétrica em tubos evacuados, que produziam "flashes" de luz com cores variadas. Nessas experiências de *Hauksbee* e *Faraday*, estima-se ter-se alcançado pressões com aproximadamente *10⁺³ pascal*, ou seja, pressões 100 vezes menor do que a pressão atmosférica normal, que é da ordem de *10⁺⁵ pascal*. Destacamos que, em geral, para se produzir as descargas, adaptavam-se duas placas metálicas (eletrodos) às extremidades dos tubos. Dessa maneira, quando a fonte de voltagem era acionada nas placas, surgiam nas mesmas um pólo negativo (catodo) e um pólo positivo (anodo).

Somente por volta de 1850, iniciou-se o período das investigações científicas nos tubos evacuados, agora com resultados mais conclusivos e quantitativos sobre as descargas elétricas em tubos de gases rarefeitos. Nessa época, algumas dificuldades técnicas inviabilizavam o avanço das investigações. Os principais problemas eram solda de materiais com coeficientes de dilatação diferentes, no caso, vidro e metal; a produção de vácuo, como por exemplo, uma pressão no mínimo 10 vezes menor do que as obtidas anteriormente (da ordem de *100 pascal*) e a obtenção de grandes diferenças de potencial (superior a *1000 volts*) entre os eletrodos do tubo de descarga. Em 1855, um artesão que trabalhava com vidros, o alemão *Heinrich Geissler*, conseguiu reduzir tais problemas: inventou uma bomba de vácuo de mercúrio (por ser um metal líquido, o mercúrio facilitava a vedação, permitindo isolar a região do tubo que se desejava evacuar); desenvolveu de forma eficiente uma técnica (dopagem do vidro com metais) para soldar o vidro ao metal, escolhendo para isso metal e vidro com coeficientes de dilatação os mais próximos possíveis; e, finalmente, para produzir intensas correntes elétricas, utilizou a recém inventada bobina de indução de *Ruhmkorff* (discutiremos o funcionamento desta bobina mais adiante). Dessa forma, Geissler construiu tubos de gases rarefeitos, que receberam de seu colaborador o alemão *Julius Plücker* o nome de tubos de *Geissler*. Na Figura 1.01 exibimos alguns tipos de tubos de *Geissler* que, por sua beleza e riqueza de formas e detalhes, eram vendidos, na época, como peças decorativas.

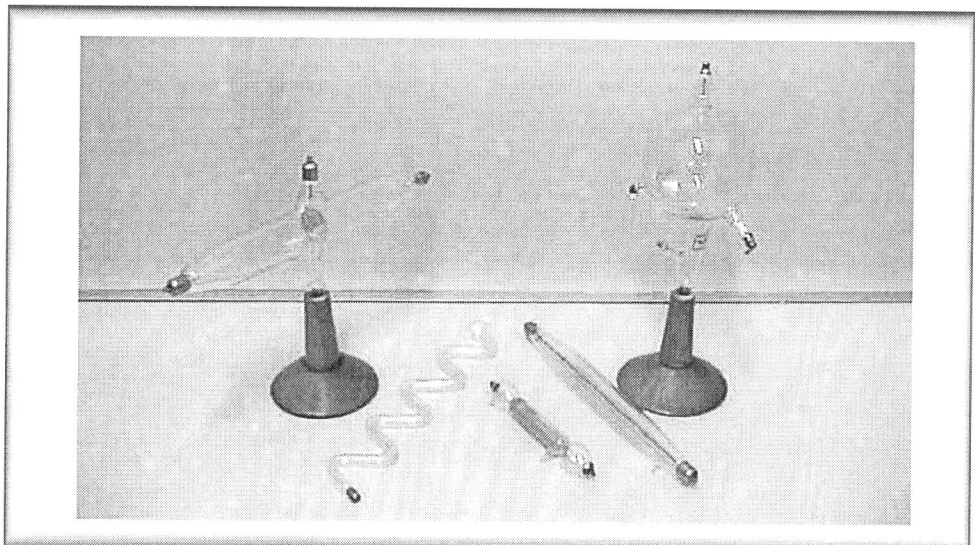

Figura 1.01 - Tubos de Geissler com diferentes formatos e detalhes.

Utilizando os tubos de *Geissler*, em 1858, *Plücker* retomou as experiências com descargas elétricas, conseguindo observar fenômenos inusitados como, por exemplo, faíscas (raios) com cores diferentes, cujas trajetórias se deslocavam nas paredes do vidro quando o tubo era colocado na presença de um imã (campo magnético). Em seguida, em 1869, seu aluno o físico alemão *Johann Hittorf* observou que ao se colocar um objeto diante do catodo, surgia uma sombra projetada na parede oposta do vidro, mostrando com isso que os raios descreviam trajetórias retilíneas. Como esses raios tinham origem no catodo, em 1876, o físico alemão *Eugen Goldstein* deu-lhes o nome de raios catódicos.

Mas é em 1879, com o físico inglês *Sir William Crookes*, que essas experiências tomam um novo rumo. Ele fez aprimoramentos na bomba de vácuo de mercúrio, conseguindo obter pressões ainda menores (da ordem de *1 pascal*), ou seja, 100.000 vezes menor do que a pressão atmosférica normal, o que lhe garantia um alto vácuo no interior dos tubos. Desde então, em sua homenagem, esses tubos passaram a ser denominados de tubos ou ampolas de *Crookes*. Mais ainda, com esse novo avanço experimental, foi possível observar novos fenômenos, permitindo colocar as descargas elétricas em gases rarefeitos como um importante problema científico, que passou a ser estudado sistematicamente por muitos outros cientistas daquela época.

Na seqüência, faremos uma apresentação cronológica das descobertas relacionadas aos fenômenos decorrentes da passagem de uma corrente elétrica através de gases rarefeitos. Destacaremos, sobretudo, os diversos aparatos experimentais utilizados nas investigações, que resultaram nessas importantes descobertas, e as aplicações tecnológicas decorrentes das mesmas.

Cronologia

• **1855** - *Heinrich Geissler* inventou uma eficiente bomba de vácuo de mercúrio e construiu os agora denominados tubos de *Geissler*.

A Figura 1.02 representa um exemplo típico de um aparato experimental, onde se usa um tubo de vidro desenvolvido por *Geissler* (chamado também de ampola, com os dois eletrodos nos extremos). Os eletrodos da ampola estão conectados a uma fonte de tensão eletrônica, recebem os nomes de catodo (**K**) ou cátodo (**K**) e anodo (**A**) ou ânodo (**A**) e estão conectados, respectivamente, aos pólos negativo e positivo da fonte de tensão eletrônica. Podemos observar que o tubo está conectado, com outro tubo de vidro mais fino, a uma bomba de vácuo mecânica. A função dessa bomba é retirar partículas de dentro do tubo, através de um processo acionado pelo motor elétrico e controlado pela câmara de expansão. Diversos ciclos de aumento-redução de volume do gás dentro do tubo são realizados. A cada ciclo, ocorre uma redistribuição das partículas, pois um gás tem a propriedade de ocupar todo o volume do seu recipiente. O processo pára quando se obtém uma pressão em torno de *0,1 pascal*, que é o limite alcançado pelas bombas mecânicas. Atualmente, com outros tipos de bombas, consegue-se atingir pressões da ordem de 10^{-5} *pascal*.

À pressão atmosférica normal (10^{+5} *pascal*), para que o ar se torne condutor, isto é, para que ocorra uma descarga elétrica, é necessário aplicar nos eletrodos uma diferença de potencial elétrico da ordem de $3 \times 10^{+4}$ *volts*, que corresponde a um campo elétrico de $3 \times 10^{+4}$ *V/cm* em uma separação de *1 cm* entre os eletrodos. Observa-se que, ao diminuir a pressão do gás dentro do tubo, o valor da diferença de potencial para produzir a descarga elétrica também é diminuído, pois agora os elétrons não perdem mais energia pelas múltiplas colisões com as partículas do gás. Por exemplo, para uma pressão de *1 pascal*, basta um campo elétrico com 10^{+2} V/cm para se obter uma descarga elétrica. Para gerar uma tensão elétrica entre os eletrodos, *Geissler* utilizou uma bobina de *Ruhmkorff* (para maiores detalhes, ver o Capítulo 2), pois ela fornece uma tensão elétrica alternada e, portanto, diferente da mostrada no aparato da Figura 1.02, que é uma fonte de tensão eletrônica (corrente contínua). Isso não representa nenhum problema porque, embora os equipamentos modernos sejam mais eficientes do que os utilizados por *Geissler*, os efeitos físicos provocados pelas descargas elétricas são os mesmos que foram observados por ele.

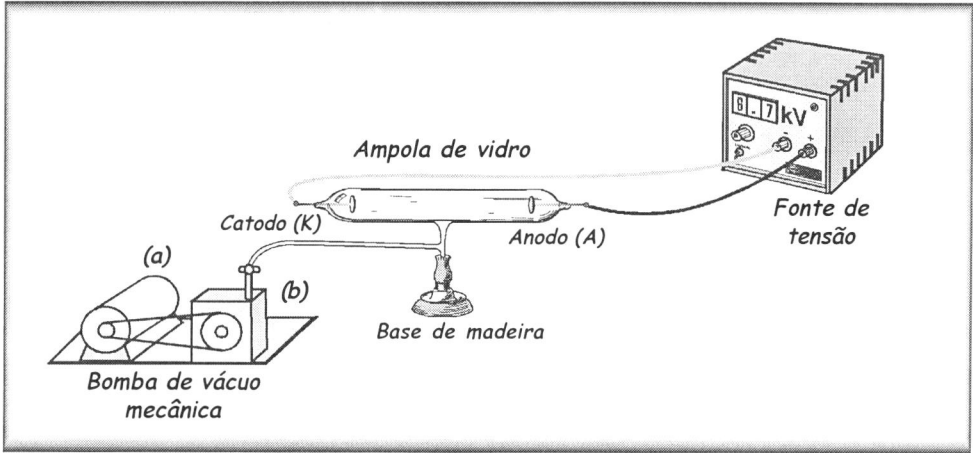

Figura 1.02 - *Aparato experimental moderno usado para investigar descargas elétricas em tubos evacuadas. (a) motor elétrico que aciona a (b) câmara de expansão.*

Para conseguir luminosidades com cores diferentes nos tubos, *Geissler* usava diversos tipos de gases. No entanto, ele observou que na superfície do vidro oposta ao catodo, a cor dominante era sempre esverdeada. Ele suspeitou que esse efeito era proveniente de algum tipo de radiação emitida pelo catodo. Constatou, também, que na região próxima ao anodo havia uma coloração diferente, *rosada*, mas não soube explicar a origem deste fenômeno. Por fim, *Geissler* descobriu que materiais colocados dentro dos tubos se tornavam fluorescentes (para uma definição precisa do que é fluorescência, veja o quadro *Curiosidade* no final deste Capítulo).

• **1858 - *Julius Plücker*** mostrou que os raios catódicos interagem com um campo magnético, pois esses raios são defletidos (desviados) quando colocados próximos a esse campo. Uma curiosidade histórica: *Plücker*, após conhecer o trabalho de *Geissler* e encomendar-lhe vários tubos de vidro para usar em suas pesquisas, conseguiu que a Universidade de Bonn, na Alemanha, conferisse a *Geissler* o título de doutor honoris causa (título universitário conferido a cidadãos que contribuem de forma significativa para o conhecimento humano).

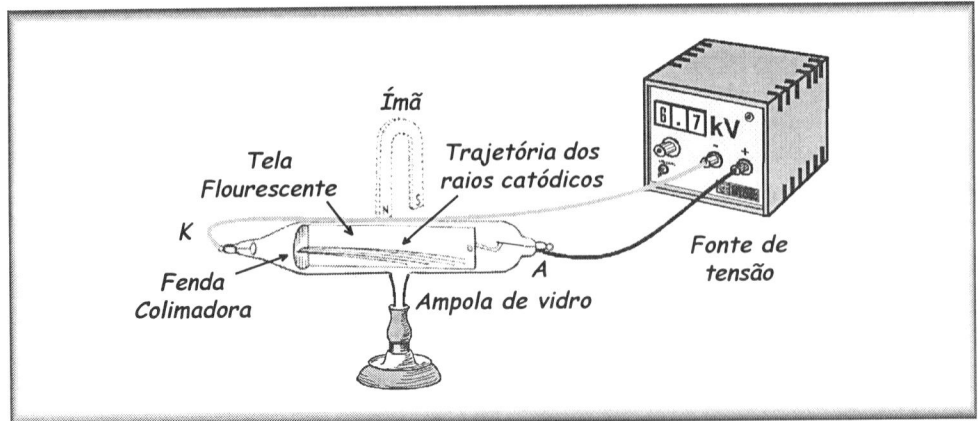

Figura 1.03 - Efeitos de um campo magnético sobre as trajetórias dos raios catódicos.

Para observar a influência do campo magnético sobre os raios catódicos, *Plücker* montou um tubo, onde colocou próximo ao anodo uma tela fluorescente e na vizinhança do catodo uma fenda colimadora, pela qual os raios catódicos deverim passar, conforme descrito pela Figura 1.03. Ele observou que, depois de passarem pela fenda colimadora, os raios catódicos provocavam uma excitação na tela, deixando um traço que é um indicativo da trajetória descrita pelos raios. Em seguida, usando um par de bobinas circulares, conseguiu produzir um campo magnético, aproximadamente uniforme, entre as mesmas. Atualmente, são usados ímãs em substituição às bobinas, uma vez que estes produzem campos magnéticos mais intensos e uniformes. De posse dessas condições, *Plücker* observou que, quando se aproximava a bobina do tubo, verifica-se um desvio dos raios catódicos; um fato que evidencia a existência de uma interação entre esses raios e um campo magnético. É oportuno lembrar aqui, que um campo magnético com uma intensidade de apenas *1 militesla* ($1\,mT$), aproximadamente 20 vezes maior do que o campo magnético terrestre (da ordem de $50\,\mu T$), é suficiente, para se observar esse deslocamento.

Outro aspecto que é importante notar que o desvio é sempre maior, quando a direção do campo magnético é perpendicular à direção do movimento dos raios catódicos; e nulo, quando as direções são paralelas. Para justificar essas observações é necessário saber que: na presença de um campo magnético de intensidade $\vec{B}$, uma partícula com uma carga q e em movimento com velocidade $\vec{v}$ sofre a ação de uma força com intensidade $\vec{F}$, que depende da carga q, da velocidade $\vec{v}$ e do ângulo θ formado pelas direções da velocidade e do campo magnético; e, mais ainda, a direção da força $\vec{F}$ é sempre perpendicular as direções de $\vec{v}$ e $\vec{B}$, simultaneamente. Esse resultado experimental pode ser demonstrado matematicamente, utilizando-se uma conhecida regra do cálculo vetorial (regra da mão-direita), através da seguinte equação:

$$F = qvB\,\text{sen}\,\theta$$

tal que, se a carga for negativa, a força que atua sobre ela terá um sentido oposto ao que teria, se a carga fosse positiva.

Exemplo 01

Um tubo de raios catódicos (veja figura abaixo) encontra-se na presença de um ímã. Em qual direção e sentido os raios serão desviados, quando:

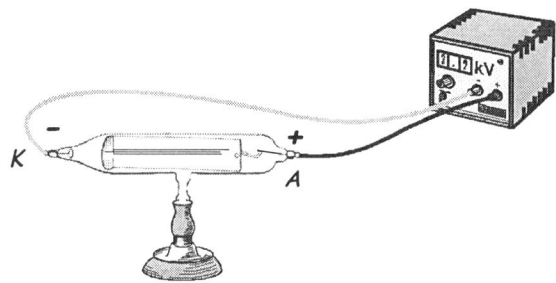

a) O campo $\vec{B}$ é uniforme e orientado para dentro da página?
b) O campo $\vec{B}$ é uniforme e orientado para fora da página?
c) O campo $\vec{B}$ é uniforme e sua direção é paralela à trajetória dos raios?

Resolução e Comentários

Conforme podemos ver na figura, existirá uma corrente de raios catódicos sempre da esquerda para a direita, que define a direção e o sentido da velocidade $\vec{v}$ dos raios. Pela regra da mão direita, a força (perpendicular tanto a $\vec{v}$, quanto a $\vec{B}$), atuando sobre os raios, provoca um desvio na trajetória dos mesmos que depende do sinal da carga elétrica que eles transportam. Admitindo que a carga elétrica é negativa, teremos pela regra: na situação a), $\vec{B}$ apontando para dentro da página, que a força, e conseqüentemente o desvio, nesse caso, será na direção vertical e apontando para baixo. No caso b), $\vec{B}$ apontando para fora da página, a situação é inversa ao caso anterior, ou seja, a força, nesse caso, será também na direção vertical, mas apontando para cima. Finalmente, na situação c), $\vec{B}$ paralelo à trajetória dos raios, não observaremos nenhum desvio, pois nesse caso o ângulo θ formado pelas direções da velocidade e do campo magnético é nulo e como senθ=0, temos que a força F= qvBsenθ, será, também, nula.

• **1865** - *Johann Wilhelm Hittorf* observou que ao se colocar uma figura sólida e não transparente, por exemplo, uma figura de material metálico na forma de uma cruz-de-malta, na frente do catodo, uma sombra se projetava na parede do tubo. Conforme observa-se na Figura 1.04, não existe um contato elétrico entre a cruz e o catodo, nem com o anodo. Então, *Hittorf* ao comparar o seu resultado com a sombra produzida pela luz solar ao ser interceptada por um obstáculo, concluiu que os "raios catódicos" viajam em linha reta e, portanto, seriam uma "forma de luz", ou seja, uma radiação eletromagnética.

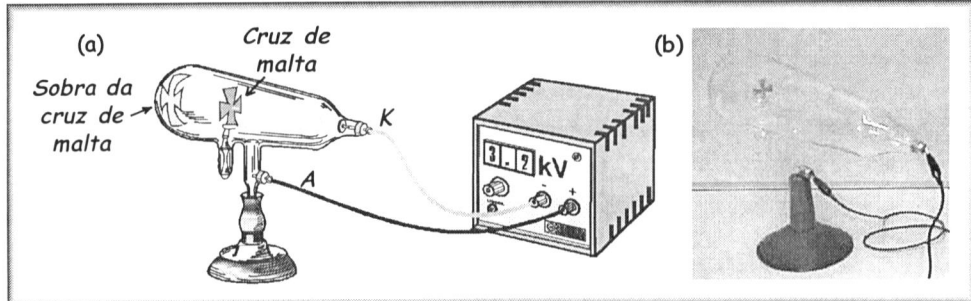

Figura 1.04 - (a) Experiência de Hittorf para demonstração da propagação retilínea dos raios catódicos. No laboratório, observa-se que o contorno da sombra da cruz-de-malta é esverdeado, conforme já tinha sido observado por Geissler. (b) Fotografia da ampola Hittorf.

Exemplo 02

Na experiência de **Hittorf** com a cruz-de-malta, a sombra que aparece no vidro é mostrada na figura abaixo, com sua respectiva orientação espacial (veja sistema de eixos cartesianos ao lado da figura). Considere que raios catódicos estejam perpendiculares ao plano da folha e saindo na mesma.

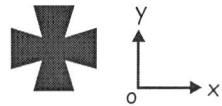

Como será a deformação da figura, quando na presença de:
a) Um campo elétrico uniforme, apontando na direção:
    a.1) dos y positivos?
    a.2) dos x positivos?
    a.3) ou, para fora da página?
b) Um campo magnético uniforme, apontado na direção:
    b.1) dos y positivos?
    b.2) dos x positivos?

Resolução e Comentários

Vamos considerar, mais uma vez, que os raios catódicos são partículas que transportam cargas elétricas negativas. De maneira que quando as mesmas se encontram na presença de campos elétricos, uma força elétrica atuará sobre as partículas desviando-as sempre na mesma direção dos campos, mas com sentido definido pelo sinal das cargas. Ou seja, para y positivo (item a.1), existe uma deslocamento da sombra no sentido de y negativo; para x positivo (item a.2), um deslocamento da sombra no sentido de x negativo, e para um campo apontando para fora da página (item a.3), veremos apenas uma diminuição no brilho da cor da sombra projetada. Analisando agora, de maneira análoga ao caso anterior, a aplicação do campo magnético, encontramos os seguintes resultados: para o campo magnético aplicado na direção de y positivo, haverá uma deformação da sombra no sentido de x positivo; e para o campo aplicado na direção de x positivo, a deformação dar-se-á no sentido de y negativo.

• **1879 - *Sir William Crookes*** montou as primeiras experiências com tubos de alto vácuo (tubos ou ampolas de *Crookes*), ou seja, com pressões da ordem de *1 pascal*. Todas as experiências, anteriormente apresentadas, foram refeitas e aprimoradas por ele, dando aos resultados, um caráter mais didático e ilustrativo.

Uma das ampolas mais interessantes, produzida por *Crookes*, foi a que incluía um torniquete, como está mostrado na Figura 1.05. O torniquete é formado por um conjunto de pequeníssimas placas (com dimensões laterais da ordem de apenas *1 cm*), no formato de pás, que são unidas em um eixo que gira livremente sobre um trilho. Foi usado para demonstrar que os raios catódicos carregavam momento linear o que, para a época significava uma indicação de que os raios eram formados por partículas e, portanto, não eram ondas eletromagnéticas, conforme sugerido, anteriormente, por *Hittorf*. Neste aparato, as partículas (raios catódicos) saem do catodo e colidem com as placas do torniquete. Com o aumento da intensidade da corrente elétrica, o choque dos raios nas pás resulta em um torque suficiente para se observar o movimento de rotação do torniquete.

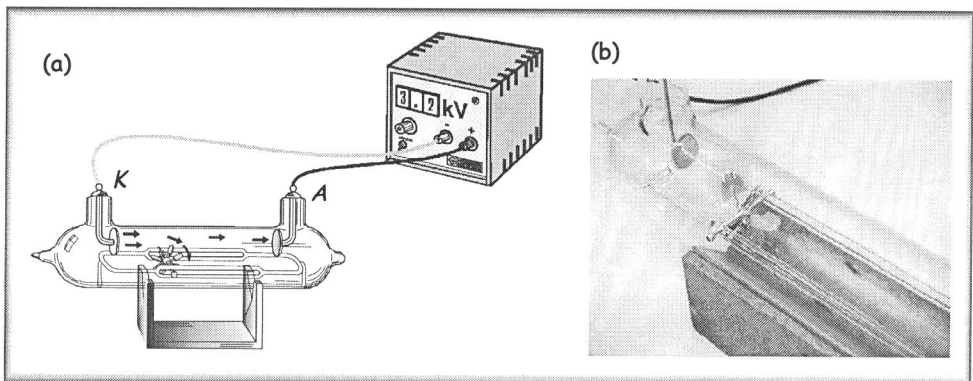

Figura 1.05 - (a) Ampola de Crookes contendo em seu interior um torniquete. Observe detalhe que ilustra o movimento do torniquete. (b) Fotografia da palheta da ampola de Crookes.

• **1886 - *Eugen Goldstein*** continuou as experiências com os tubos evacuados, observando que nas ampolas de raios catódicos produzem-se, além dos raios catódicos, certos "raios" viajando em sentido oposto, isto é, do anodo para o catodo. Raios passavam pelo catodo cortado em formato de canais, portanto são partículas com cargas positivas. Era a primeira evidência de que as experiências com descargas elétricas em gases rarefeitos davam origem, também, a partículas carregadas positivamente. Ele os denominou de raios canais, pois para observá-los abriu no catodo furos em forma de canais, como pode ser visto na Figura 1.06. Com esse resultado, ele explicou a origem da coloração rosada, observada por *Geissler*, na região próxima ao anodo, pois segundo *Goldstein* esse fenômeno resulta simplesmente da colisão dos íons positivos com o anodo.

• **1895 - *Jean Perrin***, físico francês, concluiu que os raios catódicos eram constituídos de partículas carregadas negativamente. Ele usou uma ampola, cujo anodo estava ligado ao eletrômetro (amperímetro que mede corrente elétrica pequeníssima, da ordem de 10^{-12} amperes), com esse instrumento mediu o sinal da carga e comparando com os resultados das medidas de eletrólise constatou que os raios catódicos eram partículas carregadas negativamente.

• **1897 - *Sir Joseph John Thomson***, físico inglês, usando tubos de raios catódicos de alto vácuo e na presença de campos elétricos e magnéticos, realizou uma série experiências com a qual demonstrou, de formas inequívocas, que os raios catódicos eram elétrons, tendo inclusive determinado a relação q/m entre a carga e a massa m dessa partícula. As experiências de *Sir J.J. Thomson* serão apresentadas em detalhes no Capítulo 6.

Nesse período de investigação científica, como sugerido acima, a natureza dos raios catódicos era motivo de uma acirrada polêmica entre pesquisadores alemães e ingleses: os raios são *partículas* ou *ondas*? A tendência dos alemães era tratar os raios catódicos como se fossem ondas, enquanto os ingleses como se fossem partículas. Ao provar que os raios catódicos eram formados de elétrons, *J. J. Thomson* pôs um ponto final nessa polêmica.

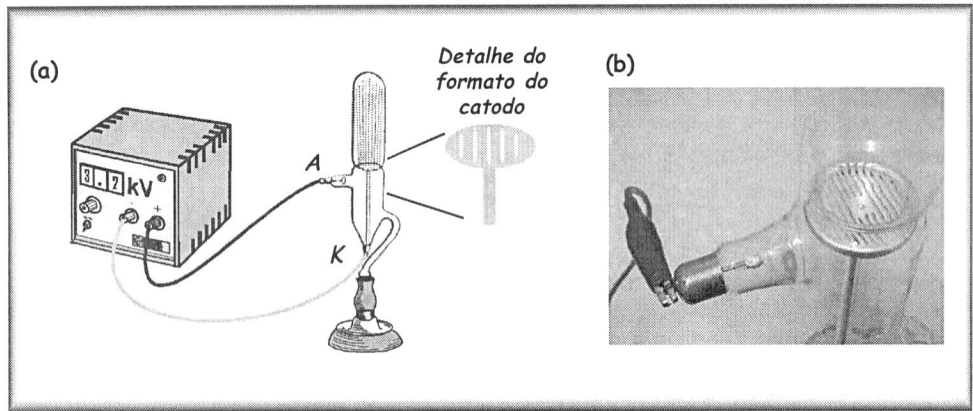

Figura 1.06 - (a) Equipamento experimental para observação dos raios canais. No detalhe vemos a forma dos canais no catodo. (b) Fotografia mostrando o detalhe do formato do catodo.

Exemplo 03

Na experiência do torniquete, *Sir W. Crookes* interpretou que os raios catódicos eram partículas e não ondas luminosas como defendia *J. Hittorf*. Sabendo que a luz também carrega momento linear, que argumentos você utilizaria para, concordando com *Sir W. Crookes*, provar que os raios catódicos são constituídos de partículas carregadas?

Resolução e Comentários

Se fossem aplicados campos elétricos e/ou magnéticos, não veríamos nenhum desvio nas suas trajetórias, caso os raios catódicos fossem uma onda de luz. No entanto, experimentalmente verifica-se uma deflexão desses raios quando na presença de campos elétricos e/ou magnéticos. Ou seja, *Sir W. Crookes* estava certo ao concluir que os raios catódicos são formados por partículas carregadas.

Concluindo essa cronologia, devemos ressaltar que as descobertas associadas aos estudos de descargas elétricas em gases rarefeitos foram de primordial importância para o desenvolvimento experimental da Física Moderna. Como iremos constatar nos Capítulos posteriores, novas descobertas, tais como: a descoberta do elétron, a dos raios X, do efeito fotoelétrico, e do contador Geiger, entre outras, tiveram como base os desenvolvimentos experimentais conseguidos com os estudos em tubos de raios catódicos.

Passaremos agora a discutir as principais aplicações tecnológicas resultantes dos estudos nos tubos de Crookes. Em particular, discutiremos os progressivos avanços para a produção de lâmpadas usadas para iluminação artificial. Além disso, mostraremos uma importante descoberta, o *triodo a vácuo*, que se constitui no primeiro passo para surgimento da era da eletrônica.

Lâmpada a arco

Podemos afirmar que o primeiro produto proveniente dos estudos elétricos foi a lâmpada. Até então, usavam-se velas, lâmpadas a óleo ou a gás como fonte de iluminação artificial. O primeiro aparato experimental para produzir luz artificialmente foi através da lâmpada a arco, inventada em 1809, pelo químico inglês *Sir Humphry Davy*. Ele observou que quando se ligam dois bastões de carvão aos pólos de uma bateria elétrica e, em seguida, se faz uma aproximação de um bastão com o outro, surge uma luminosidade intensa e contínua (arco luminoso). Uma ilustração deste tipo de lâmpada é mostrada na Figura 1.07, na qual se usa uma fonte de tensão em substituição à bateria elétrica usada por *Davy*. Nesse caso, basta ligar o interruptor, para que se observe um arco luminoso entre os eletrodos.

No entanto, para fins de aplicação tecnológica, este tipo de lâmpada apresenta dois problemas: consome muita energia elétrica, conseqüentemente descarrega as baterias rapidamente, e apresenta um brilho exagerado e não contínuo para ser utilizada em residências. Por isso sua utilização ficou restrita à iluminação pública. Posteriormente, ela foi bastante utilizada, logo após a invenção do projetor de filmes em preto-e-branco, que eram usados, nas salas de cinemas. Pois, para se obter uma boa projeção, era necessária uma lâmpada que possuísse uma luminosidade intensa. O inconveniente era a mudança de intensidade no brilho, que provocava uma intermitência na luminosidade, facilmente observada nas projeções dos filmes antigos, como por exemplo, nos filmes de Charlie Chapplin, por volta do ano de 1930.

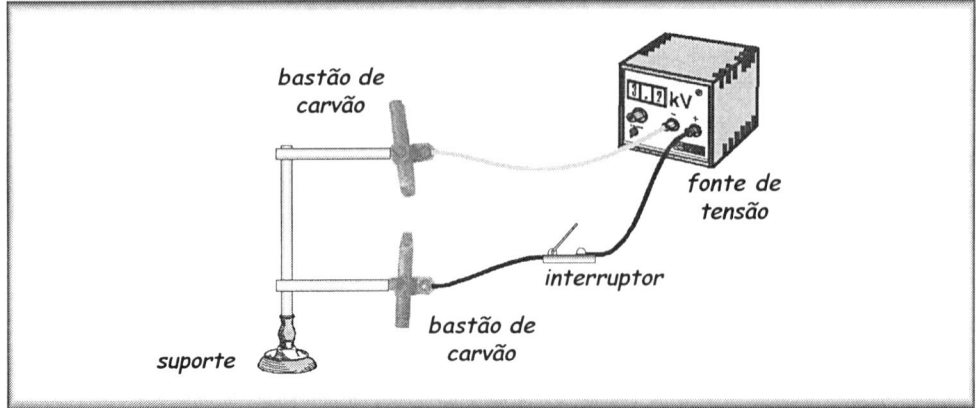

Figura 1.07 - Produção de luminosidade artificial com uma lâmpada a arco.

Lâmpada a filamento

O norte-americano, *Thomas Alva Edison* foi um grande empresário e inventor, tendo sido autor ou co-autor de um recorde de 1.093 patentes. Foi ele o inventor, em 1879, do tipo de lâmpada que mais foi usada no século passado, a lâmpada de filamento. Devemos ressaltar que o desenvolvimento de tubos de vácuo eficientes foi extremamente importante para que as lâmpadas de filamento fossem desenvolvidas.

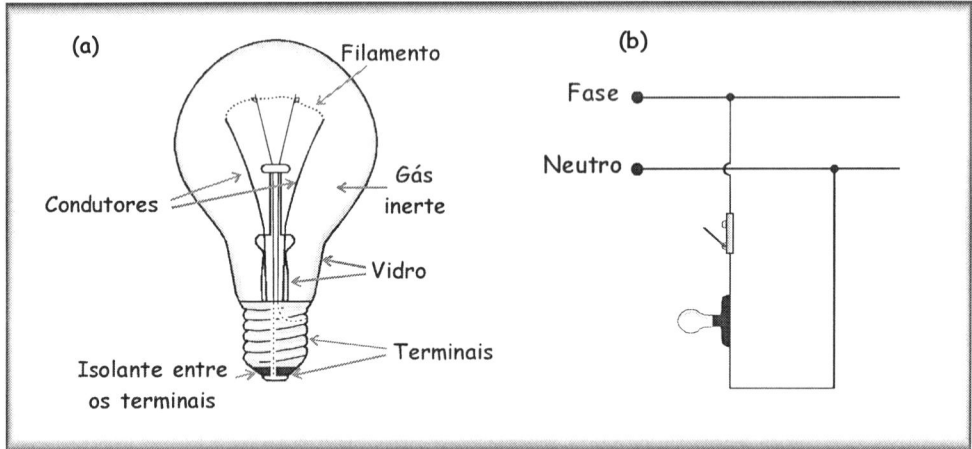

Figura 1.08 - (a) Ilustração dos componentes de uma lâmpada incandescente e (b) de um simplificado circuito elétrico residencial.

Thomas Edison, em colaboração com seus assistentes, montou um bulbo de vidro evacuado com um filamento interno, que possuía dois terminais elétricos, conforme a Figura 1.08(a). Em seguida, tentando conseguir um filamento que fosse, ao mesmo tempo, eficiente e econômico (baixo consumo de eletricidade), eles testaram cerca de 1600 tipos de materiais, como por exemplo, papel, algodão, bambu, pêlo da barba de um escocês ruivo, feno, cana, casca de coco, tecido, entre outros, conforme registros encontrados nos cadernos de laboratório de Edison e sua equipe. Após inúmeras tentativas, eles concluíram que o filamento de bambu carbonizado apresentou o melhor resultado. Em 27 de janeiro de 1880, ele requereu um pedido de patente desse invento. Um sucesso, pois a sua companhia, *Edison Eletric Light*, em menos de três anos vendeu cerca de 200.000 dessas lâmpadas. Atualmente, graças aos avanços tecnológicos, os filamentos das lâmpadas incandescentes são feitos de tungstênio, por serem muito mais eficientes e resistentes do que o bambu carbonizado; e o bulbo é preenchido com um gás inerte à baixa pressão (da ordem de *1 pascal*). Na Figura 1.08(b), mostramos um esquema típico de ligação elétrica de uma lâmpada incandescente, como encontrado nas residências atuais.

Exemplo 04

Observa-se que as lâmpadas incandescentes queimam, rompendo o seu filamento, no momento em que se liga o interruptor. Sabendo que o filamento é metálico (tungstênio) e encontra-se dentro do bulbo a uma pressão muito menor do que a pressão atmosférica, como se explica essa queima repentina das lâmpadas?

Resolução e Comentários

Sendo metálico, o filamento sofrerá gradualmente um processo de fadiga (diminuição gradual da resistência de um material por efeito de solicitações repetidas), pois ao ligarmos a lâmpada, o filamento se aquece e, com isto, a resistência elétrica do fio aumenta; conseqüentemente, a corrente elétrica que o atravessa diminui. Isto acontece, porque o filamento está isolado termicamente do ambiente pelo vácuo interno no bulbo de vidro. Portanto, todas as vezes que ligamos uma lâmpada ocorre um pico de corrente passando pelo filamento metálico, ocasionando um aquecimento brusco, de tal maneira que se o processo de fadiga do fio metálico estiver adiantado, a lâmpada queima.

Lâmpadas a gases rarefeitos

Tipicamente, consistem em tubos de Geissler ou ampolas de Crookes, com eletrodos nas extremidades, nos quais são introduzidos gases em baixas pressões. Desses, os mais usados nestes tipos de lâmpadas, são: o néon, o argônio, o vapor de mercúrio e o vapor de sódio. Dependendo do tipo de gás utilizado, da pressão interna do mesmo ou, ainda, da tensão elétrica aplicada aos eletrodos, a lâmpada brilha com cores variadas. Os letreiros luminosos usam, principalmente, os gases néon e argônio, devido ao fato de que com eles é possível obter uma maior variedade de cores e uma grande diversidade de formas, tais como, figuras e letras em vários tamanhos e estilos.

As lâmpadas de vapor de mercúrio são usadas, especialmente, para iluminação residencial, sendo as lâmpadas fluorescentes as mais conhecidas. Na Figura 1.09, apresentamos um circuito elétrico simples, no qual se encontra uma lâmpada fluorescente. A aplicação de uma voltagem alternada faz com que os elétrons sejam agitados intensamente de um lado para o outro, de modo que o vapor de mercúrio é excitado, pelos rápidos e violentos choques dos elétrons, emitindo radiação ultravioleta. Em seguida, a radiação ultravioleta atinge um filme de fósforo (pó de cor branca), que cobre a superfície interna do tubo da lâmpada, excitando-o e fazendo com que o mesmo emita uma radiação visível (luz branca). Em vários laboratórios de pesquisas médicas ou biológicas, usa-se muito este tipo de lâmpada como fonte de radiação ultravioleta para estudos científicos. Nesse caso, retira-se o filme fluorescente (de fósforo) interno para que a lâmpada fluorescente produza uma intensa radiação ultravioleta. Aqui, é importante ressaltar que nossa pele é extremamente sensível à radiação ultravioleta, e a exposição do nosso corpo a este tipo de radiação pode provocar um câncer de pele. Um outro tipo de lâmpada fluorescente muito comum, é aquela onde a superfície interna do tubo é revestida com uma camada que destaca a cor violeta. Essa lâmpada produz a chamada luz negra, bastante usada em casas de espetáculos e boates.

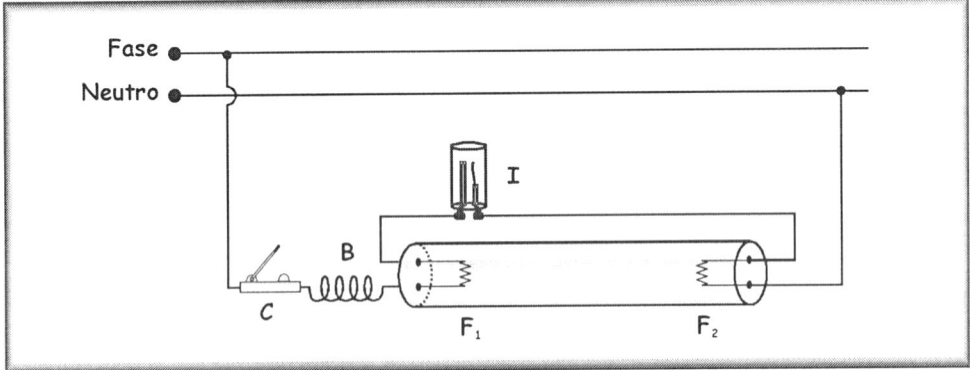

Figura 1.09 - Esquema de funcionamento de uma lâmpada fluorescente.

Vamos explicar agora o princípio de funcionamento (veja Figura 1.09) da lâmpada fluorescente comum. Quando se liga o interruptor C, uma corrente passa pelos filamentos F_1 e F_2, que aquecerão, via efeito joule, as gotículas de mercúrio, fazendo-as vaporizar. Com a passagem dos elétrons, que saem dos filamentos, pelo vapor, surgirá uma emissão de radiação. Mas, até o acendimento final (emissão contínua de radiação), observa-se algumas piscadas da lâmpada, que é ocasionada pela chave I, e que continuam até que as gotículas estejam totalmente vaporizadas, quando ocorre uma diminuição da resistência elétrica entre os dois eletrodos. Uma lâmina bi-metálica, que se encurva com o aquecimento provocado pela passagem de uma corrente, desfazendo a conexão elétrica, controla o funcionamento (ligar e desligar, automaticamente) da chave I, até que as gotículas sejam vaporizadas. A conexão elétrica é restabelecida, após o esfriamento da lâmina. Ou seja, enquanto uma corrente não comece a circular pelo tubo e as gotículas de mercúrio não sejam vaporizadas, a chave I ficará ligando e desligando, automaticamente. No nosso cotidiano, esta chave I é conhecida por "start". Temos ainda em nosso circuito, uma bobina B, na verdade uma indutância (bobina de fio condutor elétrico circundando um núcleo de material ferromagnético), também chamada de reator, que tem a função de limitar a corrente inicial dentro da lâmpada. Enfim, lembramos que existem outros tipos de lâmpadas a gás rarefeito; em particular, as de vapor de sódio que produzem luzes ligeiramente amareladas e que são normalmente usadas na iluminação de avenidas públicas, pois são mais econômicas.

Exemplo 05

(UPE-2004) Funcionamento da lâmpada fluorescente.
Na figura (I), o tubo de vidro da lâmpada contém vapor de mercúrio rarefeito e, em suas extremidades, há dois filamentos. O térmico é uma pequena ampola, contendo néon e duas pequenas hastes ligeiramente separadas. O reator é uma bobina com núcleo de ferro. A chave está desligada.

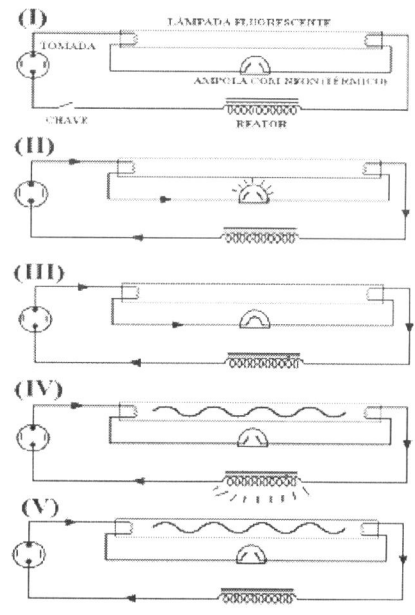

Na figura (II), com a chave ligada, a corrente circula pelo térmico, provocando uma descarga entre os contatos da ampola de néon e produz o aquecimento desse gás.
Na figura (III), com o aquecimento do gás, as pequenas hastes do térmico deformam-se e entram em contato, mas, sem a descarga, o néon deixa de emitir e esfria.
Na figura (IV), as pequenas hastes voltam à situação inicial e abrem o circuito, provocando uma sobre-tensão no reator. Esse pulso de tensão produz uma descarga através do gás. A lâmpada acende.
Na figura (V), a corrente passa a circular exclusivamente pelo gás, mantendo a emissão da lâmpada.

É correto afirmar:

(a) Em (V), se o térmico for retirado, a lâmpada continuará acesa.
(b) Em (IV), a sobre-tensão pode ser atribuída à Lei de Ampère.
(c) Em (II), a passagem da corrente pelo térmico deve-se às propriedades da associação de resistores em paralelo.
(d) Em (IV), a sobre-tensão pode ser atribuída à Lei de Faraday.
(e) Em (III), a corrente, através do térmico, é menor do que em (II).

Resolução e Comentários

a) Sim, pois a corrente elétrica já está passando pelo gás.
b) Não, é devido a Lei de Faraday.
c) Sim, o térmico encontra-se em paralelo com o gás da lâmpada.
d) Sim, é devido a Lei de Faraday.
e) Não, pois o térmico está em curto-circuito em III.

Recentemente, surgiram novos tipos de lâmpadas, as chamadas lâmpadas eletrônicas (ou lâmpadas econômicas) que não precisam do reator e do "start" para funcionar, pois os mesmos foram substituídos por componentes eletrônicos, tornando-as mais compactas e com uma maior eficiência de iluminação. Em geral, elas funcionam submetidas a uma freqüência maior do que *60 Hz* e a uma tensão elétrica superior a *220 volts*. Porém, o gás interno continua sendo o vapor de mercúrio. Essas, sem dúvida, dominarão o mercado de lâmpadas pelo menos por mais uma década, pois as suas características tecnológicas as tornam superiores às já existentes, além do seu impacto econômico (energético e financeiro). Em um futuro próximo, espera-se que as lâmpadas fabricadas a partir dos dispositivos semicondutores conhecidos como LED's (diodos semicondutores emissores de luz, mais detalhes sobre os leds no Capítulo 05), venham a dominar o mercado mundial de iluminação artificial.

Globo de plasma

É um equipamento muito interessante para demonstração de fenômenos de descargas elétricas. A Figura 1.10 mostra uma fotografia de um globo de plasma e a visualização de descargas elétricas na forma de filamentos. Na parte (b) da Figura, ilustramos uma fotografia que ajuda a explicar o funcionamento do globo.

Funciona de forma semelhante aos tubos de Crookes. Possuindo um eletrodo K (catodo), um bulbo de vidro na forma de um globo, no qual é introduzido um gás; e um circuito eletrônico que gera uma alta voltagem elétrica alternada com uma alta freqüência. A superfície externa funciona como um anodo, pois como o catodo é o eletrodo central, o gás inerte (normalmente uma mistura de hélio e neônio) ficará ionizado formando um plasma - daí a origem do nome globo de plasma - nesse plasma os íons positivos serão atraídos pela força eletrostática para o eletrodo K e formarão uma nuvem ao redor do eletrodo. Na região mais externa do interior do globo estarão os elétrons, que por indução eletrostática fará com que a superfície externa do bulbo fique positiva, sendo, portanto o anodo A. Quando se aciona o circuito de alta tensão, uma descarga elétrica pode ocorrer entre o catodo (eletrodo central) e o anodo (superfície externa do globo). Essa descarga elétrica, uma corrente elétrica que passa pelo plasma, é uma grande quantidade de elétrons que saem do catodo passam na região dos íons do plasma. Os íons recebem energia dos elétrons e emitem radiações luminosas, provenientes de efeitos quânticos entre o elétron e os íons - tal efeito será entendido após os estudos dos capítulos subseqüentes. Se a mistura gasosa for hélio com neônio as cores visualizadas serão, predominantemente, azul e vermelho-amarelado. O gás é colocado dentro do bulbo com uma baixa pressão, da ordem de 100 pascal, isto faz com que se formem os filamentos de descargas. Se a pressão for ainda menor, a observação será apenas de pontos luminosos, se a pressão for maior formam-se manchas, ambos efeitos de pouco impacto visual. O valor típico de voltagem elétrica alternada é cerca de 10 kV (dez mil volts), com freqüência em torno de 10 kHz (dez mil hertz), esses valores são suficientes para vencer a rigidez dielétrica do ar e que a corrente elétrica da descarga no plasma não aumente excessivamente.

O **plasma** é uma espécie de gás quente, tão quente que os elétrons se ionizam dos átomos e todo o material dentro do globo **é um mar de partículas carregadas**, cargas positivas e cargas negativas. Devido esse novo material, plasma, possuir muitas propriedades físicas diferentes de gases, líquidos e sólidos, ele é considerado o **quarto estado da matéria**.

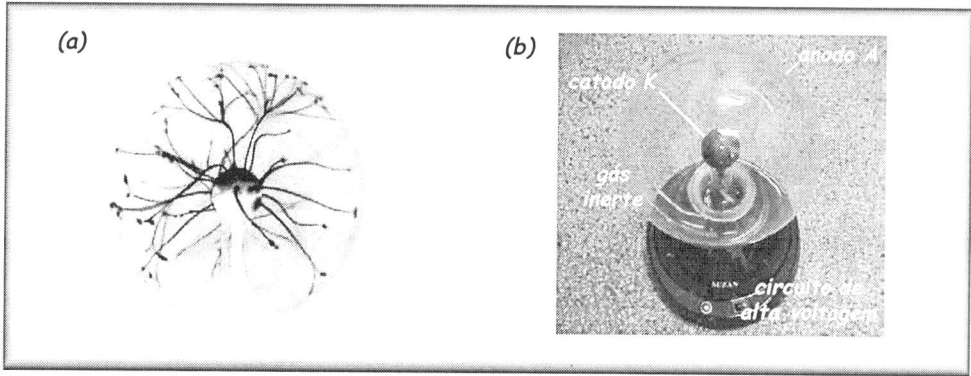

Figura 1.10- (a) Fotografia em tons de cinza das descargas elétricas em um globo de plasma em funcionamento, (b) fotografia de um globo de plasma.

Antes de finalizar este Capítulo, cabe relatar uma importante descoberta que pode ser considerada como marco do surgimento do fantástico ramo da eletrônica. Trata-se da invenção, em 1907, da válvula triodo, pelo engenheiro eletrônico norte-americano *Lee De Forest*. Esta válvula é um tubo de gás rarefeito que possui três eletrodos: anodo, catodo e, entre eles, uma grade, daí o seu nome; e é um dispositivo usado para amplificar sinais elétricos. Dentro da válvula triodo, os elétrons que saem do catodo e se dirigem ao anodo, passando antes pela grade. Dessa forma, podemos controlar a corrente entre o catodo e o anodo, pois basta controlar o potencial elétrico da grade. Por exemplo, se o potencial da grade for negativo com relação ao catodo, os elétrons que saem dele serão repelidos na grade e não chegaram ao anodo. Mas se o potencial for positivo, mais elétrons serão atraídos pela grade e atingiram o anodo. É uma espécie de torneira que comanda a passagem de elétrons, com o controle do potencial da grade comanda-se a corrente entre o catodo e o anodo. Assim, um pequeno sinal elétrico pode controlar a grade e acionar um dispositivo que necessita de um grande sinal elétrico, isto é, amplificação do sinal elétrico. Válvulas desse tipo foram usadas para amplificação de sinais sonoros, em amplificadores de som. Atualmente, já foram substituídos pelos atuais chips transistorizados.

De Forest, além de pai da eletrônica, pode, também, ser considerado o pai do Rádio, pois foi pioneiro nas pesquisas sobre recepção e transmissão de sinais sonoros de rádio. Suas descobertas podem ser consideradas as sementes que frutificaram, com o advento da Mecânica Quântica e, conseqüentemente, a evolução da Física Moderna, resultando na descoberta do transistor semicondutor e dos famosos circuitos integrados ("chips"), que são hoje largamente utilizados como componentes básicos de quase todos os equipamentos eletrônicos modernos, principalmente nos computadores. Para destacar essa evolução, mostramos na Figura 1.11 um esboço gráfico do que vem a ser uma válvula triodo e um "chip" atual.

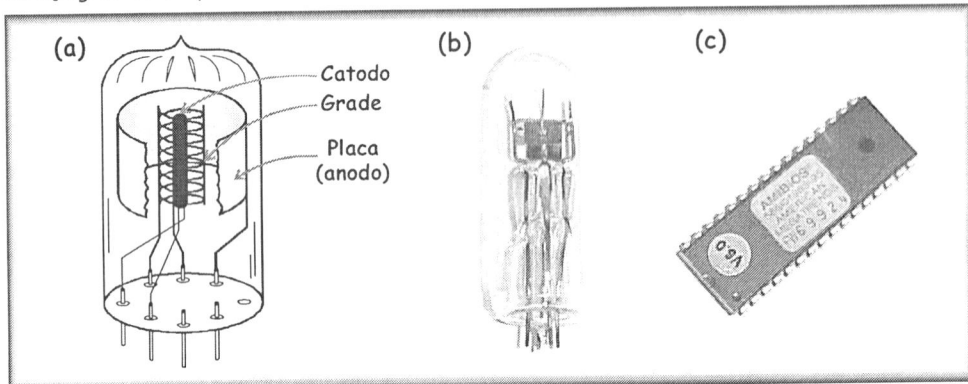

Figura 1.11- (a) Esboço representativo de uma válvula triodo, (b) fotografia de uma válvula comercial e (c) fotografia de um "chip".

Exemplo 06

Quando Ezequiel chegou em casa, após um longo dia de trabalho, ligou o interruptor da lâmpada fluorescente da sala. No entanto, ela não acendeu. Ficou piscando, intermitentemente, até parar de piscar e ficar totalmente apagada, ou seja, queimou. Após uma observação cuidadosa na lâmpada, ele constatou uma coloração preta perto das bordas. Foi até ao depósito pegou uma lâmpada nova e trocou a lâmpada com defeito, porém o problema persistiu. Analisando fisicamente o problema, explique porque a lâmpada queimou e dê sugestões para evitar esse tipo de problema.

Resolução e Comentários

O fato das lâmpadas ficarem pretas nas bordas é devido ao processo de fadiga do filamento de tungstênio que, com o aquecimento, emitiu minúsculos pedaços do metal, como foi descrito no Exemplo 04. Nesse tipo de lâmpada, temos o "start" que liga e desliga, automaticamente, a lâmpada até aquecer o seu filamento. Quando isto não acontece, a lâmpada não acende completamente, e o que devemos fazer, para evitar o problema, é trocar o "start", pois o mesmo foi danificado pela fadiga da lâmina bi-metálica que o compõe.

CURIOSIDADE

UMA DESCOBERTA CIENTÍFICA INUSITADA

A primeira descoberta científica de um elemento químico ocorreu em Hamburgo-Alemanha, em 1669, quando o alemão Henning Brand, militar e químico apelidado de o Último dos Alquimistas - devido a sua constante busca pela Pedra Filosofal, que supostamente transformaria metal em ouro -, descobriu o elemento fósforo. A descoberta foi de uma forma bastante diferente. Brand encheu 50 baldes com urina e deixou-os putrificar e criar vermes, então ferveu o material até adquirir uma pasta branca que foi aquecida com areia e, finalmente, destilada. O elemento foi chamado pelo cientista de fósforo (Phosphorus, o "portador da luz") devido a sua propriedade de brilhar no escuro. Como visto anteriormente, esta propriedade, juntamente com a dos materiais fluorescentes, foi usada abusivamente nas investigações das descargas elétricas, principalmente quando a energia dos raios está fora do espectro de nossa visão. Vale a pena explicitar a diferença entre materiais fosforescentes e materiais fluorescentes: fluorescente - transforma energia incidente em radiação visível, fosforescente - material que brilha no escuro. Outra definição mais precisa, usando como parâmetro o tempo de emissão da radiação, após haver cessado a absorção da radiação excitadora é:

Fosforescência: fotoluminescência da emissão de radiação cujo tempo de persistência entre de 10^{-6} segundos e 10^{+3} segundos.

Fluorescência: tempo de persistência da ordem de 10^{-8} segundos.

Até hoje, não se sabe ao certo o que levou Brand a realizar tal experiência, com certeza um fruto da curiosidade científica. Fato este que se repete e vem se repetindo inúmeras vezes, quando se está fazendo ciência. Como veremos mais adiante, a descoberta dos raios X ocorreu de forma semelhante, ou seja, estudos puramente acadêmicos podem tranquilamente transformar-se em resultados aplicados.

Exercícios ou Problemas

01 - Os caminhões que transportam combustíveis, ao chegarem nos postos de gasolina para o desembarque da mercadoria e antes do descarregamento, ligam um fio condutor entre a carcaça metálica do caminhão e o tanque, também metálico, de armazenamento do combustível. Em algumas regiões, ao invés de um fio, usa-se uma corrente metálica conectada na carcaça do caminhão, de forma que a corrente fica arrastando-se constantemente no chão. Explique a necessidade deste procedimento.

02 - O atrito entre papel ou tecido com peças metálicas pode produzir faíscas elétricas. Nas indústrias de tecido e papel, procura-se manter o ar constantemente umedecido, para evitar a formação dessas faíscas e, conseqüentemente, evitar incêndios. Explique a importância deste procedimento?

03 - Precipitador eletrostático. Muitas indústrias de processamento de minérios, um bom exemplo são as indústrias de cimento, utilizam um campo elétrico para precipitar as cinzas e poeiras dos gases, que passam nas chaminés destas indústrias. Este tipo de precipitador extrai em torno de 99% dessa poluição, tornando possível morar próximo às vizinhanças dessas fábricas. Discuta o funcionamento deste precipitador, destacando, entre outros, os princípios físicos envolvidos e a ordem de grandeza dos parâmetros físicos. Faça, também, um esquema representando a ligação dos eletrodos e o campo elétrico que surge dentro da chaminé.

04 - Usando seus conhecimentos físicos sobre o funcionamento do precipitador eletrostático, (problema 3 acima), explique: como separar

Exercícios ou Problemas

sementes de alho no trigo; separar os excrementos de ratos no arroz; e, ainda, o funcionamento básico de uma impressora jato de tinta.

05 - Em uma lâmpada de gás argônio (um tubo de Crookes preenchido com o gás argônio), os eletrodos estão separados por *1 m* e a diferença de potencial entre eles é de 10^{+4} *V*. Supondo que o campo elétrico entre os eletrodos seja uniforme, calcule a aceleração de um íon do argônio cuja massa é $6,7 \times 10^{-26}$ kg, e cuja carga elétrica é, em módulo, igual à carga do elétron.

06 - Na mesma lâmpada de argônio do exercício anterior, se um íon parte do repouso no eletrodo positivo e move-se livremente dentro do tubo, qual é a energia cinética que ele tem de adquirir para chegar no eletrodo negativo? Apresente a sua resposta em keV (quilo-elétron-volt) e em joules. Por que é altamente improvável que o íon alcance o eletrodo negativo?

07 - Numa conversa informal com um colega seu, provavelmente, em um final de semana, após uma aula cansativa o seu colega afirma: posso acender uma lâmpada fluorescente sem a necessidade de um "start", usando apenas um pedaço de fio com *20 cm* de comprimento. Tente adivinhar de que maneira o seu colega fará o acendimento da lâmpada e explique-a fisicamente. **Cuidado**! Não tente fazer isso sozinho, principalmente, se você tem pouquíssima experiência com eletricidade. Esse procedimento só deve ser executado em último caso e por pessoa extremamente experiente!

Exercícios ou Problemas

08 - O potencial elétrico em uma nuvem é de aproximadamente 10^{+7} V em relação ao solo. Ocorrendo um raio, uma carga da ordem de 30 C é transferida entre a nuvem e o solo. Supondo que o potencial da nuvem é mantido constante durante a descarga, quantos dias uma lâmpada de 40 W poderia permanecer acesa, usando a energia liberada por este raio? (considere 1 dia = $9 \times 10^{+4}$ s)

09 - No programa de TV norte-americano, conhecido por GUERRA NAS ESTRELAS, uma das armas mais utilizadas nos combates é uma que emite um feixe de partículas carregadas. Sabendo que um feixe de prótons é acelerado em um campo elétrico uniforme de $2,0 \times 10^{+4}$ N/C, determine a aceleração final do próton e a velocidade máxima alcançada, quando o feixe percorrer uma distância de 2,0 cm.

10 - Substituindo, no Exemplo 01, o tubo usado por *Plücker* por um tubo de raios canais de *Goldstein*, quais seriam as novas trajetórias descritas pelos raios canais. Observe que agora as cargas associadas aos raios são positivas e as massas de suas partículas são da ordem de, no mínimo, 2.000 vezes maior do que as partículas dos raios catódicos.

Capítulo 02 — Ondas Eletromagnéticas

Como comentado na introdução, o desenvolvimento da teoria eletromagnética, sintetizada nas quatro equações de Maxwell, e os estudos das descargas elétricas nos tubos de *Crookes*, abriram o caminho para o surgimento da Física Moderna. *James Clerk Maxwell*, físico escocês, foi um dos maiores cientistas de todos os tempos. A importância de sua obra pode ser comparada à de *Newton* e, talvez, à de *Einstein*. Embora tenha dado importantes contribuições em outros ramos da Física, a que lhe deu maior notoriedade foi a sua previsão de que a luz é uma onda eletromagnética. Uma descoberta notável, pois com isto ele conseguiu unificar em uma única teoria: o Eletromagnetismo e a Óptica. Sabemos, hoje em dia, que em princípio, do ponto de vista físico, qualquer problema da eletricidade, do magnetismo e da óptica pode ser abordado, utilizando o formalismo teórico das quatro equações de Maxwell. Do ponto de vista tecnológico, o trabalho de *Maxwell* implicou numa série enorme de aplicações cujo alcance compreende desde a invenção de motores e geradores elétricos (que tiveram um papel de destaque no desenvolvimento industrial), até a produção de ondas eletromagnéticas e sensores eletromagnéticos; além de auxiliar no entendimento de parte dos fenômenos observados nos estudos com tubos de *Crookes*. Mais recentemente, essa teoria tem contribuído para a grande revolução ocorrida nas telecomunicações, pois ajudou a viabilizar a criação do rádio, da televisão, do telefone e, atualmente, da internet; uma vez que todos esses meios de comunicação utilizam ondas eletromagnéticas para transmitir ou receber sinais de som, dados e imagem.

Passaremos, agora, a discutir as realizações experimentais que forneceram a *Maxwell* as bases conceituais que o ajudaram a encontrar o seu conjunto de quatro equações.

Lei de Gauss - campo elétrico

Em 1785, o físico francês *Charles Augustin Coulomb*, com base em resultados experimentais obtidos por ele mesmo, enunciou uma lei (conhecida atualmente por Lei de Coulomb), onde ele descrevia que a força de interação entre duas cargas elétricas puntiformes depende da intensidade das cargas e é inversamente proporcional ao quadrado da distância entre os centros das mesmas. Utilizando-se desta lei, pode-se mostrar que: a intensidade do campo elétrico de uma única carga puntiforme q, no vácuo, é inversamente proporcional ao quadrado da distância r e tem simetria esférica, ou seja, o módulo do campo elétrico é constante nos pontos com a mesma distância r, medida em qualquer direção, da carga q, conforme indicado pelas linhas de força do campo elétrico na Figura 2.01(a).

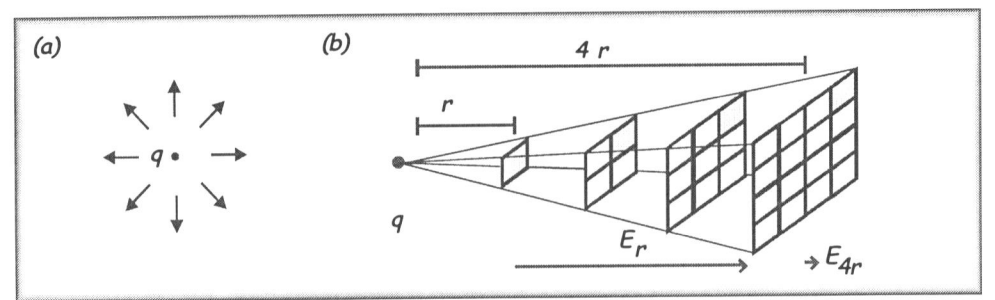

Figura 2.01 - (a) Linhas de força do campo elétrico para uma carga pontual q. (b) Dependência da intensidade do campo elétrico com a distância r da carga.

Uma maneira de visualizar essa simetria é imaginar a "existência" de uma superfície esférica fechada de área **A**, centrada na carga **q**, que é atravessada pelas linhas de força do campo elétrico. Assim, se escolhermos uma nova distância igual a **2r**, a intensidade do campo elétrico diminui 4 vezes, em relação ao caso anterior, e para uma distância igual a **4r**, o valor do campo elétrico será 16 vezes menor, como ilustrado na Figura 2.01(b). Lembrando que a área **A** de uma superfície esférica é diretamente proporcional ao quadrado do seu raio R ($A=4\pi R^2$), então a sua área aumenta com o quadrado da distância **R=r**, **R=2r** e **R=4r**, sucessivamente. Ou seja, enquanto a intensidade do campo elétrico diminui, a área da superfície esférica correspondente aumenta, na mesma proporção, com o quadrado da distância r carga.

Dessa forma, podemos concluir que o produto entre a intensidade do campo elétrico **E** e a área **A** da superfície esférica é constante. No eletromagnetismo, essa constante é chamada de fluxo do campo elétrico Φ_E. Em particular, para uma carga puntiforme **q**, Φ_E, é dado por:

$$\Phi_E = E.A = \left(\frac{q}{4\pi\varepsilon_0 r^2}\right)4\pi r^2 \text{ ou } \Phi_E = \frac{q}{\varepsilon_0}$$

onde **q** é a carga líquida interna à superfície de área A e ε_0 é a permissividade elétrica do meio, que para o vácuo é igual a ε_0 = 8,85x10^{-12} F/m (faraday/metro).

É oportuno destacar que o resultado acima vale não somente para uma superfície simétrica, mas para qualquer superfície fechada com uma carga total **q** contida em seu interior. Isso sugere que esse resultado pode ser aplicado em qualquer situação, razão pela qual ele foi generalizado em uma das leis básicas do eletromagnetismo, a chamada Lei de Gauss (em homenagem às contribuições científicas do físico e matemático alemão *Karl Friedrich Gauss*). Devemos fazer a seguinte observação: para deduzir a Lei de Gauss, usamos a expressão do campo elétrico de uma carga puntiforme, que, por sua vez, pode ser obtida através da Lei de Coulomb. Ora, uma vez que Coulomb obteve sua lei a partir de cuidadosos experimentos com uma balança de torção, para medir a força entre "partículas" carregadas, então, desse ponto de vista, podemos sugerir que os resultados de Coulomb podem ser considerados uma comprovação experimental da Lei de Gauss.

Outro resultado experimental que comprova a utilidade da Lei de Gauss, refere-se à medida da carga residual na superfície interna de um condutor isolado, em equilíbrio eletrostático. A primeira tentativa de medir experimentalmente esta carga residual, foi realizada por *Henry Cavendish*, no ano de 1772. Na oportunidade, ele descobriu, com um erro de apenas 2%, que a carga residual na superfície interna do condutor era nula.

Há pouco tempo, foram realizadas experiências sofisticadas que comprovaram esse fato, que além de servir para comprovar a Lei de Gauss serve de justificativa ao fato de que a Lei de Coulomb depende do inverso do quadrado (expoente 2) da distância e não, por exemplo, de r^3. Tal fato tem implicações na teoria da relatividade, pois sendo o expoente da distância exatamente igual a 2, constata-se que as partículas que compõem as radiações eletromagnéticas (batizadas de fótons) devem ter massa de repouso nula e, conseqüentemente, a velocidade da luz é uma velocidade impossível de ser atingida por partículas que possuem massa de repouso diferente de zero. A explicação dessa relação entre a Lei de Coulomb e a teoria da relatividade está fora dos propósitos deste livro, porém é importante enfatizar que existe uma forte ligação entre o eletromagnetismo e a teoria da relatividade, conforme veremos no Capítulo 4.

Os resultados experimentais mais recentes, mostram que a precisão do expoente 2 é menor do que 10^{-16}, e é válida em um intervalo compreendido entre 24 ordens de grandeza da escala de comprimento, indo desde o domínio microscópico (10^{-15} metros), até o domínio macroscópico (10^{+10} metros). Uma forma simples de visualizar a inexistência de cargas elétricas no interior de um condutor isolado e em equilíbrio eletrostático é mostrado na Figura 2.02.

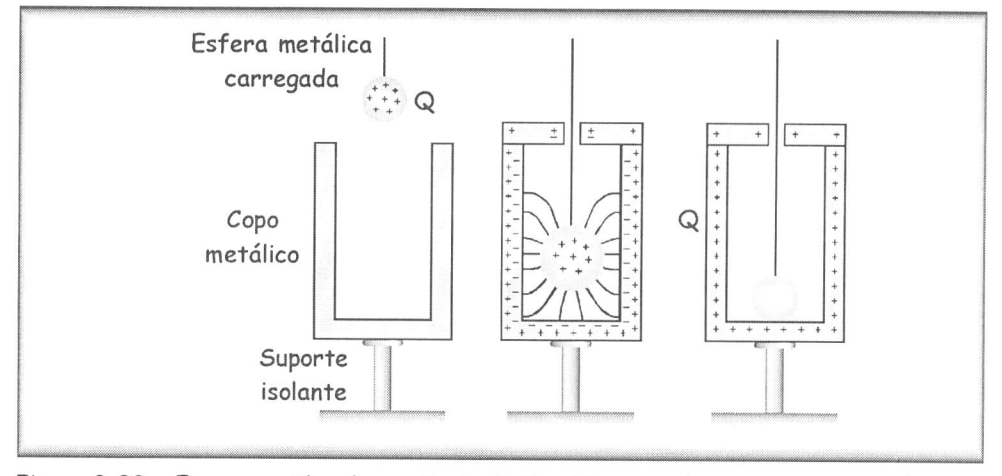

Figura 2.02 - Esquema utilizado por Benjamin Franklin para demonstrar a inexistência de cargas elétricas no interior de um condutor.

Uma esfera metálica carregada (carga elétrica Q positiva) é colocada no interior de um corpo condutor, no formato de um copo metálico, isolado e descarregado, que é em seguida fechado. Por indução eletrostática, a presença da esfera provoca no corpo uma separação de suas cargas, tal que a superfície interna fica com uma carga elétrica negativa, enquanto a superfície externa fica com uma carga elétrica positiva. Como o fluxo elétrico no interior do condutor é sempre nulo, então as linhas de força que saem da Q têm de terminar em cargas negativas nas paredes internas do condutor, ou seja, a carga total na superfície interna do corpo é igual a -Q. A carga Q positiva, correspondente à negativa que se acumula nas paredes internas, vai para a superfície externa do condutor. Dessa forma, dentro do condutor a carga líquida é nula, enquanto na superfície externa do corpo a carga positiva se redistribui, por repulsão eletrostática, até alcançar uma situação chamada de equilíbrio eletrostático.

Uma aplicação tecnológica direta deste resultado (ausência de cargas elétricas ou campos elétricos no interior de um condutor) vem sendo utilizada, principalmente, para o que se chama de blindagem eletrostática. Qualquer equipamento, que precisa ser submetido a um campo elétrico para funcionar, quando colocado dentro de uma superfície condutora fechada não funcionará. Por exemplo, se colocarmos um aparelho de telefone celular dentro de um recipiente metálico (uma lata de leite ninho, toda de metal), bem fechado, o mesmo não dará nenhum sinal. O mesmo acontece com um pequeno rádio de bolso. Duvida? Então faça um teste. É por esta razão que nos mais modernos computadores, a torre (gabinete) é feita de metal ou com uma camada interna de alumínio, para que a placa-mãe fique blindada dos ruídos externos, provocados pelas ondas eletromagnéticas.

Exemplo 01

Calcule o fluxo do campo elétrico associado a uma carga puntiforme colocada no centro de um cubo de lado d, usando como superfícies imaginárias (veja figura abaixo): 1) uma casca esférica circunscrita ao cubo; 2) uma casca esférica inscrita no cubo.

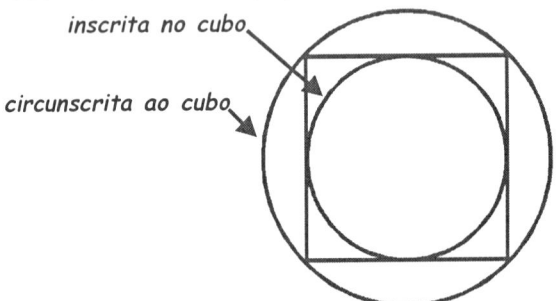

inscrita no cubo

circunscrita ao cubo

Resolução e Comentários

Sabemos, por simetria, que o campo elétrico de uma carga puntiforme é radial. Neste caso, o fluxo do campo elétrico é simplesmente o produto da intensidade do campo elétrico pela área da superfície da casca esférica, ou seja: $\Phi_E = E.A$. Desde que os valores do campo elétrico e da área são dados por:

$$E = \frac{q}{4\pi\varepsilon_0 r^2} \text{ e } A = 4\pi r^2$$

então, para a esfera inscrita (raio r_{ins} = d/2) temos que o fluxo ϕ_1 é igual à q/ε_0. Enquanto, para a esfera circunscrita $r_{ins} = d/\sqrt{2}$ o fluxo ϕ_2 é igual à q/ε_0. Portanto, vemos que de acordo com a Lei de Gauss, o fluxo do campo elétrico é determinado apenas pela carga líquida interna à superfície.

Lei de Gauss - campo magnético

A comprovação experimental da chamada Lei de Gauss, associada ao campo magnético, baseia-se na seguinte observação: um ímã permanente ou uma barra magnética tem um pólo norte (N) e um pólo sul (S). Se dividirmos o ímã ou a barra em dois pedaços, verifica-se que cada um desses novos pedaços continuará tendo um pólo norte e um pólo sul. Continuando esta divisão até uma escala microscópica, observa-se, ainda, a existência de pólos N e S. Ou seja, não existem partículas com "cargas magnéticas" ou pólos magnéticos isolados (monopolos magnéticos), de maneira análoga às cargas elétricas negativas e positivas existentes na eletricidade. Portanto, o fluxo do campo magnético, Φ_B = **B.A**, através de uma superfície fechada qualquer é sempre nulo, pois o fluxo positivo associado ao pólo norte cancelará o fluxo negativo associado ao pólo sul, ou seja,

$$\Phi_B = 0 \quad \text{(nulo)}.$$

Isto significa que, as linhas de força magnéticas são sempre fechadas. Na Figura 2.03 exibimos as linhas de força magnéticas associadas ao campo magnético de um ímã, na forma de uma barra, e uma superfície esférica fechada em cujo interior encontra-se o ímã. Podemos observar que no lado direito da superfície, os vetores do campo magnético apontam para dentro da mesma, enquanto no lado esquerdo, eles apontam para fora, resultando em um fluxo do campo magnético nulo através da superfície fechada.

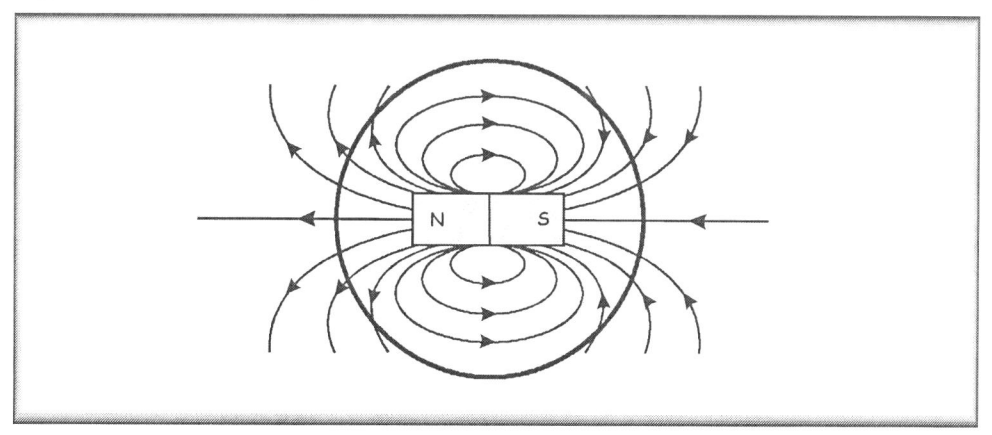

Figura 2.03 - Linhas de força magnéticas de um ímã através de uma superfície esférica fechada.

Do ponto de vista de aplicações, pode parecer pela sua simplicidade, que a Lei de Gauss, referente ao campo magnético, não tenha utilidade prática. No entanto, ela é de fundamental importância para o entendimento de diversas propriedades dos materiais magnéticos, que são usados hoje em dia, principalmente, em sistemas de gravação de imagem e som; bem como na produção de sensores magnéticos, utilizados em janelas residenciais e nos freios de automóveis. Esses sensores são muito mais sensíveis do que os sensores mecânicos e elétricos, além de apresentar uma excelente relação custo/benefício.

Lei de Faraday

Em 1820, o físico dinamarquês *Hans Christian Oersted* descobriu uma importante relação entre os fenômenos elétricos e magnéticos. Ao montar um experimento para demonstrar os efeitos provocados pela passagem de uma corrente elétrica ao longo de um fio condutor, *Oersted* observou que a agulha de uma bússola, quando colocada em uma direção paralela ao fio, sofria uma deflexão. Esse movimento da agulha indicava, claramente, que uma corrente elétrica dava origem a um campo magnético. Nascia assim o ramo da Física que hoje chamamos de Eletromagnetismo.

Michael Faraday, físico inglês, após conhecer os resultados de *Oersted* levantou, em 1831, a seguinte questão: se correntes elétricas produzem efeitos magnéticos, será que o fenômeno inverso pode ocorrer, ou seja, um campo magnético é capaz de produzir uma corrente elétrica em um circuito? Após inúmeros e cuidadosos experimentos, *Faraday* descobriu a resposta quando percebeu que uma corrente era induzida em um fio, enrolado na forma de uma bobina, sempre que a bobina se afastava ou se aproximava de um ímã em repouso ou, ao contrário, com a bobina parada, movia-se o ímã através da mesma. Na verdade, o que *Faraday* constatou nas proximidades do circuito foi a variação temporal do campo magnético através das espiras da bobina. Esse fenômeno, conhecido como indução eletromagnética, é explicado através da chamada Lei de *Faraday*: A variação temporal do fluxo magnético através de uma única espira de um fio condutor gera, na mesma, uma força eletromotriz ε induzida, que matematicamente é dada por:

$$\varepsilon = -\frac{\Delta \Phi_B}{\Delta t}$$

onde $\Delta \Phi_B$ representa a variação do fluxo magnético e Δt o intervalo de tempo dessa variação.

O significado do sinal negativo foi, primeiramente, apresentado por *Henrich Friedrich Emil Lenz*, em 1834, através da seguinte lei: "a corrente elétrica induzida produzirá um campo magnético que se opõe à variação temporal do fluxo magnético que a originou". Ou seja, pela Lei de Lenz, o sinal (-) serve para indicar o sentido de atuação da força eletromotriz ε induzida, que por sua vez, determina o sentido da corrente elétrica induzida. Uma demonstração rigorosa da Lei de Lenz, que está associada ao Princípio da Conservação da Energia, requer conhecimentos matemáticos do cálculo diferencial e integral, um assunto normalmente abordado em cursos universitários.

Em geral, para se fazer uma demonstração experimental da Lei de Faraday utiliza-se uma espira (feita com fio de cobre esmaltado), um galvanômetro e um ímã permanente. Um esquema da demonstração é apresentado na Figura 2.04(a). Observa-se que o ponteiro do galvanômetro só se movimenta, quando ocorre um movimento relativo entre o ímã e a espira, ou seja, o ímã se movimenta e a espira fica parada; ou o ímã permanece parado enquanto a espira se movimenta, ambos movimentos produzindo o mesmo efeito. Faraday observou ainda que a simples presença do ímã numa região próxima a bobina, não implicava no movimento do ponteiro do galvanômetro, pois o surgimento da corrente induzida não dependia da distância entre o campo magnético e a bobina e sim, de uma variação temporal do fluxo do campo magnético através da mesma.

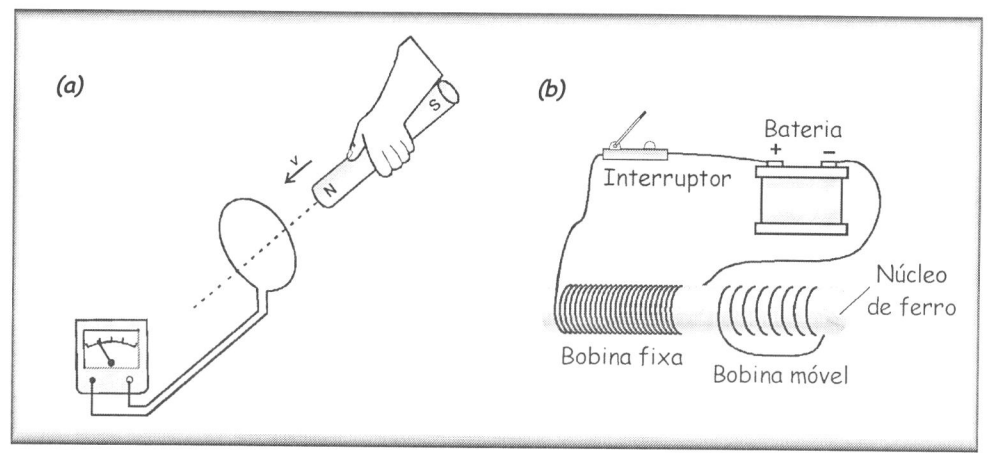

Figura 2.04 - (a) Aparato simples para demonstrar o surgimento de uma corrente induzida numa espira devido à aproximação do pólo de um ímã; (b) Esquema experimental usado por Faraday para investigar o fenômeno da indução eletromagnética.

É importante salientar que nos experimentos originais de Faraday não existia galvanômetro. A solução encontrada por ele foi montar o circuito mostrado na Figura 2.04(b). Neste caso, temos duas bobinas, uma fixa e uma móvel, enroladas em um núcleo de ferro, com a fixa conectada a uma chave que, por sua vez, está conectada a uma bateria química. Faraday observou que ao ligar (interruptor fechado) ou desligar (interruptor aberto) a primeira bobina, a segunda bobina se deslocava, devido à passagem de uma corrente elétrica por ela. Para explicar este resultado, Faraday utilizou o conceito criado por ele, de linhas de campo, para destacar que o surgimento da corrente na segunda bobina, devia-se à variação do fluxo do campo magnético, gerado na primeira bobina, através da mesma. Por fim, destacamos que a criação do conceito de campo não só ajudou a Maxwell a formular sua teoria eletromagnética, como, também, forneceu uma nova interpretação para o conceito de uma força, pois, agora, os campos elétricos e magnéticos apresentam uma realidade própria, sem a necessidade de se referirem a um corpo material.

Exemplo 02

A figura ao lado mostra uma espira de cobre, pendurada por um cordão flexível, de forma que a mesma pode oscilar. Explique de que forma podemos provocar, sem nenhum contato mecânico, uma oscilação na espira usando somente campos elétricos e magnéticos.

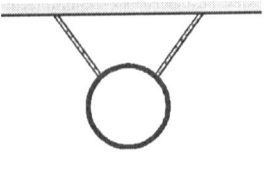

Resolução e Comentários

Para que o campo elétrico possa movimentar a espira, sem nenhum tipo de contato mecânico, é necessário carregar eletricamente a espira, para que ela possa interagir (por indução eletrostática) e ser balançada na direção em que o campo elétrico está sendo aplicado. No caso do campo magnético, teremos que aproximar um ímã ou uma outra espira, por onde passa uma corrente elétrica, que, pelas leis de Faraday e Lenz, dará origem a um campo magnético que irá se opor à variação do campo magnético inicial. Como campos magnéticos opostos se repelem, então a espira se moverá. Esta experiência pode ser facilmente realizada. Basta construir uma bobina com 30 espiras, aproximadamente, de fios finos de cobre esmaltado; diâmetro menor do que 0,5 mm, soldando-se os terminais inicial e final da bobina. O ímã a ser utilizado para produzir o campo magnético inicial, pode ser retirado de um velho alto-falante.

Lei de Ampère

Quando *Oersted* apresentou, em 1820, o seu trabalho científico na Academia Francesa de Ciência, estava na platéia o jovem físico francês *André Marie Ampère* que, imediatamente, iniciou uma série de experimentos. Seu primeiro resultado, anunciado uma semana depois, descrevia a interação magnética entre dois fios condutores, nos quais passavam correntes elétricas paralelas. Em seguida, ele determinou o módulo do campo magnético B, em um ponto, associado a um fio condutor retilíneo que transporta uma corrente elétrica de intensidade i, ou seja, demonstrou matematicamente a experiência de *Oersted*. Esse resultado, conhecido atualmente como Lei de Ampère é dado por:

$$B = \frac{\mu_0 i}{2\pi r}$$

onde r é a distância do ponto ao eixo do fio condutor e $\mu_0 = 1,25 \times 10^{-6}$ H/m (henry/metro) é a permeabilidade magnética no vácuo.

Analisando todos esses resultados (Lei de Gauss para os campos elétrico e magnético, a Lei de Faraday e a Lei de Ampère), *Maxwell* percebeu que, para se obter uma completa simetria nas equações do Eletromagnetismo, faltava em uma delas um termo que representasse o seguinte fenômeno: uma variação temporal de um campo elétrico deve gerar um campo magnético, que é uma situação inversa à predita pela Lei de Faraday (uma variação temporal de um campo magnético produz um campo elétrico). Para resolver este problema ele reformulou a Lei de Ampère para incluir um novo termo, batizado por ele de corrente de deslocamento. Neste caso, a Lei de Ampère passa a ter a seguinte forma:

$$B \propto i + \frac{\Delta \Phi_E}{\Delta t}$$

Fisicamente, a equação acima, significa que as fontes dos campos magnéticos podem ser tanto uma corrente elétrica, quanto à variação temporal de um campo elétrico, representada pelo segundo termo da equação. Usamos o sinal de proporcionalidade nesta equação, porque para determinar a expressão completa é necessário o conhecimento de cálculo avançado, um assunto que foge do escopo deste livro.

Depois de sintetizar todo o conhecimento existente, até aquela época, sobre o Eletromagnetismo usando suas quatro equações, *Maxwell* verificou detalhadamente cada uma delas e conseguiu obter um importante resultado: a previsão da existência das **ondas eletromagnéticas**. Tais ondas consistem em uma superposição de variações temporais de campos elétricos e magnéticos. Ou seja, para produzirmos uma onda eletromagnética se faz necessário obter uma variação temporal dos campos elétricos e magnéticos, que pode ser produzida por aceleração de cargas elétricas. Além de fazer a previsão de sua existência, *Maxwell* calculou teoricamente a velocidade de propagação de uma onda eletromagnética no vácuo através da seguinte equação:

$$c = \frac{1}{\sqrt{\varepsilon_0 \mu_0}}$$

onde ε_0 = 8,85x10^{-12} F/m é a permissividade elétrica no vácuo e μ_0 = 1,25x10^{-6} H/m é a permeabilidade magnética no vácuo. Ao substituir os valores das constantes, na equação acima, *Maxwell* verificou que ela era exatamente igual à velocidade de uma onda luminosa, $c \sim 3 \times 10^{+8}$ m/s, ou seja, a luz é uma onda eletromagnética.

Dessa forma ao revelar a natureza eletromagnética da luz, *Maxwell* conseguiu unificar em uma única teoria a Óptica e o Eletromagnetismo, mostrando claramente que os fenômenos elétricos, magnéticos e ópticos possuem uma única descrição Física; promovendo, portanto, a chamada terceira unificação das teorias físicas. A primeira unificação, a síntese *Newtoniana*, descreve as leis do movimento, que valem para os corpos terrestres e celestes. Enquanto, a segunda trata da unificação da eletricidade com o magnetismo, devido aos resultados obtidos por *Oersted*, *Faraday* e *Ampère*.

Coube a *Heinrich Hertz*, em 1887, a comprovação experimental das idéias de *Maxwell*. Na Figura 2.05 é mostrado o esquema experimental utilizado por ele para emitir, detectar e caracterizar as ondas eletromagnéticas. Durante a implementação do experimento, *Hertz* observou que a produção de faíscas elétricas entre os terminais de uma bobina era essencial para a emissão de uma onda eletromagnética, pois tinha conhecimento de que faíscas elétricas, semelhantes aos raios de uma tempestade, ao "caírem" provocam desvios nas agulhas das bússolas. Para produzir estas faíscas, ele usou uma bateria que fornece a energia necessária para a bobina de *Ruhmkorff* produzir uma alta voltagem elétrica e, conseqüentemente, uma faísca elétrica entre os terminais da mesma.

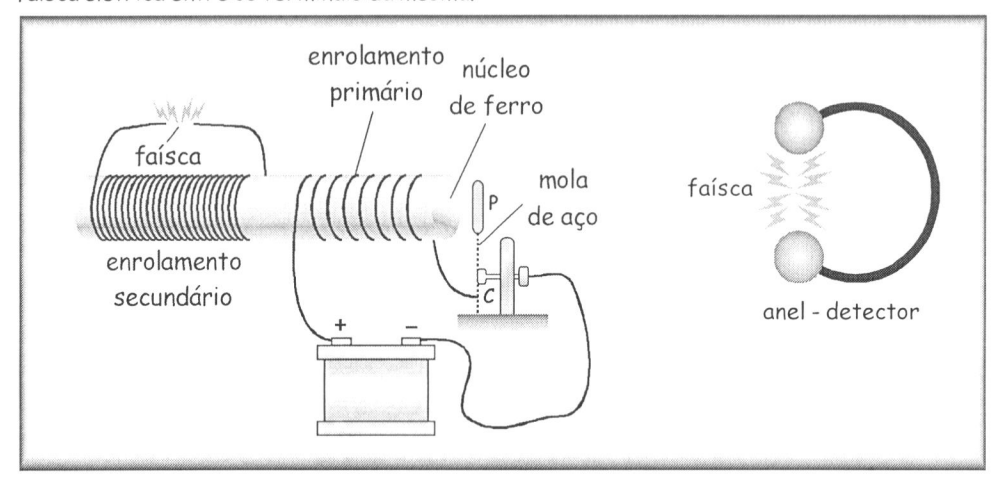

Figura 2.05 - Esquema experimental usado por Hertz para comprovar a existência das ondas eletromagnéticas.

A bobina de *Ruhmkorff* é formada por uma barra cilíndrica (núcleo de ferro) com 30 cm de comprimento e 5 cm de diâmetro na base, na qual enrola-se dois diferentes conjuntos de espiras. O primeiro, a bobina primária, é feito com um fio grosso (diâmetro da ordem de 5 mm) de cobre esmaltado (para isolar eletricamente as espiras) com um comprimento médio de 10 metros. O segundo, a bobina secundária, é construído com um fio de cobre esmaltado extremamente fino (diâmetro da ordem 0,04 mm), com um comprimento que pode ultrapassar os 50 km. Formando um transformador que pode atingir tensões elétricas elevadíssimas (da ordem de 100.000 volts). Agora, para colocá-la em funcionamento é necessário produzir uma variação de fluxo magnético, que é conseguida por intermédio de um contato elétrico, controlado magneticamente por uma chave magnética C, como vemos na Figura 2.05. Inicialmente, quando a bateria é ligada, a chave magnética está fechada, e uma corrente elétrica passa através da bobina primária, gerando em torno do núcleo de ferro um campo magnético. Este campo irá atrair a chave C (construída com material ferromagnético), desfazendo o contato elétrico entre a bobina primária e a bateria. Em seguida, desliga-se a corrente elétrica e, por conseguinte, o campo magnético. Nesse momento, a chave C fará, novamente, o contato elétrico, reiniciando todo o ciclo liga-desliga. É este processo de ligar-desligar a chave que provoca nos terminais da bobina (cuja separação pode ser ajustada) o surgimento das descargas elétricas, que, por sua vez, são elétrons acelerados que se encontram nos terminais da bobina secundária. Esse movimento dos elétrons é o mecanismo responsável pela geração dos pulsos eletromagnéticos. A detecção destes pulsos é feita por um anel-detetor (também conhecido por ressoador), em destaque na figura, que é um anel semi-aberto com um diâmetro da ordem de 5 cm. O registro da detecção é feito imediatamente após a produção da faísca na bobina, pois se observam na abertura do anel "centelhas luminosas", cuja origem se deve à variação temporal da onda eletromagnética na abertura do anel-detetor. Em resumo, a conclusão mais importante, em relação a esse experimento, é a de que a produção de ondas eletromagnéticas é possibilitada pela aceleração dos elétrons.

Deve-se a *Hertz*, também, a verificação experimental de que as ondas eletromagnéticas possuem as mesmas propriedades de uma onda luminosa (reflexão, refração e interferência) e se propagam no vácuo com velocidade igual à da luz. Para medir a velocidade da luz, ele colocou uma placa metálica na frente da bobina secundária e, ajustando a distância entre a placa e a bobina, conseguiu obter uma onda estacionária (como as encontradas nos experimentos com cordas vibrantes), na qual existem nodos e anti-nodos de campos elétrico e magnético. Em seguida, ajustando a posição do anel-detetor entre a placa e a bobina, mediu os máximos e mínimos de intensidade do faiscamento no anel-detetor, que, nesse caso, correspondem às posições dos nodos (máximos) e dos anti-nodos (mínimos) da onda eletromagnética e, desse modo, determinou o comprimento de onda λ da onda eletromagnética. Como a freqüência f do conjunto da bobina de *Ruhmkorff* era conhecida, então foi possível medir, pela, primeira vez, a velocidade da luz $c = \lambda f$. Portanto, a luz é uma onda eletromagnética, como previsto teoricamente por *Maxwell*. Ainda sobre Hertz, uma curiosidade histórica: ele observou, também, pela primeira vez, o que mais tarde seria chamado de efeito fotoelétrico, pois quando ele fazia incidir luz ultravioleta no anel-detetor, observava que o faiscamento era mais intenso. Esse fenômeno será discutido no Capítulo 5.

Não tardou muito, logo após o trabalho de *Hertz*, começaram as buscas pela aplicação de seus resultados. Em 1899, *Guglielmo Marconi* fez a primeira transmissão telegráfica usando ondas eletromagnéticas (dispensando o uso de condutores), através do canal da Mancha, com um aparato muito semelhante ao usada por *Hertz*. Com isso ele iniciou a era das telecomunicações que, posteriormente, consolidou-se com os avanços tecnológicos que permitiram o surgimento do rádio, da televisão, do telefone e, mais recentemente, da internet.

As aplicações tecnológicas das leis do Eletromagnetismo são enormes. Elas formam a base de funcionamento dos transformadores (utilizados para aumentar e diminuir voltagens elétricas) e geradores elétricos. São responsáveis pela invenção dos motores elétricos, dos relés eletromecânicos (exaustivamente usados em máquinas industriais), dos alto-falantes, e microfones, equipamentos muito importantes no início da era da comunicação, pois os chamados transdutores eletromagnéticos-mecânico são essenciais para transformar sinais elétricos em sinais sonoros. Mais recentemente, devemos aos conhecimentos sobre as ondas eletromagnéticas, o aparecimento dos sensores elétrico-óptico e magneto-óptico usados na construção de diversos equipamentos domiciliares, tais como: os aparelhos de vídeo-cassete, o dvd, o cd, o forno de microondas e o telefone celular, entre outros.

Depois de tudo o que foi dito acima, surge naturalmente, uma curiosidade: nos equipamentos modernos existe, também, uma bobina de *Ruhmkorff* para produzir as ondas eletromagnéticas? Pelas suas dimensões, que torna difícil a sua miniaturização, a resposta é não. Contudo, os engenheiros eletrônicos descobriram que o esquema descrito pela Figura 2.05 é completamente equivalente a um circuito LC, onde um dispositivo indutor L e um capacitor C operam em paralelo. Com isto, é suficiente conectar uma antena ao circuito LC, para se ter uma onda eletromagnética se propagando para o meio exterior. Em um circuito LC em paralelo, após carregar o capacitor com uma bateria química, devemos conectá-lo a um indutor (uma bobina com várias espiras feitas com um fio condutor), para que o mesmo se descarregue. Isto irá provocar uma alteração do campo elétrico entre as suas placas, aumentando a corrente elétrica no indutor, que dará origem a um campo magnético. Após a descarga completa do capacitor, a energia elétrica ficará acumulada no indutor, na forma energia magnética. De acordo com a Lei de *Faraday*, a variação temporal do fluxo magnético na bobina surge como uma diferença de potencial (f.e.m.) que carregará novamente o capacitor, e o processo volta a se repetir de maneira cíclica, com uma freqüência que depende exclusivamente dos valores da capacitância e da indutância ($f \sim LC$). Portanto, para sintonizar uma emissora de rádio, basta alterar o valor do capacitor ou do indutor, no chamado circuito tanque LC, girando o botão de sintonia. Do ponto de vista tecnológico/econômico, é mais fácil mudar a capacitância do que a indutância. Atualmente, muitos desses dispositivos estão sendo substituídos por dispositivos semicondutores, cujo desenvolvimento tecnológico deu-se graças aos avanços científicos da Física Quântica. Tais dispositivos, mudam a capacitância quando se varia a diferença de potencial entre seus terminais, que são chamados de "varicap´s", e com isso, agora, não é mais necessário girar um botão de sintonia, basta um simples toque no controle remoto para mudar, por exemplo, de estação de rádio ou o canal da televisão.

Exemplo 03

Produção de ondas eletromagnéticas. Você já deve ter observado, se não observou, procure ver a partir de agora, que ao ligarmos uma lâmpada do tipo fluorescente numa sala onde se encontra uma televisão ligada, aparecem na tela da TV riscos horizontais, exatamente nos momentos em que o "start" aciona a lâmpada. Também, podem surgir esses riscos na tela da TV, quando se liga, por exemplo, um liquidificador. Explique, a origem desses riscos usando a teoria eletromagnética.

Resolução e Comentários

A explicação é muito simples. No momento em que o "start" está acionando a lâmpada ou quando o liquidificador está ligado, ocorrem faiscamento elétrico e, consequentemente, aceleração de cargas, que segundo a teoria eletromagnética fará surgir ondas eletromagnéticas. Portanto, o processo de faiscamento produz ondas eletromagnéticas, um fato que é hoje muito comum, pois dispomos de vários equipamentos que produzem faíscas elétricas (relés, motores com escovas, ignição de carro, interruptores, entre outros).

O arco-íris de Maxwell

Conforme discutimos anteriormente, a maior contribuição de *Maxwell* (confirmada mais tarde por *Hertz*) foi a sua previsão de que a luz visível era uma onda eletromagnética. Os avanços posteriores levaram a descobertas que ampliaram os conhecimentos sobres essas ondas, até se concluir que diversos tipos de radiações (por exemplo, radiação gama, ultravioleta, infravermelho e ondas de rádio) são todas ondas eletromagnéticas. Na Figura 2.06 apresentamos os diferentes tipos de ondas eletromagnéticas, que formam o que hoje se chama de espectro eletromagnético ou de arco-íris de *Maxwell*. Vemos, na figura, que a grandeza que permite diferenciar os diversos tipos de ondas é a freqüência das mesmas. Temos valores de freqüência variando entre *60 Hz* (ondas típicas das redes elétricas), que são a principal fonte de ruídos para os equipamentos eletroeletrônicos, até a radiação γ com freqüências em torno de 10^{+20} Hz.

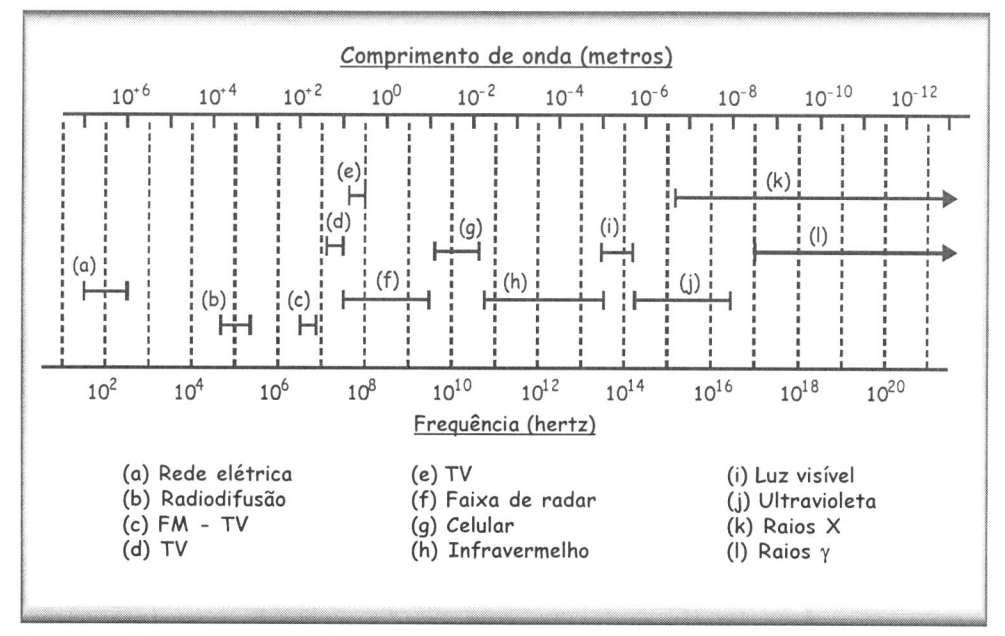

Figura 2.06 - O espectro eletromagnético ou o arco-íris de Maxwell.

Antes de prosseguirmos na discussão sobre as radiações do arco-íris de Maxwell, consideramos que é de fundamental importância, apresentar o princípio de funcionamento das antenas. Do ponto de vista físico, qualquer pedaço de metal (que possui elétrons livres que possam ser acelerados) serve como uma antena para recepção ou transmissão de ondas eletromagnéticas. No entanto, a antena será mais eficiente quando o seu comprimento L for um submúltiplo do comprimento de onda λ, da correspondente onda eletromagnética. Nesse caso, teremos um efeito de ressonância entre L e λ, pois a onda eletromagnética irá fazer com que os elétrons livres da antena oscilem com uma freqüência muito próxima da sua. Desta maneira, teremos nos terminais de uma antena uma força eletromotriz induzida ε que depende do comprimento L e de sua relação com o comprimento de onda λ. Na Figura 2.07, apresentamos o ciclo de atuação do campo elétrico que compõe uma onda eletromagnética. Além disso, destacamos na figura, o tipo de antena mais comum, chamada antena do tipo dipolo, que é formada por duas hastes condutoras (normalmente tubos de alumínio), posicionadas na mesma direção e com uma pequena separação entre elas. Dos pontos onde se deveria unir as hastes saem os terminais onde se realiza a medida de ε e onde se conecta os condutores na antena. Observe ainda, na Figura 2.07, que para se obter uma f.m.e. ε é necessário que L < λ, pois só assim se formará um dipolo (uma haste com um pólo positivo e outro negativo). As antenas do tipo dipolo mais usadas são as que possuem um comprimento L = λ/2 (antena λ/2) ou de L = λ/4 (antena λ/4). Voltemos, agora, ao arco-íris de Maxwell.

    As ondas com comprimento de onda entre 10^{+4} *m* (10 km) e 10^{-1} *m* (10 cm) são utilizadas para a transmissão de ondas de rádio, de uso marítimo e aeronáutico, ou nas transmissões de rádio AM (Amplitude Modulada) e FM (Freqüência Modulada). No caso particular, Rádio Cabugi (Natal/RN), cuja freqüência de transmissão é de *640 kHz* (seiscentos e quarenta quilohertz), o comprimento de onda é da ordem de *468,75 metros*. Este valor representa a ordem de grandeza do tamanho da antena transmissora. Caso a antena seja de meio comprimento de onda (λ/2), a antena deveria ter *234,38 m* de altura, ou se de um quarto de comprimento de onda (λ/4), seria *117,19 m* de altura. Logo, todas as emissoras de rádio AM's, que por lei deve operar numa faixa de freqüência entre 530 kHz a 1600 kHz, devem ter um comprimento de onda próximo a centenas de metros, daí a necessidade de torres altas (centenas de metros) e terrenos grandes (para fixar os cabos de sustentação das torres), para se construir as antenas das AM's. No caso das emissoras de rádios FM's, os comprimentos de onda são bem menores, variando entre *2,8 m* até *3,4 m*, pois por lei, a freqüência deve está entre 88 MHz a 108 MHz. As emissoras de rádio FM foram criadas para resolver os problemas de transmissão de sinais sonoros das rádios AM. Para você perceber a diferença sugerimos que escute uma música em uma rádio AM e depois escute uma música em uma rádio FM; assim perceberá a grande diferença na qualidade do sinal sonoro entre estas. Isto acontece porque as rádios AM são mais susceptíveis aos ruídos. Pois o sinal resultante que é captado pelo seu rádio, pode ser alterado por outras fontes de radiação eletromagnética (por exemplo: faíscamento da ignição de um automóvel). Já as rádios FM´s são menos susceptíveis a ruídos, pois o sensor do aparelho só é sensibilizado pela freqüência selecionada no dial, o que restringe muito as possibilidades de alteração do sinal captado. Especificamente, para o caso da Rádio Tropical (Natal/RN) que opera com freqüência de 103,9 MHz (cento e três, nove megahertz), o comprimento de onda é de apenas *2,89 m*, bem inferior aos *468,75 m*, da Rádio Cabugi AM. Portanto, as antenas das rádios FM's são da ordem de poucos metros e sua instalação não necessita de torres altas ou terrenos grandes. Normalmente, as antenas das FM's são fixadas no próprio teto da sede da emissora. Ainda na faixa dos MHz, temos, também, os canais de TV (transmitindo voz e imagem), que estão divididos, em três faixas de operação: canais 2 - 6, canais 7 - 13 e canais 14 - 69; de acordo com suas respectivas e crescentes faixas de freqüências.

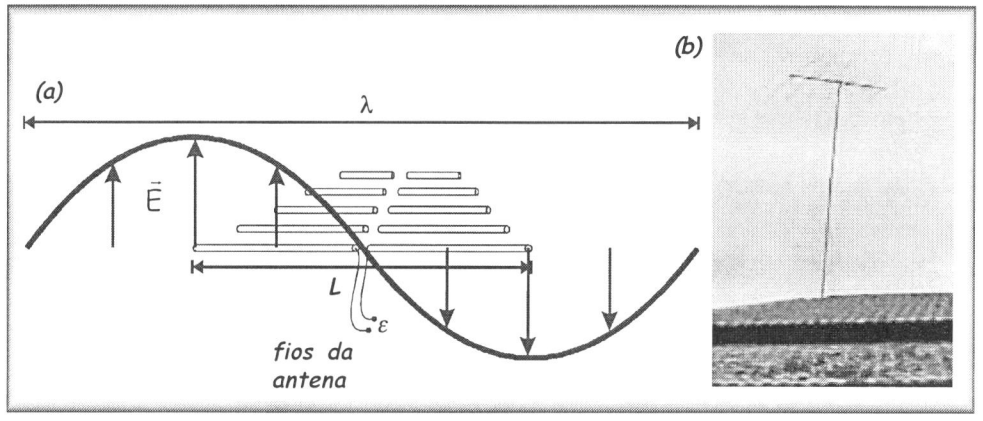

Figura 2.07 - (a) Esquema de uma antena tipo dipolo. Observe os vários tamanhos dos dipolos que servem para sintonizar os vários canais (Globo, SBT, TVU, etc.). (b) Fotografia de uma antena tipo dipolo no telhado de uma residência.

Exemplo 04

Considerando **que as antenas serão para captar um sinal eletromagnético de meio comprimento de onda $\lambda/2$**, ou seja, o tamanho da antena corresponde a uma antena do tipo dipolo, como apresentado na Figura 2.07. Calcule os tamanhos das antenas dos seguintes sinais eletromagnéticos, os valores foram aproximados para facilitar as contas algébricas:

a) 600 kHz (Rádio AM)
b) 60 MHz (Canal de TV- canais 2 a 6)
c) 100 MHz (Rádio FM)
d) 200 MHz (Canal de TV- canais 7 a 13)
e) 1000 MHz (Sinal de celular)

Resolução e Comentários

O tamanho da antena é dado por L = $\lambda/2$. E como sabemos da relação entre comprimento de onda λ, velocidade da luz c e freqüência **f** de uma radiação eletromagnética, c = λ**f**. O tamanho da antena é dado por:
L = c/2f = $1,5 \times 10^8$ / f

Logo, basta dividir $1,5 \times 10^8$ pelo valor da freqüência do sinal, que teremos os seguintes comprimentos para cada sinal eletromagnético:

a) 250 metros;   b) 2,5 metros;
c) 1,5 metros;   d) 0,75 metros;   e) 0,15 metros ou 15 cm.

Outra região importante do espectro é a das microondas, freqüências na faixa de 10^{+9} Hz (gigahertz), que incluem os sinais dos radares e dos telefones celulares. Nos chamados fornos de microondas, a freqüência de operação (produzida por uma válvula chamada de magnetron, que excita elétrons capazes de produzir esse tipo de radiação) está na faixa de 2,45 GHz ($\lambda \sim 12$ cm). A energia com esta freqüência, ao ser absorvida pelas moléculas bipolares da água, presentes nos alimentos, fará com que essas moléculas vibrem na mesma freqüência (condição de ressonância) e essa vibração produzirá energia térmica, que irá aumentar a temperatura do alimento. É importante lembrar, que não se deve colocar dentro do forno de microondas materiais que possuem metais em sua composição, pois o metal funcionará como uma antena receptora de calor, que por efeito joule, irá aquecer o metal até o seu ponto de fusão; e isto pode danificar as partes internas do forno. Em medicina, usa-se esta propriedade da água ser ressonante em 2,45 GHz, para induzir em um paciente uma febre artificial que ajudará no tratamento dos pacientes, pois esse processo serve para eliminar micróbios.

Outra aplicação das microondas é nas transmissões via satélite, pois devido a camada ionosférica da atmosfera, os sinais transmitido nessa faixa de freqüência sofrem menos interferência. Os sinais de TV, seja de canais abertos ou canais pagos, usam antenas com comprimentos da ordem de centímetros. Ou seja, os detectores de microondas, nas antenas parabólicas, possuem dimensões da ordem do comprimento de onda. Sendo o formato de parábolas necessário para focalizar (na posição do detector) o sinal de microondas vindo do satélite.

Dentro da faixa das microondas, funcionam os aparelhos de telefones celulares. No que diz respeito ao funcionamento desses aparelhos, observa-se que o tamanho dos celulares possui uma relação direta com a faixa de freqüência que atuam. Por exemplo, para celulares que operam na banda A, a freqüência de operação é em torno de 1,00 GHz (λ = 30 cm). Como para um bom desempenho, o tamanho da antena deve ser da ordem do comprimento de onda, então, no caso de uma antena com um comprimento igual a $\lambda/4$, o tamanho do celular deverá ser da ordem de 7,5 cm. Atualmente no Brasil, as operadoras de celular operam nas bandas A (820 MHz), B (830 MHz), D (910 MHz) e E (915 MHz). Contudo, as tecnologias de transmissão são bastante diferentes, sinais de menor freqüência, banda A, transmitem uma menor quantidade de informação, basicamente apenas o sinal de voz. Já os sinais de maior freqüência, bandas D e E, podem transmitir muitas informações, por exemplo: voz; imagem; cotações de ações; previsão do tempo e internet.

Ainda no espectro, vemos, após a região das microondas, a região das radiações: infravermelha, visível e ultravioleta. Tipicamente, a radiação infravermelha (faixa de freqüências entre 10^{+11} Hz até 10^{+14} Hz) está associada a objetos aquecidos. É a radiação que sentimos como calor, transmitido, por exemplo, para a nossa mão, quando aproximamos a mesma de um ferro de engomar ligado. Como qualquer objeto aquecido emite radiação térmica ou infravermelha, pode-se utilizar esse efeito em aplicações práticas tais como: na secagem de pintura de automóveis ou na análise de fotografias de sistemas biológicos ou físicos, nas quais, em geral, se deseja detectar as diferentes regiões de temperaturas, onde os sistemas se encontram. A região visível (luz) do espectro, cobrindo um intervalo de freqüências entre $4,3 \times 10^{+14}$ Hz e $7,5 \times 10^{+14}$ Hz, é a mais familiar para nós. Trata-se da intensa radiação eletromagnética emitida pelo sol, que, como sabemos, é extremamente importante em nossas vidas diária. Enfim, vendo a imensidão do espectro eletromagnético, concluímos que os nossos olhos só percebem uma parte muito pequena deste espectro, o que implica na necessidade de dispormos de diversos métodos e técnicas experimentais, para investigar as demais regiões do espectro.

A região ultravioleta corresponde a um intervalo de freqüências entre 10^{+14} Hz e 10^{+18} Hz. Esta radiação é prejudicial a nossa saúde, pois se ficarmos expostos durante tempos muitos longos a ela, corremos o risco de desenvolvermos um câncer de pele. Uma das fontes conhecidas de radiação ultravioleta é a lâmpada fluorescente. No entanto, a principal fonte dessa radiação é o sol, cuja exposição ao mesmo deve ser evitada, principalmente, nos horários entre as 10 horas e às 14 horas, para evitarmos problemas na pele. Por outro lado, essa radiação pode ser útil para nós, por exemplo, o banho de sol em crianças ajuda no crescimento dos seus ossos; além de servir para a esterilização (leite) e conservação alimentos (carnes), desde que seja utilizada com controle.

Na parte final do espectro, encontramos os raios X (veja detalhes no Capítulo 3) e a radiação gama γ. Os Raios X, têm uma freqüência próximo a 10^{+20} Hz ($\lambda = 3 \times 10^{-12}$ m), enquanto a radiação γ têm freqüências em torno de 10^{+22} Hz ($\lambda = 3 \times 10^{-14}$ m).

Exemplo 05

Observando o arco-íris de *Maxwell* (Figura 2.06), responda as seguintes questões:

a) Qual é o tipo de onda eletromagnética cujo comprimento de onda é da ordem do tamanho de um campo de futebol;
b) do tamanho de uma mesa?
c) de um lápis?;
d) da espessura de uma folha de papel?;
e) da dimensão de um átomo? e, finalmente,
f) da dimensão de um núcleo atômico?

Resolução e Comentários

Analisando a Figura 2.06, podemos constatar que: no caso do campo de futebol, a onda correspondente é a do tipo utilizada pelas emissoras de rádio AM; para o caso mesa, teremos ondas de rádio FM; enquanto, para o lápis, as ondas encontram-se na região das microondas e para a espessura de uma folha de papel, a onda associada está na região visível do espectro. No que diz respeito, às dimensões do átomo e do núcleo atômico, é importante, primeiro, conhecermos as dimensões destes objetos. Veremos, em capítulos posteriores, que o átomo tem dimensões da ordem de 10^{-10} metros e o núcleo atômico apresenta dimensões da ordem de 10^{-15} metros. Portanto, nesse caso, as ondas correspondentes são as que possuem comprimentos de onda na região onde se encontram os raios X e γ, respectivamente.

Finalizando, é importante ressaltar que todo o espectro do arco-íris de Maxwell é composto de ondas eletromagnéticas e, devido a isto, as propriedades de reflexão, refração, polarização, difração e interferência, valem para qualquer um dos tipos de radiações que o compõe. Como exemplo, se um feixe de raios X incidir na superfície de um material, o ângulo de incidência e o ângulo de reflexão destes raios devem ser iguais, pois a lei da reflexão é válida para todas as radiações eletromagnéticas ($\theta_{incidente} = \theta_{refletido}$). Os efeitos de refração (mudança na direção de propagação de uma onda, quando se muda de meio de propagação, por exemplo, do ar para água) também são observados em todas as ondas eletromagnéticas. Da mesma forma, os efeitos de difração (a possibilidade de uma onda contornar obstáculos) são observados, principalmente, com ondas de rádio, com as microondas e com os raios γ. Isto porque, para se observar figuras de difração com ondas eletromagnéticas, as dimensões do obstáculo devem ser da ordem do comprimento de onda da radiação. Como, para ondas de rádio AM ($\lambda \sim 300$ m), um bom obstáculo seria uma montanha ou mesmo um navio. Mas, para as microondas ($\lambda \sim 10$ cm), obstáculos como copos, pratos e xícaras são suficientes. No caso, da radiação visível ($\lambda \sim 1$ μm), obstáculos tais como: fios de cabelo, riscos em espelhos ou furos milimétricos, permitem obtermos figuras de difração. Por fim, se a radiação for composta de raios X, o comprimento de onda deve ser da ordem do espaçamento atômico entre os átomos que formam um corpo sólido, ou seja, quando um sólido (de ferro, de cobre ou de alumínio) for colocado no trajeto de raios X obteremos num anteparo uma figura de difração.

Exemplo 06

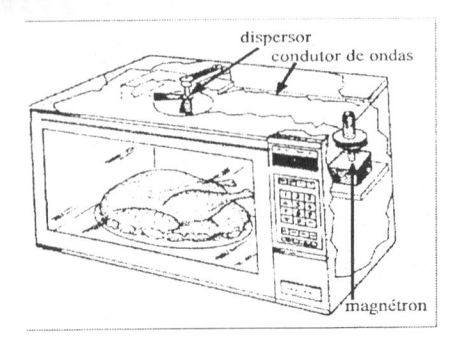

(UnB-2001) Como qualquer outra radiação, as microondas podem ser refletidas, transmitidas ou absorvidas, dependendo do material com que interagem. O forno de microondas utiliza todos esses três fenômenos. No forno, como ilustra a figura abaixo, um dispositivo chamado magnétron gera microondas de freqüência igual a 2,45 GHz que, por meio de um dispersor, são inseridas no interior do forno em várias direções, visando minimizar a formação de ondas estacionárias. As microondas são, então, refletidas pelas paredes metálicas do forno e absorvidas pelas moléculas de água do alimento colocado em seu interior.

A partir dessas informações, julgue os itens que se seguem.

(1) No interior do forno de microondas, as moléculas de água do alimento são responsáveis pela conversão de energia eletromagnética em energia térmica.

(2) Considerando que as microondas não conseguem atingir as moléculas de água que estão a uma maior profundidade em uma peça grande de alimento, é correto afirmar que as partes internas dessa peça serão cozidas principalmente devido às correntes de convecção.

(3) Vasilhames apropriados para cozer alimentos em microondas devem ser feitos de materiais que absorvam radiação eletromagnética na faixa de 2×10^9 Hz a 3×10^9 Hz.

(4) A eliminação das ondas estacionárias pela atuação do dispersor permite que os alimentos sejam cozidos mais uniformemente.

Resolução e Comentários

Os itens (1) e (4) estão corretos. Os itens (2) e (3) estão errados. Pois em (2) as partes internas da peça de alimento serão cozidas principalmente devido à condução. Enquanto que em (3) os vasilhames apropriados para cozer alimentos em microondas não devem absorver radiação eletromagnética na faixa indicada, senão os mesmos serão aquecidos.

Exercícios ou Problemas

01 - Carlos quer instalar uma rádio comunitária em seu bairro. A intenção dele é, em um futuro próximo, se candidatar a um cargo político; e para obter sucesso em sua carreira política, decidiu, inicialmente, investir nesta rádio. No entanto, ele ainda não sabe se instalará uma rádio AM (que por lei, só pode operar na faixa de freqüências entre 530 kHz e 1600 kHz) ou uma rádio FM (cuja freqüência, por lei, deve está entre 88 MHz e 108 MHz). Para pedir o financiamento dos recursos financeiros a um banco ele terá que decidir que tipo de rádio ele quer. Considerando que, devido aos avanços tecnológicos, os valores de aquisição dos transmissores são bastante próximos entre si, determine outros parâmetros físicos que sejam importantes nos custos finais de aquisição dessa rádio? Após escolher o tipo de rádio, AM ou FM, escolha a sua freqüência e calcule o seu comprimento de onda. Justifique suas respostas.

02 - Na década de 80, era muito comum encontrarmos às chamadas rádios piratas (rádios sem autorização oficial do governo para o seu funcionamento), que eram usadas por partidos políticos ou radialistas amadores, para a transmissão de informações que sofriam a censura governamental. No entanto, o órgão fiscalizador destas transmissões de rádios podia, e pode com auxílio de detectores de intensidade de radiação, sintonizados na freqüência da rádio, encontrar o local exato de onde parte a emissão do sinal eletromagnético. Assim, torna-se fácil identificar a localização da rádio (casa, apartamento, etc). No entanto, um caso curioso ocorreu no Rio de Janeiro: o órgão fiscalizador, usando o sistema de detectores,

Exercícios ou Problemas

descobriu a localização de uma dessas rádios piratas em uma casa residencial. Ao chegar na casa foram surpreendidos pelo seguinte fato: não existia no local nenhum vestígio do transmissor da rádio. Somente após várias averiguações, descobriu-se que o transmissor estava dentro de uma panela metálica (normalmente de alumínio ou aço) que se encontrava na cozinha da casa. Como você explica o funcionamento desse transmissor, sabendo que o campo elétrico dentro de qualquer superfície metálica é nulo?

03 - Descreva três maneiras diferentes de se provocar uma variação de um fluxo magnético através de um circuito elétrico, como o da Figura 2.04.

04 - Do ponto de vista experimental, até hoje (2003), ainda não foi verificada a existência de monopolos magnéticos. No entanto, teoricamente, um das principais previsões é de que, caso eles existam, teríamos uma explicação sobre a natureza discreta (quantização) da carga elétrica, que é atualmente um dos grandes mistérios da Física. Discuta com seus colegas como deveriam ser modificadas as leis de *Maxwell*, para incorporar nelas a existência de monopolos magnéticos.

05 - Descreva três maneiras simples e diferentes de se produzir ondas eletromagnéticas através da aceleração de cargas elétricas.

06 - No aparato experimental usado por *Hertz* (veja Figura 2.05), a posição do anel com relação ao plano da figura é importante para a produção de descargas elétricas (faíscas)

Espaço para resolução e comentários

Exercícios ou Problemas

e, consequentemente, da detecção de sinais eletromagnéticos. Responda: em qual posição deve-se colocar o anel para que obtenha faíscas com uma maior intensidade?

07 - É comum observamos interferências (ruídos) nos rádios ou riscos nas televisões, quando acontecem relâmpagos. Dê uma explicação para esses fenômenos. Discuta, também, sobre o a diferença entre os tempos de propagação dos barulho do trovão e dos ruídos escutados nos rádios ou tv's, em relação ao tempo de propagação do relâmpago (medido do ponto onde o relâmpago ocorreu e o ponto de sua observação).

08 – Coloque em ordem crescente de suas freqüências as seguintes radiações eletromagnéticas: raios X, ultravioleta, raios γ, microondas, ondas de rádio AM e radiação visível.

09 - Considere um feixe de microondas e um feixe de luz azul, ambos propagando-se no vácuo. Agora responda: a velocidade de propagação e o comprimento de onda das microondas são maiores, menores ou igual às da luz azul. Explique sua resposta.

10 - Medindo-se o comprimento de onda de uma radiação eletromagnética, propagando-se no vácuo, encontrou-se o valor $\lambda = 7,5 \times 10^{-1}$ m. Determine o tipo de onda eletromagnética que constitui essa radiação.

11 - Escreva a expressão matemática que define o fluxo magnético ϕ_B através de uma superfície fechada, explicando o significado físico de cada símbolo que aparece na expressão.

Exercícios ou Problemas

12 - Um aparelho de "radar" é usado para localizar um objeto distante por meio de ondas eletromagnéticas. Neste caso, o aparelho emite as ondas, que são refletidas pelo objeto e captadas, na volta, pelo próprio aparelho. Considerando as dimensões típicas (da ordem de alguns metros) de um automóvel, encontre a faixa de freqüência de funcionamento desses radares?

13 - **(UnB-2001)** O funcionamento de um forno de microondas depende do dispositivo chamado magnétron, responsável pela conversão de energia elétrica em microondas. A figura abaixo apresenta um desenho esquemático desse dispositivo. A conversão de energia inicia-se em um eletrodo central em formato de um bastão cilíndrico, que emite elétrons em direções radiais. Os elétrons são, então, acelerados para um eletrodo externo cilíndrico, concêntrico ao bastão. Nas partes superior e inferior desse arranjo, localizam-se ímãs permanentes que submetem os elétrons a um forte campo magnético. O movimento dos elétrons nesse sistema, aliado a uma geometria específica do anodo, garante a produção de microondas em uma freqüência específica.

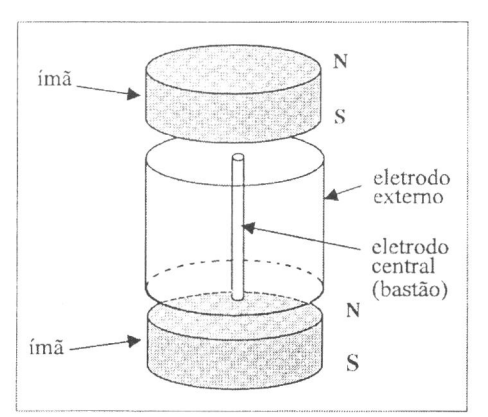

Espaço para resolução e comentários

Espaço para resolução e comentários

Exercícios ou Problemas

Em relação ao funcionamento do magnétron, julgue os seguintes itens.

(1) O campo magnético na região central do dispositivo próxima ao bastão é praticamente paralelo ao eixo do bastão.

(2) Para que os elétrons sejam acelerados para o eletrodo externo, é necessário conectar os pólos positivo e negativo de uma fonte de tensão aos eletrodos central e externo, respectivamente.

(3) Ao serem acelerados, os elétrons percorrerão uma trajetória em espiral.

(4) Nas proximidades do eletrodo central, existe um campo elétrico radial.

(5) Nesse dispositivo, os campos elétrico e magnético aceleram os elétrons; no entanto, somente o campo elétrico realiza trabalho.

CAPÍTULO 03 — Raios X

Em 1895, o físico alemão *Wilhelm Konrad von Röntgen* investigou a produção de radiação ultravioleta em tubos de *Crookes*, usando como anteparo uma pequena tela recoberta com um material (platinocianeto de bário) fluorescente. Inicialmente, cobrindo o tubo com uma cartolina preta, ele observou que a telinha brilhava ao ser atingida pela luz ultravioleta, confirmando a sua suspeita de que essa luminosidade era produzida pelas partículas iluminadas do material. Mas, para sua surpresa uma outra telinha deixada sobre um banco a uma distância em torno de um metro do tubo, também brilhava. Esta observação era uma indicação clara de que alguma coisa emitida nas paredes do tubo, atravessa a cartolina e era capaz de provocar luminosidades em objetos distantes do tubo. Para encontrar uma resposta para esse novo fenômeno, *Röntgen* realizou, em seguida, uma série de testes, colocando diversos materiais (uma camada de papelão, pedaço de madeira, substâncias líquidas, um livro de 1000 páginas, uma fina camada de chumbo, entre outros) próximos às paredes do tubo, descobrindo que todos os materiais eram transparentes aos raios que saiam dos tubos. No decorrer dos testes, *Röntgen* ficou perplexo ao observar que ao colocar a sua própria mão na frente do tubo podia ver com clareza a silhueta dos seus ossos!

Como *Röntgen* desconhecia naquele momento qualquer tipo de radiação com essas características, usou para nomeá-los a expressão raios X (X é o símbolo científico universal para nomear o desconhecido). Em seguida, para tentar estabelecer a diferença entre essa radiação e os raios catódicos, aplicou campos elétricos e magnéticos à trajetória dos raios, não observando nenhum desvio das mesmas. Tentou, ainda, para comparar com a radiação visível (luz solar), fazer uma série de experiências: focalização, reflexão, refração, difração e interferência; no que, evidentemente, não foi bem sucedido, pois *Röntgen* não sabia que o seu objeto de estudo tratava-se de uma radiação eletromagnética com comprimento de onda muito inferior à radiação visível. Portanto, ele jamais iria observar, por exemplo, figuras de difração, que como sabemos exigem obstáculos com dimensões da ordem do comprimento de onda, nesse caso, dos raios X.

Um fato curioso chama atenção dos historiadores da ciência. Por que, outros cientistas mais renomados da época, que trabalhavam com os raios catódicos, não descobriram os raios X? Alguns historiadores admitem que foi um ato de muita sorte, um pesquisador desconhecido ter feito uma descoberta tão importante. Por exemplo, o famoso *Sir W. Crookes* chegou a adquirir alguns "papéis fluorescentes", mas guardou-os em seu laboratório (próximos à bancada onde executava as experiências). Quando tentou usá-los, observou que os mesmos já estavam "revelados", fazendo com que, furioso, ele os mandasse de volta ao fabricante, com uma reclamação explícita de que não lhe fosse enviado papéis já "revelados". Outro cientista renomado da época, *Phillipp Eduard Anton Lenard,* concluiu que os raios X eram simplesmente raios catódicos.

Mas, *Röntgen* era um pesquisador cauteloso. Antes de sua primeira publicação sobre os raios X, fez inúmeras experiências procurando primeiro provar que os novos raios não eram os raios catódicos, um trabalho exaustivo que contou apenas para sua própria esposa, até que tivesse certeza absoluta de que se tratava de algo novo. Tornou-se, por méritos próprios, sem dúvida, um dos grandes homens da história da ciência que com apenas uma descoberta revolucionou a ciência e a tecnologia, com fortes implicações nos desenvolvimentos posteriores da medicina. Vale salientar que antes de sua descoberta sobre os raios X, ele já havia publicado mais de 30 artigos científicos. Ou seja, podia não ter reconhecimento científico, como desejam os historiadores, mas trabalhava exaustivamente em ciência. Por exemplo, veja os detalhes do seu laboratório experimental na figura 3.01(b). Como reconhecimento a sua descoberta dos raios X, ele foi o primeiro cientista a ser laureado com o, recentemente criado, Prêmio Nobel de Física em 1901.

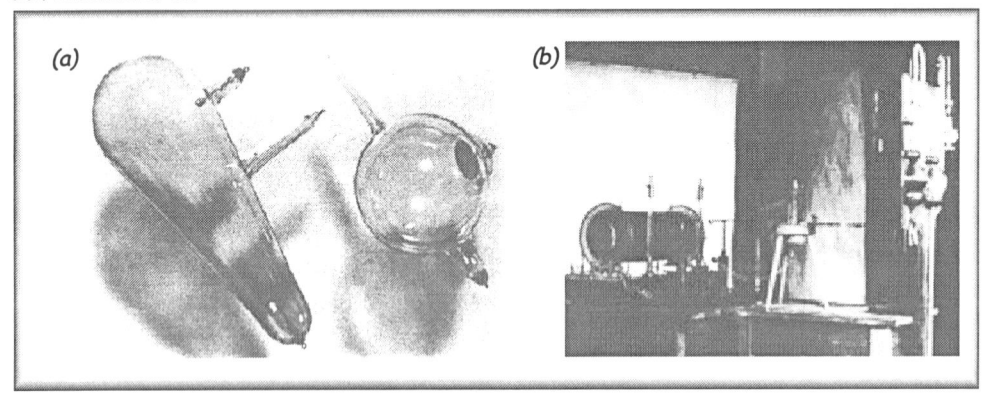

Figura 3.01 - (a) Ampolas de Crookes utilizadas por Röntgen. (b) Laboratório de Röntgen, na parte esquerda a bobina de Ruhmkorff, no centro uma ampola e a direita a bomba de vácuo.

A descoberta de Röntgen

Uma ilustração do equipamento utilizado por *Röntgen* é mostrado na Figura 3.02(a). Entre os catodos do tubo de vidro, os elétrons são inicialmente acelerados, com voltagens de até *100 kV* e, em seguida, são bruscamente freados. Por causa disto, ocorre a emissão de uma radiação eletromagnética com um comprimento de onda da ordem de 10^{-12} m (1 picometro = 10^{-12} = 1 pm), que corresponde a radiações com altas freqüências. Vemos ainda na figura, abaixo do tubo, uma chapa fotográfica, sobre a qual foi colocada uma a mão. A revelação da chapa, exibirá a silhueta dos ossos da mão (em destaque na parte direita da figura) numa película que hoje chamamos de radiografia.

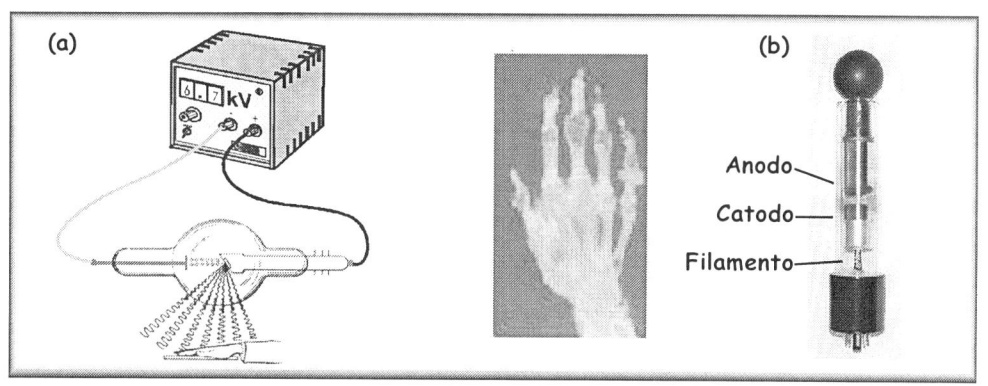

Figura 3.02 - (a) Exemplo de um equipamento utilizado para a produção de raios X. (b) Fotografia de uma ampola de raios X comercial.

Diferentemente do que acontecem com muitas descobertas científicas, que podem demorar anos ou décadas para serem aplicados tecnologicamente, a descoberta dos raios X foi uma exceção, pois ela teve uma imediata aplicação na medicina. Em apenas uma semana, após a apresentação da descoberta por *Röntgen*, foram obtidas inúmeras radiografias de pacientes por vários médicos em todo o mundo. A notícia chegou rápido, inclusive ao Brasil (veja, no final do Capítulo, o quadro curiosidade).

Em poucos meses, foram colocados à venda vários tipos de equipamentos para se produzir os raios X. Desde equipamentos para uso profissional (em geral, por médicos), até aqueles para uso por amadores. Qualquer pessoa curiosa podia adquiri-lo, inclusive usá-lo como um brinquedo, pois, devido à simplicidade de sua construção, o equipamento tornou-se extremamente barato. O inventor *Thomas Edison* construiu o seu próprio equipamento de raios X e os comercializou. Foi ele, ainda, um dos primeiros a observar os efeitos nocivos dessa radiação em um funcionário da sua empresa, que foi submetido a uma excessiva exposição aos raios X. Veja o que disse *Edison*:

"Eu comecei a fazer muitas destas lâmpadas, que emitem raios X, mas logo percebi que os raios X afetaram venenosamente o meu assistente, Sr. Dally, de tal forma que seu cabelo caiu e sua carne começou a ulcerar. Concluí, então, que não daria certo, e que este tipo de luz (radiação) não seria muito popular, de modo que parei."

Teimoso, o *Sr. Dally* continuou a trabalhar em projetos relacionados à produção de raios X, mas veio a falecer aos 39 anos de idade, quando suas úlceras transformaram-se em um câncer e após sofrer várias cirurgias, onde teve de amputar partes de seu corpo.

Um ano depois do início frenético da utilização dos raios X, apareceram dezenas de casos semelhantes ao do assistente de *Thomas Edison*. Diante dessa situação, um físico norte-americano, *Elihu Thompson*, tomou a iniciativa de investigar o assunto, tornando-se ele próprio uma cobaia. Ele colocou, durante um certo intervalo de tempo, a extremidade de seu dedo mindinho esquerdo a uma distância de 4 cm de um tubo de raios X. Passada uma semana, começou a observar os efeitos provocados pelo seu gesto e escreveu para um amigo:

"Eu não proponho repetir o experimento... toda a epiderme se desprendeu da parte posterior e das laterais do meu dedo, enquanto o tecido, mesmo debaixo da unha, encontra-se embranquecido e, provavelmente, morto, pronto para cair... O ferimento é muito peculiar, e eu nunca vi algo parecido. A ferida continuou a se desenvolver e espalhar sobre a superfície exposta por três semanas, e não tenho certeza de que a doença atingiu seu limite."

Uma ampla divulgação dos resultados relatados por *Thomas Edison* e *Elihu Thompson*, em conjunto com outros inúmeros relatos de pesquisadores de outras partes do mundo, levou a comunidade científica a iniciar um grande programa de aquisição de informações sobre como se proteger dos efeitos nocivos dos raios X à saúde. Estas informações permitiram a criação e a utilização de protetores (escudos de chumbo, filtros e construção de salas adequadamente projetadas para instalar os aparelhos de raios X), pelas pessoas que trabalhavam ou que tiveram de ser expostas aos raios X. Hoje, sabe-se que o número máximo de exposição aos raios X, para fins de obtenção, por exemplo, de radiografias do tórax, que uma pessoa pode ser exposta, sem causar danos a sua saúde, é da ordem de 5 a 30 milirems (1 rem é uma medida da unidade de energia de radiação ionizante que pode ser absorvida pelos seres humanos). A dose letal de exposição é de aproximadamente 500 rems.

Exemplo 01

Como são produzidos os raios X?

Resolução e Comentários

Usando ampolas de Crookes, aplica-se uma forte diferença de potencial, entre as placas metálicas de suas extremidades, que irá arrancar elétrons do catodo e os acelerar em direção ao anodo, com velocidades altíssimas ($v \sim 10^{+6}$ km/s). No anodo, existe um alvo metálico onde os elétrons são freados por colisões entre eles e os átomos do alvo. Neste processo, os elétrons das órbitas mais internas dos átomos do alvo são excitados, fazendo com que os átomos emitam os raios X. É oportuno lembrar que, como vimos no Capítulo anterior, os raios X são ondas eletromagnéticas. Portanto, são também produzidas por aceleração de cargas elétricas cujo processo, neste caso, é chamado de frenagem dos elétrons.

Antigamente, pessoas que trabalhavam com raios X tinham um tempo de serviço muito curto. Por exemplo, técnicos que operavam os aparelhos de raios X se aposentavam com apenas 8 anos de trabalho. É importante ressaltar que hoje os raios X trazem muito mais benefícios do que malefícios, para a humanidade. Atualmente, eles são usados não somente na medicina, mas, também, em pesquisas científicas básicas (desenvolvimentos de novas teorias e de novos modelos para explicar os fenômenos da natureza) e aplicadas (desenvolvimentos de novos materiais; novos métodos e novas técnicas experimentais), na indústria e até na agricultura. Veja, em seguida, alguma dessas aplicações.

Pesquisa básica

Na pesquisa básica, os raios X servem para caracterizar a estrutura atômica dos materiais. Em 1913, o físico inglês *Henry Gwyn Jeffreys Moseley*, realizou medidas espectrais de raios X associadas a diversos átomos. Ele conseguiu identificar que a carga nuclear deveria ser o parâmetro característico dos átomos, possibilitando uma reorganização da tabela periódica, pois diversos elementos químicos tinham, na tabela, seu peso atômico descrito de maneira invertida. Como veremos, no Capítulo 6, o modelo atômico de Bohr e a explicação dos resultados de *Moseley* ajudaram os químicos na montagem de uma tabela periódica mais completa.

Em estudos científicos, posteriores à descoberta dos raios X por *Röntgen*, observou-se que nos espectros das linhas de emissão dos raios X existem regiões contínuas ao lado de algumas linhas estreitas (uma imagem semelhante ao relevo de uma montanha com diversos picos). A explicação definitiva desses espectros só foi possível com o advento da Física Quântica, assunto que trataremos mais adiante. Mais podemos antecipar que, do ponto de vista quântico, uma característica marcante do espectro é a presença de um bem definido comprimento de onda de corte mínimo $\lambda_{mín}$, cujo valor define a existência ou não de um espectro contínuo de raios X. Na escala de comprimentos de ondas, isso significa que para qualquer valor menor do que $\lambda_{mín}$ não haverá emissão de radiação do tipo raio X. Fisicamente, esse valor corresponde a um processo em que um dos elétrons incidentes perde toda a sua energia em apenas uma única colisão, tal que:

$$\lambda_{mín} = \frac{1,24 \times 10^3}{V} \text{ em nm.}$$

onde V é o valor da diferença de potencial (em volts) aplicado no tubo de raios X e $\lambda_{mín}$ é dado em unidades de nanômetros. Este resultado permite considerar o espectro dos raios X como sendo a "impressão digital" de um átomo; de maneira que essa técnica, vem sendo usada, ainda hoje, como a primeira medida experimental necessária para caracterizar e identificar os átomos constituintes de um novo tipo de material.

Exemplo 02

A construção de qualquer edificação, requer preliminarmente a elaboração de um projeto arquitetônico. Para a construção de uma moderníssima clínica especializada em imagens (radiografias e tomografias) obtidas com os raios X, foi pedido a um grupo de arquitetos um projeto inicial. No projeto, por questões estéticas, os arquitetos optaram por colocar janelas de vidro nas salas, onde ficariam os equipamentos de raios X. Supondo que, a absorção dos raios X pelo vidro seja 10 vezes menor do que a absorção de uma parede de concreto, e sabendo que uma parede de concreto deve ter em torno de 0,5 m de espessura, para isolar os raios X; use argumentos simples, para convencer os arquitetos da necessidade de proteção contra os raios X e estime para eles a espessura que as janelas de vidro devem ter para isolar esses raios.

Resolução e Comentários

Como já discutimos anteriormente, uma exposição intensa aos raios X é nociva à nossa saúde. Por isto, as pessoas que trabalham com raios X devem se proteger atrás de uma parede, de chumbo ou de outros materiais (que também absorvam os raios X), com a espessura adequada. Como o vidro tem um poder de absorção dos raios X menor do que o de uma parede de concreto, seria necessário um vidro com uma espessura muito maior do que a largura da parede, o que, esteticamente, ficaria horrível. Pois, enquanto a espessura da parede seria de 0,5 m, a do vidro deveria ser de 5 metros! Atualmente, dopa-se o vidro com chumbo, numa proporção que o mantém ainda transparente (embora, ligeiramente verde), mas com uma capacidade de absorção dos raios X maior do que a do vidro comum. Ou seja, é necessário utilizar um vidro especial (vidro dopado com chumbo) para que as condições estéticas sejam atendidas. Este é um bom exemplo da aplicação dos conceitos da Física Moderna no nosso cotidiano. Mostrando, inclusive, que um bom arquiteto deve possuir, ou no mínimo consultar pessoas, conhecimentos de Física Moderna.

Pesquisa aplicada

Quando fazemos incidir sobre os objetos um feixe de luz, vemos num anteparo de observação que a imagem do objeto tem sua nitidez definida pela comparação entre o comprimento de onda da radiação (luz) e as dimensões desse objeto. Em particular, no caso do fenômeno da difração, para que ele ocorra, é importante que o tamanho do objeto (obstáculo) seja da ordem do comprimento de onda da radiação. Portanto, quando se pretende investigar o interior dos materiais, composto de átomos ou moléculas, é necessário que a radiação penetre no interior do material e seja espalhada pelos seus constituintes (obstáculos). Uma vez que, tipicamente, para o caso de cristais, o espaçamento atômico é da ordem de 10^{-10} m, a radiação adequada para analisar essas estruturas é a composta pelos raios X, cujo comprimento de onda é dessa mesma ordem de grandeza.

Por isso, ao incidirmos um feixe de raios X sobre uma amostra cristalina, por exemplo, um cristal de sal (NaCl), iremos observar figuras de difração, semelhantes às figuras obtidas, quando se incide luz visível sobre um fio de cabelo. A lei que descreve a difração dos raios X incidindo em um cristal, conhecida por condição de Bragg, é dada por:

$$2d\,\text{sen}\,\theta = m\lambda;$$

onde d é o espaçamento atômico, θ é o ângulo de incidência dos raios X com relação a superfície do material em é um número inteiro (m = 1, 2,3, ...), referente às posições dos máximos de intensidade da radiação difratada. O nome da equação acima, é uma homenagem aos Braggs, o pai (*William Henry Bragg*) e o filho (*William Lawrence Bragg*) que, através de seus trabalhos de análise das estruturas dos cristais, utilizando os raios X, conseguiram caracterizar e classificar diversos materiais. O Prêmio Nobel de Física, em 1915, foi concedido a eles por esses trabalhos.

Ainda hoje, se utiliza intensamente em muitos laboratórios científicos espalhados pelo mundo, a técnica de difração dos raios X, como um método confiável de identificação dos átomos que compõem um novo material. O equipamento mais usado nessas investigações é o chamado *difratômetro de raios X*. Na figura 3.03, vemos as fotografias de difratômetros de raios X para pesquisas científicas (a) e (b) para laboratório didático.

Na indústria

Na indústria, os raios X são usados para caracterizar e aprimorar processos físico-químicos. Como exemplo, sabe-se que, na produção de novas chapas de aço (metal composto de ferro e carbono com um percentual da ordem de 2,0 %) é preciso que a quantidade de carbono seja bem definida. A finalidade do carbono é tornar o ferro bruto mais maleável e, como consequência, permitir a fabricação de chapas muito finas, com espessura da ordem de 1 mm. Nesse caso, usando resultados da difração de raios X podemos descobrir qual o melhor percentual de carbono a ser utilizado, que, por sua vez, irá depender do tipo de aplicação pretendida para o aço e da presença de outros elementos residuais, resultantes do processo de fabricação. No caso do aço inoxidável, que é altamente resistente à corrosão, deve-se adicionar no composto cromo ou outros elementos, tais como, níquel, molibdênio, tungstênio e nióbio, com um percentual de aproximadamente 1%. Além disso, a análise das chapas de aço por difração de raios X, serve para descobrir na composição final das mesmas a existência de defeitos em suas superfícies. Em geral, um defeito muito comum, que pode ser detectado com antecedência, é o surgimento de microfraturas nas chapas. Esses defeitos devem ser evitados, pois se as chapas forem submetidas a grandes esforços, por exemplo, nas asas de um avião, podem provocar grandes acidentes. Na figura 3.03(a) visualizamos apenas o detector dos raios X, indicado pelo número (1), através da janela de vidro. O equipamento possui uma altura em torno de dois metros e largura de um metro. Na figura 3.03(b) visualizamos o porta amostra (2) e o detector (3). O equipamento didático possui dimensões de 0,5 metros de altura e 0,7 metros de largura.

Atualmente, o tradicional aço inoxidável vem sendo substituído pelo aço nitretado, que é extremamente resistente, devido a sua preparação envolver um processo físico-químico de dopagem com nitrogênio. Vale salientar que a técnica de difração de raios X é não-destrutiva. Ou seja, após a fabricação de uma peça com aço, a mesma pode ter sua composição de carbono e nitrogênio analisada, sem nos preocuparmos com a sua destruição ou contaminação. Outra aplicação dos raios X, muito usada na indústria automobilística, é a que permite observar no interior dos motores dos carros, a presença de pedaços de aço ou outros metais. Uma vez que esses objetos podem causar danos ao funcionamento dos motores, após a montagem dos mesmos, um espectro de absorção dos raios X do motor é obtido, para se averiguar se existe ou não pedaços de metais dentro deste motor. Em caso afirmativo, o motor retornará à linha de montagem. Finalmente, lembramos que equipamentos de raios X são bastante utilizados nos aeroportos, para se investigar o interior das bagagens dos passageiros, onde se prioriza a procura por armas de fogo ou de objetos cortantes.

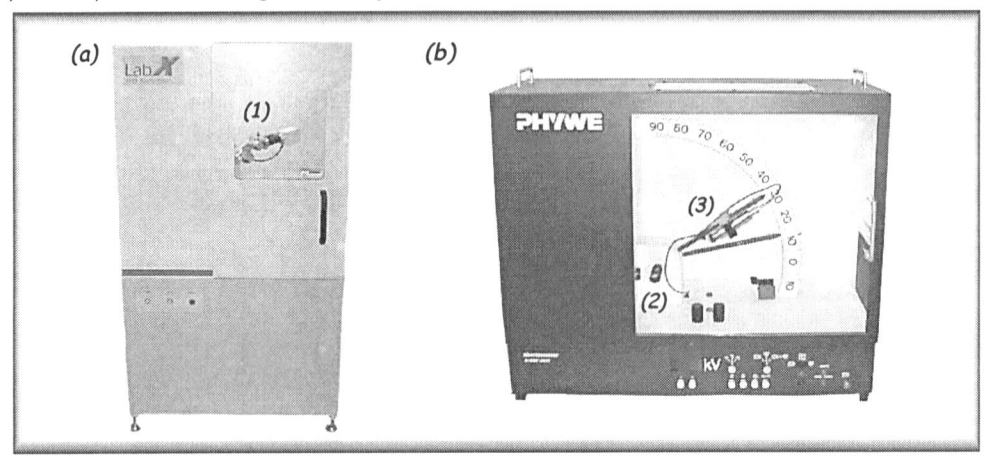

Figura 3.03 - Fotografias de difratômetros de raios X.

Na medicina e na agricultura

Na medicina, são enormes as aplicações dos raios X: radiografias dos ossos, dos dentes e dos pulmões, são as mais conhecidas. Essas radiografias (chapas fotográficas) são extremamente importantes, pois com elas os médicos podem fazer diagnósticos e definir tratamentos adequados aos seus pacientes. São inúmeros os benefícios com a análise dessas radiografias. Na Figura 3.04(a) mostramos o desenho de um típico equipamento de raios X, que encontramos em clínicas especializadas. Na parte (b) da figura 3.04 mostramos a fotografia da fonte de um equipamento de raios X comercial.

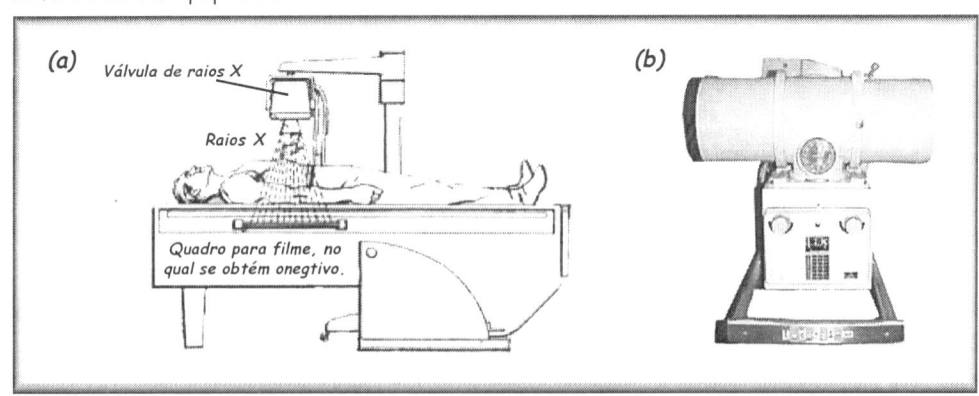

Figura 3.04 - Exemplo típico de um aparelho de raios X.

Atualmente, o modelo tradicional de aparelhos de raios X, vem perdendo espaço para os modernos tomógrafos de raios X, que permitem obter imagens tridimensionais e computadorizadas, de qualquer parte do corpo dos pacientes. O funcionamento dos tomógrafos baseia-se na técnica conhecida pelo nome de *tomografia compuratorizada*. Com esta técnica, um feixe estreito de raios X, aplicado com diferentes ângulos de incidência, passa pela região do corpo que se deseja investigar. Em seguida, é feita uma varredura dos raios X, sobre o corpo em estudo, que após ser lida por um detector, transforma o sinal analógico, associado à difração dos raios X, em um sinal digital. Este por sua vez, é recebido e analisado por um computador que usará esses sinais para obter uma imagem tridimensional e precisa do corpo. Na Figura 3.05, temos uma fotografia de um tomógrafo comercial e, uma imagem computadorizada obtida pelo respectivo tomógrafo.

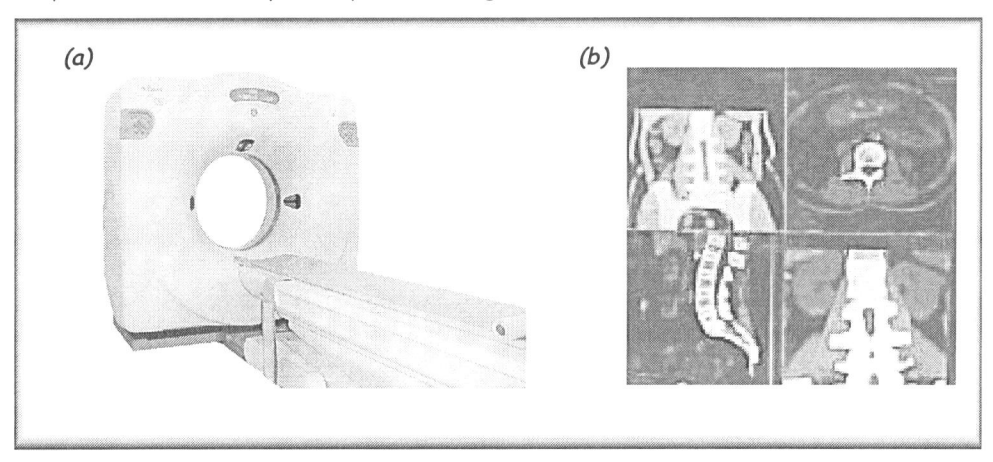

Figura 3.05 - (a) Fotografia de um tomógrafo comercial e (b) imagens computadorizadas obtidas pelo tomógrafo.

Exemplo 03

Nas figuras seguintes temos duas radiografias: de uma dentadura e de um rosto humano. Observando-as, responda se você é capaz de identificar, na radiografia dos dentes, pontos associados à presença de cáries? E na radiografia do rosto, se é possível identificar algum tipo de doença?

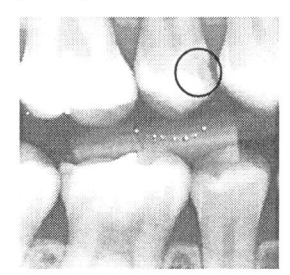

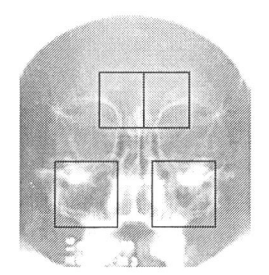

Resolução e comentários

Evidentemente, para leigos é difícil responder essas questões. Na verdade, é necessário conhecer detalhes da anatomia da parte do corpo em estudo, uma tarefa própria dos médicos. Por exemplo, no caso dos dentes, regiões mais escuras, podem ser decorrente de às obturações ou à raiz do dente. Portanto, o máximo que podemos afirmar é que a região destacada pelo círculo, pode, talvez, ser um ponto de cárie. No que diz respeito ao rosto, observa-se que nas regiões referentes às cavidades cranianas (identificadas na figura pelos retângulos), há indicações no lado esquerdo da presença algum tipo de líquido, pois se este estivesse ausente, esta região, deveria ter um aspecto idêntico a sua correspondente região do lado direito. Logo, no máximo, podemos suspeitar que o líquido pode ser associado a secreções de uma gripe ou de uma forte sinusite.

Outra importante aplicação dos raios X é em terapias de tratamentos para a cura do câncer. Embora, em princípio, os raios X danifiquem todas as células do corpo do paciente, eles podem, quando aplicados em doses corretas, auxiliar no combate das células cancerosas, pois estas crescem muito mais rapidamente do que as células normais. Para isso, conta-se com o auxílio de um tomógrafo computadorizado e de uma técnica conhecida por *terapia tomográfica*, que é altamente precisa e eficiente, para acompanhar a destruição das células cancerígenas.

Devemos reconhecer que apesar dos perigos para nossa saúde, quando usado de forma inadequada, os raios X foram e continua sendo uma descoberta extremamente útil para humanidade. Mais recentemente, eles têm sido aplicado em pesquisas voltadas no campo da agricultura. O objetivo é investigar o movimento dos nutrientes nas plantas, desde a raiz até o fruto; e verificar se a anatomia interna da planta sofreu alguma alteração, após o uso de inseticidas. Por fim, uma, também, recente aplicação dos raios X vem sendo feita na fiscalização de caminhões que tentam atravessar a fronteira entre o México e os Estados Unidos. Para evitar a imigração clandestina, os policiais norte-americanos fazem uma radiografia completa do caminhão, para ver se no meio da carga existem pessoas escondidas, conforme mostrado na Figura 3.06 abaixo.

Figura 3.06 - Radiografia de um caminhão carregado de bananas.

Além de tudo que foi dito acima, merece destaque o fato de que os estudos da aplicação dos raios X, foram relevantes, também, para o conhecimento de novos materiais, capazes de absorverem este tipo de radiação, que são utilizados para garantir a segurança e proteção dos médicos e técnicos, que trabalham com aparelhos de raios X. Diversos materiais foram testados, descobrindo-se que, além da composição do material, a espessura do mesmo deve ser levada em conta para o processo de absorção de raios X. De modo que, uma parede de chumbo (com 5 cm de espessura), que é um bom absorvedor de raios X, pode ser substituída por uma parede de concreto, desde que a mesma seja mais espessa (com aproximadamente 30 cm de espessura). Para o caso dos metais (ferro, cobre ou alumínio), uma parede com uma espessura da ordem de 10 cm é suficiente para se conseguir isolar esse tipo de radiação.

Concluindo este Capítulo, ressaltamos que a descoberta dos raios X causou um impacto muito grande em diversos países. *Röntgen* tornou-se uma celebridade mundial, **um verdadeiro astro da ciência.** Como no resto do mundo, a descoberta de uma radiação, que permitia "ver" interior de nosso corpo, foi recebido com um enorme espanto no Brasil. Na época, foi matéria de reportagens em dois jornais do Brasil: "O Paiz" e o "Jornal do Commércio". Ambos traziam frases que destacavam um estado de grande admiração; detalhes científicos e relatos sobre de algumas aplicações da descoberta (fraturas de ossos, identificação de objetos estranhos nos corpos de pacientes, observação de objetos dentro de malas). Os títulos exibiam tais fatos: Maravilha do século (O Paiz) e A photographia através dos corpos opacos (Jornal do Commércio). Para se ter uma idéia desse impacto veja no quadro Curiosidade, em seguida, o texto transcrito da reportagem do Jornal "O Paiz", com as devidas correções para o português atual.

CURIOSIDADE

Maravilhas do século

"Estupenda descoberta preocupa, atualmente, o mundo científico europeu e já dela tivemos há dias telegramas, cuja linguagem concisa nada explicava. Chegam-nos, agora, revistas científicas e jornais médicos, que vieram esclarecer melhor a estupenda descoberta anunciada. Há pouco era o mundo científico abalado com a descoberta perfeitamente verificada por Lord Rayleigh e Ramsay da existência do argônio, um novo elemento, até então, totalmente desconhecido na atmosfera. Presentemente são leis da física, as mais bem firmadas e positivas, que se vêem burladas pela descoberta de raios luminosos que não obedecem, absolutamente, nem as leis da reflexão, nem as da refração. *Vale salientar que nem a reflexão e nem tampouco a refração dos raios X foram observados por Röntgen, porém como os raios X são ondas eletromagnéticas, obedecem às leis da reflexão e refração. O que foi comprovado posteriormente.* Isto é, entretanto, mui pouco diante da propriedade maravilhosa, mágica, que tem a nova luz de poder atravessar corpos opacos, como o papelão, a madeira, metais, etc, etc. Graças à nova luz, pode se fotografar corpos e peças resguardadas por substâncias chamadas opacas. É obtida fazendo-se passar uma corrente elétrica no vácuo. Seu descobridor foi o professor Dr. Röntgen, da Universidade de Wurtzburgo. Nas sociedades médicas de Berlim e de Paris, têm sido apresentadas fotografias de mãos e de outras partes do corpo humano em que as partes internas, ossos, articulações e ligamentos acham-se fielmente representados, a despeito da capacidade dos tecidos moles que não constituem obstáculo à nova luz. Brevemente, exporemos no salão do *Jornal O Paiz* uma dessas fotografias; documento vivo de quanto pode o engenho humano. Daremos, também, oportunamente aos nossos leitores, um estudo mais desenvolvido e detalhado da nova descoberta e suas conseqüências práticas. Já a medicina, aproveitando a grande descoberta, procurou dela auferir todas as vantagens possíveis. E quais possam elas ser, tornam-se intuitiva diante do poder que possui a nova luz, cujos raios indo ao âmago do corpo humano conseguirão revelar com precisão admirável tanta coisa que ao médico, até hoje, tem sido possível conhecer pelo exame subjetivo e por meio de induções mais ou menos fundadas. Já antes de ontem a bem informada "Notícia" publicou um telegrama de Berlim, tornando conhecido o primeiro ensaio da nova descoberta aplicada à medicina, coroado de resultado. Que surpresas nos reserva ainda esse fim de século?!

Jornal "O Paiz"   Sexta-feira, 14 de fevereiro de 1896.

Exercícios ou Problemas

Espaço para resolução e comentários

01 - A visão de raios-X do Super-Homem. Nos filmes ou desenhos animados das aventuras do Super-Homem, vemos que ele usa a sua visão de raios X, para combater seus inimigos. Essa visão lhe possibilita, por exemplo, investigar o interior dos prédios. Explique fisicamente, como funciona a visão de raios X do Super-Homem. Na sua análise, leve em consideração que o olho de um ser humano normal é um bom detector da radiação refletida pelos corpos (durante o dia, a radiação é basicamente a radiação solar). De que maneira, podemos analisar se a anatomia interna do corpo e o metabolismo da comida ingerida pelo Super-Homem é a mesma de um ser humano normal?

02 - Detecção de raios X. Sabemos os raios X são invisíveis ao olho nu. Com base nisto, discuta com seus colegas outras formas de se detectar os raios X, que não usem chapas radiográficas. Sugestão: eletroscópio e materiais fosforescentes.

03 - Certamente, você já teve oportu-nidade de ver que, em uma radiografia, a silhueta dos ossos aparece bastante clara, sobre um fundo escuro. Analisando o processo de absorção de raios X pela chapa radiográfica, responda: na radiografia, a quantidade de raios X que incidiu nas regiões claras é maior ou menor do que nas regiões escuras?

04 - Projete um esquema, incluindo todos os componentes necessários (tubo de Crookes, fonte de alimentação, fios, material difrator, entre outros) para montar um aparato experimental, que possa ser usado para obter figuras de difração dos raios X.

Capítulo 04 — Relatividade

Como demonstramos nos capítulos anteriores, o final do século XIX é marcado por revoluções no mundo científico. Novas descobertas despertaram os cientistas, os pensadores e as pessoas, em geral, para uma nova era. O entendimento das descargas elétricas em tubos evacuados representou um grande avanço. Após a elaboração da teoria eletromagnética por *Maxweel*, um dos grandes mistérios era entender como a luz se propagava no vácuo. Conforme se sabia naquela época, os modelos mecânicos, baseados na teoria Newtoniana, prevêem a existência de um meio material para que uma onda se propague. Mas faltava respostas para questões do tipo: como pode uma onda eletromagnética se propagar no vácuo? Ou, Como uma onda pode se propagar no "nada"? Ainda, Qual o valor da velocidade da luz emitida de um corpo em movimento? Quem respondeu a estas perguntas, em 1905, foi um jovem doutor em Física, recém-formado, que naquele momento trabalhava como perito técnico num escritório de patentes na Suíça. Seu nome: *Albert Einstein*, alemão de nascimento e cidadão suíço por opção. Ao publicar, em 1905, o artigo intitulado "Sobre a eletrodinâmica dos corpos em movimento", Einstein criou a hoje chamada Teoria da Relatividade Especial (TRE).

Antes das idéias de *Einstein*, é importante destacar, já se conheciam outras "relatividades". Primeiramente, Nicolau Copérnico demonstrou que a trajetória dos planetas (do sistema solar) seria mais facilmente explicada se considerássemos o Sol como centro do universo e não a Terra. Ou seja, as leis físicas que descrevem os movimentos dos planetas devem ser independentes do corpo tomado como centro de referência (a Terra ou o Sol). A esta constatação, que pode ser considerada a primeira relatividade, chamaremos de relatividade Copernicana. Posteriormente, temos a relatividade Galileana, na qual se afirma que experiências mecânicas feitas em dois referenciais que se movem, um relação ao outro, com velocidade constante são descritas pelas mesmas leis físicas. Finalmente, *Newton*, generaliza o resultado de *Galileu*, ao concluir que as leis da mecânica são invariantes (não mudam) para observadores localizados em referenciais inerciais. Este é o chamado *princípio da relatividade Newtoniana*. Antes de dar continuidade é importante definir o que é um referencial inercial. Em geral, nos dicionários a palavra inércia é definida como: uma falta de reação; de iniciativa; ou ainda, como resistência à mudança ou à aceleração. Dessa forma, um referencial inercial é todo sistema de referência que não esteja acelerado, ou seja, que tenha sua velocidade nula ou constante. Por exemplo, ao observarmos a queda de uma pedra, quando estamos parados (encostado em uma parede) ou sentados em um carro que se move com velocidade constante, estamos, em ambos os casos, localizados num referencial inercial. O mesmo não pode ser dito se estivermos sentados dentro de um carro que esteja sendo acelerado (variação da velocidade), pois o referencial, neste caso, não pode ser considerado inercial.

Voltemos à questão da propagação de uma onda eletromagnética. Naquela época, o modelo mecanicista da natureza era preponderante, de modo que foi necessário idealizar um meio material no qual a onda eletromagnética devia se propagar. Tal meio material, além de permitir a transmissão de ondas transversais com velocidades altíssimas (velocidade da luz), deveria ter uma rigidez alta e, ao mesmo tempo, possuir fluidez, para não oferecer resistência (atrito) à propagação da onda. Isto significa, que esse meio teria as propriedades de um sólido contínuo ideal e de um líquido ideal, simultaneamente. Uma situação realmente esquisita. Esse meio foi batizado com o nome de **éter**. Conforme veremos em seguida, a idealização desse meio material acarretou diversos problemas de interpretação e, consequentemente, de aplicação da nova física.

Experiência de Michelson-Morley

Em 1887, os físicos norte-americanos, *Albert Abraham Michelson*, nascido na Prússia, e *Edward Williams Morley* propuseram uma experiência para detectar o éter. Para isto, construíram um interferômetro de ondas luminosas que, posteriormente, ficou conhecido como o interferômetro de *Michelson-Morley*. O aparato experimental é mostrado na Figura 4.01.

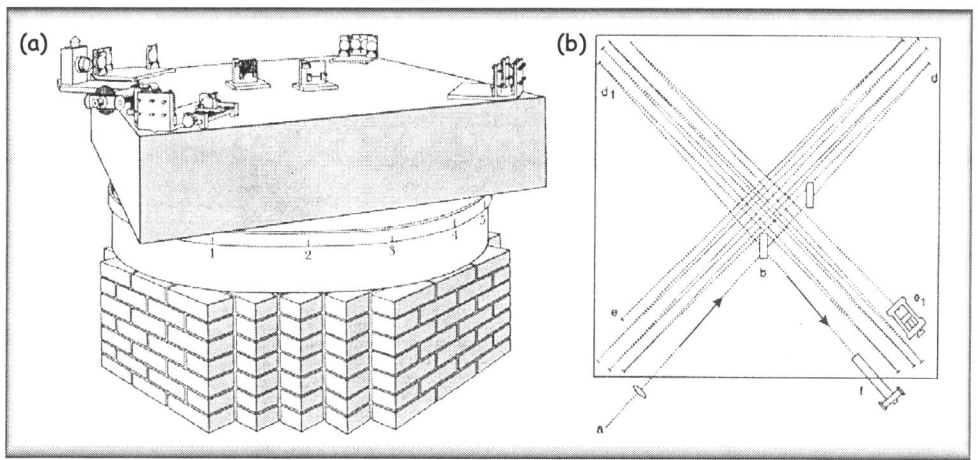

Figura 4.01 - (a) Esquema experimental usado por Michelson-Morley na tentativa de detectar o éter. (b) Caminho óptico percorrido pelo feixe luminoso.

Em particular, na Figura 4.01(a), vemos uma base quadrada de pedra, tendo aproximadamente *1,0 metro* de largura, *30 cm* de espessura e com uma massa em torno de *3 toneladas* (3 mil kilogramas). Esta base é comumente chamada de mesa-óptica. Essas dimensões são necessárias para diminuir drasticamente as oscilações, pois assim a mesa ficará mais estável e os dados ópticos obtidos serão bastante confiáveis. Em cima da mesa-óptica, temos os seguintes componentes ópticos: uma fonte de luz, espelhos (inclusive um semi-prateado), lentes, lunetas e suportes de ajuste destes componentes. A Figura 4.01(b), ilustra, quando a mesa é vista de cima, o trajeto de um raio de luz que saiu da fonte luminosa **(a)**, passou pelo espelho semi-prateado **(b)**, foi refletido nos espelhos **(d)**, **(d_1)**, **(e)** e **(e_1)**, para finalmente, chegar até a luneta **(f)**. O princípio de funcionamento do interferômetro é bastante simples: dois feixes luminosos, oriundos da mesma fonte, podem interferir de maneira construtiva ou destrutiva em um determinado ponto, dependendo da diferença de fase entre os dois feixes. A Figura 4.02(a) é uma ilustração típica de como funciona o interferômetro de Michelson-Morley. Nesta figura, as setas representam o trajeto do feixe luminoso, que saindo da fonte, dividiu-se em dois feixes, ao encontrar o espelho semi-prateado, que seguem percursos ortogonais entre si. Após reflexão nos espelhos, fixo e móvel, os feixes retornam e se encontram no espelho semi-prateado, para daí seguirem juntos e formar a figura de interferência na tela. Na Figura 4.02(a), a interferência dos feixes na tela aparece em perspectiva, dando uma idéia real dos anéis de interferência (também chamados de franjas de interferências) obtidos em experimentos de laboratório. Desde que os percursos de tamanhos L_1 e L_2 sejam diferentes, aparecerá na tela um máximo de intensidade luminosa, quando a diferença $L_1 - L_2$ for um múltiplo inteiro do comprimento de onda; e um mínimo de intensidade quando a diferença for um múltiplo de meio comprimento de onda. Portanto, no interferômetro de Michelson-Morley, a interferência dos feixes de luz é medida através do deslocamento de um máximo de intensidade (também chamado de franjas de interferência), cujo valor permite obter informações sobre a velocidade da luz. Isto é possível, porque existe uma relação entre o comprimento de onda da luz λ, a velocidade da luz c e a freqüência f da luz, que é dada por: $c = \lambda f$.

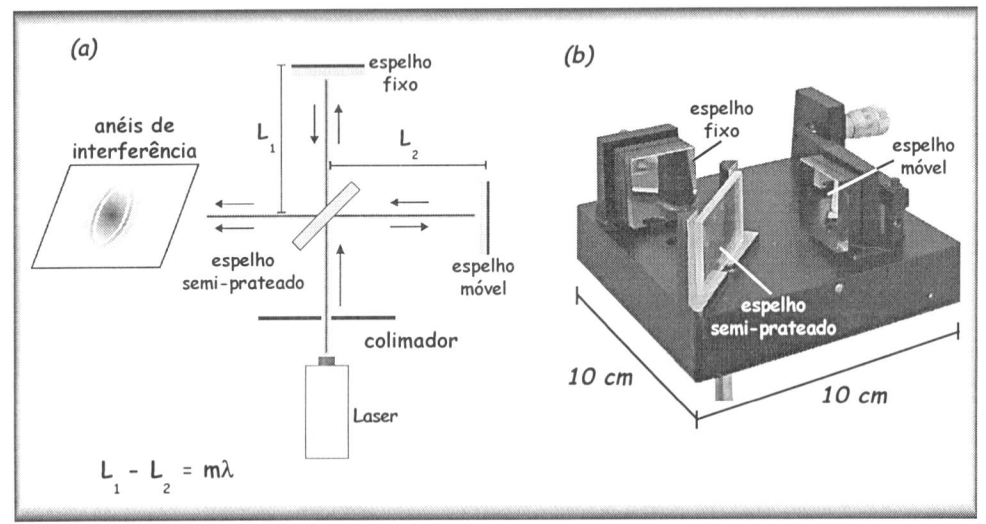

Figura 4.02 - (a) Aparato básico que descreve o funcionamento do interferômetro de Michelson-Morley. (b) Fotografia da base de um interferômetro de Michelson-Morley didático.

Exemplo 01

Corrida de jet-ski - medida da diferença de tempo entre dois percursos ortogonais (adaptada para o ensino médio do livro Física Moderna - P.A. Tipler 4ª Ed. LTC). Dois amigos decidem fazer uma aposta numa corrida de jet-ski em um rio perene, cujo fluxo de água se movimenta com uma velocidade v. Será uma aposta diferente, pois ganhará quem percorrer, com a mesma velocidade, que será batizada de **c**, a mesma distância, no menor intervalo de tempo. As distâncias percorridas têm o mesmo tamanho L e são perpendiculares entre si, com relação ao sentido do fluxo da água do rio, conforme mostrado na figura abaixo. Nessa situação, um dos amigos fará uma trajetória perpendicular em relação ao sentido do fluxo da água do rio e o outro fará na direção paralela ao fluxo da água. Quem ganhará a aposta? Aquele que se movimenta na direção perpendicular ou aquele que se movimenta paralelamente ao fluxo da água?

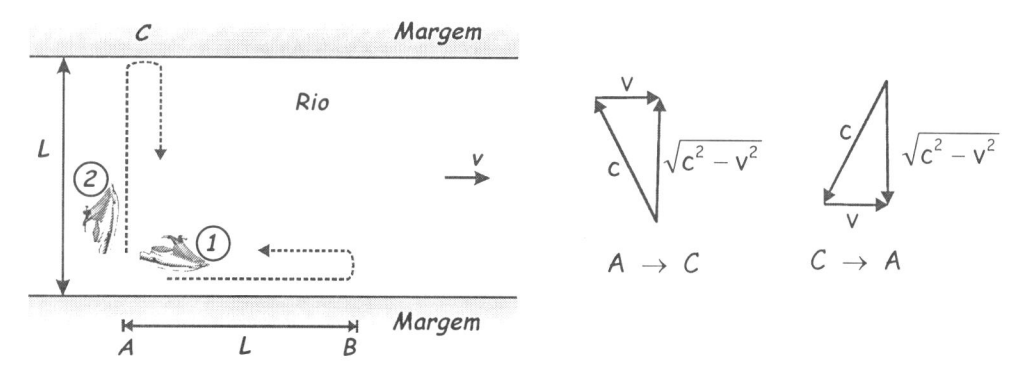

Resolução e Comentários

Conforme indicamos na figura acima, os tempos gastos nos percursos de ida e volta foram divididos. Sejam, t_{AC} (o tempo de ida do jet-ski 2), t_{CA} (o tempo de volta do jet-ski 2), t_{AB} (o tempo de ida do jet-ski 1) e t_{BA} (o tempo de volta do jet-ski 1). Classicamente, a velocidade relativa de movimento do jet-ski 1 em relação ao rio, é dada por c+v, se o movimento for no mesmo sentido do fluxo de água, e por c-v, se o movimento for no sentido contrário. Logo, o tempo total t_1 do jet-ski 1, que é a soma de t_{AB} e t_{BA}, é dado por:

$$t_1 = t_{AB} + t_{BA} = \frac{L}{c+v} + \frac{L}{c-v} \quad t_1 = \frac{(c-v)L + (c+v)L}{(c+v)(c-v)} = \frac{2cL}{(c^2 - v^2)}$$

$$t_1 = \frac{2cL}{c^2\left(1 - \frac{v^2}{c^2}\right)} = \frac{2L}{c} \cdot \frac{1}{\left(1 - \frac{v^2}{c^2}\right)}$$

Para o caso do jet-ski 2, observe o diagrama das velocidades na figura. Aplicando o teorema de Pitágoras, teremos que na ida o jet-ski 2 deve se movimentar apontando ligeiramente para a esquerda, de modo a compensar a velocidade v do fluxo da água do rio e chegar a outra margem na mesma direção do ponto de saída. Na volta, o movimento deve ser direcionado para a direita, permitindo o retorno ao ponto de saída. Desta forma, o tempo total t_2 do jet-ski 2 é tal que:

$$t_2 = t_{AC} + t_{CA} = \frac{L}{\sqrt{c^2-v^2}} + \frac{L}{\sqrt{c^2-v^2}} \qquad t_2 = \frac{2L}{\sqrt{c^2\left(1-\frac{v^2}{c^2}\right)}}$$

$$t_2 = \frac{2L}{c} \cdot \frac{1}{\sqrt{1-\frac{v^2}{c^2}}}$$

Agora, dividindo-se t_2 por t_1, encontramos:

$$t_1 = \frac{t_2}{\sqrt{1-\frac{v^2}{c^2}}} = \gamma t_2 \quad ;$$

onde:

$$\gamma = \frac{1}{\sqrt{1-\frac{v^2}{c^2}}}$$

é denominado de **fator de Lorentz**. Como exemplo, escolhendo alguns valores de v, a relação acima permite determinarmos o valor de γ e, consequentemente, as seguintes relações entre os tempos t_1 e t_2:

1) $v = 0$ => $\gamma = 1$ => $t_1 = t_2$

2) $v = \frac{1}{2}c$ $\gamma = \frac{2}{\sqrt{3}}$ => $t_1 > t_2$

3) $v = c$ => $\gamma = $ infinito => $t_1 \gg t_2$

Os resultados encontrados acima indicam que, no caso 1), estando o rio em repouso v=0, então os dois jet-ski gastarão o mesmo tempo, pois estão percorrendo a mesma distância com a mesma velocidade c. No caso 2), vemos que para qualquer v < c, γ será sempre maior do que 1 e, portanto, $t_1 > t_2$. Finalmente, no caso 3), o jet-ski 1 na ida, terá uma velocidade relativa c + v (que é igual a 2c), mas na volta a velocidade relativa é c - v, ou seja, nula. Neste caso, sendo c = v, o tempo da volta (t_{BA}) é infinito e, assim, $t_1 \gg t_2$. Em resumo, o tempo t_1 é sempre maior ou igual a t_2 ($t_1 \geq t_2$). Isto implica que o apostador que fizer o trajeto na direção perpendicular ao fluxo do rio, será sempre o ganhador da aposta.

Como veremos, mais adiante, esse exemplo ilustra que, na presença de um meio material (neste caso a água), existirá uma diferença de tempo entre dois percursos perpendiculares entre si. Sabendo deste resultado, Michelson e Morley prepararam o experimento para medir a diferença de tempo de dois feixes de luz que se propagam em direções perpendiculares, admitindo um referencial ligado à Terra em movimento no éter (meio análogo ao rio perene, descrito acima).

No procedimento experimental adotado por Michelson e Morley, um dos braços do interferômetro era alinhado na direção de rotação da Terra em relação ao Sol, enquanto o outro era alinhado na direção perpendicular ao primeiro. Desta forma, o feixe luminoso seria emitido numa direção paralela ou perpendicular ao movimento da Terra em relação ao Sol. Com isto, era possível medir a velocidade relativa da luz, em relação ao referencial associado ao movimento da Terra, conforme previsto pela relatividade Galileana. Considerando que a velocidade da Terra é da ordem de 30 km/s e a velocidade da luz é da ordem $30 \times 10^{+4}$ km/s, ou seja, a velocidade da luz é 10.000 vezes maior do que a velocidade da Terra; então, para se observar as possíveis mudanças na velocidade da luz era preciso detectar no experimento mudanças nos padrões de interferência, quando se girava o interferômetro.

Na primeira montagem experimental, em 1881, *Michelson* esperava medir uma diferença no número de franjas (uma franja é igual a espessura de um dos anéis de interferência) da ordem de *0,04* de uma franja. Um resultado difícil de obter, pois o erro experimental estimado era da mesma ordem de grandeza. Em colaboração com *Morley*, um hábil experimentador, foi construído, em 1887, o aparato descrito pela Figura 4.01. Neste, eles incluíram a técnica de múltiplas reflexões do feixe luminoso, para aumentar o caminho óptico, e usaram um reservatório de mercúrio líquido para facilitar o giro da mesa-óptica e manter o alinhamento do feixe luminoso.

Após a realização de inúmeras tentativas, eles observaram, perplexos, que a hipótese inicial de que a medida da velocidade da luz dependia da direção do movimento não se confirmou, pois as franjas de interferência (a posição dos aneis de interferência) não mudavam! Ou seja, a velocidade da luz não era alterada (somada ou subtraída) em relação ao movimento da Terra, uma vez que o seu valor era sempre constante. Mais ainda, esse resultado, que contrariava a relatividade Galileana, teve como conseqüência principal o abandono da existência do éter. Este fato causou enorme alvoroço na comunidade científica da época. Muitos cientistas tentaram, sem sucesso, criar novas teorias para salvar o conceito de éter. Até mesmo, após o surgimento da TRE em 1905, diversos testes experimentais foram executados em diferentes regiões da Terra, usando-se fontes luminosas diversas, tais como: luz estelar, luz laser. Nada disso adiantou, pois os resultados encontrados só serviram para confirmar que **a velocidade da luz c é uma constante universal**. Além disso, foi também verificado experimentalmente que em todas as medidas de velocidade das ondas eletromagnéticas (ondas de rádios, microondas, visível, raios X, entre outras.), embora cada tipo de onda tenha sua própria freqüência, a velocidade da onda é sempre **c**.

Outro resultado experimental, que foi constatado posteriormente a 1905, diz respeito à existência de uma velocidade limite **c** para partículas materiais. Um fato novo e inusitado, naquela época. Isto significa que não adianta aumentarmos indefinidamente a energia cinética de uma partícula, porque a sua velocidade jamais alcançará o valor **c** da velocidade da luz.

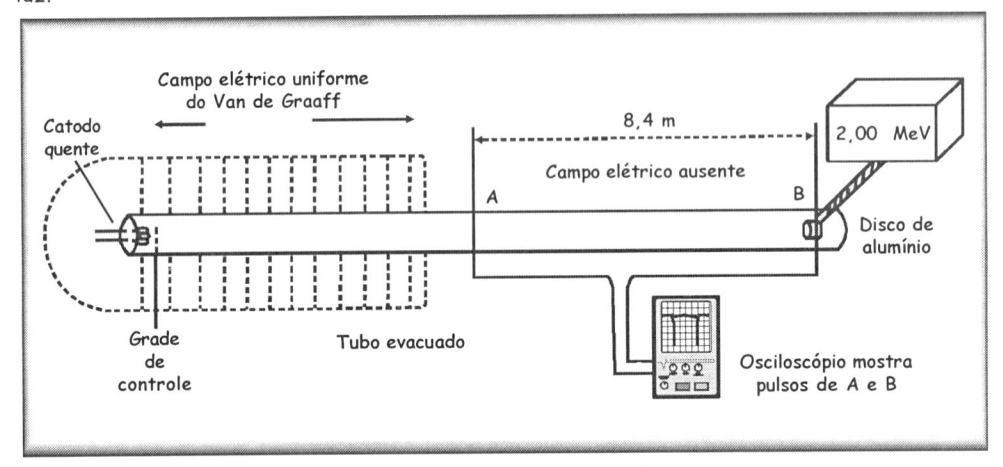

Figura 4.03 - Esquema de um acelerador linear de partículas.

Na Figura 4.03 mostramos um esquema típico de um acelerador de partículas, usado para a verificação experimental da velocidade limite para os elétrons. Vemos na figura, um enorme (alguns metros de comprimento) tubo de vidro, *um grande tubo de Crookes*, evacuado e com dois sensores **(A)** e **(B)**, por onde passarão os elétrons. Para acelerar os elétrons, um gerador eletrostático do tipo *Van de Graaff* é montado dentro do tubo de vidro. Na extremidade final do tubo, é fixado um disco de alumínio ao qual se acopla um sensor térmico. Nesta última região não há campo elétrico. O processo de aceleração é o seguinte: inicialmente, elétrons são ejetados do catodo aquecido e colimados (grade de controle) na extremidade inicial do tubo. Em seguida, os elétrons são acelerados pelo intenso e crescente campo elétrico produzido pelo gerador Van de Graaff, passam pelos sensores **(A)** e **(B)**, que estão distanciados de 8,4 metros. Ao atingir a extremidade final do tubo, os elétrons colidem com o disco de alumínio, liberando energia e aquecendo-o. A diferença de temperatura, medida pelo sensor térmico, antes e após as colisões, no disco alumínio, determina a energia cinética dos elétrons. Como sabemos, classicamente, a velocidade **v** de uma partícula cresce com a raiz quadrada da energia cinética K,

$$v^2 = \frac{2K}{m},$$

onde **v** é a velocidade da partícula e **m** a massa da partícula.

O resultado experimental que descreve o comportamento da velocidade de uma partícula em função da sua energia cinética é mostrado na Figura 4.04. Podemos observar que, no limite clássico, os dados obtidos se ajustam a uma reta. No entanto, fora desse limite, os resultados indicados pela curva contínua seguem as previsões teóricas da TRE. No gráfico, destacamos os resultados experimentais (pontos circulares) encontrados, que, neste caso, apresentam satisfatória concordância com a teoria.

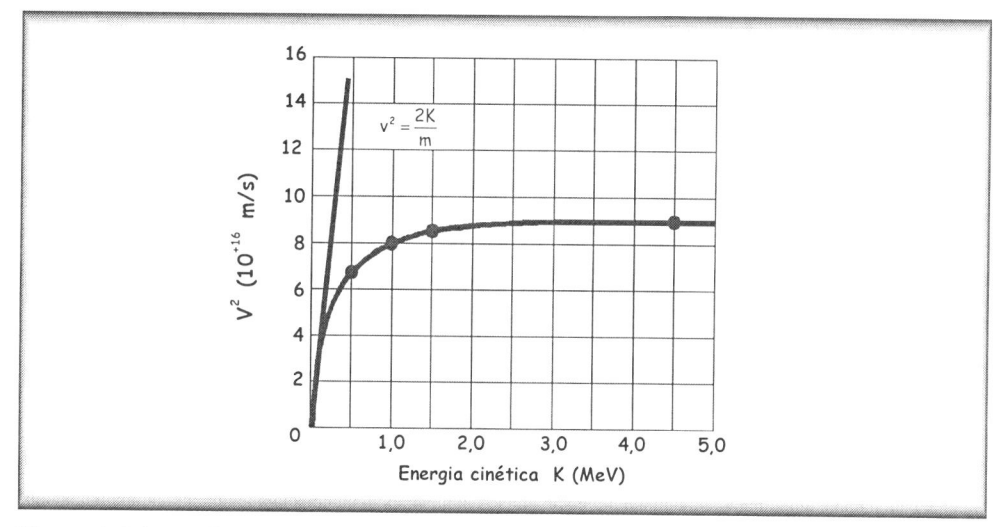

Figura 4.04 - Velocidade ao quadrado de um elétron em função da energia cinética.

Teoria da relatividade especial

Antes de apresentarmos o formalismo da Teoria da Relatividade Especial (TRE), convém recapitular os principais fatos experimentais discutidos acima:

1) A velocidade da luz é uma constante universal e é a velocidade limite para partículas materiais. Além disso, ela é invariante quando medida a partir de sistemas de referência inerciais (referenciais sem aceleração);

2) A lei de adição de velocidades (relatividade Galileana) não é válida para as ondas eletromagnéticas;

3) No regime de altas velocidades (valores próximos à velocidade da luz) a velocidade quadrática de uma partícula não é diretamente proporcional a sua energia cinética.

Para explicar os resultados experimentais acima, em 1905, *Einstein* publica um artigo científico onde ele apresenta a hoje famosa Teoria da Relatividade Especial (TRE), também conhecida como Teoria da Relatividade Restrita. A teoria é baseada apenas em dois postulados:

a) ***O Princípio da relatividade*** - as leis da Física são as mesmas, quando observadas de quaisquer sistemas de referência inerciais.

b) ***O princípio da constância da velocidade da luz*** - a velocidade da luz no vácuo tem o mesmo valor **c**, independentemente da velocidade do observador e da fonte.

As aplicações destes princípios, incluídas no artigo de 1905, trazem importantes conseqüências aos conceitos de espaço e tempo ao proporem, a contração dos comprimentos e a dilatação dos intervalos de tempo de sistemas em movimento, entre outras.

Para entendermos as propostas da TRE, precisamos, inicialmente, obtermos as regras que definem as transformações entre as coordenadas de dois sistemas de referência inerciais. Na Figura 4.05, ilustramos os dois sistemas S e S´, com as respectivas coordenadas espaciais, (x, y, z), (x´, y´, z´) e temporais t e t´, respectivamente. Neste caso, o espaço é quadridimensional, pois para localizar um dado ponto P, por exemplo no sistema S, é preciso usar quatro variáveis x, y, z e t. Destacamos, ainda, na Figura 4.05 que estamos admitindo que S´ se move em relação a S com movimento retilíneo e uniforme de velocidade v na direção x.

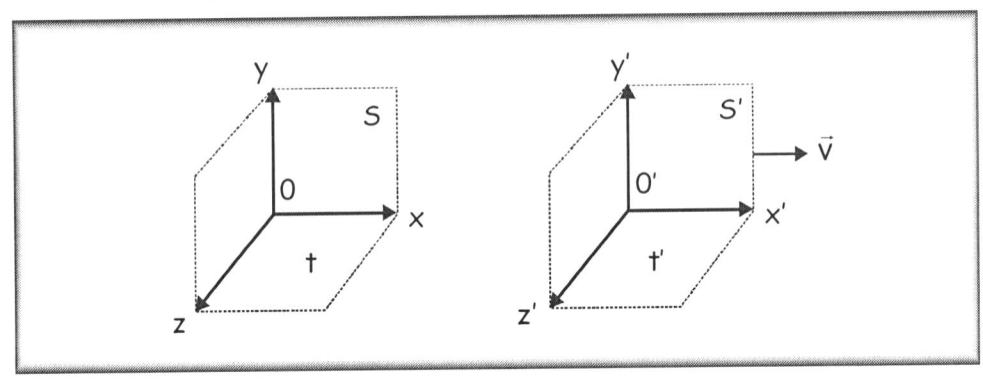

Figura 4.05 - Sistemas de referência inerciais com movimento relativo de velocidade v.

Para obtermos as relações entre as coordenadas dos dois sistemas (x, y, z, t) e (x´, y´, z´, t´), faz-se o uso de ferramentas matemáticas que omitiremos aqui. Deste modo apresentaremos, sem demonstrar, as regras de transformações no caso clássico e relativístico.

No primeiro caso, limite clássico, as velocidades consideradas são pequenas em comparação com a velocidade da luz, ou seja, v << c. Neste limite, as relações entre as coordenadas dos sistemas S e S´ são dadas por:

$$x´ = x - vt; \qquad y´ = y; \qquad z´ = z; \qquad t´ = t.$$

Esse conjunto de equações é chamado de **transformação de Galileu**. Um aspecto importante nessas equações é que o tempo é uma variável absoluta e independente do referencial, pois o tempo medido é o mesmo nos dois referenciais, com linha e sem linha (t = t'). Portanto, a ocorrência de um fenômeno é um evento simultâneo, para os observadores em seus respectivos referenciais. Por outro lado, constatamos que as coordenadas ortogonais à direção x do movimento, não se alteram com a transformação.

Uma vez que a constância da velocidade da luz é incompatível com a transformação de Galileu, então se faz necessário substituí-la por outra, onde a velocidade da luz é invariante. A solução encontrada por Einstein, no caso especial para o movimento relativo entre S e S' ser ao longo dos eixo do x, foi a seguinte:

$$x' = \frac{x - vt}{\sqrt{1 - \frac{v^2}{c^2}}} = \gamma(x - vt)$$

$$y' = y$$
$$z' = z$$

$$t' = \frac{\left[t - \left(\frac{v}{c^2}\right)x\right]}{\sqrt{1 - \frac{v^2}{c^2}}} = \gamma\left[t - \left(\frac{v}{c^2}\right)x\right] \ ;$$

onde **c** é a velocidade da luz no vácuo. Neste caso, o conjunto de equações recebe o nome de *transformação de Lorentz*, em homenagem ao físico holândes *Hendrik Antoon Lorentz*, que foi o pioneiro na obtenção dessas equações em 1890.

Como esperado, temos que no limite de v << c, o termo v/c será muito pequeno (muito menor do que 1) e a transformação de *Lorentz* reduz-se à transformação de Galileu. Ressaltamos que, embora *Lorentz* tenha deduzido as equações acima, bem antes de *Einstein*, ele não chegou a interpretá-las com uma nova descrição do espaço e do tempo, que é a essência da TRE. Na verdade, ele chegou a utilizá-las para tentar explicar o resultado negativo do experimento de Michelson-Morley, chegando à conclusão de que o braço do interferômetro, que aponta na direção do movimento do éter, deveria sofrer uma diminuição no seu comprimento. Iremos, na seqüência, discutir as implicações da TRE.

A relatividade da simultaneidade

Uma importante diferença entre a Mecânica Newtoniana e a Mecânica Relativística está no conceito de tempo. Para *Newton*, o tempo era uma entidade absoluta (t' = t) e independente dos referenciais. Para *Einstein*, o tempo é uma entidade relativa, pois sua medida depende do estado de movimento do observador. Conforme demonstrado anteriormente, a relação entre os tempos t' e t é dada por:

$$t' = \frac{\left[t - \left(\frac{v}{c^2}\right)x\right]}{\sqrt{1 - \frac{v^2}{c^2}}} = \gamma\left[t - \left(\frac{v}{c^2}\right)x\right] ;$$

onde podemos observar que as variáveis espaciais e temporais estão intimamente ligadas. Uma das principais conseqüências deste fato é sobre a questão da simultaneidade (observação de dois ou mais eventos no mesmo instante de tempo). Uma hipótese básica da Mecânica Clássica é a existência de uma escola de tempo universal, que é a mesma para todos os observadores. Implicitamente isto significa que a noção de simultaneidade é absoluta. Mas, para a TRE as medidas dos intervalos de tempo dependem do estado de movimento do observador e, em geral, o que é simultâneo para um observador, pode não ser para o outro. No domínio das velocidades que estamos acostumados a presenciar em nossa vida cotidiana, tal efeito é difícil de ser percebido. Entretanto, em situações que envolvam escalas astronômicas, velocidades altíssimas e em sofisticadas medidas do tempo, este efeito é comumente observado. Por exemplo, um observador que se encontra na Terra, pode enxergar as explosões de duas estrelas no espaço, simultaneamente, ou seja, num mesmo instante de tempo. Porém, para outro observador, que viaja em uma nave espacial, as mesmas duas estrelas não explodem no mesmo instante de tempo, uma vez que existe um intervalo de tempo entre as explosões, cuja origem é o seu movimento relativo. Vejamos, abaixo, um exemplo ilustrativo de um caso da não simultaneidade.

Exemplo 02

Suponha que um observador em repouso receba dois sinais luminosos emitidos pelas fontes A e B, separadas de uma distância de *2,5 km*, conforme mostrado na figura seguinte. A fonte A emite uma luz verde e, *5μs* depois, a fonte B emite uma luz vermelha. O observador em repouso verá, primeiro a luz verde e, em seguida, a luz vermelha. Admitindo um outro observador em movimento relativo ao primeiro, com uma velocidade de *v = 0,85 c* (85% da velocidade da luz), pergunta-se: para este novo observador, os sinais luminosos serão, simultaneamente, detectados da mesma forma que a do observador parado?

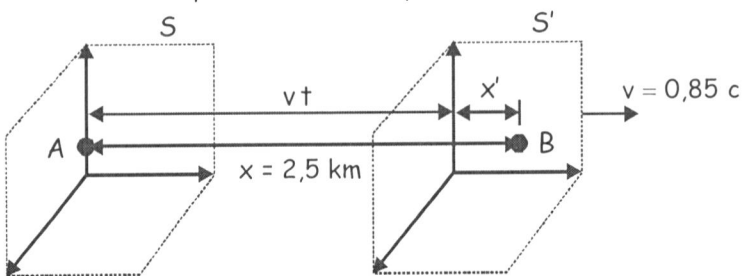

Resolução e Comentários

Se os eventos forem simultâneos, o observador em movimento verá o sinal verde primeiro e o sinal vermelho, $5\mu s$ depois de sua emissão; de forma idêntica a constatação do observador em repouso. No entanto, usando a transformação de Lorentz, temos que:

$$t' = \gamma\left[t - \left(\frac{v}{c^2}\right)x\right] = 1,9\left[5.10^{-6} - \left(\frac{0,85}{3.10^8}\right)2500\right]$$
$$t' \cong -4\mu s.$$

Ou seja, o tempo medido no referencial em movimento é negativo. Isto implica que, o observador em movimento deve ver primeiro a luz vermelha e depois a luz verde! Este exemplo, mostra, claramente, que eventos simultâneos para um observador não será necessariamente simultâneos para um outro observador em movimento. Portanto, na relatividade, o conceito de simultaneidade não é absoluto, pois depende do estado de movimento relativo do observador. Resumindo:

"A simultaneidade é um conceito relativo e não um conceito absoluto; depende do estado de movimento do observador".

Outro excelente exemplo do efeito da não simultaneidade, em nosso cotidiano, ocorre nas transmissões de sinal de TV via satélite entre os continentes, como foi visto inúmeras vezes nas transmissões da última copa do mundo, realizada no Japão e na Coréia. Trata-se do chamado "delay" no tempo (nome originário da gíria jornalística), que acontece quando um repórter no Brasil se comunica com outro colega lá no Japão. Quando o repórter que se encontra, por exemplo, no Rio de Janeiro, faz uma pergunta para seu colega do Japão, as pessoas que estão em Natal percebem que o repórter do Japão fica um certo tempo aguardando o retorno. Isso acontece, porque o sinal de TV fará percursos diferentes, conforme mostrado na Figura 4.06.

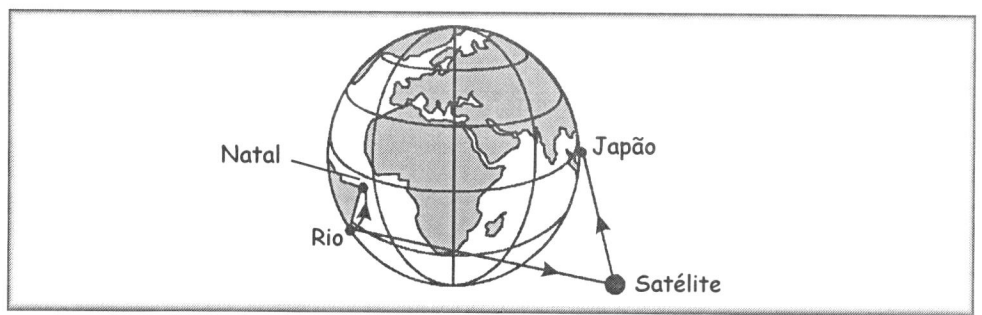

Figura 4.06 - Uma visão da Terra. Em destaque, as posições do Rio de Janeiro, Natal, Japão e de um satélite geoestacionário.

No primeiro percurso, a onda eletromagnética, vai diretamente para Natal através de sistemas de transmissores terrestres. No segundo percurso, a onda eletromagnética vai ser captada, primeiro, por um satélite (geoestacionário), que está a uma distância de 36.000 km da Terra, para daí ser enviada para o Japão. Como a onda eletromagnética possui uma velocidade finita, $c = 3 \times 10^{\cdot 5}$ km/s, no primeiro percurso (Rio/Natal), o sinal gasta um tempo de aproximadamente $t_{RN} = 0,01$ s. Para o segundo percurso (Rio/Satélite/Japão), o tempo é da ordem de $t_{RSJ} = 0,24$ s, isto é, um tempo bastante superior. Por isso, a pergunta do repórter do Rio não é simultânea para os dois observadores, que se encontram em Natal e no Japão, respectivamente.

A dilatação do tempo

Para facilitar a demonstração do fenômeno da dilatação temporal, usaremos uma espaçonave, chamada de *espaçonave de Einstein*. Na Figura 4.07, mostramos sua ilustração. Inicialmente, é importante definir dois conceitos importantes para o entendimento da dilatação temporal. (1) medida própria, é a executada pelo observador que analisa o evento em repouso. (2) medida relativa, é a efetuado pelo observador que analisa o evento em movimento.

Na Figura 4.07 (a), o observador dentro da espaçonave, o tempo medido gasto pelo pulso de luz que sai do ponto x_1 e retorna após reflexão no espelho (localizado no ponto x_2) é dado simplesmente por: $\Delta t' = 2D/c$, onde D a distância entre os pontos x_1 e x_2 (neste caso $x_1 = x_2$). Para o caso em que o observador que está parado, mas a espaçonave se movimenta com velocidade v, o pulso de luz descreverá uma trajetória maior, conforme vemos na Figura 4.07 (b). Desde que, o segundo postulado da TRE afirma que a velocidade da luz é constante nos referenciais inerciais, devemos ter que:

$$c = \Delta x / \Delta t = \text{constante}$$

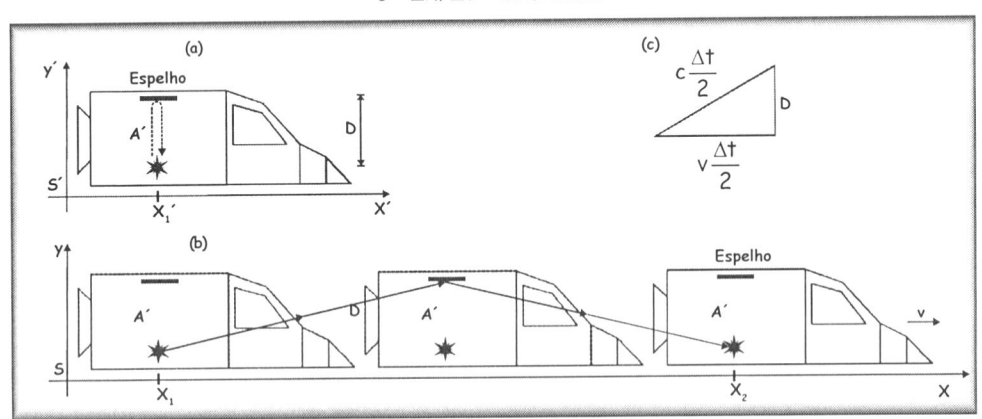

Figura 4.07 - Espaçonave de Einstein. Em (a), um observador parado enxerga um pulso de luz ser emitido, refletido pelo espelho e retornar ao ponto de emissão. Em (b), espaçonave está em movimento com velocidade v. Em (c), temos um diagrama representando o percurso da luz e da espaçonave em movimento.

Esse resultado indica que como em (b) o percurso Δ**x** é maior, então para c se manter constante, Δ**t** deverá ser necessariamente maior do que Δt´. Usando a Figura 4.07 (c) e aplicando-se o teorema de Pitágoras, temos:

$$\left(\frac{c\Delta t}{2}\right)^2 = D^2 + \left(\frac{v\Delta t}{2}\right)^2 \quad \text{ou} \quad \Delta t = \frac{2D}{\sqrt{c^2 - v^2}} = \frac{2D}{c} \cdot \frac{1}{\sqrt{1 - \frac{v^2}{c^2}}}$$

Finalmente, usando a definição do fator de Lorentz γ e que Δt´ = 2D/c, encontramos:

$$\Delta t = \gamma \Delta t'$$

Consequentemente, o tempo Δ**t** sofre uma dilatação, pois Δ**t** ≥ Δt´, para o referencial em movimento (dentro da espaçonave); uma vez que, para v < c, γ ≥ 1 sempre, conforme exibido na Figura 4.08 seguinte.

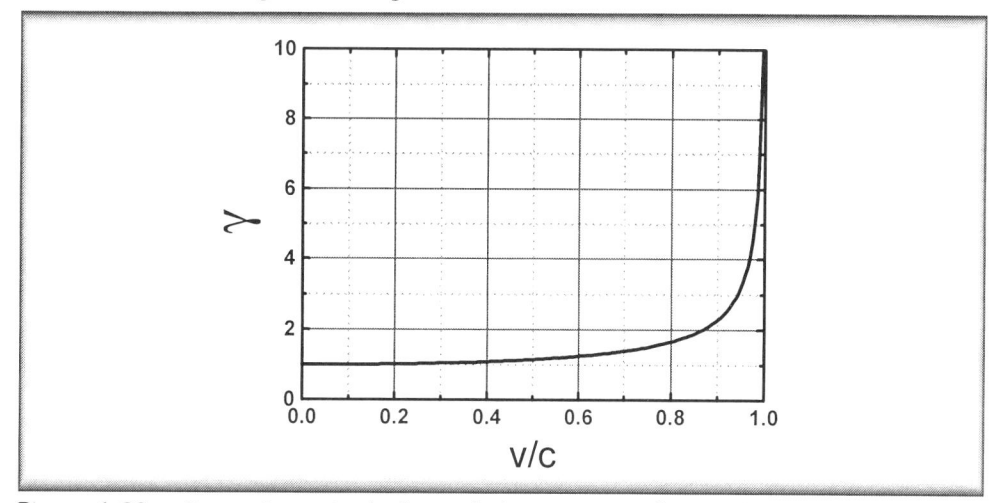

Figura 4.08 - Comportamento do fator de Lorentz γ em função da razão v/c.

Mas, para os valores de velocidades do nosso dia-a-dia, o resultado previsto pela teoria da relatividade se reduz ao da física clássica, pois se v << c, teremos v^2/c^2 tendendo a zero e o denominador $1-v^2/c^2$ tornando-se igual a **1**, logo Δt´ = Δ**t**. Contudo, a nova concepção do tempo de *Einstein* é realmente inovadora e aparentemente paradoxal, pois desafia o nosso senso comum.

Diversas experiências vêm mostrando, ao longo do tempo, que o cientista tinha razão. Em particular, uma experiência realizada em um grande acelerador de partículas no CERN, em 1977, com partículas subatômicas chamadas de múons, partículas instáveis que podem rapidamente transformar-se em outras partículas, confirmam as previsões da TRE. Quando em repouso no laboratório, os múons possuem uma vida média de 2,2 μs. Ao serem acelerados, até atingirem velocidades próximas à da luz, v ~ 0,9994 c, a vida média chega a 63,5 μs, ou seja, quase trinta vezes maior do que a vida média em repouso. Esse valor está em completo acordo com as estimativas da dilatação temporal.

Uma outra experiência realizada para testar a dilatação temporal foi montada com o auxílio de relógios macroscópicos (grandes), os chamados relógios atômicos, muito usados para medidas de tempo que exigem bastante precisão. Quatro desses relógios foram colocados em aviões que deram várias voltas ao redor da Terra, e a leitura das medidas de tempo nos mesmos, mais uma vez, bateu com as previstas pela TRE.

Contração do comprimento

Vejamos agora as conseqüências dos postulados da TRE, para as medidas de comprimentos. Na relatividade, o comprimento de uma barra padrão, medido ao longo da direção do movimento, é variável, pois depende da velocidade do observador. Observadores em movimento, irão sempre medir um comprimento menor ou igual àquele medido por um observador em repouso. Este fenômeno chama-se contração do comprimento ou do espaço, que é uma conseqüência da dilatação temporal.

Para demonstrarmos este fato, consideremos as extremidades de um barra de comprimento L. Pelas transformações de Lorentz, temos que o comprimento da barra medida pelo observador no referencial S´ é dada por:

$$L' = x' - x'_0 = [\gamma(x - vt) - \gamma(x_0 - vt_0)].$$

Como $L = x - x_0$, temos:

$$L' = \gamma L - \gamma v(t - t_0).$$

Para executar a medida do comprimento é necessário fazê-la simultaneamente, desta forma $t = t_0$. Portanto,

$$L' = \gamma L.$$

Logo, podemos concluir que o comprimento da barra medido pelo observador em movimento é menor ou igual ao comprimento da barra medido pelo observador em repouso.

Exemplo 03

Múons: partículas relativísticas. Na Mecânica Clássica, muitos exercícios e/ou problemas tratam da queda livre de partículas no campo gravitacional da Terra. Nestes casos, as velocidades das partículas (corpos ou objetos) são muito inferiores à velocidade da luz. Determine: a) a velocidade final, na superfície da Terra, de uma partícula que cai da troposfera terrestre (10 km é a altura média da troposfera) com velocidade nula. b) o valor da distância percorrida por um múon, em seu próprio referencial de movimento, e c) o valor da distância percorrida pelo múon, em um referencial na Terra.

Resolução e Comentários

a) Da conservação da energia mecânica, temos que a energia cinética final é igual a energia potencial gravitacional, ou seja,

$$E_c = E_p = \frac{1}{2}mv^2 = mgh \Rightarrow v = \sqrt{2gh}$$

Substituindo na expressão acima os valores: $g = 10$ m/s^2 (supondo g constante) e h= 10 km, encontraremos que v ~ 447 m/s. Portanto, a velocidade final é muito inferior à velocidade da luz e, neste caso, os efeitos relativísticos são desprezíveis.

b) Na atmosfera, múons são criados devido ao bombardeio dos raios cósmicos com a atmosfera terrestre, podendo nesse processo atingir velocidades altíssimas, v ~ 0,998 c. Observa-se ainda, nessas condições que os efeitos da aceleração gravitacional são desprezíveis e, portanto, não alteram significativamente o valor da velocidade destas partículas. Como vimos, anteriormente, o tempo de vida média dos múons, em um referencial em repouso, é da ordem de 2,2 μs. Em seu próprio referencial, a distância percorrida pelo múon é, simplesmente, d´ = v . t´, onde v é a sua velocidade e t´ o seu tempo de vida média. Com os valores de v = 0,998 c e de t´ = 2,2 μs, temos: d´ ~ 658,7 metros.

c) No referencial da Terra, o tempo t é dado por: t = γ t´. Como, para v=0,998c, o fator de Lorentz, γ = 15,8, então t = 15,8 × 2,2μs = 34,76 μs. Portanto, a distância, percorrida pelo múons, medida pelo observador na Terra será igual a:

$$d = v \cdot t = 10407,1 \text{ m}.$$

Um valor aproximadamente igual a 15,8 vezes o valor medido no referencial do múon. Se, os múons percorressem apenas 658,7 m, ao penetrar na nossa atmosfera, era de se esperar que eles nunca atingissem a superfície da Terra. Mas, não é isso que acontece. Medidas sofisticadas mostram que, a quantidade de múons que atinge a superfície da Terra é muito maior do que a esperada. A explicação deste fato é dada pela TRE.

Antes de concluirmos, apresentamos mais um exemplo típico de que a TRE fornece uma nova forma de visualização da natureza associada aos fenômenos da dilatação temporal e da contração do espaço. A figura 4.09, mostra a visão de um carro parado e com velocidade v = 0,8c (80% de c), fornecendo γ = 0,6.

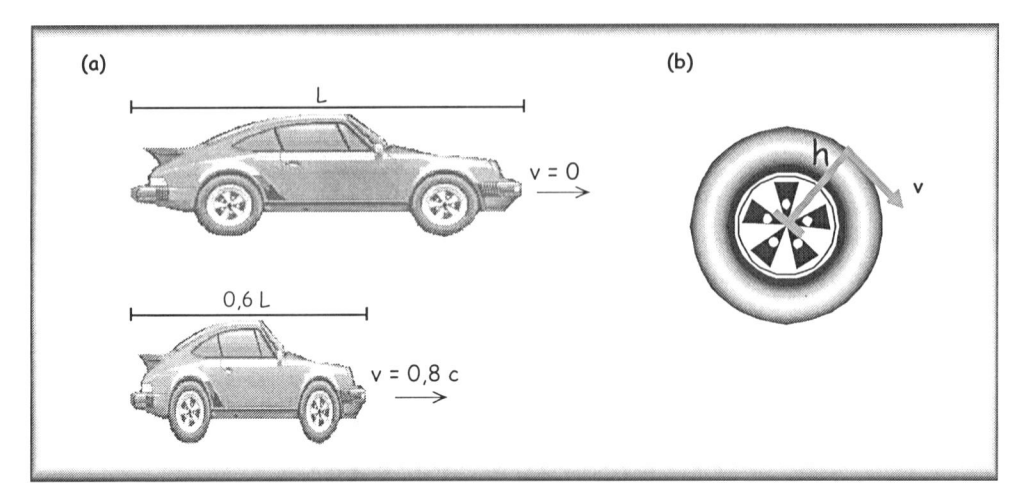

Figura 4.09 - (a) Ilustração da contração do comprimento de um automóvel. (b) Roda de raio h e velocidade v.

Observe que apenas o comprimento na direção do movimento sofre contração, ou seja, a altura do carro não é alterada. Contudo, se tivéssemos uma barra de comprimento **h** girando, fixa em uma das extremidades, o tamanho da barra não mudaria, pois no movimento de giro, a velocidade, é sempre perpendicular ao comprimento **h** da barra, conforme mostrado na Figura 4.09(b). Assim, concluímos que se a roda do carro estivesse apenas girando não ocorreria contração, a roda manteria sua forma.

Cálculo da velocidade relativa

Classicamente, sabemos que a determinação da velocidade relativa de dois corpos que possuem velocidades v_A e v_B é dada através de uma relação simples, a soma ou a subtração das velocidades. Mas, no domínio relativístico, este resultado tem de ser modificado. Para sistemas de referência inerciais, S e S´, sendo v a velocidade do referencial S´ em relação a S, se deslocando na direção x, temos, conforme transformação de Lorentz, que:

$$\Delta x' = \gamma(\Delta x - v\Delta t), \qquad \Delta t' = \gamma\left[\Delta t - \left(\frac{v}{c^2}\right)x\right].$$

Dividindo-se a primeira equação pela segunda, encontramos:

$$\frac{\Delta x'}{\Delta t'} = \frac{\Delta x - v\Delta t}{\Delta t - \left(\frac{v}{c^2}\right)x} \; ;$$

Colocando, o termo Δt em evidência, obtemos:

$$\frac{\Delta x'}{\Delta t'} = \frac{\left(\frac{\Delta x}{\Delta t} - v\right)}{\left[1 - \left(\frac{v}{c^2}\right)\frac{\Delta x}{\Delta t}\right]}.$$

Finalmente, definindo-se v_A como a velocidade da partícula medida no referencial S' e v_B como a velocidade da partícula medida no referencial S, teremos:

$$v_A = \frac{(v_B - v)}{\left[1 - \left(\frac{v}{c^2}\right)v_B\right]}.$$

A equação acima descreve a lei de transformação de velocidade proposta pela TRE. Obviamente que, no limite clássico (v << c), este resultado se reduz ao previsto pela transformação Galileana.

Exemplo 04

Um observador em relação a um referencial inercial se desloca no espaço com velocidade v = 0,6c e vai de encontro a uma nave espacial que se desloca em sentido contrário, ao observador, com velocidade v_B = - 0,8c, em relação ao mesmo referencial. Calcule a velocidade de aproximação v_A da nave em relação ao observador.

Resolução e Comentários

Usando a expressão apresentada, anteriormente, e substituindo os valores v = 0,6c e v_B = - 0,8c, encontraremos: v_A = 0,946 c. Ou seja, a nave esta se aproximando com 0,946 c, e não com 1,4 c conforme prevê a mencânica clássica.

O efeito Doppler relativístico

O efeito Doppler consiste em uma mudança observada na freqüência de uma onda devido ao movimento relativo da fonte e do receptor (observador). No caso de ondas sonoras, que precisam de um meio material para se propagarem, o efeito Doppler é facilmente observado. Por exemplo, verifica-se uma mudança na freqüência, o que implica em variação do som emitido pela sirene de uma ambulância, quando ela se aproxima ou se afasta do observador em repouso. Quando a ambulância se aproxima, o som é mais alto e ao se afastar o som é mais baixo, em relação a ambulância parada. Normalmente, dizemos que o sinal sonoro é, inicialmente, agudo e, após a passagem da ambulância, é grave. Este comportamento da freqüência também é visto caso a sirene esteja ligada, mas a ambulância parada, e o observador se afastando ou se aproximando da mesma. O caso mais geral, é aquele em ambos fonte sonora e observador estão em movimento relativo dentre si.

No caso das ondas eletromagnéticas (que se propagam no vácuo), o efeito Doppler, também ocorre, mas é detectado de uma maneira diferente. Aqui mudanças nas freqüências se apresentam como variação na cor da luz recebida pelo observador. Os resultados encontrados são tais que: considerando, por exemplo, uma fonte de luz se aproximando f_p ou se afastando f_F, as freqüências medidas em comparação à freqüência f_0, a freqüência da fonte parada, são dadas por:

$$f_P = \sqrt{\frac{1+\left(\dfrac{v}{c}\right)}{1-\left(\dfrac{v}{c}\right)}}\, f_0 \quad \text{e} \quad f_F = \sqrt{\frac{1-\left(\dfrac{v}{c}\right)}{1+\left(\dfrac{v}{c}\right)}}\, f_0$$

respectivamente. No limite clássico, v << c, essas equações assumem formas mais simples:

$$f_P = \left[1+\left(\dfrac{v}{c}\right)\right] f_0 \quad \text{e} \quad f_F = \left[1-\left(\dfrac{v}{c}\right)\right] f_0$$

Em 1929, *Edwin Hubble*, astrônomo norte-americano, observando a luz emitida de estrelas localizadas em galáxias distantes, propôs uma teoria na qual o universo está se expandindo. Ele constatou em suas observações experimentais, que as freqüências da luzes emitidas pelas estrelas das galáxias mais distantes são sempre menores do que as freqüências da luzes emitidas pelas estrelas das galáxias mais próximas, da Terra. Esta diferença, é comumente chamada de desvio para o vermelho (*red-shift*, em inglês), pois a cor vermelha no espectro eletromagnético visível é a que possui a menor freqüência. Além disso, supondo que as estrelas são constituídas dos mesmos elementos químicos (principalmente hidrogênio), ele concluiu que a diminuição na freqüência era devida ao fato de que a fonte de luz, isto é, a galáxia, está se afastando de nós. Portanto, uma manifestação do efeito Doppler da luz emitida pelas estrelas. Essas observações, válidas para qualquer galáxia, deram origem a uma teoria do "universo em expansão", base das especulações da hoje conhecida teoria do "big-bang". Nesta teoria, admite-se que o universo esteve em um tempo muito remoto (há 15 bilhões de anos) todo concentrado em um único ponto e, após uma grande explosão ou "big-bang", começou a se expandir até a forma que tem hoje.

Exemplo 05

(UFRN-1999) A Lei de Hubble fornece uma relação entre a velocidade com que certa galáxia se afasta da Terra e a distância dela a Terra. Em primeira aproximação, essa relação é linear e está mostrada na figura abaixo, que apresenta dados de seis galáxias:

a nossa, Via Láctea, na origem, e outras ali nomeadas. (No gráfico, um ano-luz é a distância percorrida pela luz, no vácuo, em um ano.)

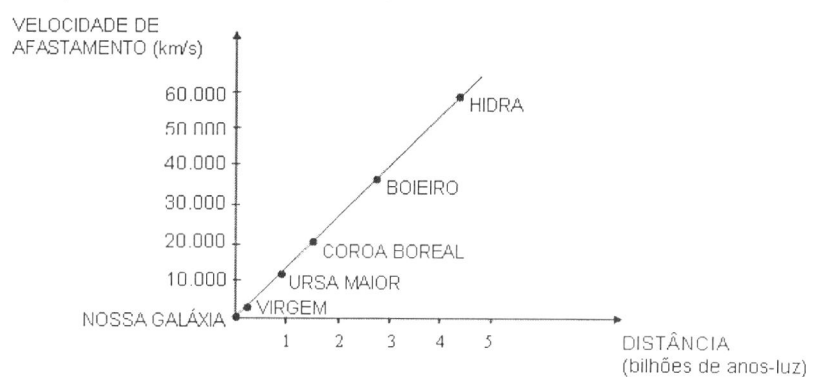

VELOCIDADE DE AFASTAMENTO (km/s)

- 60.000 — HIDRA
- 50.000
- 40.000
- 30.000 — BOIEIRO
- 20.000 — COROA BOREAL
- 10.000 — URSA MAIOR
- NOSSA GALÁXIA — VIRGEM

DISTÂNCIA (bilhões de anos-luz): 1, 2, 3, 4, 5

Da análise do gráfico, conclui-se que:

A) Quanto mais distante a galáxia estiver da Terra, maior a velocidade com que ela se afasta da Terra.

B) Quanto mais próxima a galáxia estiver da Terra, maior a velocidade com que ela se afasta da Terra.

C) Quanto mais distante a galáxia estiver da Terra, menor a velocidade com que ela se afasta da Terra.

D) Não existe relação de proporcionalidade entre as distâncias das galáxias a Terra e as velocidades com que elas se afastam da Terra.

Resolução e Comentários

Para resolvermos este problema, basta fazermos uma simples análise gráfica. É fácil verificarmos, que o gráfico acima é uma reta com coeficiente angular positivo, ou seja, quanto maior for distância da galáxia, maior será o valor da velocidade de afastamento da mesma. Logo, a resposta correta é a letra A.

Paradoxos e outras surpresas

O espelho de Einstein

De acordo com os seus biógrafos, *Einstein*, desde a adolescência, refletia sobre o comportamento da luz. Uma das suas indagações culminou em um problema conhecido pelo nome de "espelho de Einstein". Trata-se do seguinte: uma pessoa que pudesse viajar com a velocidade da luz, segurando um espelho à sua frente, não conseguiria ver a sua própria imagem, pois, classicamente, a luz que sai da pessoa nunca atingiria o espelho, ou seja, a luz nunca conseguiria "sair" da pessoa, pois tanto ela quanto a luz viajam com a mesma velocidade. Contudo, o segundo postulado da TRE afirma que a velocidade da luz é independente do movimento da fonte ou do observador. Logo, a pessoa sempre verá sua imagem e a situação absurda, descrita, acima, não se mantém. Ao lado disso, devemos nos lembrar que pela TRE, é impossível um corpo material atingir a velocidade da luz, o que torna a realização experimental do "espelho de Einstein" inviável.

Paradoxo dos gêmeos

No ano de 2000, nasceram dois gêmeos idênticos (siameses): Francisco e João. Após o nascimento, João foi colocado em uma nave espacial para fazer uma viagem até uma estrela próxima da Terra, situada na constelação do Centauro, a uma distância de 4 anos-luz (1 ano-luz é igual a $9,48 \times 10^{+15}$ m). A velocidade da nave é próxima à da luz, v = 0,8 c. Determinando o tempo de duração dessa viagem, calculado por João e Francisco, respectivamente. Desde que, v = 0,8 c, então fator de Lorentz γ = 1,67. Com isto, o tempo da viagem de ida e volta à estrela, calculado por João, é igual a:

$$T_J = 2 \times 4/(0,8) = 10 \text{ anos.}$$

Mas, para Francisco, o tempo, considerando a dilatação temporal, deve ser:

$$T_F = T_J / \gamma = 6,0 \text{ anos!}$$

Finalmente, temos ainda para João, em relação ao seu referencial, que foi Francisco quem viajou e, portanto:

$$T_J = T_F / \gamma = 3,6 \text{ anos!}$$

Ou seja, para Francisco, que ficou na Terra, tudo ocorre mais lento do que para João e, consequentemente, João ficará mais jovem do que Francisco! Mas, para João na nave, acontece o contrário; Francisco é quem está viajando a bordo do planeta Terra e, para o mesmo o tempo deve passar mais lentamente.

Afinal de contas, quem tem razão? Francisco está 4 anos mais velho ou 2,4 anos mais novo que João? Estamos diante de um paradoxo (contradição lógica). As duas previsões não podem ser, simultaneamente, corretas. Para esclarecer a questão, deve-se observar que este raciocínio se baseia numa premissa incorreta; a de que as diferentes situações submetidas aos gêmeos são simétricas e intercambiáveis; e isso não é verdade. Pois, para João fazer a viagem sua nave foi necessariamente acelerada até atingir 0,8 c e, posteriormente, desacelerada. Isto significa que João mediu o tempo de referenciais distintos. No que diz respeito a Francisco, ele esteve sempre preso a um referencial inercial. Consequentemente, como a TRE se aplica a referenciais inerciais, o paradoxo não existe, pois o problema deve ser analisado do ponto de vista de Francisco e não do de João. Em resumo: o aparente *paradoxo dos gêmeos* é fruto de uma tentativa errada de se utilizar a TRE, no contexto de referenciais não-inerciais. A solução definitiva para essa questão só veio a ser dada pela teoria **Relatividade Geral**. Nesta, mostra-se que João voltará realmente mais jovem do que Francisco e a diferença de idades é exatamente a que calculamos acima. Talvez esteja aqui a resposta ao conhecido dito popular que diz: "*quem viaja sempre volta mais novo*". Uma situação, sem dúvida atraente, embora, não devemos nos esquecer que esses efeitos de rejuvenescimento só podem ser percebidos nos limites de grandes velocidades ou de grandes distâncias.

Paradoxo da garagem

Apresentaremos agora um paradoxo relacionado à contração do comprimento **(adaptada ao ensino médio do artigo de: E.F. Taylor e J.A. Wheeler, Spacetime Physics, 2ª Ed. Freeman)**. Suponha que você viva em uma época em que a humanidade tenha tecnologia para fazer naves espaciais, que possam atingir velocidades altíssimas, por exemplo, da ordem de v = 0,866 c. Suponha, também, que, um certo dia, você esteja entrando na garagem de um estacionamento, com sua nave espacial, que mede 10 m de comprimento. Como v = 0,866 c, então o fator de Lorentz é dado por γ = 2,0, e um observador em repouso, por exemplo, o vigilante responsável pelo fechamento da porta da garagem, dirá que sua nave mede apenas 5,0 m de comprimento! Desta forma, ele vê você se aproximar, ultrapassar os 5 m, entrar na garagem e, logo em seguida, ele fecha a porta. Para complicar a situação mais ainda, quando você, em movimento, mede o comprimento da garagem, encontrará que os 5 m medidos pelo vigilante na verdade são apenas 2,5 m! E agora, você se pergunta: como pode minha nave espacial que mede 10 m caber em uma garagem com apenas 2,5 m de comprimento?

A resposta a este paradoxo está no conceito da medida de comprimento. Para a nave parada, mede-se o comprimento dela com uma "régua", colocando a ponta da "régua" em uma das extremidades da mesma e, lentamente, posicionando o restante da régua em sua outra extremidade, pois estando a nave em repouso, o tempo da medida não é um fator importante. Porém, quando o corpo estiver em movimento (com velocidades próximas à da luz), o tempo é um fator importante, e a medida do comprimento nas extremidades deve ser feita de maneira simultânea, ou seja, deve-se medir no mesmo instante as posições das duas extremidades da nave. Logo, o aparente paradoxo é devidamente explicado pelo conceito de relatividade da simultaneidade: eventos que são simultâneos para um observador não serão, necessariamente, simultâneos para um outro observador.

Paradoxo da tesoura

No fechamento de uma tesoura, posicionada ao longo da direção horizontal, a velocidade de aproximação das lâminas se dá ao longo da direção vertical e é dada por: $v_y = \Delta y/\Delta t$. Mas, a velocidade do ponto de interseção das lâminas, medida na horizontal, é tal que: $v_x = \Delta x/\Delta t$. Se substituirmos em v_x, o valor de $\Delta t = \Delta y/v_y$ e usarmos que $tg\theta = \Delta y/\Delta x$, onde θ é metade do ângulo de abertura das lâminas da tesoura, encontraremos que:

$$v_x = v_y / tg\theta.$$

Analisando-se esta equação, conclui-se que, no limite de ângulos θ muito pequenos, a velocidade do ponto de interseção das lâminas v_x, será maior do que a velocidade da luz c, tgθ tende a zero e a razão v_y / tgθ tende ao infinito. Este resultado contradiz o segundo postulado da TRE? Como explicar este novo paradoxo?

De acordo com o segundo postulado da TRE, nenhum objeto massivo, nenhuma energia ou informação pode viajar com uma velocidade maior do que à da luz. Neste caso, uma vez que o ponto de interseção não é um corpo físico, mas apenas um ponto geométrico, nada o impede (nenhuma lei física) de possuir velocidades superiores à da luz.

Dinâmica relativística

Quais são as implicações dos postulados da TRE na dinâmica de partículas relativísticas? Neste novo cenário, que formas assumem as 3 leis de Newton do movimento? O conceito de inércia de um corpo muda? Para poder responder a estas perguntas, vamos retornar ao resultado experimental descrito pela Figura 4.04. Neste gráfico, são apresentadas duas curvas teóricas e os pontos que representam as medidas experimentais. Conforme podemos observar, o comportamento retilíneo, obtido através da relação clássica K = (1/2)mv², não reproduz os dados experimentais. No entanto, para analisarmos o problema do ponto de vista da TRE, devemos, em primeiro lugar, assumir que a 2ª lei de Newton, escrita em termos da variação temporal do momento linear, continua válida, ou seja:

$$\vec{F} = \frac{\Delta \vec{p}}{\Delta t}$$

onde, Δp é a variação do momento linear da partícula e Δt é a respectiva variação temporal. A opção em não utilizar a conhecida expressão, F = ma, é porque esta forma só é válida quando a massa da partícula é uma constante.

Tem-se ainda que, no domínio relativístico, o momento linear é dado por:

$$p = \gamma m v,$$

onde γ é o fator de *Lorentz*, m é a massa e v é a velocidade, da partícula. Resultado que, no limite clássico v << c, como era de se esperar, assume a forma p = mv.

$$K = \frac{1}{2} m_0 v^2$$

Com os resultados acima, podemos determinar a energia cinética relativística K de uma partícula:

$$K = \gamma m_0 c^2 - m_0 c^2 \quad \text{ou} \quad K = (\gamma - 1) m_0 c^2$$

onde γ, novamente, é o fator de *Lorentz*, m_0 é chamada de *massa de repouso* da partícula e c é a velocidade de luz. Os detalhes matemáticos usados para se obter o resultado acima, foram omitidos, porque se utiliza de recursos do cálculo diferencial e integral, que não são tratados no nível médio. É importante destacar que, esta nova expressão para a energia é bastante diferente da forma clássica, $K = (1/2)mv^2$; e é com ela que iremos obter a curva teórica, da Figura 4.04, que explica muito bem os dados experimentais.

Passamos a analisar o conteúdo físico da nova equação para a energia cinética relativística. O primeiro termo do lado direito da equação, representa a energia cinética $E = \gamma\, m_0 c^2$, que é energia total da partícula, subtraída da sua energia de repouso (v=0), segundo termo da equação, $E_0 = m_0 c^2$. Assim, podemos reescrever a equação da energia cinética da seguinte maneira:

$$K = E - E_0,$$

ou seja, a energia total da partícula é a soma da sua energia cinética com a sua a energia de repouso:

$$E = K + E_0.$$

Agora, quando a partícula estiver em repouso teremos que:

$$E = m_0 c^2$$

O resultado acima tem um profundo significado físico, pois representa uma nova interpretação para o conceito de massa ou inércia do corpo, que é a base da 1ª Lei de Newton. Em outras palavras, ele significa que se um corpo ganha (ou perde) uma certa quantidade de energia E, sua massa de repouso aumenta (ou diminui) de uma quantidade igual a E/c^2.

No que se refere à 3ª Lei de Newton, ela não tem sentido na relatividade. Isto está associado ao conceito de simultaneidade, que é relativo ao estado de movimento do observador. Logo, não faz sentido em se falar do par ação e reação agindo ao mesmo tempo numa dada situação. Por exemplo, no caso da força de interação eletrostática entre duas cargas elétricas, que pode ser vista como um par ação e reação, as leis do movimento, para as cargas, são descritas da mesma forma independentemente do observador.

Finalmente, temos que a equação da energia total (E) pode ainda ser apresentada na seguinte forma:

$$E^2 = (pc)^2 + (m_0 c^2)^2,$$

onde p é o momento linear da partícula, c é a velocidade da luz e m_0 é a massa de repouso da partícula. Esta nova formulação da equação da energia relativística, fornece uma nova interpretação para as leis de conservação da energia e do momento da partícula. Ela diz que, se de acordo com um observador inercial, a energia e o momento são conservados em uma interação, então, necessariamente, E e p são conservados, nesta mesma interação, para qualquer outro observador inercial. Além disso, se o momento for conservado, então a energia deve também ser conservada. Isto é, enquanto, na Mecânica Clássica, tem-se leis de conservação separadas para a energia E e o momento p, na Mecânica Relativística, elas se "fundem" em apenas uma lei, conforme a equação apresentada acima.

Outro notável resultado, refere-se ao caso das partículas com massa de repouso nula, $m_0 = 0$. Observe que este novo conceito, de massa de repouso nula, não faz sentido na Mecânica Clássica, pois no regime clássico, um corpo de massa nula é o vazio absoluto. Contudo na TRE, quando $m_0 = 0$, a expressão para a energia total reduz à:

$$E = pc.$$

De forma que, observando a expressão do momento p, conclui-se que toda partícula com massa de repouso nula irá se movimentar com a velocidade da luz! Resultados teóricos atuais sugerem a existência de três partículas, que possuem massa de repouso nula: os fótons, os neutrinos e os grávitons. Veremos, mais adiante, que o fóton é a partícula associada à produção da radiação eletromagnética nos processos quânticos, cuja comprovação experimental já foi realizada. A existência das outras duas partículas, somente é prevista teoricamente. Os neutrinos são partículas subatômicas, que servem para explicar a formação dos prótons e nêutrons. Já os grávitons são as partículas associadas às chamadas ondas gravitacionais, que desempenham em relação ao campo gravitacional, um papel análogo ao fóton no campo eletromagnético.

MEDIDAS DA VELOCIDADE DA LUZ

Curiosidade

Podemos medir a velocidade da luz semelhantemente às medidas realizadas por Hertz para comprovar a existência das ondas eletromagnéticas. Relembrando que ele utilizou o fenômeno da interferência da onda eletromagnética, medido os nodos e antinodos da interferência da onda para medir a velocidade da luz. Apresentaremos duas formas de executar a medida. A primeira forma é uma onda eletromagnética na faixa da transmissão do sinal de televisão dos canais abertos, na região de centenas de megahertz, por exemplo, 100 MHz. Primeiramente descubra onde está localizada a antena do canal que deseja utilizar como fonte da radiação eletromagnética. Depois descubra o número do telefone da emissora e ligue para o setor técnico da emissora e peça-o o valor da freqüência ($f_{Emissora}$) de emissão do canal. Agora posicione uma televisão, com antena interna, conforme mostrado na figura a seguir. Observe a posição da antena emissora, da televisão e da placa metálica. Agora com auxílio de uma placa metálica, dimensão mostrada na figura, movimente a placa até que a imagem da televisão desapareça (aparecendo apenas uma imagem de canal fora de sintonia, que normalmente chamamos de chuviscos). A tv ficará fora de sintonia, pois o sinal emitido pela antena emissora é inicialmente captado pela antena da tv e parte será refletido na placa metálica. O sinal captado pela tv é a soma do sinal absorvido inicialmente pela antena da tv mais o sinal refletido pela placa metálica. Quando a placa metálica estiver a uma distância correspondente a meio comprimento de onda ($L = \lambda/2$), ocorrerá uma interferência destrutiva e, conseqüentemente, a imagem da televisão desaparece. Agora basta utilizar a equação:

$$c = \lambda \, f_{Emissora} = 2L f_{Emissora}$$

Se os dados forem, $f_{Emissora}$ = 100 MHz e L = 3 m, encontra-se c = 3 x 10^{+8} m/s. Em completo acordo com os resultados da teoria eletromagnética e da teoria da relatividade restrita. Para tornar o resultado mais preciso, meça o comprimento de onda para outros canais de televisão.

A segunda forma de medir a velocidade é utilizando outro equipamento doméstico. Agora é um forno de microondas. Como dito anteriormente no capítulo de ondas eletromagnéticas. No forno de microondas existe uma válvula, chamada de magnetron, que emite radiação eletromagnética na faixa de microondas, com uma freqüência bem definida $f = 2,45\ GHz$. Semelhantemente ao primeiro procedimento experimental, para medida da velocidade da luz, faremos mais uma experiência de interferência da onda eletromagnética, ou seja, observaremos os nodos e antinodos da onda estacionária que se formará dentro do microondas. Para realizar a experiência é necessário executar duas mudanças na estrutura interna do forno. Primeiro, é necessário desligar a hélice que espalha a microondas emitida pela magnetron. É preciso desligar o motor que faz a hélice girar. Segundo é também necessário desligar o movimento giratório do prato, em alguns fornos mais antigos esse prato não gira. Após essas mudanças, basta colocar um prato grande e raso com manteiga e distribuir uniformemente a manteiga na superfície do prato. Uma sugestão é colocar a manteiga no prato e deixar ela derreter, formando uma camada de aproximadamente 0,5 cm, depois levar o prato com a manteiga derretida ao congelador e esperasse congelar a manteiga. Na seqüência, coloca-se o prato com a manteiga no forno de microondas e liga-se o forno. Aparecerá região no prato onde a manteiga derreterá, essas regiões são os pontos dos nodos da onda estacionária. Medindo-se a distância entre duas regiões consecutivas L (que deve ser da ordem 6,12 cm), estaremos medindo meio comprimento de onda $\lambda/2$ da radiação da microondas da magnetron do seu forno de microondas. Ou seja,

$$c = \lambda f = 2Lf = 2 \cdot 0,612 \cdot 2,45 \times 10^{+9} \cong 3,00 \times 10^{+8}\ m/s$$

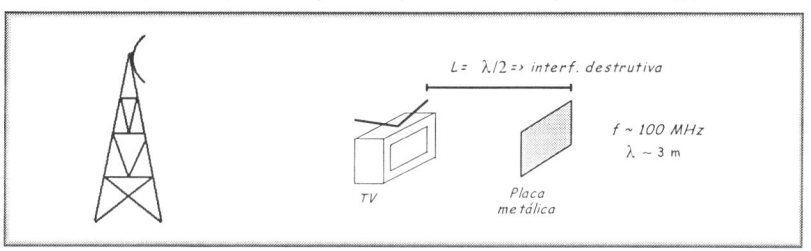

Ilustração da primeira realização experimental da experiência proposta.

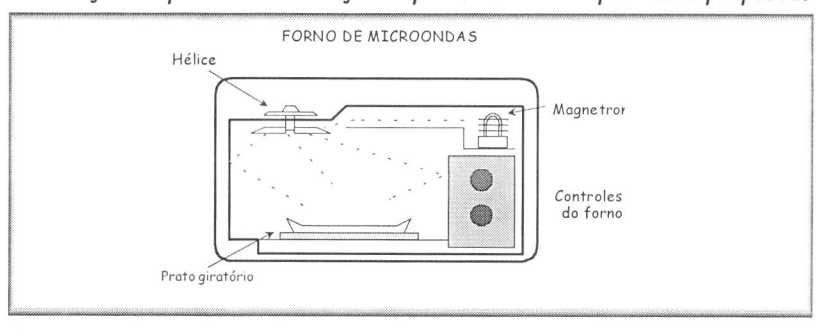

Diagrama de um forno de microondas comercial.

Espaço para resolução e comentários

Exercícios ou Problemas

01 - Faça um triângulo eqüilátero sobre a superfície de uma esfera (uma bola de futebol, por exemplo) e também sobre uma folha de papel. Na folha do papel, é fácil verificar que a soma dos ângulos internos é igual a 180°. E sobre a superfície esférica, qual o valor da soma dos ângulos internos do triângulo? Em que condições, a superfície esférica torna-se uma superfície plana? Faça uma analogia entre os limites da Mecânica Clássica e da Mecânica Relativística.

02 - Usando os dados do Exemplo 02, deste Capítulo, encontre a distância entre as fontes de luz A e B, que indica a distância ao observador em movimento.

03 - No Exemplo 02, a medida de um tempo negativo, indica que o observador em movimento vê os eventos (piscar das luzes verde e vermelha) numa ordem invertida, quando comparada ao observador parado. Esta inversão pode de fato acontecer? Se a resposta for positiva, use a equação da transformação de Lorentz para o tempo para responder o seguinte: a) pode, um observador em movimento, constatar que um avião aterrissou antes de decolar?; e b) pode, o referido observador, comprovar que você nasceu antes de sua mãe?

04 - Na experiência de Michelson-Morley, usa-se a radiação visível para observar as franjas de interferência. Descreva, fisicamente, um interferômetro de Michelson-Morley que utiliza ondas sonoras, em substituição às ondas eletromagnéticas. Quais os tipos de semelhanças e diferenças, você espera obter?

05 - Considere uma barra inclinada de comprimento L, fazendo um ângulo de 30° com o eixo x´. Estando S´ em movimento com

Exercícios ou Problemas

$\beta = v/c = 0,5$, qual é o ângulo medido em relação S?

06 - Considere um quadrado no plano x', y', do referencial S', com um dos lados fazendo um ângulo de 45° com o eixo x'. Se S' está em movimento com $\beta = 0,7$, qual é a forma e orientação do quadrado em relação ao referencial S?

07 - Demonstre matematicamente que, no domínio de baixas velocidades, a equação da velocidade relativa, no regime relativístico, se transforma na equação de Galileu.

08 - Uma nave espacial viaja em linha reta com velocidade $v = 0,7c$, em relação a Terra. Um sinal luminoso é disparado desta nave, no vácuo, com velocidade c em relação à nave. Calcule a velocidade deste sinal em relação a Terra.

09 - Suponha uma nave espacial que se move com velocidade comparável à da luz. Dois observadores analisam um mesmo evento, oscilação de um lustre existente dentro do veículo espacial. Qual deveria ser a velocidade da nave para que o tempo medido por um observador seja o dobro do tempo medido pelo outro? Qual observador faz a medida própria?

10 - O acelerador de partículas de um certo laboratório opera com energias da ordem de 1 MeV. Calcule a velocidade de um elétron acelerado no dispositivo citado, sabendo que a massa de repouso do elétron é da ordem de 10^{-30} kg.

11 - A Física Moderna rompe com alguns conceitos clássicos, como o caráter absoluto do tempo, da Física Newtoniana. Na visão relativística:

Espaço para resolução e comentários

Exercícios ou Problemas

a) o tempo independe do observador que realiza sua medida;
b) o tempo é um conceito relativo que sofre contração com o aumento da velocidade;
c) o tempo é um conceito relativo que sofre dilatação com o aumento da velocidade;
d) o tempo é um conceito relativo, sendo impossível prever a sua dilatação ou a sua contração.

12 - Igor e Mateus são observadores inerciais. Igor é colocado em uma nave espacial que viaja com velocidade vetorial constante de módulo igual a 60% da velocidade da luz, em relação a Mateus. Devido ao efeito da dilatação do tempo, 4 anos medidos para o observador em repouso, corresponde, para o observador em movimento, a um intervalo de tempo de:
a) 5 anos;   b) 6 anos;
c) 7 anos;   d) 8 anos.

13 - Conforme o enunciado da questão 12 responda: se Mateus medir uma barra de 1 metro de comprimento no seu referencial, Igor mediria para essa barra qual comprimento?

14 - **Efeito Doppler**. Observando o comprimento de onda da luz emitida por estrela, de uma galáxia distante, um astrônomo mediu e encontrou que $\lambda = 1458 \times 10^{-9}$ m. Observando outra estrela, muito mais próxima da Terra, o comprimento de onda medido tem o seguinte valor $\lambda = 656 \times 10^{-9}$ m. Determine a velocidade de afastamento da estrela distante com relação a Terra.

15 - Pesquise em outros textos de física moderna, o que é a teoria da relatividade geral.

Capítulo 05. Quantização da Energia

Além das descobertas relacionadas aos estudos das descargas elétricas em gases, como por exemplo, a produção dos raios X; e do desenvolvimento da Teoria da Relatividade, a física no final do século XIX e no início do século XX, viu-se diante de uma série de resultados experimentais, que não eram adequadamente explicados pelas teorias existentes. Em particular, as tentativas de se encontrar uma equação matemática que descrevesse a intensidade da radiação térmica ou radiação eletromagnética emitida por objetos materiais bastante aquecidos, tornou-se um desafio, que mobilizou uma intensa investigação científica na época. Como sabemos, qualquer metal, quando aquecido a temperaturas muito elevadas, torna-se incandescente, emitindo luz, portanto radiação eletromagnética. Nesse sentido, o problema a ser solucionado diz respeito a interação da luz com a matéria. E tecnicamente foi chamado de "problema do corpo negro". A solução deste problema teve como conseqüência uma profunda modificação nas bases conceituais da física, relacionadas ao mundo microscópico. Entre outras novidades, destacamos a introdução da hipótese de energia quantizada por *Planck* e a hipótese dos fótons ("corpúsculos de luz") por *Einstein*, para tratar os problemas da radiação térmica emitida pelo corpo negro e o efeito fotoelétrico, respectivamente. Outra importante descoberta, nessa época, foi o efeito Compton, que teve relevante papel na confirmação da existência do fóton. Vejamos, em seguida, os fatos experimentais que levaram a essas descobertas, especialmente, as contribuições de *Planck* e *Einstein*.

Quantização de Planck

As investigações sobre o problema da radiação eletromagnética emitida por um corpo aquecido, mostrou a necessidade da elaboração de uma nova física para explicar os resultados obtidos. As primeiras observações da emissão de radiação associada a um corpo aquecido (uma barra de ferro aquecida) foram obtidas, em 1859, pelo físico alemão *Gustav Robert Kirchhoff*. Analisando o espectro (as cores) das radiações em função da temperatura, ele concluiu que, para todos os corpos materiais, a intensidade dessa radiação dependia somente de dois fatores: a freqüência da radiação (medida em hertz) e a temperatura absoluta do corpo (medida em kelvin). Posteriormente, em 1882, ele chegou a uma importante conclusão, a de que corpos que são bons emissores de radiação, são também bons absorvedores da mesma. Com base nisso ele criou o conceito de corpo negro, um objeto com propriedades físicas especiais, uma vez que ele tem um poder de absorção máximo (absorve toda a energia incidente sobre ele), não refletindo nem luz nem calor. Logo, ele não pode ser detectado ou visto por reflexão daí a denominação de corpo negro. Como veremos mais adiante, um corpo negro não é, necessariamente, um corpo de cor preta. Apesar de ser uma idealização teórica, um corpo negro pode ser construído com relativa facilidade. Uma cavidade metálica (com um pequeno furo para entrada da radiação) termicamente isolada; uma lâmpada incandescente e uma estrela, são bons exemplos de corpos negros. Em termos práticos, a lâmpada é comumente chamada de corpo marrom.

As primeiras medidas experimentais quantitativas do espectro de radiação de um corpo negro foram feitas, em 1884, pelo físico austríaco *Josef Stefan*. Usando os resultados obtidos por *Tyndall*, que tinha medido, anteriormente, a razão entre as intensidades da radiação total emitida por um fio de platina, nas temperaturas de *525°C* e de *1200°C*, e encontrado um valor igual a *11,7; Stefan* teve uma brilhante idéia: primeiro, transformou as temperaturas para a escala Kelvin e, em seguida, elevou os valores encontrados à quarta potência. Ao comparar os seus resultados, ele constatou que o mesmo dava novamente o número 11,7.

Analisando os resultados encontrados, *Stefan* propôs a seguinte lei: a energia irradiada U (a emissão de radiação é proporcional à energia irradiada), na forma de luz e calor, por um corpo negro é proporcional à temperatura absoluta T elevada à quarta potência,

$$U \propto T^4.$$

No mesmo ano, *Ludwig Boltzmann* demonstra teoricamente, usando conceitos da teoria eletromagnética e da termodinâmica o resultado obtido por *Stefan*, encontrando uma relação hoje conhecida como **Lei de Stefan-Boltzmann**. Tal lei afirma que a intensidade de energia total I irradiada pelo corpo negro, por unidade de área do furo da cavidade e para todos os valores de freqüências, está associada à temperatura T por,

$$I(T) = \sigma T^4,$$

onde $\sigma = 5,67 \times 10^{-8}$ W/m^2 . K^4 é uma constante universal.

O resultado acima permite a medição direta da energia de radiação de um corpo negro em termos de sua temperatura. Um processo desse tipo é usado em aceleradores de partículas subatômicas, onde, após uma radiação incidir sobre um determinado material, este sofrerá um acréscimo em sua temperatura, cuja medida é uma indicação da energia da radiação incidente.

Exemplo 01

Estimando o tamanho de uma estrela. Usando a lei de Stefan-Boltzmann encontre uma razão dos raios e das temperaturas entre duas estrelas. Escolha uma das estrelas sendo o Sol, pois os dados referentes ao Sol são bem conhecidos: T_s = 5.800 K e r_s = 7x10^{+8} m. Suponha que medimos a potência irradiada por três estrelas e obtemos experimentalmente a seguinte relação entre as potências P_E = 10P_S. Para estimar os tamanhos das estrelas use as seguintes temperaturas: 1.000 K; 2.000 K; e 10.000 K. Estas temperaturas foram obtidas analisando o espectro de radiação de cada estrela e interpretando-o como corpo negro.

Resolução e Comentários

Supondo que as estrelas e o Sol se comportem como corpos negros, então as intensidades da radiação I(λ) (potência irradiada dividida pela área da superfície do corpo), são, de acordo com a lei de Stefan-Boltzmann, dadas por:

$$I_E = \frac{P_E}{4\pi r_E^2} = \sigma T_E^4 \quad e \quad I_S = \frac{P_S}{4\pi r_S^2} = \sigma T_S^4$$

onde índice E refere-se as estrelas e S ao Sol.

Desde que, $P_E = 10\, P_S$, ficamos com

$$P_E = 4\pi\sigma\, r_E^2 T_E^4 = 10\, P_S = 10\, (4\pi\sigma\, r_S^2 T_S^4)$$

ou ainda,

$$r_E^2 = 10 r_S^2 \left(\frac{T_S}{T_E}\right)^4.$$

Agora substituindo os valores de cada temperatura referente a respectiva estrela, encontramos:

$$r_{E(1000K)} \cong 28{,}46\, r_S; \quad r_{E(2000K)} \cong 7{,}12\, r_S \quad e \quad r_{E(10000K)} \cong 3{,}16\, r_S$$

Logo, supor que as estrelas se comportam como um corpo negro é uma das formas pelas quais os astrônomos conseguem medir o tamanho das mesmas.

Em geral, resultados de análise espectral de corpos negros são descritos através de curvas experimentais de I(λ) ou I(f), onde λ é o comprimento de onda e f é a freqüência da radiação, para uma dada temperatura T. As unidades de I(λ) e I(f) são (W/m². μm) e (W/m². Hz), respectivamente. Na Figura 5.01, é mostrada uma ilustração dos equipamentos básicos usados para a obtenção dos dados experimentais de I(λ) em função de T. Pela figura, vemos que um corpo negro (uma cavidade), aquecido a uma temperatura T, emitirá uma radiação (nos laboratórios didáticos, utiliza-se como o corpo negro uma lâmpada incandescente que, pela passagem de corrente elétrica, se aquece, via o efeito Joule, emitindo radiação). Em seguida, a radiação é colimada pela fenda e depois separada em suas diversas faixas de freqüências por um prisma óptico (nos aparatos mais modernos usam-se grades de difração, em substituição aos prismas, pois elas possuem um poder de resolução muito superior ao prisma). Após, a separação espacial das freqüências, um detector de radiação móvel é usado para medir, ponto a ponto, a intensidade da radiação, para uma dada temperatura T.

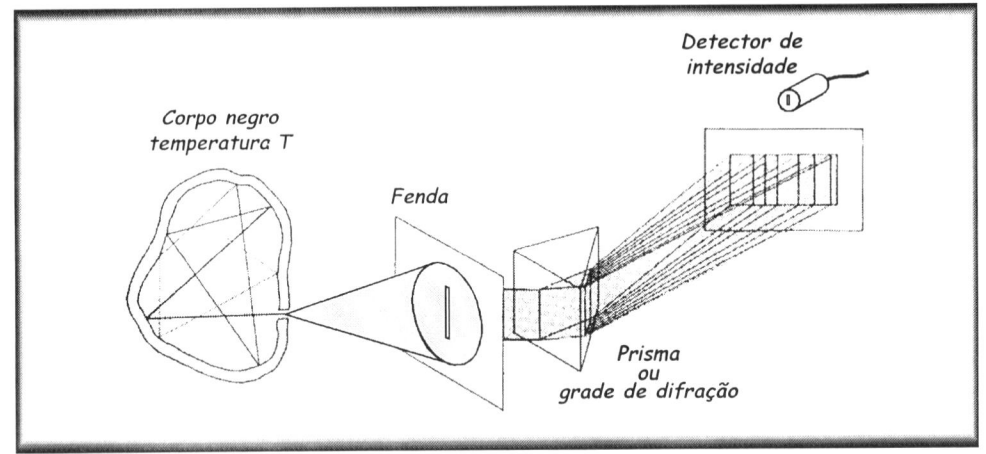

Figura 5.01 - Aparato experimental básico para investigação do espectro de radiação de um corpo negro.

Experimentos desse tipo, permitem obter gráficos da intensidade da radiação $I(\lambda)$, emitida pelo corpo negro, que atinge o detector em função dos diversos valores de λ. Um exemplo típico desses gráficos é mostrado na Figura 5.02. Observe na figura que, acoplado aos resultados experimentais (pequenos círculos representando os dados obtidos experimentalmente) temos cobrindo os pontos "uma curva teórica". Esta forma de apresentar os resultados de uma pesquisa, é a preferida pelos físicos, que, normalmente, testam suas teorias ou modelos através de comparações de suas previsões teóricas com gráficos obtidos experimentalmente. Portanto, uma boa teoria ou um bom modelo é aquela(e) cujos dados obtidos teoricamente se ajustam ou "coincidem", com os dados experimentais.

Apesar do sucesso na obtenção das curvas experimentais, o problema principal continuava: como reproduzir teoricamente os dados experimentais da Figura 5.02? Diversas abordagens foram feitas. Uma das teorias admitia que os átomos ou moléculas que formavam o corpo negro oscilavam e, dessa forma, emitiam uma radiação. Neste caso, o número de osciladores (átomos ou moléculas) definiria a intensidade da radiação nas diferentes freqüências. Uma outra teoria, considerava que as ondas eletromagnéticas oscilantes, dentro da cavidade, podiam interferir entre si, gerando ondas estacionárias semelhantes a uma corda de um violão. Considerando que, em geral, o comprimento de onda da radiação térmica é muito pequeno, então devem se formar ondas com todas as freqüências possíveis. A primeira teoria, proposta, em 1896, pelo físico alemão *Wilhelm Wien*, explicava o comportamento dos resultados experimentais no regime de altas freqüências, ou seja, a curva teórica coincidia apenas na região de altas freqüências (ou pequenos comprimentos de onda), enquanto a segunda, formulada, em 1900, pelos ingleses *John William Strutt* (*Lord Rayleigh*) e *James Jeans*, descrevia o comportamento experimental associado à região de baixas freqüências, ou seja, a curva teórica coincidia apenas na região de baixas freqüências (ou grandes comprimentos de onda). Esta teoria recebeu o nome de *Lei de Rayleigh-Jeans*.

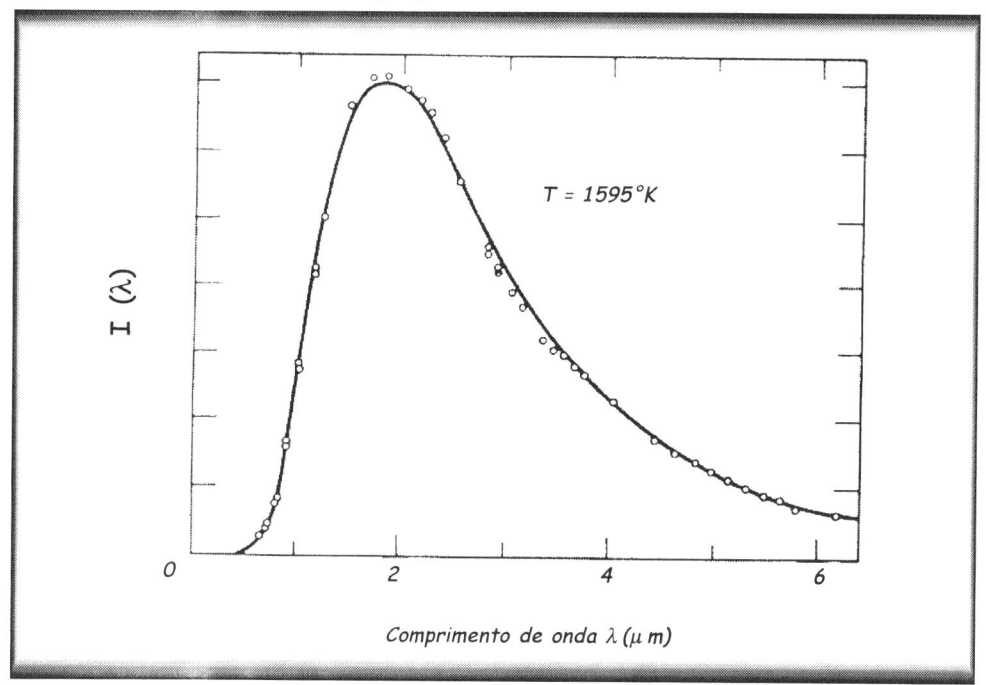

Figura 5.02 - Resultado experimental típico da medida da radiação emitida por um corpo negro em função do comprimento de onda.

Antes disso tudo, em 1893, *Wien* encontrou uma relação, que explicava fato de que o valor máximo da emissão de radiação $I(\lambda)$ (o pico na Figura 5.02) era inversamente proporcional à temperatura, resultado que ficou conhecido coma *Lei do deslocamento de Wien* (veja a seguir, o Exemplo 02, para maiores detalhes). Outro resultado, curioso e surpreendente, dizia respeito ao espectro de emissão de radiação que seria obtido, caso se aplicasse a *Lei de Rayleigh-Jeans*, na região de altas freqüências. Neste caso, a Lei mostra que, aumentando-se a freqüência, a intensidade da radiação emitida deveria, também, aumentar e, na região para altíssimas freqüências, a intensidade da radiação tenderia ao infinito. Evidentemente, um fato absurdo, que não era observado experimentalmente. Essa observação foi batizada de *catástrofe ultravioleta*, porque no espectro eletromagnético, a região ultravioleta está relacionada a altas freqüências. Logo, as teorias clássicas, descritas acima, não serviam para explicar o comportamento do corpo negro, pois não conseguiam reproduzir os dados experimentais nas faixas de freqüências intermediárias, mas somente nas regiões de altas e baixas freqüências.

Exemplo 02

Para medir temperaturas de corpos negros, os físicos usam uma fórmula simplificada da chamada *Lei do deslocamento de Wien*, que é dada por:

$$\lambda_{máx} T = 0,2898 \;;$$

onde $\lambda_{máx}$ é o valor do comprimento de onda no qual a intensidade da radiação é máxima e T é a temperatura absoluta.

Em 1965, radiação de microondas, com $\lambda_{máx}$ = 0,107 cm, vinda de todas as direções do espaço, foram detectadas. Essa radiação, batizada pelo nome de *radiação de fundo*, é interpretada como um resíduo da grande explosão do universo (teoria do **Big-Bang**), que teria acontecido a cerca de 15 bilhões de anos, quando o universo começou rapidamente a se expandir e ao mesmo tempo esfriar. Qual o valor da temperatura correspondente a este comprimento de onda ?

Resolução e Comentários

Aplicando-se a fórmula dada acima, temos que para $\lambda_{máx}$ = 0,107 cm, a temperatura T será igual a:

$$T = \frac{0,2898}{0,107} \cong 2,71 \, K.$$

ou seja, esta é a temperatura atual do universo, quando se admite que esta radiação é do mesmo tipo da emitida por uma cavidade (corpo negro).

Numa reunião, em dezembro de 1900, dos membros da Sociedade Alemã de Física, o físico alemão *Max Karl Ernst Ludwig Planck* apresentou a solução teórica para o comportamento da radiação do corpo negro. Ao conseguir deduzir a equação que reproduzia completamente os dados experimentais, ele disse, na reunião, aos demais presentes, que havia cometido um "ato de desespero", pois para "conseguir uma equação a qualquer custo", teve que admitir (postular) um fato inesperado: a radiação do corpo negro deveria ser emitida na forma de "minúsculos pacotes", ou quanta de energia. Isto estava em desacordo com a física clássica, onde a energia radiante que flui para dentro e para fora de um corpo negro se processa de maneira contínua. Pela solução de *Planck*: a radiação eletromagnética é formada por um número inteiro de pacotes de energia hf, tal que a energia total E é dada por:

$$E = n\,h\,f; \qquad n = 1,2,3...$$

onde f é a freqüência da radiação e h é uma constante universal denominada **constante de Planck**, cujo valor numérico, obtido pelo próprio *Planck* no ajuste das curvas experimentais, é igual a

$$h = 6{,}63 \times 10^{-34} \; J.s.$$

Devido ao seu pequeníssimo valor h (h = 663 antecedido de 34 zeros),
h = 0,000000000000000000000000000000000663,

a constante de Planck limita a nossa capacidade de observação, nos fenômenos quânticos que ocorrem ao nosso redor diariamente. A conseqüência mais marcante, embutida no resultado acima: **a energia na natureza é discreta ou quantizada**. Uma hipótese revolucionária naquela época, mas que, incrivelmente, com ela podia-se reproduzir teoricamente os espectros de radiação do corpo negro em comum acordo com todos os dados experimentais. Grande parte dos historiadores da ciência, consideram que essa idéia, lançada em 1900, da quantização da energia, marca o surgimento da **Teoria Quântica**, uma teoria que só foi finalizada por volta de 1930.

Exemplo 03

Estimativa do valor da constante de Planck (**problema adaptado do Provão de Física de 2002**). Uma experiência, razoavelmente fácil de montar, que permite estimar o valor da constante de Planck, é a utilização da curva característica de led's ou diodos emissores de luz. Os diodos são dispositivos semicondutores, formados por junção do tipo P e do tipo N, cuja passagem de corrente elétrica é controlada pela polaridade e intensidade da tensão elétrica aplicada nos seus dois terminais. O diodo conduzirá uma corrente elétrica, se a polaridade estiver na posição correta e se a tensão elétrica for superior à uma dada tensão de corte V_C. Se a polaridade estiver numa posição invertida, o diodo não conduz uma corrente elétrica. Em resumo, um diodo é uma chave (um interruptor) controlada pela tensão elétrica, que se aplica nos seus terminais.

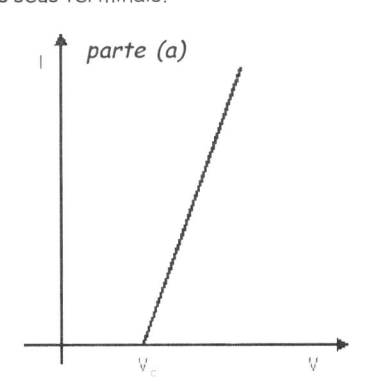

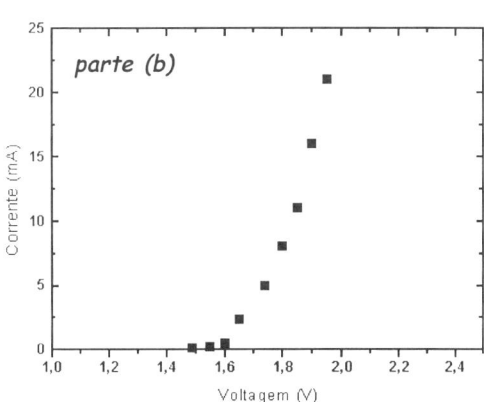

No gráfico acima, a parte (a) representa uma curva que descreve uma corrente I em função da tensão V aplicada, para um diodo ideal. Este só começa a conduzir corrente elétrica, quando a tensão aplicada for suficiente, para que os elétrons ganhem a energia E_g que os permita passar da banda de valência para a de condução do material semicondutor. Esta energia é obtida usando a relação $E_g = e\, V_C$, onde V_C é a tensão de corte e e é a carga do elétron. Como podemos observar, acima de V_C, a corrente elétrica aumenta (de acordo com a condutividade elétrica do material) linearmente, com a tensão aplicada, e os elétrons ganham a energia para fazer a transição entre a banda de valência e a de condução. Por outro lado, no processo de transição inverso, isto é, elétrons saindo da banda de condução para a de valência, *led's* emitem luz. Na parte (b) do gráfico, é mostrada uma curva, corrente x tensão, obtida experimentalmente para o caso do *led* laranja, para o qual ocorre um pico de emissão em $\lambda = 607$ nm. Analisando os dados dessa curva, responda qual é a melhor estimativa para a constante de *Planck* h:

        a) $7{,}6 \times 10^{-34}$ Js;
        b) $5{,}6 \times 10^{-34}$ Js;
        c) $1{,}0 \times 10^{-34}$ Js;   Dados: use $c = 3{,}0 \times 10^{+8}$ m/s e $e = 1{,}6 \times 10^{-19}$ C.
        d) $6{,}5 \times 10^{-34}$ eVs;
        e) $5{,}6 \times 10^{-34}$ eVs.

Resolução e Comentários

No gráfico acima, podemos fazer uma extrapolação para encontrarmos o valor de V_C, que, neste caso, será da ordem de 1,7 V. Dessa forma, o valor da energia E_g, em elétron-volt, é tal que: $E_g = 1{,}7$ eV. Usando o postulado de *Planck*, E_g representa o valor da energia da luz emitida, quando os elétrons decaem da banda de condução para a de valência, ou seja, $E_g = hf$. Como $f = c/\lambda$, onde λ é o comprimento de onda da radiação emitida e c é a velocidade da luz, teremos que a constante de Planck é dada por:

$$h = \frac{E_g \lambda}{c} = \frac{[1{,}7 \times (1{,}6 \times 10^{-19}) \times (607 \times 10^{-9})]}{3 \times 10^{+8}}; \qquad h = 5{,}5 \times 10^{-34} \text{ Js}$$

Portanto, a resposta correta é marcar o item b).

Quantização de Einstein

O efeito fotoelétrico consiste no seguinte: quando se incide luz sobre um material metálico, elétrons podem ser arrancados da superfície do metal. Curiosamente, foi *Hertz*, em 1887, quem observou, pela primeira vez, esse efeito, quando investigava a questão da existência das ondas eletromagnéticas. Em seus experimentos, ele observou que o brilho das faíscas (radiação eletromagnética) emitidas pelo catodo, que incidiam nos terminais do anel-detector, tinha influência na detecção dos pulsos eletromagnéticos (veja no Capítulo 02, a discussão do experimento de *Hertz*). Embora tenha presenciado esse efeito, *Hertz* não lhe deu muita atenção.

No início do século XX, o físico alemão *Philipp Eduard Anton von Lenard*, ex-aluno de *Hertz*, retoma os experimentos do mesmo. Para isto, montou um novo tubo de *Crookes*, no qual iluminava o catodo (feito com diferentes metais bem limpos e polidos, para evitar contaminação de impurezas) e observava a produção das faíscas ou "raios". Constatou que a iluminação da placa ajudava na liberação dos "raios" e, posteriormente, usando um aparato semelhante ao utilizado por *Thomson*, para medir a relação carga/massa do elétron, verificou que os "raios" produzidos eram, na verdade, elétrons, ou melhor, fotoelétrons, razão pela qual ele batizou o fenômeno de **efeito fotoelétrico**. Na seqüência, *Lenard* fez medidas bastante precisas descobrindo duas importantes propriedades: a primeira, dizia respeito à medida da corrente elétrica gerada em função da tensão elétrica aplicada nos eletrodos, quando ele notou que existia um **potencial de corte**, a partir do qual não era mais possível observar o efeito; a segunda, tratava da dependência do efeito em relação à freqüência da luz incidente. Ele observou que o efeito podia ou não ocorrer, e isso estava associado a existência de um valor especial da freqüência, abaixo da qual não ocorria o efeito, chamada de **freqüência de corte**. Merece destacar que *Lenard* não conseguiu quantificar o valor desta freqüência. Um esquema típico para observação do efeito fotoelétrico, conforme montado por *Lenard*, é mostrado na Figura 5.03(a).

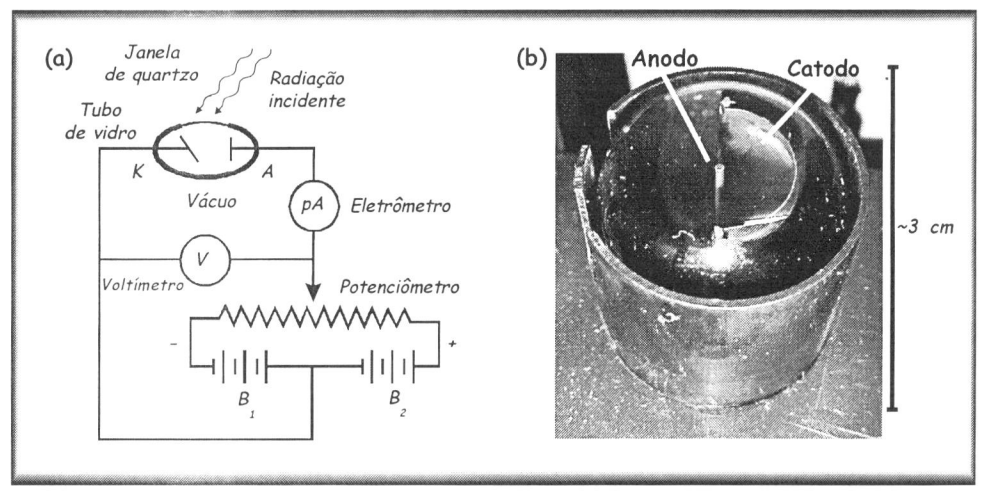

Figura 5.03 - (a) Esquema experimental para observação do efeito fotoelétrico. (b) fotografia de uma foto-célula usada nos laboratórios didáticos.

De acordo com a Figura 5.03, uma luz monocromática (em geral, radiação ultravioleta) de freqüência f e intensidade I_0 incide sobre o catodo e libera elétrons que são atraídos pelo anodo. Esse movimento dos elétrons produz uma corrente elétrica extremamente pequena, da ordem de 10^{-12} A, medida usando-se eletrômetros. Aqui cabe uma advertência. Muitos autores colocam um amperímetro nos aparatos de estudo do efeito fotoelétrico, mas isto é um erro. Pois, devido a pequena intensidade da corrente elétrica tais amperímetros não conseguem medir esse tipo de corrente, podendo, inclusive, ocasionar um curto-circuito no aparato. Em substituição ao amperímetro, deve-se usar um eletrômetro ou um pico-amperímetro. Tais instrumentos, possuem uma resistência interna bastante alta (10^{+9} Ω) e servem para medir correntes elétricas muito pequenas (da ordem de pico-ampères). Vemos ainda na Figura 5.03, um potenciômetro (um resistor variável), que serve para ajustar a tensão elétrica entre os eletrodos; e as baterias B_1 e B_2 que fornecem a tensão elétrica necessária ao experimento.

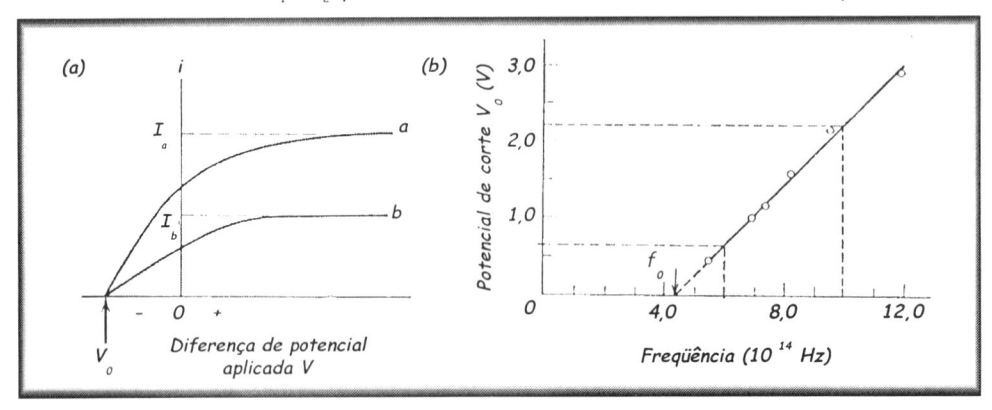

Figura 5.04 - (a) Gráfico da corrente elétrica em função da diferença de potencial entre os eletrodos; (b) Gráfico do potencial de corte em função da freqüência da luz incidente.

Resultados típicos, obtidos por Lenard, com o equipamento apresentado na Figura 5.03, são apresentados na Figura 5.04(a), que mostra o comportamento da corrente elétrica I, em função da variação da tensão elétrica V entre os eletrodos. Especificamente, temos duas curvas a e b, que são relacionadas a duas fontes de luz com intensidade I_a e I_b, respectivamente, com $I_a > I_b$ e ambas com a mesma freqüência f. Tanto no caso a, como no b, todos os elétrons retirados pela luz são coletados pelo anodo, quando V > 0, dando origem as a correntes I_a e I_b. Mas, quando V < 0 (inversão da polaridade da fonte de voltagem), os fotoelétrons são freados, ao invés de acelerados. Então, embora, a corrente elétrica continue a passar no mesmo sentido, ela irá diminuir com o aumento do |V|, até anular-se em V=-V_0, onde V_0> 0 chama-se **potencial de corte**. Observe que para as duas curvas, apresentadas na Figura 5.04(a), independente da intensidade luminosa, o potencial de corte é o mesmo. Um resultado contrário ao previsto pela teorias clássicas, onde se espera que um aumento na intensidade da luz favoreça um aumento na energia cinética dos fotoelétrons arrancados do catodo, e consequentemente de V_0, pois a energia cinética máxima K_m é dada por:

$$K_m = e V_0.$$

No entanto, esse comportamento já foi testado inúmeras vezes após o experimento de Lenard , cobrindo um intervalo na variação da intensidade da luz de 10^{+7}, mas em todos eles o **potencial de corte**, era sempre o mesmo. Um fato que deixou intrigado muitos cientistas daquela época.

O gráfico da Figura 5.04(b) apresenta medidas do potencial de corte V_0 em função da freqüência f da luz incidente, em uma placa metálica (catodo) de sódio. Esses resultados foram obtidos por *Millikan*, em seus estudos sobre o efeito fotoelétrico. Através de filtros ópticos, ele selecionou diversas freqüências associadas à luz que incide sobre a placa de sódio, observando que quanto maior for f, maior será o valor de V_0. Além disso, ele também encontrou que existe uma freqüência, chamada de **freqüência de corte** f_0, abaixo da qual não ocorre mais a produção de fotoelétrons, isto é, desaparece o efeito fotoelétrico. Isto mostra que a energia cinética dos fotoelétrons depende da freqüência da luz incidente. Mais uma vez, um resultado contrário ao que se espera classicamente, onde não se prevê nenhuma relação entre energia cinética e freqüência.

Outro problema encontrado nos estudos do efeito fotoelétrico está relacionado a uma observação de um retardo (atraso) temporal. Na física clássica, um átomo gasta um certo tempo para absorver a energia, e só após este tempo é que um fotoelétron será emitido. Essa diferença de tempo, nunca foi observada. Em resumo, três questões foram levantadas nas pesquisas sobre o efeito fotoelétrico: a não dependência de V_0 com a intensidade da luz; a existência de uma freqüência de corte e a medida de um atraso no tempo entre a absorção de energia no catodo e a expulsão de um elétron de sua superfície.

Em 1905, no mesmo ano em que apresentou a Teoria da Relatividade Especial, e na mesma revista científica, *Einstein* apresenta uma solução ousada, que remove todos os problemas associados às observações do efeito fotoelétrico. Inspirado na hipótese da quantização da energia, proposta por *Planck*, ele propõe que a luz seria composta de "corpúsculos ou quanta de luz". Ou seja, para *Einstein* a luz deve se comportar como se fosse constituída de partículas luminosas (batizadas de fótons, em 1926, pelo químico norte-americano *Gilbert Lewis*). Com isto, o efeito fotoelétrico passa a ser simplesmente descrito como uma colisão entre duas partículas: o fóton e o elétron. Enfim, devemos destacar que a ousadia de Einstein, ao estender o conceito da quantização da energia para a radiação eletromagnética (luz), ajudou a consolidar o nome de *Planck* como o grande pioneiro da revolução que dava origem a chamada física moderna; e aos poucos foi convencendo a um grupo significativo de cientistas, que, inicialmente, não aceitavam, a rever suas posições sobre a hipótese do quantum de energia.

Vejamos as implicações da hipótese de *Einstein* na solução dos problemas do efeito fotoelétrico. Em primeiro lugar, a questão da intensidade da luz não influenciar a determinação de V_0, logo desaparece. Ora, se a luz se comporta como uma partícula (o **fóton**), aumentar a intensidade implica em aumentar a corrente e não o V_0, conforme Figura 5.04 (a). Em segundo lugar, a existência de uma freqüência de corte f_0 é rapidamente entendida, visto que, se um fóton não tiver energia suficiente para arrancar o elétron, não adiantará aumentar a intensidade, consequentemente o número de fótons, pois tudo que se precisa é de que um único fóton colida com um elétron e transfira a esse elétron, toda a sua energia, para arrancá-lo do metal. Finalmente, o problema do retardo temporal também desaparece, porque a energia é transferida instantaneamente no momento da colisão fóton-elétron.

Vamos agora discutir, quantitativamente, os resultados obtidos por *Einstein* e apresentados no artigo de 1905. Usando o princípio de conservação da energia, ele escreveu a seguinte equação:

$$hf = K_m + \phi.$$

onde E = hf é a energia do fóton; K_m é a energia cinética do elétron extraído do metal e ϕ é uma característica do metal chamada função de trabalho, que representa o trabalho necessário para arrancar um elétron da superfície do catodo. Essa é a famosa equação de *Einstein* do efeito fotoelétrico. Vista dessa forma, temos que o elétron adquire uma energia cinética K, quando E > ϕ e, consequentemente, essa energia cinética será máxima K_m exatamente, quando a mesma for igual e V_0. Logo, podemos concluir que, para extrair um elétron do catodo, o mínimo de energia fornecida pelo fóton ao elétron tem de ser igual ϕ, ou seja,

$$V_0 = \frac{h}{e}f - \frac{1}{e}\phi,$$

Portanto, demonstra-se que o V_0 corresponde a existência de K_m para os elétrons emitidos. Além disso, a teoria de *Einstein* explica o efeito fotoelétrico através de uma equação linear entre V_0 e f, de pleno acordo com o gráfico da Figura 5.04 (b). Mais, ainda, mostra que o coeficiente angular (inclinação da curva) do gráfico, exatamente igual a h/e, é uma constante universal, independente da natureza do material iluminado. Finalmente, essa equação ilustra de maneira cristalina, a ocorrência de uma freqüência de corte f_0, abaixo da qual não se observa o efeito fotoelétrico, que é dada por:

$$f_c = \frac{\phi}{h}$$

quando V_0 for nula.

Além de solucionar de forma genial o problema do efeito fotoelétrico, que lhe rendeu o Prêmio Nobel de 1921, os argumentos de *Einstein* trouxeram de volta para o debate na física, a velha questão da natureza da luz. A luz é uma onda ou é constituída de partículas? Esse debate só se encerra, como veremos adiante no Capítulo 07, em 1924, com o conceito da dualidade onda-partícula.

Ressaltemos ainda que as aplicações tecnológicas do efeito fotoelétrico são inúmeras. Como exemplos temos: luz interagindo com os bastonetes e cones do nosso olho; sensores de controle para abertura de portas; sensores de vigilância; sensores de imagens nas câmeras de vídeo; sensores de câmeras fotográficas; placas solares; enfim, sensores eletrônicos de radiação eletromagnética de uma maneira geral.

Exemplo 04

(UFRN-2001) O Sr. Phortunato instalou, em sua farmácia de manipulação, um dispositivo conhecido como "olho elétrico", que, acionado quando alguém passa pela porta de entrada, o avisa da chegada de seus clientes. Na figura abaixo, esse dispositivo está representado esquematicamente.

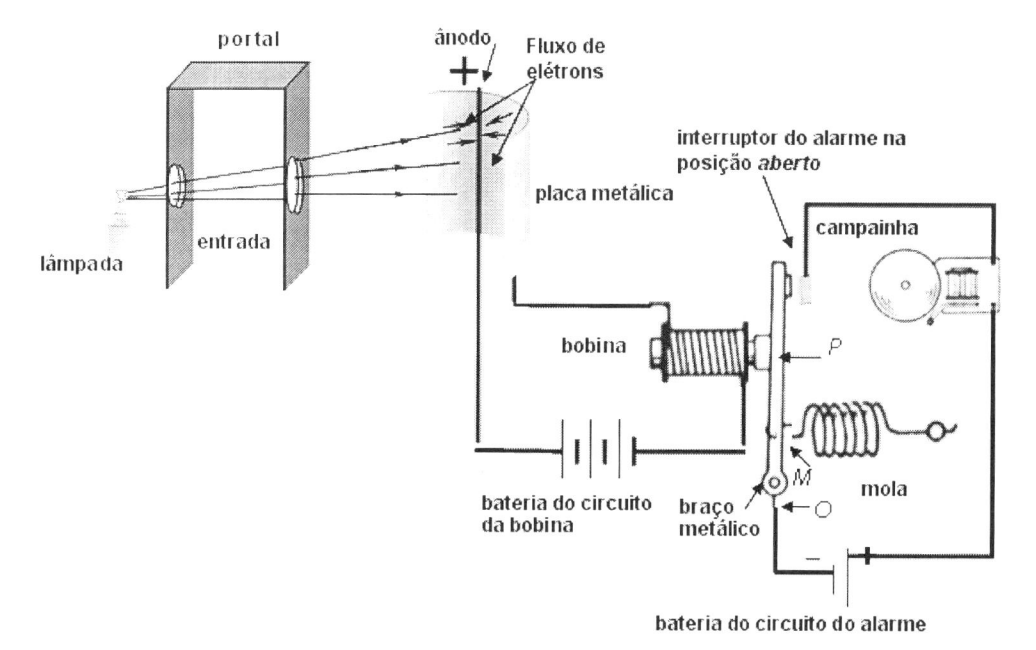

Observe que a luz proveniente de uma lâmpada passa através de aberturas na lateral do portal e incide numa placa metálica colocada ao lado do mesmo. Essa placa, ao ser iluminada, libera elétrons da sua superfície. O fluxo desses elétrons através do fio constitui a corrente elétrica que passará na bobina, fazendo-a atuar sobre o braço metálico, o que evita o acionamento da campainha.

Quando alguém entra na farmácia, o feixe de luz é bloqueado, e com isso a corrente elétrica no circuito da bobina é interrompida. Dessa forma, a mola, que está distendida e se encontra presa no braço metálico, puxa este e o faz tocar no interruptor do alarme, fechando o circuito do alarme e acionando a campainha. Quando a pessoa acaba de passar pela porta, a luz volta a incidir sobre a placa metálica, a corrente volta a fluir no circuito da bobina e a bobina atrai o braço do alarme, abrindo o circuito do alarme e desativando a campainha.

Levando em consideração o que está descrito acima,

A) explicite todas as formas de energia envolvidas no processo, desde o instante em que a pessoa interrompe o feixe de luz no portal até o instante em que a campainha toca;

B) identifique e descreva uma das partes do sistema "olho elétrico" que seja devidamente explicada apenas à luz da Física Moderna;

C) faça um diagrama esquematizando o braço metálico (de peso desprezível) e represente todas as forças que nele atuam e as intensidades relativas dessas forças, para o caso de estar fluindo corrente na bobina. Suponha que a ação magnética da bobina sobre esse braço esteja restrita ao ponto P da figura e que a distância OM corresponda a um terço da distância OP.

Resolução e Comentários

Seguindo o objetivo do livro resolveremos aqui a parte da questão referente ao assunto de Física Moderna, ou seja, letras A) e B)

A) Energia luminosa (iluminação foi cortada), energia elétrica (elétrons deixa de ser emitidos na placa), energia magnética (elétrons no fio condutor da bobina), energia potencial mecânica (acionamento da mola), energia elétrica (elétrons no circuito da campainha), energia magnética (para acionar a campainha), energia sonora (vibração do disco da campainha).

B) É o efeito fotoelétrico na placa metálica. Os elétrons são ejetados devido a radiação luminosa que fornece energia para os elétrons. Como a energia é quantizada E=hf, na forma de quantum de energia, e sendo essa energia maior do que a energia de ligação dos elétrons ao metal, o elétron poderá salta da placa metálica. Isto é o chamado efeito fotoelétrico, explicado por Einstein em 1905.

Aplicações do efeito fotoelétrico

Com a invenção do rádio que transmite vozes sem a necessidade de condutores, inicia-se uma revolução na comunicação. Contudo, isso era fonte de descontentamento, tinha-se dificuldade de transmitir imagens. Para que a revolução da comunicação se completasse, era necessário criar um dispositivo que transformasse luz (imagem) em sinal elétrico. Isto se tornou possível com o entendimento do efeito fotoelétrico, que forneceu à engenharia a forma de se produzir tal dispositivo, com a criação das câmeras de vídeo. Diferentemente das câmeras fotográficas, usadas para produção de filmes, onde se registram movimentos; gravar um sinal elétrico possui vantagens, do ponto de vista tecnológico e econômico, pois o mesmo pode ser tratado com métodos físicos e matemáticos facilmente implementados e manipulados com o auxílio da engenharia e da computação.

A Figura 5.05 mostra uma ilustração do modelo de uma câmera de televisão (vídeo) do tipo usada até 1970 (a), e de uma célula eletrônica moderna (b), feita de micro-sensores ópticos semicondutores. A quantidade de micro-sensores por cm^2 define a qualidade da imagem. Usando uma lupa com uma distância focal pequena, podemos observar os pixels (pontos de luz) na tela do televisor. Cada pixel é ativado por elétrons que são ejetados de um tubo de raios catódicos contido na câmera. Por exemplo, com uma lupa cuja distância focal é menor do que 4 cm, ao aproximá-la da tela do televisor, podemos enxergar pontinhos coloridos: azuis, verdes e vermelhos, entre outras cores. A união desses pontinhos forma uma figura na tela de seu televisor. Em uma câmera de vídeo o processo ocorre de maneira inversa, pois agora é a luz incidente que excita os pixels, e estes, por sua vez, irão produzir uma corrente de elétrons através do efeito fotoelétrico.

== Física Moderna ==

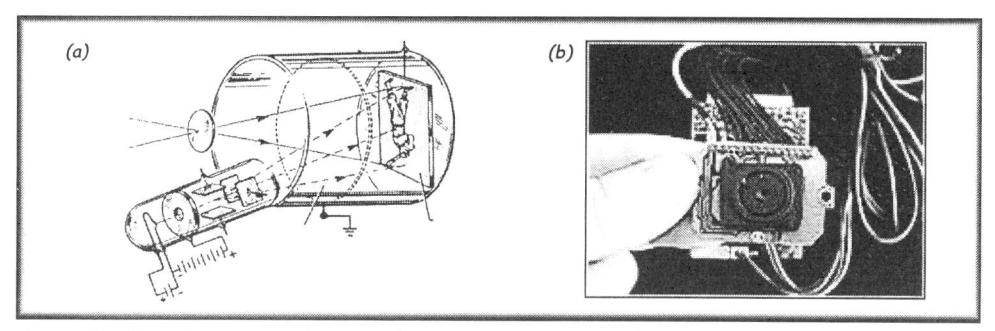

Figura 5.05 - Ilustração de uma câmera de televisão (vídeo).

Efeito Compton

Para finalizar este Capítulo, falaremos, de maneira qualitativa, de um fenômeno de grande importância para a comprovação da existência dos fótons ou, se quisermos, das características corpusculares da radiação, o chamado efeito *Compton*, que recebeu este nome em homenagem ao físico norte-americano: *Arthur Holly Compton*. Em 1923, *Compton* realizou uma série de experiências analisando o espalhamento de raios X por um cristal. A experiência é simples. Faz-se incidir um feixe de raios X sobre um cristal (que possua elétrons livres em sua estrutura atômica) e observa-se com um detector o comportamento dos raios espalhados, conforme descrito na Figura 5.06(a). *Compton* observou que o espalhamento dos raios X apresentava dois picos de intensidade medidos em função do comprimento de onda dos raios, mostrados na Figura 5.06(b), para cada valor do ângulo de espalhamento θ. O primeiro pico, refere-se aos raios X espalhados com o mesmo comprimento de onda λ_1 do feixe de raios X incidente. O segundo pico está associado aos raios espalhados com um comprimento de onda λ_2 superior ao do feixe incidente λ_1 de um valor $\Delta\lambda = \lambda_2 - \lambda_1$, chamado de deslocamento *Compton*, que depende do valor de θ. A teoria ondulatória clássica afirma que se os raios X fossem tratados como uma onda eletromagnética, não seria possível observar, neste experimento, este deslocamento, pois o comprimento de onda λ_2 deveria ser igual a λ_1. Uma situação contrária ao resultado experimental é apresentada na Figura 5.06(b).

Para explicar os resultados experimentais, *Compton* admitiu que os raios X se comportavam como um pacote de fótons de energia $E_1 = hf_1$, de modo que podia tratar o processo de espalhamento como uma colisão (tipo bola de bilhar) entre os fótons e os elétrons do cristal. Observe a idealização de Compton na parte (c) da Figura 5.06. Com esta hipótese, explica-se a existência do primeiro pico, como à interação dos raios X com os elétrons mais internos do cristal, que não devem mudar o comprimento de onda incidente. No que diz respeito ao segundo pico, *Compton* propôs que o fenômeno era provocado pelas colisões entre os fótons e os elétrons livres do cristal. Aqui é oportuno lembrar que para analisarmos, quantitativamente, os resultados obtidos por *Compton*, devemos usar as previsões da teoria da relatividade, pois na região dos raios X os fótons associados aos mesmos possuem altas energias (dezenas de keV). Em resumo, do ponto de vista científico, o entendimento do efeito *Compton*, serviu para fortalecer o caráter corpuscular da radiação eletromagnética. Como prova da importância desta descoberta, em 1927, *Compton* recebeu o Prêmio Nobel de Física.

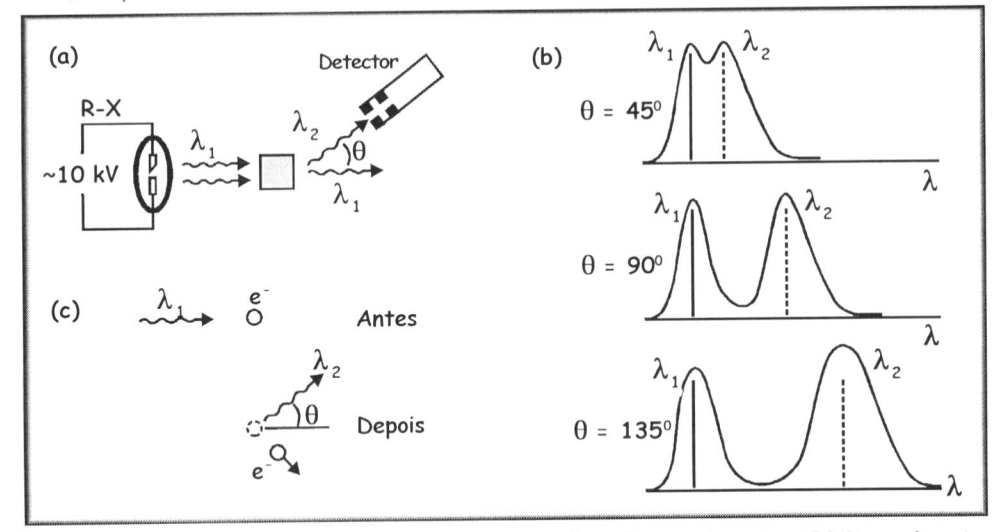

Figura 5.06 - (a) Esquema do aparato experimental usado por *Compton*. (b) Picos de raios X espalhados em função de θ. (c) Idealização de Compton da colisão entre o fóton λ_1 com o elétron e^-.

Uma das aplicações do efeito *Compton* está relacionada a ocorrência do chamado *pulso eletromagnético (PEM)*, um evento que ocorre em explosões termonucleares na alta atmosfera. Esse efeito foi observado uma vez no Havaí, após uma explosão termonuclear, quando sistemas eletro-eletrônico de potências e telecomunicações sofreram um colapso. O PEM deve sua origem aos raios X e raios gama que foram emitidos após a explosão. Estes raios colidiram com os elétrons na atmosfera, fazendo aparecer uma grande quantidade de cargas aceleradas (campos eletromagnéticos) que afetaram os circuitos eletrônicos, principalmente, os que não possuiam blindagem eletrostática.

Exercícios ou Problemas

Espaço para resolução e comentários

01 - Considere dois corpos aquecidos, um forno de cozinha a 450 °C e o Sol a 5300 °C, irradiem como corpos negros, ou seja, aos quais podemos aplicar à lei do deslocamento de Wien. Quais são as freqüências de intensidade máxima da radiação emitida por estes corpos?

02 - Que sugestão você daria para medir as temperaturas: (a) do Sol; (B) de uma muriçoca e (C) da Lua?

03 - Admita que o carvão irradie como um corpo negro. Qual a freqüência máxima da radiação eletromagnética que ele emite, quando a sua temperatura é de aproximadamente 1000°C?

04 - Qual a região mais quente da chama de uma vela, a vermelha ou a azul? Justifique sua resposta.

05 - No estudos sobre o efeito fotoelétrico, costuma-se falar em superfícies de metal polido. Qual a importância desse polimento?

06 - Que tipo de relações podemos fazer entre o efeito fotoelétrico e a fotossíntese?

07 - Um catodo é feito de cobre polido. Sabendo que a função trabalho do cobre é 4,7eV, determine a freqüência mínima da radiação (freqüência de corte) capaz de provocar a emissão de elétrons deste catodo.

08 - Usando os dados do exercício 07 acima, obtenha a energia cinética máxima dos elétrons emitidos por uma radiação que tenha o dobro da freqüência de corte encontrada.

09 - Uma caneta à laser, emite radiação cujo comprimento de onda é igual a 6000×10^{-10} μm (próximo da cor vermelha). Determine a freqüência desta radiação e a energia dos fótons emitidos, em elétrons-volts.

10 - Um fio condutor está ligado a uma fonte de diferença de potencial alternada com freqüência de 60Hz. Qual é a energia dos fótons que percorrem esse condutor, em elétrons-volts?

11 - O gráfico, abaixo, apresenta três curvas de intensidade da radiação emitida por um determinado corpo negro em função da freqüência, em duas diferentes temperaturas. Em destaque na figura, temos uma faixa cinza que representa a região visível do espectro, desde o vermelho (próximo de $4,0 \times 10^{14}$ Hz) até o azul (próximo de $6,5 \times 10^{14}$ Hz). Para cada valor de temperatura, determine a cor do correspondente corpo negro. Ou seja, respondendo este problema entenderemos porque a cor de corpo negro não é preta!

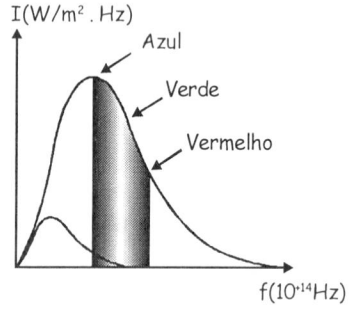

12 - (PUCRS) O efeito Compton demonstra que:
(A) a radiação tem comportamento corpuscular.
(B) a luz se propaga com a velocidade de 3×10^8 m/s.
(C) o elétron tem comportamento ondulatório.
(D) a luz se propaga em ondas transversais.
(E) existem os níveis de energia no átomo.

Capítulo 06 — O Átomo

As primeiras especulações acerca da substância ou da matéria-prima com a qual o Universo é formado surgiram entre os séculos V e VIII a.C. com os filósofos gregos. *Tales de Mileto* dizia que a substância primordial do Universo era a água; já *Anaxímenes* sugeria que esta substância era o ar, que se reduz à água por compressão; enquanto, *Xenófones* tinha outra proposta, para ele a matéria-prima do Universo era a terra e, finalmente, *Empédocles* generaliza as idéias anteriores e afirma que os elementos fundamentais do Universo são quatro: água, terra, fogo e ar, que através de diversas combinações entre si formam todas as outras substâncias.

Um grande avanço nas idéias sobre a existência de uma substância primordial veio com os filósofos *Leucipo* e seu discípulo *Demócrito*. Segundo eles, todas as coisas do Universo são constituídas de partículas minúsculas, a que deram o nome de **átomos** (que em grego significa indivisível), eternos e imperecíveis, que se movimentam no vazio (vácuo). Além disso, para explicar as diferenças entre as substâncias, eles disseram que uma substância é formada de átomos idênticos, mas substâncias diferentes são formadas por átomos diferentes. Durante muito tempo, as hipóteses dos quatro elementos de *Empédocles* e a atomista de *Leucipo* e *Demócrito* disputaram a preferência dos filósofos e cientistas em suas explicações sobre a formação do Universo.

Nos séculos XVII e XVIII, várias idéias, como por exemplo, a diferença entre elementos simples e compostos, baseadas na existência do átomo, foram propostas para esclarecer questões associadas à constituição dos corpos materiais. Mas, historicamente, considera-se o ano de 1808, início do século XIX, como o início da fase científica da teoria atômica da matéria. Nesse ano, o químico inglês *John Dalton*, por muitos chamados o "pai da teoria atômica", publica um livro no qual admitiu: 1) a existência na Natureza de átomos invisíveis e imutáveis; 2) que todos os átomos de um mesmo elemento são idênticos; e 3) que os átomos podem ser combinados para formar "átomos compostos", que hoje chamamos de moléculas.

Após *Dalton*, os trabalhos mais importantes no sentido da consolidação da teoria atômica foram realizados pelos químicos, o francês *Gay-Lussac*, o italiano (que também era físico) *Amedeo Avogadro* e o russo *Dmitri Mendeleiev* (que construiu, neste período, uma tabela periódica dos elementos até então conhecidos). No entanto, embora todas as evidências experimentais favorecessem uma visão atomista da matéria, naquela época, muitos físicos e químicos famosos ainda colocavam em dúvida a realidade atômica da Natureza. Somente com os trabalhos, desenvolvidos por *Einstein* e *Jean Perrin*, entre 1905 e 1909, sobre o movimento browniano (movimento de partículas microscópicas em suspensão num fluido), que as dúvidas sobre a existência dos átomos desapareceram. Mas, como a ciência é uma atividade dinâmica, acima de tudo, outra questão intrigante surgiu: o átomo é realmente indivisível ou ele tem uma estrutura?

No início do século XX, surgem os primeiros resultados experimentais que apontam para o entendimento da matéria. Novamente, o aperfeiçoamento dos tubos de raios catódicos (tubos de Crookes), o desenvolvimento da teoria eletromagnética, a descoberta do elétron, dos raios X e do fenômeno da radioatividade foram muito importantes, no sentido de levantar a hipótese de que os átomos deveriam ter uma estrutura interna. Para isso, tornou-se necessário criar MODELOS ATÔMICOS. E o que são modelos?

Para responder esta questão, vejamos o seguinte exemplo dado por A. Gaspar: "para entender o que é um modelo, vamos descrever como alguns povos antigos imaginavam a Terra. Os maias acreditavam que a Terra fosse, na verdade, as costas de um gigantesco lagarto ou crocodilo estendido em um enorme lago. Para os babilônios, a Terra era plana, circundada de oceanos e no centro localizava-se a Babilônia. Os filósofos gregos formulavam outras hipóteses. Anaximandro supunha que a Terra fosse um cilindro, e que todos os seres habitassem a sua face circular superior; Anaxímenes, que ela fosse apenas um disco; enquanto Eratóstenes já admitia que ela tivesse a forma esférica. Todas essas idéias são diferentes MODELOS da forma da Terra".

"Em geral, os físicos recorrem a modelos para poder desenvolver suas teorias e explicar os resultados experimentais. A forma como entendemos a estrutura da matéria, composta de moléculas, átomos, elétrons, prótons, nêutrons e outras partículas distribuídas em núcleos e orbitais, é um modelo elaborado pelos físicos e químicos".

"É claro que os modelos, como as leis e os princípios, também são provisórios e sujeitos a reformulações. No caso da Terra, por exemplo, não há mais sentido em fazer modelos da sua forma – ela já é conhecida, foi vista e fotografada à distância por satélites e naves espaciais".

No caso do átomo, o primeiro modelo chamado "pudim de ameixas" foi proposto, em 1903, por J. J. Thomson. Por este modelo, o átomo seria descrito como uma esfera na qual estariam distribuídas as cargas positivas (o pudim), no interior da qual estariam incrustados os elétrons (as ameixas). Posteriormente, em 1911, Rutherford, após a realização de sua famosa experiência, sugere um modelo atômico semelhante a um "sistema solar". Ou seja, um átomo constituído de uma parte central: densa, pequena e carregada de eletricidade positiva, chamada de núcleo, ao redor do qual os elétrons estariam girando. O átomo deixa de ser indivisível e homogêneo. Em seguida, em 1913, Bohr, constrói um modelo semiquântico para explicar as inconsistências do modelo planetário de Rutherford, a estabilidade atômica e o espectro de linhas de emissão dos átomos. Finalmente, em 1932, Chadwick descobre o nêutron, concluindo em sua versão mais simples, o quadro geral do modelo atômico, conforme conhecido atualmente. Evidentemente, resultados modernos da física de partículas vieram ampliar o quadro acima, ao mostrar que tanto o próton quanto o nêutron são compostos por partículas ainda menores, chamadas de subatômicas (quarks e glúons), enquanto que o elétron, até o presente momento, não apresenta estrutura interna.

Neste Capítulo, apresentaremos uma descrição histórica dos fatos experimentais que forneceram a base para a elaboração dos modelos de *Thomson*, de *Rutherford* e de *Bohr*. Iniciaremos falando sobre a descoberta do elétron e a quantização da carga eletrônica, além de outros resultados, que foram cruciais para a comprovação das idéias associadas ao modelo atômico atual. Descreveremos também, as inúmeras aplicações decorrentes desses desenvolvimentos científicos.

A descoberta do elétron

Os estudos experimentais do fenômeno da **eletrólise** (separação de cargas pela passagem de uma corrente elétrica através de soluções aquosas, na qual foram imersos dois eletrodos com cargas elétricas opostas) realizados por *Faraday*, em 1833, permitiram fazer as primeiras estimativas da ordem de grandeza de cargas elétricas e destacar as evidências sobre a estrutura dos átomos, que levaram à descoberta do elétron. Ele constatou que uma mesma quantidade de eletricidade F = 96.500 C, denominada de *Faraday*, sempre decompõe 1 átomo-grama de um íon monovalente. Por exemplo, se 96.500 C atravessava uma solução de NaCl, surge no catodo 23 g de Na e no anodo 35,5 g de Cl. Como 1 átomo-grama, corresponde à massa que contém uma quantidade de átomos igual ao número de Avogadro N_A, então a quantidade de eletricidade F transferida para cada eletrodo é uma constante dada por:

$$F = N_A \, e;$$

onde **e** seria a carga eletrônica do íon. Portanto, para se determinar o valor de e, seria necessário conhecer o número de Avogadro N_A. Porém, Faraday não tinha como medir N_A. Estimativas precisas do número de Avogadro foram conseguidas, somente em 1909, por *Jean Baptiste Perrin*, usando dados obtidos de suas observações do movimento browniano. Dos resultados encontrados ele chegou a seguinte estimativa: $N_A = 6,6 \times 10^{+23}$. Usando esse resultado, na equação acima, encontramos o valor da carga eletrônica $e = 1,46 \times 10^{-19}$ C. Este valor é da mesma ordem de grandeza do valor atual da carga do elétron $e = 1,6 \times 10^{-19}$ C, cuja medida foi realizada, em 1909, por *Robert Andrews Millikan*.

Em 1897, inspirado nos resultados encontrados nos estudos das descargas elétricas em tubos de raios catódicos, conforme discutimos no Capítulo 01, *J.J. Thomson* realiza duas experiências importantes. Em particular, ele se concentra nas observações sobre os desvios, provocados pela presença de campos elétricos ou magnéticos nas trajetórias descritas pelos raios catódicos.

Na primeira experiência, *Thomson* investigou o movimento dos raios catódicos na presença de um campo elétrico uniforme. Para isto montou um aparato experimental, representado pela Figura 6.01, constituído de uma ampola de Crookes contendo em seu interior: dois eletrodos (o catodo C e o anodo B) ligados a uma fonte de tensão V_1; uma fenda A, usada para colimar os raios; e um capacitor de placas paralelas D e E, ligadas a uma outra fonte de tensão V; e uma tela fluorescente, onde se observa pontos luminosos, quando a mesma é atingida pelos raios.

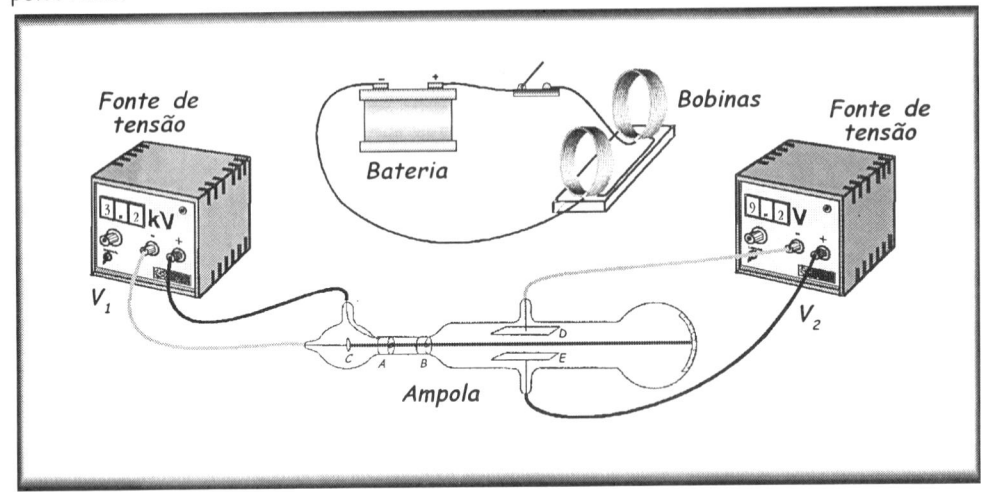

Figura 6.01 - Aparato experimental usado por Thomson em 1897.

Os raios catódicos produzidos no catodo C passam pela fenda A, que tem o papel de focalizar e controlar os raios, formando um fino "filete", antes de chegar no anodo B. Ao saírem de B, com uma velocidade v, os raios irão atravessar a região entre as placas metálicas e paralelas do capacitor, onde eles encontram um campo elétrico uniforme de intensidade E, gerado pela fonte V_2. Ao atuar sobre os raios, esse campo irá desviá-los para cima ou para baixo, dependendo do sinal das cargas elétricas associadas aos raios. Para calcularmos o valor de v, usaremos a conservação de energia. Neste caso, a energia potencial elétrica, entre o catodo C e o anodo B, é transformada na energia cinética K dos raios, tal que

$$K = \frac{1}{2}mv^2 = qV_1,$$

onde m é a massa da partícula, v é a velocidade com que os raios entram na região entre as placas D e E, numa direção perpendicular ao campo elétrico de intensidade E, q é a carga elétrica dos raios e V_1 a tensão elétrica aplicada entre os eletrodos C e B. A equação acima pode ser reescrita para obtermos a velocidade v:

$$v = \sqrt{\frac{2qV_1}{m}}.$$

À medida que atravessam as placas do capacitor, as trajetórias dos raios vão sendo desviadas (pela ação do campo E), de tal maneira que na saída eles apresentam um deslocamento vertical y, para cima, dado por,

$$y = \frac{1}{2}at^2 .$$

onde **a** é aceleração tem **a** mesma direção de y (trajetória parabólica) e t é o tempo gasto na passagem entre as placas. Tratando-se de um movimento de uma carga elétrica sob a ação de uma força elétrica, F = qE = ma, pela segunda lei de Newton. Como o comprimento ao longo de x das placas é igual a d, então o tempo de passagem entre as placas é dado simplesmente por

$$t = \frac{d}{v} .$$

Para calcularmos a aceleração **a** adquirida pelos raios, usaremos que F=qV$_2$ e V$_2$=E$_2$.h, onde h é a distância entre as placas. Portanto, a aceleração **a** passa a ser dada por:

$$a = \frac{F}{m} = \frac{qE_2}{m} = \frac{qV_2}{mh}.$$

Desse modo o deslocamento y sofrido pelos raios catódicos, na saída das placas, será

$$y = \frac{d^2}{4h} \frac{V_2}{V_1} .$$

Devemos observar que o resultado acima não apresenta nenhuma informação sobre a massa ou a carga elétrica dos raios. Para obter este tipo de informação, *Thomson* realizou uma segunda experiência. Agora, conforme descrito na Figura 6.01, ele aproximou externamente da ampola uma bobina, que alimentada por uma bateria (corrente contínua), produz um campo magnético uniforme de intensidade B, perpendicular às direções de E$_2$ e v. Observou ainda que, dependendo do sentido e da intensidade da corrente elétrica, ele podia controlar o desvio dos raios catódicos. Neste caso, igualando a força elétrica sobre a carga q dos raios à força magnética sobre os mesmos, o desvio será nulo e, portanto:

$$F_E = F_M = qE = qvB ,$$

onde é F$_E$ = q E$_2$ é a força elétrica e F$_M$ = q v B é a força magnética. Veja na Figura 6.02, as configurações dos vetores: campo elétrico E; campo magnético B e velocidade v dos raios, em suas respectivas posições, antes e depois das placas, antes e depois das bobinas. Utilizando a última equação, encontramos que:

$$v = \frac{E_2}{B} .$$

Finalmente, através de um exercício simples, usando os resultados anteriores, teremos que a razão q/m entre a carga elétrica e a massa dos raios catódicos é dada por:

$$\frac{q}{m} = \frac{V_2^2}{2h^2 B^2 V_1} .$$

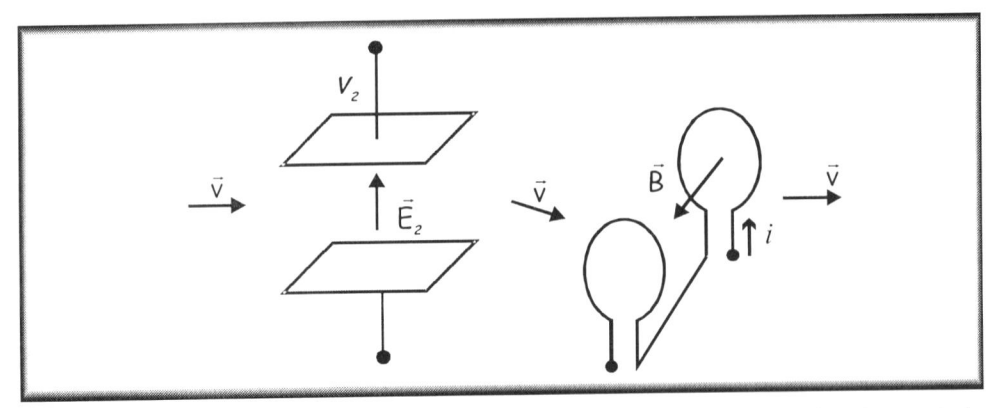

Figura 6.02 - Vetores v (velocidade), E (campo elétrico) e B (campo magnético) associados ao experimento descrito na Figura 6.01.

Conhecendo os valores estimados para os parâmetros: h ~ 0,01; B ~ 0,001 tesla (10 oersted, que é 20 vezes maior do que o campo magnético da Terra); V_1 ~ 1 kV e V_2 ~ 200 V, *Thomson* obteve para a razão q/m o seguinte valor:

$$\frac{q}{m} = 1,76 \times 10^{11} \text{ C/kg}.$$

Além disso, para provar que esse resultado era uma propriedade constituinte da matéria, *Thomson* testou catodos, de materiais diferentes, tais como: ferro, cobre, alumínio e constatou que o valor da razão q/m era constante. Em razão disso, ele sugeriu que os raios catódicos, que tinham uma carga elétrica negativa, fato este demonstrado por *Perrin*, em 1895, era na verdade uma partícula universal presente em qualquer corpo material, que recebeu mais adiante o nome de elétrons. O trabalho de *Thomson* foi recompensado com o Prêmio Nobel de Física em 1906.

A reprodução do experimento de *Thomson* é feita hoje nos laboratórios didáticos, com um aparato ligeiramente diferente. Na Figura 6.03, é mostrada uma fotografia do aparato experimental usado nos laboratórios do Departamento de Física da UFRN. Neste equipamento, os elétrons ejetados do canhão descreverão trajetórias helicoidais (no formato de uma mola) devido ao campo magnético externo, produzido pelas bobinas do tipo *Helmholtz*.

No canhão eletrônico, uma tensão elétrica entre 100 V e 300 V é suficiente para ejetar os elétrons, para a região onde eles encontram um campo magnético uniforme da ordem de 2,0 mT (2,0 militesla), isto é, 40 vezes maior do que o campo magnético da Terra. Esse valor do campo magnético é suficiente para que o raio de curvatura do feixe esteja entre 1 cm e 5 cm. Um detalhe técnico importante é a forma de visualizar a trajetória do feixe eletrônico. Normalmente, usa-se um gás nobre (o argônio, ou misturas de hélio e néon) em baixa pressão (~ 10 pascal). Desta forma, a colisão eletrônica com o gás exibe a trajetória dos elétrons. É simplesmente espetacular a visualização da trajetória dos elétrons neste aparato.

Física Moderna

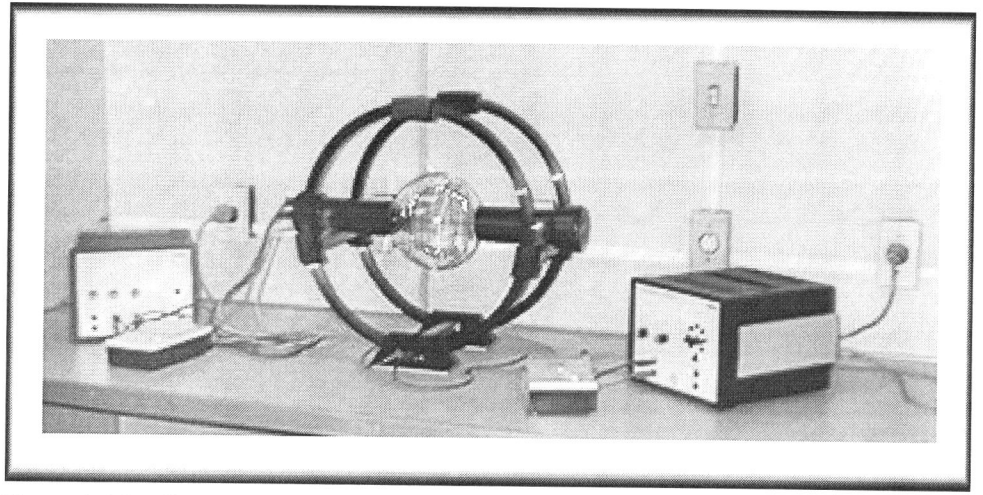

Figura 6.03 - Equipamento moderno para a determinação da razão q/m do elétron.

Uma conseqüência prática da descoberta de *Thomson* foi à possibilidade de controlar o movimento dos elétrons, seja acelerando-os linearmente (com campos elétricos) ou tangencialmente (com campos magnéticos). Este é o princípio de funcionamento de três importantes equipamentos: o espectrômetro de massa, os aceleradores de partículas modernos e a nossa conhecida televisão, ambos, usados na pesquisa básica, na área médica e para o entretenimento das pessoas, respectivamente. O espectrômetro de massa é extremamente útil na determinação da massa atômica de compostos atômicos. Para isto, uma amostra do composto atômico é aquecida e ionizada e, em seguida, acelerada. O íon do composto ionizado entra em uma região com campo magnético uniforme. E, conforme mostraremos no Exemplo 01, a partícula carregada sob ação desse campo, irá descrever uma trajetória exatamente circular, quando o vetor velocidade da partícula carregada for perpendicular com o vetor campo magnético. Depois do íon percorrer metade da circunferência, dentro da região com um campo magnético, um filme fotográfico marca a posição da colisão. Por fim, medindo-se o raio R da trajetória teremos uma estimativa da massa atômica do referido composto.

Exemplo 01

Demonstre que o raio R da trajetória associada a um íon de carga q e massa m, em um espectrômetro de massa é dado por:

$$R = \sqrt{\frac{2V}{B^2}\frac{m}{q}}$$

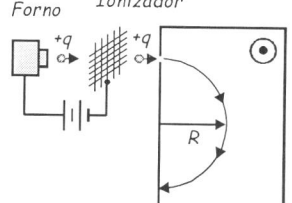

B apontando para fora.

onde V é o potencial de aceleração, B o módulo do campo magnético, conforme mostrado na figura acima.

Resolução e Comentários

Na Figura acima é mostrada uma representação esquemática de um espectrômetro de massa. Os íons são emitidos da fonte e acelerados por um potencial elétrico V, entrando na região com um campo magnético B, onde irão seguir uma trajetória circular de raio R. No caso de um movimento circular, a segunda lei de Newton juntamente com a lei de conservação de energia, permite obtermos:

$$F_M = m\frac{v^2}{R} = qvB \quad e \quad \frac{1}{2}mv^2 = qV.$$

Da primeira e da segunda, respectivamente, encontramos:

$$\frac{q}{m} = \frac{v}{BR} \quad e \quad v = \sqrt{\frac{2Vq}{m}}.$$

Se substituirmos o valor de v, na equação anterior, teremos:

$$\frac{q}{m} = \sqrt{\frac{2Vq}{m}}\frac{1}{BR}.$$

Reescrevendo, o resultado acima, encontramos:

$$\frac{q}{m} = \frac{2V}{B^2R^2}.$$

Logo, o raio R, é igual a:

$$R = \sqrt{\frac{2V}{B^2}\frac{m}{q}}.$$

Passaremos agora a discutir os aceleradores de partículas. Existem dois tipos de aceleradores modernos. No primeiro deles, usados para diversos tipo de tratamentos médicos, encontram-se os chamados aceleradores lineares, e no segundo, usados nas pesquisas de buscas de novas partículas subatômicas, estão os aceleradores de partículas com altas energias. A Figura 6.04(a) representa uma fotografia de um típico acelerador linear e comercial. Neste acelerador, produz-se um feixe de elétrons (ou raios X), que incide, por exemplo, na superfície da pele de um paciente com problemas de câncer de pele. Por este processo, ocorre uma interação dos elétrons com a pele do paciente, que irá destruir as células cancerígenas. Quando os elétrons, ejetados desses aceleradores, possuem energias no intervalo entre *100 keV* e *50 MeV*, eles são utilizados no tratamento de lesões superficiais (patologias cutâneas) ou de pouca profundidade.

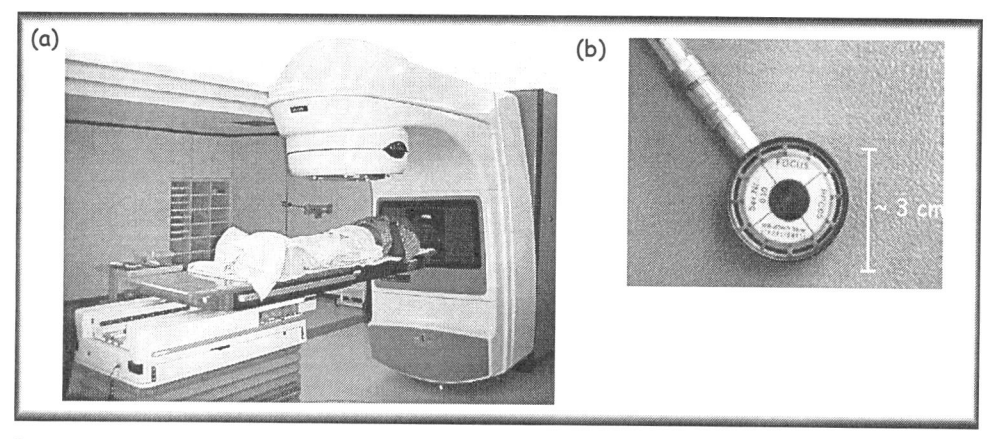

Figura 6.04 - (a) Fotografia de um acelerador linear comercial, instalado na Liga Norteriograndense Contra o Câncer. (b) Fotografia de um detector de elétrons, usado na calibração do acelerador linear.

O segundo tipo, o acelerador de partículas de altas energias, é usado para acelerar partículas subatômicas na investigação (interação e/ou produção) de novas partículas. A colisão de duas partículas com altas energias pode revelar a origem das partículas, ainda menores, que compõem as partículas que inicialmente colidiram. Na Figura 6.05, são mostradas uma fotografia externa e uma interna do famoso acelerador do CERN (Conselho Europeu de Pesquisa Nuclear), que foi construído entre a Suíça e a França, a uma profundidade de 100 m. Trata-se de equipamentos com dimensões quilométricas (o CERN, tem um diâmetro com aproximadamente 9 km). Por causa disto, as energias atingidas pelas partículas aceleradas no mesmo chegam a atingir limites de 1000 GeV! Na fotografia interna, observa-se o uso de bobinas, que formam um dos eletroímãs. Devido ao seu gigantismo e a enorme quantidade de aparelhos a elas acoplados, tais equipamentos, podem custar algumas centenas de milhões de dólares para a sua construção.

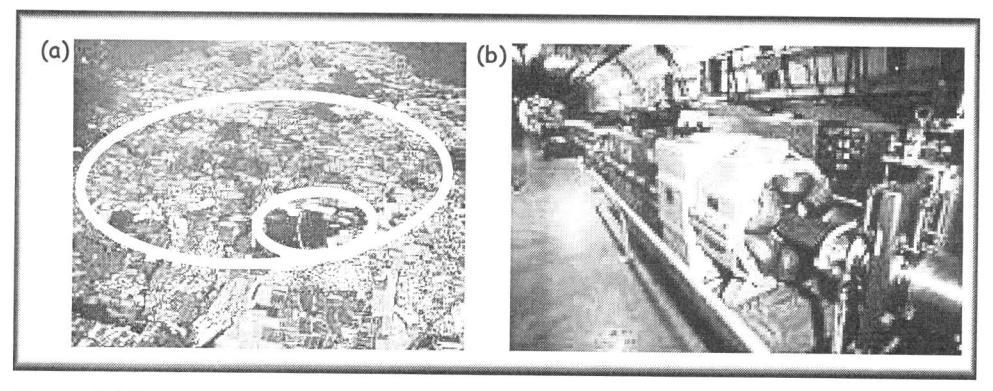

Figura 6.05 - Fotografias externa (a) e interna (b) do acelerador do CERN.

O componente principal de uma televisão e, também, dos monitores de vídeo dos microcomputadores, é o chamado tubo de raios catódicos (TRC). Neste tipo de tubo, um feixe eletrônico é controlado via campos elétricos e magnéticos para varrer uma tela fluorescente, onde ele faz um movimento horizontal, de ida e volta, juntamente com um movimento vertical, de descida e subida. Desta forma, o feixe percorre toda a tela, formando a imagem. Quando surgiu, alguns anos atrás, a televisão apresentava imagens somente em preto e branco, pois o material da tela às vezes florescia e às vezes não florescia. Atualmente, com o uso de três feixes eletrônicos, relacionados à formação das três cores básicas (vermelho, verde e azul), a tela apresenta imagens coloridas. Na Figura 6.06 mostra-se um esquema simplificado de um TRC.

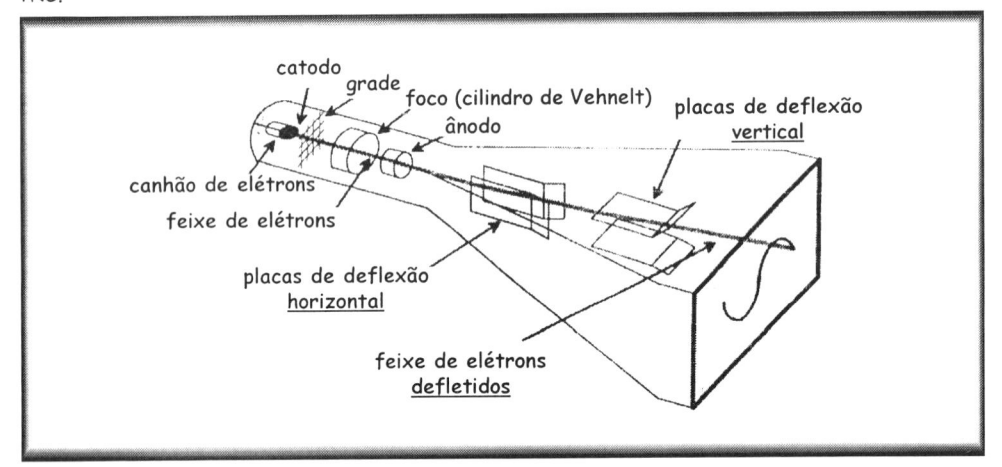

Figura 6.06 - Esquema simplificado de um tubo de raios catódicos.

Na Figura 6.06, vemos um canhão de elétrons, os cilindros de *Vehnelt*, placas de deflexão horizontal e vertical e uma tela fluorescente. O canhão de elétrons é um filamento, idêntico ao de uma lâmpada incandescente que, ao ser ligado, aquece a placa metálica próxima ao filamento, facilitando a emissão de elétrons, devido a um campo elétrico aplicado entre o catodo e o anodo da grade. O feixe de elétrons produzidos passará pelas placas de deflexão, sendo desviado pelo campo elétrico e, assim, incidindo sobre a tela fluorescente. A grade, que na figura encontra-se entre o canhão de elétrons e o anodo, serve para controlar a intensidade do feixe de elétrons, que foi emitido anteriormente. Quanto maior a tensão elétrica (campo elétrico) aplicada na grade, em relação ao catodo, maior será o número de elétrons que passará pela mesma, ou seja, ajustando a tensão elétrica na grade, controla-se a intensidade do feixe eletrônico.

Depois da grade, estão os cilindros de *Vehnelt*, cuja função é colimar (focalizar) o feixe de elétrons, funcionando exatamente como uma lente focalizadora para os elétrons, na qual se controla outra tensão elétrica, entre os cilindros, formando uma configuração de campo elétrico entre eles. Desta forma, aos elétrons penetrarem no interior dos cilindros, irão se deslocar seguindo uma trajetória semelhante, a dos raios luminosos quando passam por uma lente convergente, para o centro dos mesmos. Finalmente, com tensões elétricas aplicadas nos pares de placas, desvia-se o feixe para formar a imagem na tela.

Tubos de raios catódicos são bastante utilizados na construção de instrumentos de medidas, que permitem visualizar os sinais elétricos em circuitos eletrônicos, os chamados osciloscópios. Em clínicas especializadas e hospitais, os osciloscópios servem para registrar e acompanhar, por exemplo, os sinais elétricos dos batimentos cardíacos de um paciente. Mas, hoje em dia, devido ao grande avanço dos monitores com cristais líquidos, os TRC's estão sendo lentamente substituídos, pois as telas montadas com os cristais líquidos apresentam baixíssimo consumo de energia, são bastante leves e ocupam pouco espaço, uma vez que podem ser produzidos com espessuras extremamente finas (espessura de uma folha de papel). Além do mais, eles são livres das interferências provocadas pelas ondas eletromagnéticas, pois as imagens, que aparecem na tela dos monitores a cristais líquidos, não são formadas diretamente pela interação de elétrons com os campos elétricos e magnéticos.

Para demonstrar como ocorrem as distorções em uma imagem de uma televisão, basta que se coloque um celular, que está recebendo uma mensagem (uma onda eletromagnética), próxima à televisão ou ao monitor do micro. Uma outra forma de visualizar uma interação de um feixe eletrônico, em uma televisão, pode ser obtida aproximando-se lentamente a ela um ímã (campo magnético), retirado de um velho alto-falante. Mas tenha cuidado, pois se você deixar o ímã muito próximo da televisão, ou nas suas proximidades por muito tempo, ocorrerá o efeito de magnetização do TRC e a imagem ficará **permanentemente** distorcida; causando um prejuízo, já que será necessário levar a televisão a uma assistência técnica.

Exemplo 02

No interior de um TRC em um aparelho de televisão, dois pares de placas metálicas (um par na posição horizontal e o outro na posição vertical), carregadas eletricamente com cargas de sinais opostos, desviam um feixe de elétrons, que incidirá na tela, para um ponto localizado na parte inferior e à direita da tela. Sabendo que os pares de placas são perpendiculares entre si, ou seja, um feixe de elétrons passa, primeiro pelo par de placas que estão na horizontal (sendo h_1 a placa superior e h_2 a placa inferior), e depois pelo outro par que está na vertical (sendo v_1 da placa à direita e v_2 da placa à esquerda); então, qual será o sinal das cargas, nas placas horizontais e verticais, para que o ponto luminoso apareça na parte inferior e à direita da tela?

Resolução e Comentários

O primeiro par de placas tem a função de desviar a trajetória do feixe para cima ou para baixo. Como o feixe é composto de elétrons, a carga nas placas horizontais deverá ser negativa em h_1 e positiva em h_2, atraindo, portanto, o feixe de elétrons para baixo. No caso das placas verticais, elas serão usadas para desviar o feixe da esquerda para a direita. Logo, a carga em v_1 é positiva e em v_2 é negativa.

A quantização da carga elétrica

Em 1923, *Robert Andrews Millikan* recebeu o Prêmio Nobel de Física, tornando-se o primeiro físico nascido nos Estados Unidos a ganhar esta honraria. Foi ele que, em 1909, realizou a célebre experiência da gota de óleo, quando conseguiu medir e comprovar a quantização da carga do elétron.

O trabalho de *Millikan* teve início logo após o desenvolvimento da Câmara de Bolhas (equipamento destinado à verificação da trajetória de partículas, através da visualização dos rastros deixados pela colisão das partículas com as bolhas do vapor saturado, dentro de uma câmara), feito por *Charles Thomson Rees Wilson*, que foi estudante de *Thomson*. Nessas câmaras, eram feitas tentativas de se medir a carga eletrônica das bolhas ionizadas, caindo num meio viscoso por efeito de gravidade. Este tipo de movimento é análogo ao movimento de queda livre de um pára-quedista que, quando se leva em conta a resistência do ar, cai com uma velocidade constante denominada velocidade terminal. A diferença principal, no caso das bolhas, é que elas, por possuírem uma carga elétrica (as bolhas estão ionizadas), serão afetadas pela presença de campos elétricos e magnéticos, que podem ser usados para controlar os seus movimentos, o que não acontece no caso pára-quedas, porque não se pode controlar, em princípio, a força gravitacional.

A primeira tentativa experimental foi executada por *Towsend*, outro ex-aluno de *Thomson* que, por intermédio da eletrólise, produziu íons carregados (vapor de partículas ionizadas) que formavam uma nuvem, após borbulharem na água. Medindo a massa e a carga elétrica total das bolhas ionizadas, ele conseguiu determinar a carga eletrônica de cada íon. No entanto, devido à grande evaporação da água, as medidas eram imprecisas, de modo que o valor estimado para a carga elétrica do íon era da ordem de *1×10^{-19} coulomb*.

Em 1909, *Millikan* apresentou um novo aparato experimental, que eliminava o problema da evaporação de água. Ao invés da água, ele usou óleo, passando a observar e controlar o movimento de gotículas de óleo carregadas eletricamente, na presença de um campo elétrico intenso. O objetivo principal declarado, por *Millikan*, era o seguinte:

"Meu plano original para eliminar o erro da evaporação era obter, se possível, um campo elétrico suficientemente intenso para contrabalançar exatamente a força da gravidade sobre a nuvem, então, por meio de um divisor de potencial, variar a intensidade de campo elétrico, de forma a manter um balanceamento durante toda a sua vida".

A Figura 6.07(a) é um esquema ilustrativo do aparato usado por *Millikan* e a Figura 6.07(b) é uma fotografia de um aparato didático para comprovação da quantização da carga eletrônica. Em destaque, temos o atomizador, duas placas metálicas e paralelas, uma fonte de tensão elétrica, um microscópio. No aparato completo usa-se também uma fonte radioativa que ioniza as gotículas de óleo e uma lâmpada incandescente para iluminar região entre as placas para vizualização das gotículas.

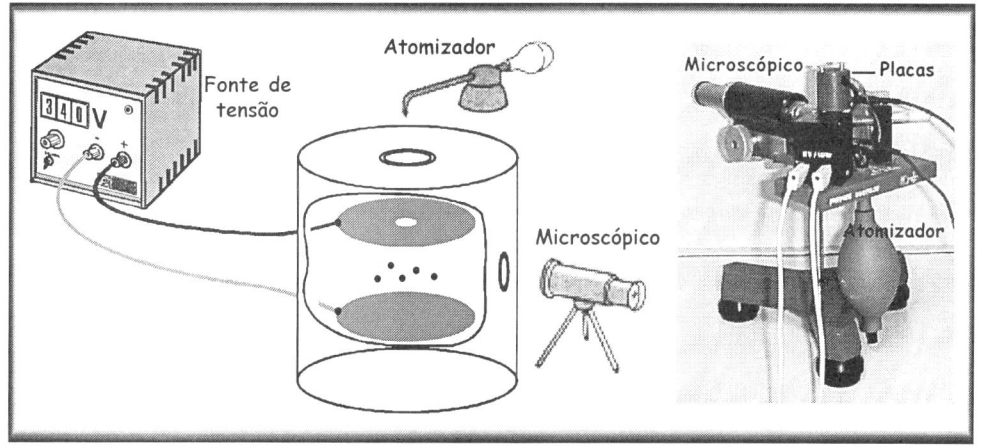

Figura 6.07 - (a) Aparato experimental da gota de óleo de Millikan. (b) Fotografia de um aparato didático.

       O atomizador, também chamado de pulverizador, é semelhante ao usado em frascos de perfume do tipo "spray", e tem a finalidade de formar uma nuvem de gotículas de óleo, que neste processo adquirem uma carga elétrica estática. Nas placas paralelas, se aplica uma tensão elétrica V, gerando um campo elétrico uniforme E, que depende da separação d entre as placas. Em geral, as placas são separadas de poucos milímetros, a tensão elétrica varia entre *100 e 500 volts*, permitindo criar um campo elétrico da ordem de 10^{+5} V/d. Ao chegar na região entre as placas, as gotículas ficam sob a influência de duas forças: o seu próprio peso mg, dirigido para baixo, e a força elétrica qE, dirigida para cima.

       Em seguida, ajusta-se a voltagem V, até que uma gotícula se encontre praticamente em repouso, entre as duas placas, isto é, quando qE=mg. Determinando-se o valor do campo elétrico, E=V/d, e conhecendo-se a massa da gotícula, encontra-se a carga q de cada gotícula através da relação: q=mg/E. Usando esta relação para calcular a carga de diversas gotículas, *Millikan* mostrou que os valores encontrados eram sempre múltiplos inteiros de uma dada carga, que tinha o menor valor entre todas as gotículas observadas. Ou seja, a carga elétrica q medida em qualquer gotícula, posteriormente comprovada para qualquer corpo material, é quantizada:

$$q = n\,e, \quad n = 0, \pm 1, \pm 2, \pm 3, \ldots$$

onde *e = 1,67 x 10^{-19} coulomb* é a carga do elétron.

Em resumo: "a carga elétrica é quantizada e o quantum de carga elétrica é o valor da carga do elétron". O valor, atualmente aceito, medido em 1986, com um erro de 0,3 partes em um milhão, é dado por:

$$e = 1,60217738 \times 10^{-19} \text{ coulomb}$$

Pode parecer impossível encontrar uma aplicação para este resultado científico, mas, ela existe e está bem próximo de nós. Trata-se do funcionamento das impressoras jato de tinta. O entendimento sobre o comportamento de gotículas carregadas eletricamente, em um meio viscoso, foi fundamental para o desenvolvimento deste tipo de impressora, que é a mais usada em todo o mundo, devido, principalmente, ao alto valor da sua relação custo/benefício. Nessas impressoras, as gotículas, que possuem um diâmetro de aproximadamente *30 μm* e são produzidas a uma taxa de *100.000 por segundo,* portanto, atingindo velocidades da ordem de *20 m/s*, são controladas e direcionadas ao papel. Usando-se um sistema de jatos múltiplos (aproximadamente *100 gotas* são necessárias para se produzir uma letra), é possível atingir uma velocidade de impressão da ordem de *45.000 linhas por minuto*. Veja o exemplo seguinte.

Exemplo 03

(UFRN-2000) Uma das aplicações tecnológicas modernas da eletrostática foi a invenção da impressora a jato de tinta. Esse tipo de impressora utiliza pequenas gotas de tinta, que podem ser eletricamente neutras ou eletrizadas positiva ou negativamente. Essas gotas são jogadas entre as placas defletoras da impressora, região onde existe um campo elétrico uniforme *E*, atingindo, então, o papel para formar as letras. A figura ao lado mostra três gotas de tinta, que são lançadas para baixo, a partir do emissor. Após atravessar a região entre as placas, essas gotas vão impregnar o papel. (*O campo elétrico uniforme está representado por apenas uma linha de força.*)

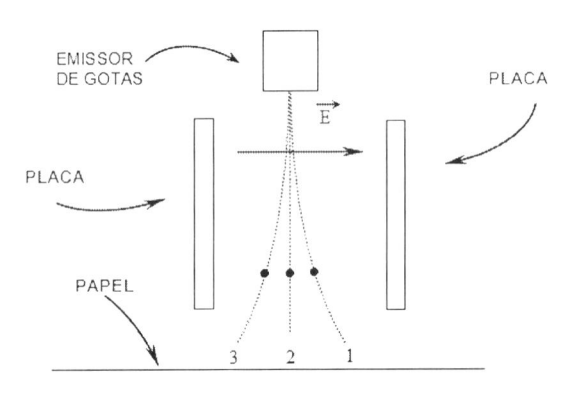

Pelos desvios sofridos, pode-se dizer que a gota 1, a 2 e a 3 estão, respectivamente,

A) carregada negativamente, neutra e carregada positivamente.
B) neutra, carregada positivamente e carregada negativamente.
C) carregada positivamente, neutra e carregada negativamente.
D) carregada positivamente, carregada negativamente e neutra.

Resolução e Comentários

Para formar o campo elétrico da figura, temos que na placa da esquerda existem placas positivas e na placa da direita cargas negativas. Logo, a gota 1 é eletricamente carregada com carga positiva, a gota 2 é eletricamente neutra e a gota 3 é carregada negativamente. Isto devido a força coulombiana. Portanto a resposta é letra C).

Modelos atômicos

As descobertas relacionadas à quantização da matéria e da energia serviram para sustentar a hipótese de que as substâncias materiais são constituídas de átomos e que estes podem ter uma estrutura. Como não é possível enxergarmos os átomos diretamente, a saída encontrada pelos físicos foi construir diversos modelos atômicos, que pudessem explicar os fatos experimentais conhecidos naquela época.

O primeiro modelo atômico foi proposto, em 1904, por *J. J. Thomson* e ficou conhecido como modelo do "pudim de ameixas". Thomson mediu, usando o mesmo aparato experimental que ele utilizou na descoberta do elétron (veja a Figura 6.01), a razão carga/massa de íons de hidrogênio, encontrando um valor de aproximadamente 2.000 vezes menor quando comparado à a mesma razão para os elétrons. Sabendo que o átomo é neutro e que os elétrons possuem uma carga negativa, ele concluiu que a massa da carga positiva (íon de hidrogênio) deveria ser, aproximadamente, 2.000 vezes maior do que a massa do elétron. Logo, com estes dados, ele sugeriu que a maior parte da massa do átomo estaria associado à carga positiva e, portanto, um modelo plausível para o átomo seria aquele de uma esfera carregada positivamente, cujo interior era entremeada de elétrons. Semelhante a um pudim com ameixas, onde a massa do pudim seria dada pelas as cargas positivas e as ameixas representariam as cargas negativas ou os elétrons. Neste modelo atômico, a vibração dos elétrons era a origem da emissão de radiação por corpos aquecidos, prevendo neste caso que a radiação seria emitida com uma única freqüência. Esse resultado estava em conflito com os resultados obtidos, experimentalmente, nos estudos do espectro da radiação de um corpo negro (um contínuo de freqüências) ou do espectro das linhas de emissões dos gases rarefeitos (um conjunto discreto de freqüências), conforme discutido no capítulo precedente. Portanto, tornou-se necessário procurar um modelo atômico mais completo, que servisse para explicar os resultados experimentais.

Modelo de Rutherford

Em 1911, o físico neozelandês, na época morando na Inglaterra, *Ernest Rutherford*, um ex-aluno de *J. J. Thomson* realiza experiências que inviabilizam o modelo do "*pudim de ameixas*". Usando fontes radioativas que emitiam partículas, chamadas de partículas alfas (α), que eram provenientes de uma fonte de radium, elemento recentemente descoberto do *H. Becquerel*, *Rutherford* fez incidir um feixe de partículas α sobre uma fina camada de ouro e observou, com um microscópio, o espalhamento das partículas α pela lâmina de ouro, através dos pontos cintilantes que surgiam numa tela fluorescente, de Sulfeto de Zinco (ZnS), quando a mesma era atingida pelas partículas.

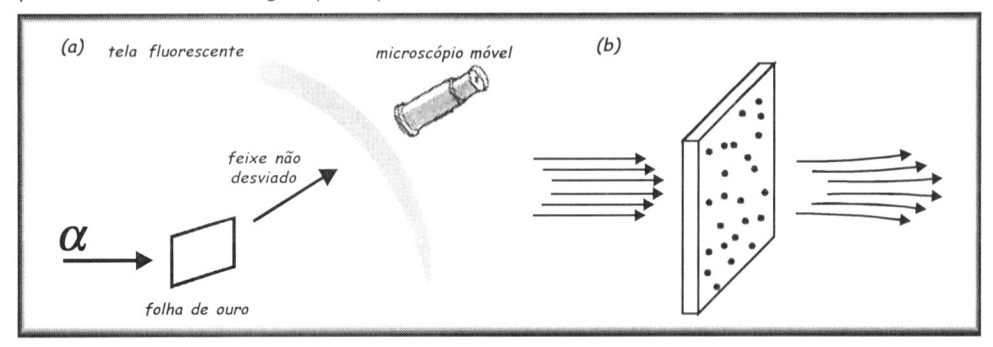

Figura 6.08 - (a) Esquema da realização experimental de Rutherford. (b) Trajetórias das partículas α previstas pelo modelo do "pudim de ameixas".

O esquema da realização experimental, usado por *Rutherford*, é mostrado na Figura 6.08(a). Na Figura 6.08(b), indicamos a previsão do resultado que se deveria encontrar para as trajetórias das partículas, caso se adotasse como verdadeiro o modelo atômico do "*pudim de ameixas*". Ou seja, as partículas α seriam ligeiramente desviadas de suas trajetórias iniciais, mas, no geral, terminariam seguindo uma trajetória quase retilínea. Os primeiros resultados experimentais obtidos por *Rutherford*, estavam em completo acordo com o cenário descrito acima.

No entanto, *Hans Geiger*, ex-aluno de *Rutherford*, propôs ao seu aluno, iniciante, *Ernest Mardsen*, observar cuidadosamente se não haveria partículas α espalhadas com ângulos de desvios grandes. Para a surpresa do grupo de pesquisadores, algumas partículas α apresentavam uma mudança drástica na sua trajetória, chegando a ser refletida para trás! Como isso poderia ocorrer? As partículas α (descobriu-se, posteriormente, que essas partículas são átomos de hélio duplamente ionizado) possuem uma massa de aproximadamente 4.000 vezes a massa do elétron, logo em um processo de colisão o elétron jamais poderia afetar tão fortemente a trajetória das partículas α. Por outro lado, de acordo com o modelo de *Thomson*, a carga positiva atômica estaria distribuída, uniformemente, em um volume esférico cujo raio é da ordem de 10^{-10} m.

Surpreso, *Rutherford* declarou:

"Foi tão inacreditável como se você atirasse um obus (peça de artilharia semelhante a um morteiro comprido) de 15 toneladas sobre um pedaço de papel de seda e ele atingisse e voltasse".

E após algumas semanas de reflexões, concluiu:

"Refletindo, percebi que esse retroespalhamento deveria ser produzido por uma única colisão, e fazendo as contas vi que seria impossível obter qualquer coisa dessa ordem de grandeza, exceto em um sistema em que a maior parte da massa do átomo estivesse concentrada em um núcleo diminuto. Foi, então, que tive a idéia de um átomo com a carga (positiva) e massa concentrada em uma minúscula região central".

A conclusão de *Rutherford* é de que o modelo atômico de *Thomson* não correspondia à realidade, porque a sua experiência mostrava que o átomo deveria ter um núcleo pequeno e com carga positiva, onde se concentraria quase totalmente a sua massa, em volta do qual os elétrons girariam. Com isto, estava descoberto o núcleo atômico.

O modelo de *Rutherford* permitiu, estudando a distribuição das cintilações na tela fluorescente de ZnS, estimar pela primeira vez a dimensão do núcleo atômico cujo valor é da ordem de 10^{-14} m, com os elétrons, distribuídos em torno dele, a uma distância da ordem de 10^{-10} m. Na Figura 6.09, apresentamos uma ilustração do processo de espalhamento das partículas α pelas lâminas de ouro, conforme observado por *Rutherford* e seus colaboradores, e um esboço do novo modelo atômico, um núcleo central com elétrons girando ao redor do mesmo.

Mas, apesar de sua simplicidade e elegância, o modelo atômico de *Rutherford* era instável. Pois, segundo a teoria eletromagnética clássica, um elétron acelerado, movimentando-se em uma órbita circular, emite radiação eletromagnética continuamente e, ao perder continuamente energia, irá em espiral, colapsar sobre o núcleo, em um tempo muito curto (cerca de um trilionésimo de segundo). Contudo, a experiência mostrava que os átomos eram estáveis! Logo, a física foi desafiada a encontrar um novo modelo atômico que recuperasse a estabilidade do átomo.

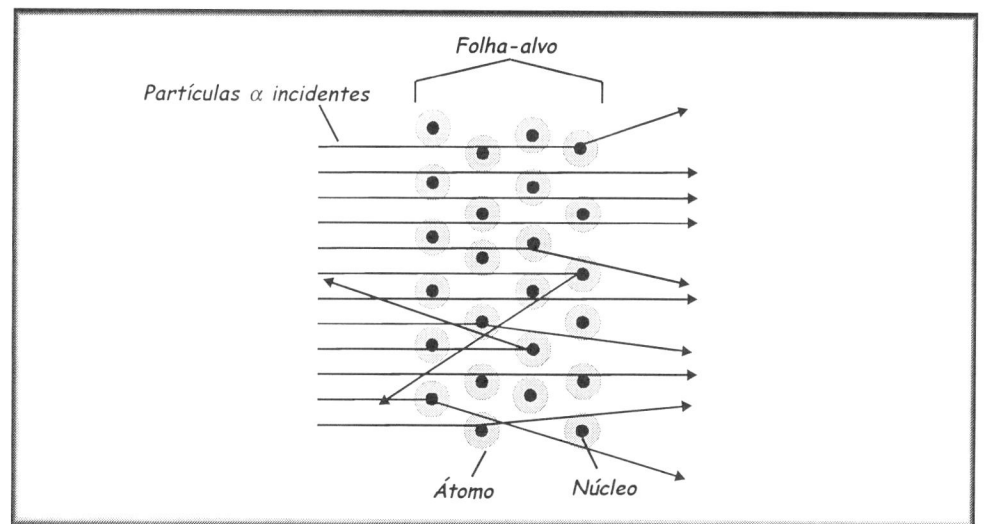

Figura 6.09 - Espalhamento de Rutherford e um esquema do seu modelo atômico.

Exemplo 03

Numa experiência de *Rutherford*, é comum dizer que, as partículas α colidem com os núcleos do átomo de ouro. No entanto, fisicamente não ocorre um contato direto entre uma partícula α e um núcleo de ouro, devido à existência de uma repulsão (energia) eletrostática, entre a partícula alfa (+2e) e o núcleo de ouro (+79e), que acaba sendo maior do que a energia cinética inicial das partículas α emitidas pela fonte radioativa. Sendo assim: (a) calcule a menor distância de aproximação, para uma colisão "frontal" entre uma partícula α e um núcleo de ouro, quando a energia cinética da partícula α for 5,0 MeV; (b) calcule a menor distância de aproximação, no caso de um núcleo de cobre. Estes valores da distância dão uma estimativa do tamanho do núcleo atômico.

Resolução e Comentários

a) Aplicando o princípio de conservação da energia, no instante em que uma partícula α atinge o ponto de retorno da colisão, teremos que:

$$\frac{1}{2}mv^2 = \frac{1}{4\pi\varepsilon_0}\frac{q_{He}Q_{Au}}{d}$$

onde q_{He} (=2e) é a carga da partícula α e Q_{Au} (=79e) é a carga do núcleo de ouro. Substituindo-se os valores na equação acima, encontramos para d o seguinte valor:

$$d_{Au} = 4,29 \times 10^{-14} \text{ m}.$$

b) O mesmo raciocínio do item (a). Usando o valor Q_{Cu} (=29e) para o cobre, então:

$$d_{Cu} = 1,57 \times 10^{-14} \text{ m}.$$

Como veremos, mais adiante, estes valores são bem menores do que o tamanho de um átomo, isto é, o núcleo atômico é bastante pequeno, quando comparado ao tamanho de um átomo.

Modelo de Bohr

Além do problema da instabilidade atômica no modelo de *Rutherford*, um outro, que carecia de uma explicação adequada, era relativo aos espectros de emissão de gases puros e rarefeitos. Os espectros são formados de linhas discretas, cada uma com uma cor, que representam apenas algumas freqüências bem definidas. *Newton*, por volta de 1700, já havia observado, com o auxílio de um prisma, a dispersão cromática da luz solar, mostrando que a luz solar é uma composição de várias cores semelhante a um arco-íris.

Um fenômeno análogo à dispersão cromática pode ser facilmente observado com a ajuda de um CD. A superfície de um CD não é perfeitamente lisa, existem traços de pequenas profundidades (numa escala de centésimos de milímetros) cuja distribuição é equivalente a de uma grade de difração. Se uma luz solar incidir na superfície do CD, ela será decomposta, por difração, nas suas diferentes cores, formando um "arco-íris". No entanto, se você direcionar o CD para uma lâmpada fluorescente (cuja luz é produzida pelo aquecimento de um gás de mercúrio), observaremos a existência de algumas linhas mais intensas do que outras, dentro do "arco-íris". Esse efeito é mais bem visualizado quando se usa um outro tipo de lâmpada fluorescente, chamadas de lâmpadas eletrônicas.

Qual é a origem dessas linhas de emissão? Para responder a esta pergunta, os físicos e químicos construíram equipamentos especializados, chamados de espectrômetros ópticos, que servem para analisar as cores de qualquer fonte de luz. Em seguida, utilizaram este instrumento para investigar o gás mais simples, o hidrogênio. Na Figura 6.10, é mostrado o diagrama de um espectrômetro usado para investigar o espectro atômico de uma amostra gasosa de hidrogênio. A luz proveniente de um tubo de *Crookes*, preenchido com um gás de hidrogênio, a uma pressão da ordem de 1 pascal. A luz emitida, proveniente dos átomos do gás que foi excitado por uma descarga elétrica, entra no corpo do espectrômetro, passa por uma fenda de colimação, antes de chegar a uma grade de difração. O papel da grade de difração (um obstáculo com um certo número de fendas estreitas) é separar as cores do feixe luminoso e as projetar numa tela. Na seqüência, as diferentes cores podem ser observadas através da ocular do espectrômetro.

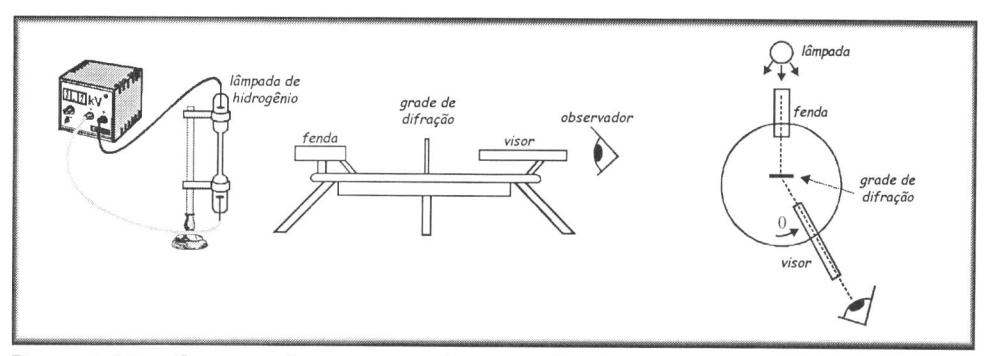

Figura 6.10 - Esquema de um espectrômetro utilizado nas investigações dos espectros atômicos.

A grade de difração mais simples é a que tem uma única uma fenda. Neste caso, quando uma radiação, cujo comprimento de onda é da mesma ordem de grandeza da abertura da fenda, passa pela mesma, ocorrerá uma difração, tal que a posição do primeiro mínimo é dada por:

$$\lambda = d \, \text{sen} \, \theta,$$

onde λ é o comprimento de onda da luz incidente, d é a abertura da fenda e θ o ângulo de abertura do primeiro mínimo de difração. Em função da posição angular, a observação na tela corresponde a separação da luz em linhas com diferentes freqüências ou cores. Usam-se grades de difração, em substituição aos prismas comuns, porque as grades absorvem menos energia e sua eficiência é facilmente ajustada. A eficiência (resolução) de uma grade de difração torna-se maior, quando se aumenta a densidade linear de fendas. Nos espectroscópios modernos de laboratórios, usam-se grades de difração com até 1200 linhas por milímetros, construídas por um processo chamado de litografia, que é também usado para se construir os "chips" de computadores.

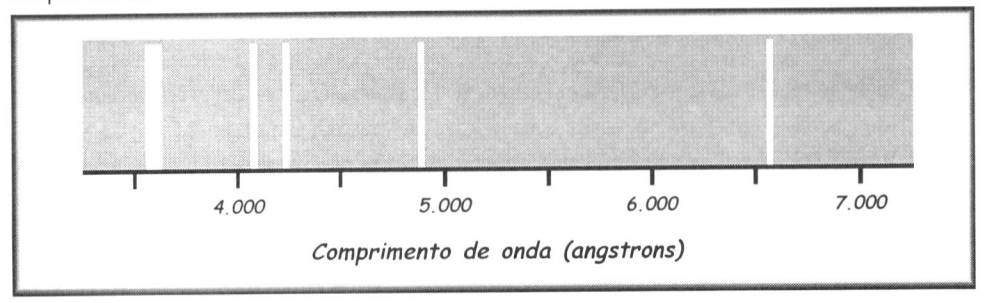

Figura 6.11 - Espectro de emissão, na região visível, do átomo de hidrogênio.

Na Figura 6.11, apresentamos o espectro de emissão na região visível, do gás hidrogênio. As linhas em branco correspondem à posição angular da luz difratada, com um dado comprimento de onda. Nitidamente, o espectro é discreto, de modo que apenas algumas linhas (cores) estão presentes.

Na busca pelo entendimento do espectro de emissão do hidrogênio, em 1885, o sueco *Johann Jacob Balmer*, que era matemático e professor do ensino secundário, deu uma importante contribuição. Conhecendo os diversos valores do comprimento de onda medido na região visível do espectro: 656,3 nm (vermelho), 486,1 nm (cian ou azul fraco), 434,1 nm (índigo ou azul forte), 410,2 nm (violeta fraco) e 364,6 nm (violeta forte); ele foi capaz de encontrar uma fórmula empírica dos comprimentos de ondas:

$$\lambda = 364,5 \left(\frac{n^2}{n^2 - 4} \right) \quad \text{ou} \quad \frac{1}{\lambda} = R \left(\frac{1}{2^2} - \frac{1}{n^2} \right)$$

onde n é um número inteiro (n = 3, 4, ...). O parâmetro $R = 1,097 \times 10^7$ m^{-1} é a constante de Rydberg, em homenagem à *Johannes Robert Rydberg*, físico sueco, que aplicou a fórmula de *Balmer* a regiões, fora da visível, de outros espectros e constatou que a constante R era a mesma para cada elemento, mas apresentava pequenas mudanças para elementos químicos distintos. O conjunto de comprimentos de ondas do espectro do hidrogênio foi batizado de **série de Balmer**. Nos anos seguintes, outras tentativas de explicação dos espetros atômicos resultaram na obtenção de novas séries em diferentes regiões: série de Lyman (1916) na ultravioleta e as séries de Paschen (1908), Brackett (1922) e Pfund (1924), na infravermelha.

Como justificar teoricamente a série de *Balmer* do átomo de hidrogênio? O fato de um átomo emitir sempre as mesmas linhas implica que estas linhas possam estar de alguma forma relacionadas com a estrutura interna desse átomo. Este é o ponto de partida usado pelo físico dinamarquês *Niels Henrik David Bohr*, ex-colaborador de *J. J. Thomson* e de *Rutherford*, que em 1913, propôs um modelo atômico, que alcançou um grande sucesso na época, pois com este modelo ele conseguiu explicar o espectro atômico do hidrogênio e a instabilidade do modelo do átomo de *Rutherford*.

O modelo de *Bohr* considera o átomo de hidrogênio como sendo equivalente a um sistema solar em miniatura. O núcleo (próton maciço) seria o Sol, em torno do qual o elétron (planeta) descreve uma órbita circular. Além disso, *Bohr* assume como hipótese que as órbitas permitidas, que ele chamou de **órbitas estacionárias**, ao elétron, seriam aquelas onde o mesmo se movimenta, indefinidamente, sem perder energia. Mais ainda, só ocorreria uma mudança na energia, quando o elétron fosse induzido a mudar de órbita. A Figura 6.12 é uma representação deste modelo.

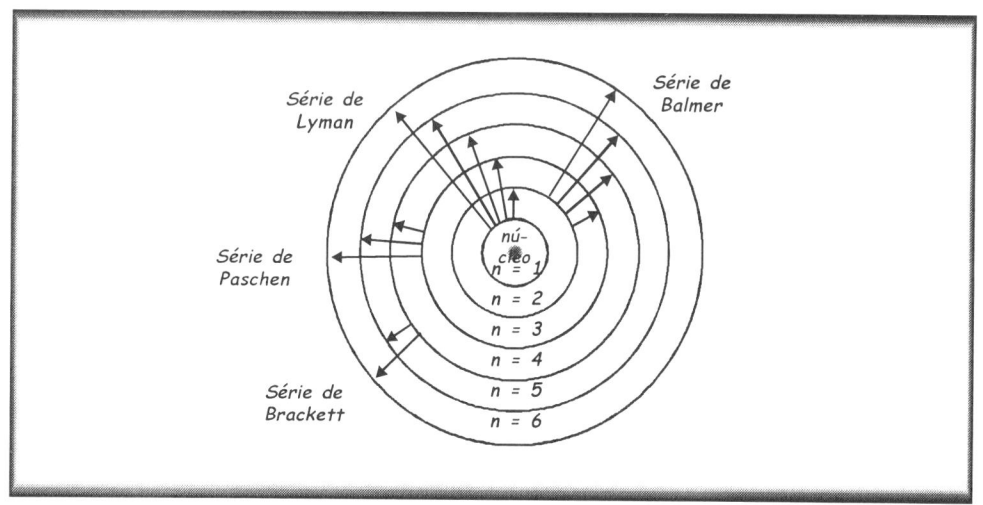

Figura 6.12 - Modelo atômico de Bohr para o átomo de hidrogênio. As órbitas circulares são as órbitas possíveis para o movimento do elétron. O índice n associado às diferentes séries (Balmer, Lyman, etc.) representa o raio da órbita, por exemplo, n=1 corresponde ao menor raio e assim, sucessivamente. A setas indicam as possíveis transições entre as órbitas, o elétron "pula", discretamente, de uma órbita inferior para outra superior e vice-versa.

Exemplo 04

Utilizando a fórmula matemática deduzida por *Balmer*, calcule os comprimentos de onda para o átomo de hidrogênio, nos seguintes casos: n = 3, 4, 5 e 6.

Resolução e Comentários

A série de Balmer é dada por:

$$\lambda = 364,5 \left(\frac{n^2}{n^2 - 4} \right).$$

Portanto, quando n = 3, o correspondente comprimento de onda é:

$$\rightarrow \lambda_\alpha = 364,5 \left(\frac{3^2}{3^2 - 4} \right) \rightarrow \lambda_\alpha = 656,1 \text{ nm}$$

Da mesma maneira, para os outros valores n = 4, 5 e 6, teremos os seguintes comprimentos:

$$\lambda_\beta = 486,0 \text{ nm}, \; \lambda_\gamma = 433,9 \text{ nm} \; e \; \lambda_\delta = 410,0 \text{ nm}.$$

Como justificar teoricamente a série de *Balmer* do átomo de hidrogênio? O fato de um átomo emitir sempre as mesmas linhas implica que estas linhas possam estar de alguma forma relacionadas com a estrutura interna desse átomo. Este é o ponto de partida usado pelo físico dinamarquês *Niels Henrik David Bohr*, ex-colaborador de *J. J. Thomson* e de *Rutherford*, que em 1913, propôs um modelo atômico, que alcançou um grande sucesso na época, pois com este modelo ele conseguiu explicar o espectro atômico do hidrogênio e a instabilidade do modelo do átomo de *Rutherford*.

O modelo de *Bohr* considera o átomo de hidrogênio como sendo equivalente a um sistema solar em miniatura. O núcleo (próton maciço) seria o Sol, em torno do qual o elétron (planeta) descreve uma órbita circular. Além disso, *Bohr* assume como hipótese que as órbitas permitidas, que ele chamou de **órbitas estacionárias**, ao elétron, seriam aquelas onde o mesmo se movimenta, indefinidamente, sem perder energia. Mais ainda, só ocorreria uma mudança na energia, quando o elétron fosse induzido a mudar de órbita. A Figura 6.12 é uma representação deste modelo.

Na elaboração de seu modelo, *Bohr*, utilizando a hipótese do quantum de energia de Planck, introduziu as hipóteses, acima comentadas, na forma de dois postulados:

1) As órbitas estacionárias dos elétrons no átomo de hidrogênio são aquelas para as quais o momento angular L é múltiplo inteiro de h/2π, ou seja,

$$L = mvr = nh/2\pi; \; n = 1, 2, 3, \ldots$$

onde m é a massa e v é a velocidade, do elétron, r é o raio da órbita, h é a constante de Planck e n é o número da órbita, chamado de número quântico principal.

2) Um elétron numa dada órbita estacionária não emitirá nem absorverá qualquer radiação. Isto só acontece, quando o elétron "salta" de uma órbita i com energia inicial E_i para

uma outra órbita f com energia final E_f. Nesta transição, o elétron absorve ou emite um fóton. Logo, a diferença de energia entre as duas órbitas i e j, é dada pela expressão:

$$hf_{if} = E_i - E_f,$$

onde h é a constante de Planck e f_{if} é a freqüência de emissão ou absorção de um fóton. Observe que se o sinal de f_{if}, for positivo, então a energia E_f é menor, e teremos uma emissão de radiação (fóton), mas se o sinal de f_{if}, for negativo, significa que houve uma absorção de radiação (fóton).

Usando estes postulados, Bohr foi capaz de determinar a fórmula encontrada por Balmer, inclusive, calculando teoricamente o valor da constante de Rydberg; além de resolver o problema da estabilidade do átomo de Rurherford, pois, de acordo com o primeiro postulado, o elétron pode permanecer num estado (órbita) estacionário sem irradiar energia, isto é, o átomo de hidrogênio é estável.

Para explicar o espectro de linhas do átomo de hidrogênio, Bohr sugeriu mais uma hipótese, que ficou conhecida como o **princípio da correspondência**:

"A teoria quântica deve concordar com a teoria clássica, no limite dos grandes números quânticos".

Amparado nesse princípio, Bohr usa a física clássica para determinar os raios das órbitas e as energias dos estados estacionários do elétron, no átomo de hidrogênio. O nosso sistema físico, o átomo de hidrogênio, é constituído de duas partículas: um próton e um elétron. Uma vez que, a massa do próton é muito superior à do elétron (aproximadamente 2000 vezes maior), o movimento do próton pode ser desprezado, e o único movimento a ser descrito é o de um elétron em órbitas circulares ao redor do próton. As energias associadas a este sistema são: a energia cinética do elétron, em movimento circular, e a energia potencial eletrostática entre o elétron e o próton. Portanto, a energia total é dada por:

$$E = K + V = \frac{1}{2}m_e v^2 - \frac{1}{4\pi\varepsilon_0}\frac{q^2}{r},$$

onde m_e é a massa e v é a velocidade do elétron em torno do próton, q^2 é o produto entre as cargas elétricas do próton e do elétron, ε_0 é a constante de permissividade do vácuo e r é o raio da órbita do elétron. No caso de um movimento circular, a segunda Lei de Newton relaciona a aceleração centrípeta adquirida pelo elétron com uma força F_e, ou seja,

$$F_e = m_e \frac{v^2}{r} = \frac{1}{4\pi\varepsilon_0}\frac{q^2}{r^2}.$$

Substituindo o valor de v^2, na primeira equação, encontraremos para a energia do sistema que:

$$E = -\frac{1}{8\pi\varepsilon_0}\frac{q^2}{r}.$$

Novamente, usando v², dada pela segunda lei de *Newton* acima, juntamente com o primeiro postulado de *Bohr*, teremos que o raio r de uma órbita n é igual a:

$$r = \frac{\varepsilon_0}{\pi} \frac{h^2}{m_e q^2} n^2 = r_B n^2.$$

O raio r_B (raio de uma órbita para n = 1), cujo valor é igual a é *5,29 x 10⁻¹¹ m*, isto é, da ordem de 0,5 angstron (0,5 x 10⁻¹⁰ m), é denominado de raio de *Bohr*, uma grandeza que fornece uma estimativa do tamanho de um átomo.

Agora usando o valor de r na expressão da energia, temos que:

$$E = -\frac{1}{8\varepsilon_0} \frac{mq^4}{h^2} \frac{1}{n^2}.$$

Logo, os valores (níveis) de energia de um elétron no átomo de hidrogênio são discretos e correspondem aos possíveis estados (órbitas) estacionários permitidos ao elétron.

Finalmente, combinando o resultado acima com o segundo postulado, temos que a energia emitida ou absorvida é obtida através da seguinte expressão:

$$E = -\frac{1}{8\varepsilon_0} \frac{mq^4}{h^2} \left(\frac{1}{n_i^2} - \frac{1}{n_f^2} \right).$$

Desde que a energia E = hf e f=c/λ, um cálculo simples, usando a equação acima, nos leva à fórmula de *Balmer*. Em particular, é comum escrever a energia de uma órbita n em unidades de elétron-volts:

$$E = -13{,}6 \frac{1}{n^2} \quad \text{(em elétron-volts)}.$$

O valor *13,6 eV* representa a energia necessária para ionizar o átomo de hidrogênio, isto é, retirar o elétron da órbita mais interna ou seu estado fundamental (n=1). Os níveis de energia ou estados excitados, em função do número quântico n, são mostrados no diagrama da Figura 6.13. Observe que o espaçamento entre os níveis diminui rapidamente, à medida que se aumenta o número quântico n, chegando a um limite (n muito grande) em que não se percebe mais a separação entre os níveis de energia, isto é, os níveis estarão tão próximos entre si que teremos um contínuo de energia. Este comportamento está de acordo com *princípio da correspondência*, um dos principais resultados da teoria de *Bohr*, mostrando que a teoria quântica, no limite de grandes números quânticos, deve se comportar em comum acordo com as previsões da física clássica.

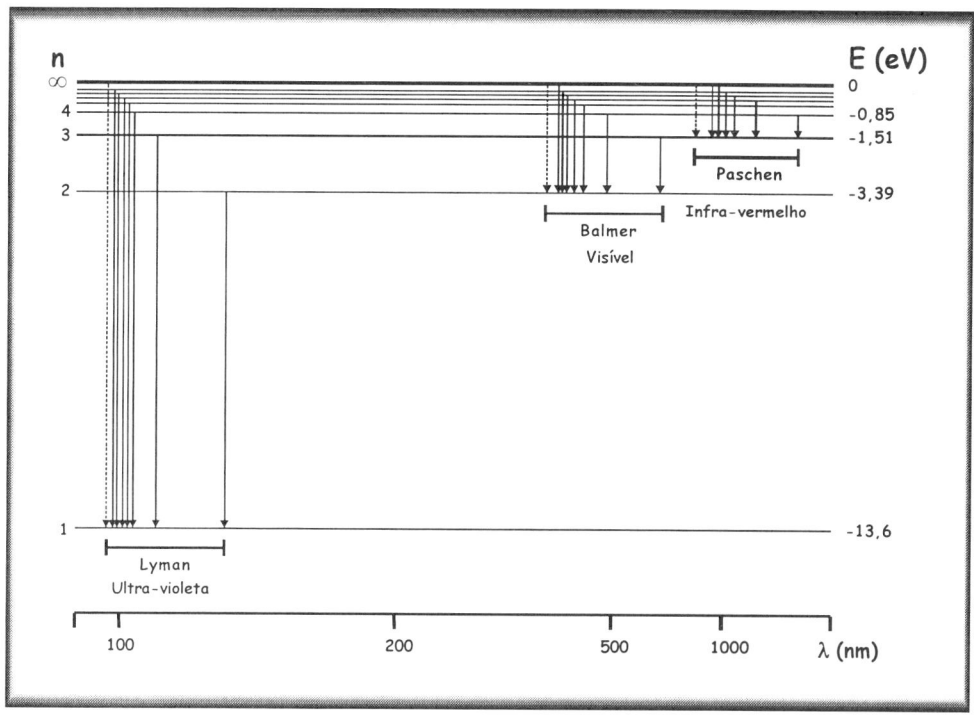

Figura 6.13 – Diagrama dos níveis de energia do átomo de hidrogênio. As setas indicam as possíveis transições entre os estados estacionários.

Experiência de Franck-Hertz

Em virtude das hipóteses de *Bohr* envolver numa mesma teoria argumentos da física clássica em conjunto com fatos específicos da física quântica, o mundo científico recebeu com cautela o seu modelo atômico. No entanto, apenas um ano depois de sua proposta, uma experiência, que não usava métodos espectroscópicos, confirmava a hipótese de Bohr, relativa a quantização da energia nos átomos. Trata-se da experiência realizada, em 1914, pelos físicos alemães *James Franck* e *Gustav Ludwig Hertz*, onde o fenômeno da quantização atômica foi constatado, usando-se um voltímetro e um amperímetro. Este resultado experimental fortaleceu o modelo atômico de *Bohr*, numa intensidade tal, que em 1922, *Bohr* foi laureado com o Prêmio Nobel de Física e, em 1924, foi a vez de *Franck* e *Hertz*, receber este importante prêmio.

O dispositivo experimental usado por *Franck* e *Hertz* é mostrado na Figura 6.14(a). Nesta figura, temos um tubo de Crookes, contendo vapor de mercúrio, um filamento aquecedor H que ira aquecer uma placa C, o catodo, de onde sairão os elétrons, acelerados pela diferença de potencial V variável, em direção a uma grade G, a partir da qual serão novamente desacelerados até a placa P (o anodo).

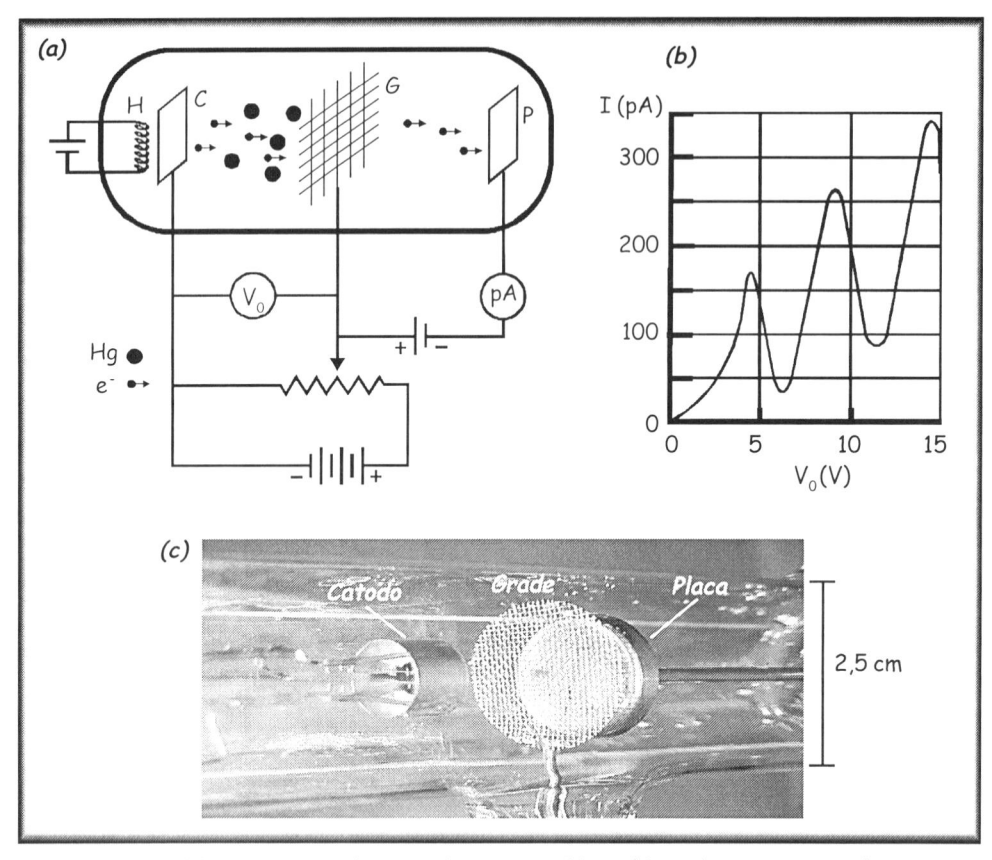

Figura 6.14 – *(a) O aparato de Franck-Hertz. (b) Gráfico da corrente elétrica I em função de V_0. (c) Fotografia de uma célula usada nos laboratórios didáticos.*

O potencial elétrico V_0, entre o catodo C e a grade G, pode ser ajustado, acelerando os elétrons oriundos do catodo C. No caminho, alguns elétrons podem colidir com os átomos de mercúrio, perdendo energia e, portanto, não conseguindo chegar até a placa P. Os que conseguem chegar até P, são detectados pelo picoamperímetro, que mede a intensidade I da corrente de elétrons que passam pela grade G e atingem a placa P. Um aumento no potencial V_0 implica que mais elétrons livres serão emitidos pelo catodo, nesse caso haverá mais colisões entre os elétrons e os átomos de mercúrio, de modo que, quando a energia dos elétrons coincide com a energia de transição de um nível atômico do átomo de mercúrio, a colisão entre o elétron e o átomo, é de tal forma que o elétron transfere toda a sua energia para o átomo e, conseqüentemente, dificilmente conseguirá atingir o anodo P, pois entre G e C a diferença de potencial existente não favorece o seu movimento. Tipicamente, registrando-se em um gráfico a intensidade da corrente I em função de V_0 em função da corrente elétrica I, encontra-se uma curva na forma apresentada na Figura 6.14(b). Observa-se, neste gráfico, uma queda brusca da corrente em torno dos valores da voltagem em 5V, 10V e 15 V, sempre múltiplos de 5! Isto significa, que o espaçamento regular entre os picos nesta curva, é uma medida da energia de transição de um elétron do átomo de mercúrio e que a mesma ocorre em torno de 5 eV. Portanto, se na colisão o átomo de mercúrio recebeu toda energia de um elétron livre, então pela teoria de *Bohr*, esta energia foi absorvida por um elétron do átomo de mercúrio, que irá saltar de órbita, emitindo uma radiação eletromagnética, na verdade um fóton, com igual valor de energia, ou seja,

$$hf_{if} = E_i - E_f.$$

A conservação de energia exige que a diferença $E_i - E_f$ seja igual à energia cinética fornecida ao elétron K = e V_0. Logo, substituindo os valores conhecidos de energia e h, o valor do comprimento de onda e da freqüência do fóton, emitido pelo átomo de mercúrio, são iguais a:

$$\lambda = 253 \text{ nm e } f = 1{,}19 \times 10^{+15} \text{ Hz,}$$

que são valores contidos na faixa ultravioleta do arco-íris de Maxwell. Medidas mais precisas desses valores foram feitas, mais recentemente, com um espectrômetro, encontrando que o valor da energia, da transição atômica do átomo de mercúrio, é igual a 4,9 eV. Esse experimento é, com certeza, um marco, do ponto de vista experimental para as medidas de Física Moderna, pois mostra, claramente, que o fenômeno da quantização da energia pode ser facilmente investigado através de uma montagem experimental bastante simples. Na Figura 6.14(c) apresentamos a fotografia de tubo usado na experiência de Franck-Hertz nos laboratórios de ensino.

Exemplo 05

Como um astrofísico pode descobrir a cor de uma estrela e a sua constituição?

Resolução e Comentários

Analisando o espectro de luz emitido pela estrela, ele irá comprovar que este espectro é discreto, portanto composto de linhas com freqüências bem definidas. Verá ainda que uma estrela é um grande volume de gás, pois se ela fosse um corpo sólido, o espectro seria contínuo.

O espectro discreto de raios X

Nos estudos dos raios X, apresentados no Capítulo 03, um fato experimental que não possuía explicação era que o espectro de emissão de raios X apresentava algumas linhas estreitas superpostas a uma região contínua. Na Figura 6.15(a), essas linhas correspondem aos picos agudos K_α e K_β superpostos à parte contínua da curva. Outro dado importante deste resultado é o surgimento de um comprimento de onda mínimo λ_{min}, abaixo do qual o espectro contínuo desaparece, que era um mistério para os cientistas da época. O modelo de *Bohr* fornece uma explicação desse fenômeno puramente quântico: um dos elétrons incidentes sobre a superfície de um material, perde toda a sua energia cinética (eV) em um único choque, irradiando um fóton de raio X. No que se refere aos picos K_α e K_β, a origem dos mesmos é entendida quando se investiga cuidadosamente a emissão de fótons de raios X associados a estes picos. Só que agora, o surgimento dos fótons é devido a transições entre níveis de energia dos elétrons das camadas mais internas do átomo, que são facilmente atingidas pelos raios X, que é uma radiação com grande poder de penetração.

Em 1913, o físico inglês *Henry Gwyn Jeffreys Moseley* percebeu que poderia usar os raios X para investigar a estrutura dos átomos. Nesta oportunidade, *Moseley* desenvolveu o conceito de número atômico e estendeu o modelo de *Bohr*, que não funciona muito bem para átomos com mais de um elétron, para explicar o comportamento de diversos átomos. Para isto, ele estudou sistematicamente o espectro de raios X de 38 elementos, observando que havia uma relação direta entre a freqüência de emissão f dos raios X e o número atômico Z do referido elemento. Na Figura 6.15(b), apresentamos um gráfico que mostra a relação entre f e Z. Analisando este resultado, *Moseley* deduziu uma equação empírica entre f e Z dada por:

$$f^{1/2} = A_n (Z - b);$$

onde A_n e b são parâmetros experimentais ajustáveis.

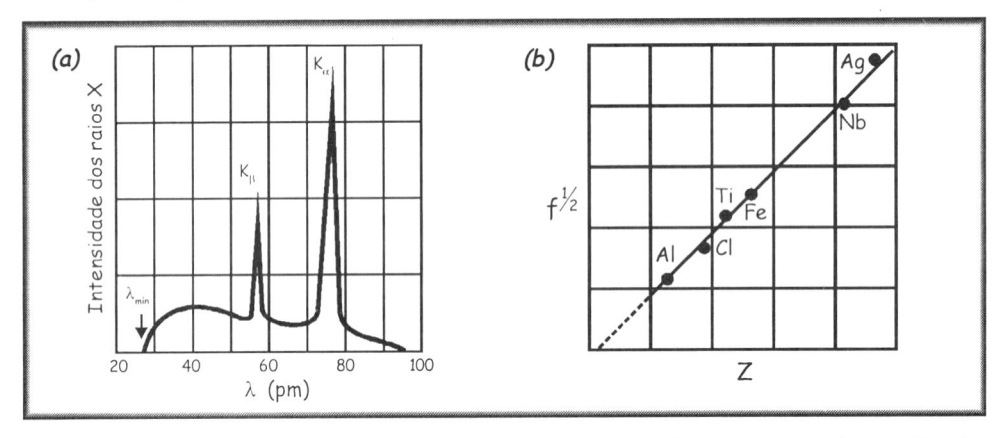

Figura 6.15 - (a) Exemplo de um espectro de raios X. (b) Relação encontrada por Moseley entre f e Z.

A equação apresentada, anteriormente, que mostra o comportamento da freqüência f em função do número atômico Z, também pode ser explicada pelo modelo de Bohr. A explicação é simples: no caso do átomo de hidrogênio temos que a energia E em um determinado nível de energia (o número quântico n) é dada por:

$$E = \frac{me^4}{8\varepsilon_0} \frac{1}{n^2};$$

onde o termo e^4 representa a energia de interação eletrostática entre o núcleo e o elétron. Logo, para outro elemento com Z maior do que 1, o referido termo, seria do tipo $e^2(Ze)^2$. Ou seja, a energia E é proporcional ao quadrado do número atômico Z. Desde que E = hf, então a freqüência f é proporcional ao quadrado de Z, que é justamente o resultado encontrado por *Moseley*.

O laser

O laser, iniciais da expressão "light **a**mplification by the **s**timulated **e**mission of **r**adiation", ou seja, amplificação de luz pela emissão estimulada de radiação, é um aparelho utilizado para se produzir luz coerente. A previsão teórica para se produzir este tipo especial de radiação eletromagnética foi feita por *Einstein* em 1917. No entanto, a construção dos primeiros aparelhos só se tornou uma realidade nos anos 50, enquanto os aparelhos modernos foram concebidos pelos cientistas: o norte-americano *Charles H. Towner* e os *russos Nikolai G. Besov* e *Alexander M. Prochorov*, que receberam o Prêmio Nobel de Física de 1964.

As principais características da luz do laser, que exibem a sua diferença com uma luz comum (luz incoerente), são as seguintes:

a) altamente monocromática, isto é, a luz emitida tem apenas uma freqüência, ao contrário da luz comum (por exemplo, a emitida pelas lâmpadas incandescentes), que é composta de feixes com diversas freqüências;

b) altamente coerente, ou seja, todos os fótons emitidos estão em fase. Isto significa que as ondas (fótons) emitidas apresentam uma rigorosa concordância entre as cristas e os vales. No caso da luz comum, isso não acontece, pois a concordância não existe e os fótons estarão fora de fase;

c) altamente colimada, isto é, uma radiação laser não se dispersa com facilidade e só sofre um alargamento (divergência) quando se difrata;

d) altamente focalizada. Diferentemente dos outros tipos de radiações, a luz do laser é formada por feixes praticamente paralelos entre si, podendo ser focalizada para regiões com um diâmetro de poucos comprimentos de onda. Devido a isso, ela transporta uma grande quantidade de energia cujo fluxo pode alcançar valores da ordem de 10^{+12} W/m². Este valor, por exemplo, quando comparado à densidade do fluxo de energia produzido por um maçarico de solda, é 10^{+13} (uma dezena de trilhões) vezes maior.

Presentemente existem vários tipos de laser: de gases (hélio-neônio, argônio); de líquidos (corantes) ou de estado sólido (titânio-safira ou semicondutor). Apresentamos na Figura 6.16 a ilustração e a fotografia de um laser que é constituído de um tubo, chamado ressoador, fechado nas extremidades com dois espelhos voltados para dentro do tubo, sendo que um deles é semitransparente. Dentro do tubo existe uma fonte de átomos, em geral um meio sólido (cristal de rubi) ou gasoso (hélio-neônio).

Para alcançar as características, descritas acima, é preciso que ocorra um tipo especial de emissão de radiação, que é a chave da operação do laser, a chamada **emissão estimulada**. Uma fonte externa atua para fornecer energia aos átomos, moléculas ou íons do meio, levando-os ou bombeando-os para níveis superiores de energia (estados excitados), passando antes por estados de vida curta. Este mecanismo é denominado processo de inversão de população. A Figura 6.17(a) ilustra este processo. Quando a maioria dos átomos estiverem excitados, basta que apenas um deles "caia" para um nível fundamental de energia, emitindo um fóton, para que se inicie uma reação em cadeia (emissão estimulada), pois este primeiro fóton irá induzir outro átomo, que por sua vez emite outro fóton, produzindo uma radiação coerente (com a mesma freqüência e a mesma fase do incidente), conforme mostra a figura 6.17(b).

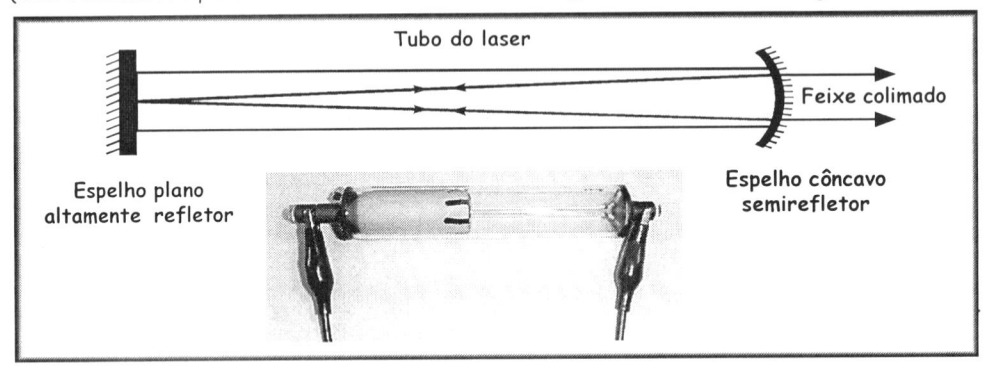

Figura 6.16 – Ilustração e fotografia de uma cavidade óptica usada para produzir a luz do laser.

Normalmente, dependendo da potência de funcionamento do laser, o processo corresponde a um número bastante expressivo de átomos. Para termos uma idéia do que isso significa, um laser de baixa potência chega a emitir da ordem de 10^{15} fótons por segundo. Finalmente, o papel das cavidades ópticas (ressoador), Figura 6.16, é de favorecer a produção de uma luz bastante colimada. A luz que se propaga em seu interior é refletida nos espelhos, nos diversos trajetos de ida e volta, as ondas refletidas (fótons) interferem construtivamente e a luz resultante atinge, com o passar do tempo, uma grande intensidade. A luz que atravessa o espelho semitransparente e escapa do tubo é a **luz do laser**.

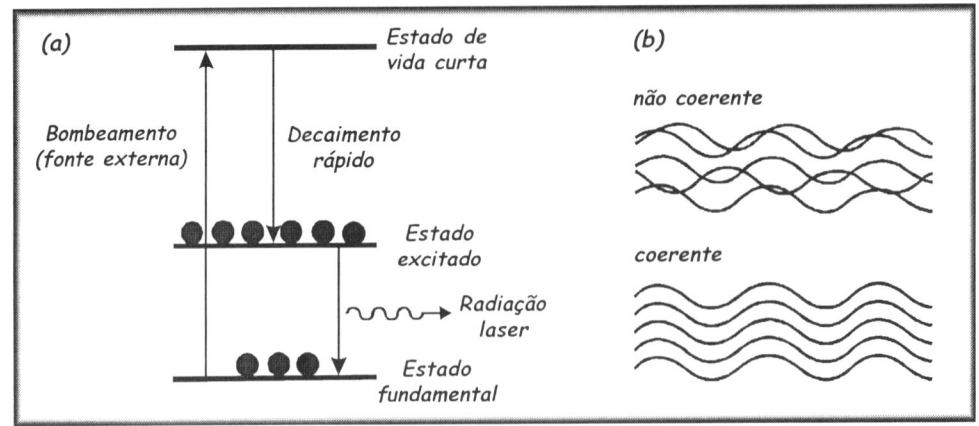

Figura 6.17 – (a) Processo de emissão estimulada num laser. (b) Ondas fora de fase (não coerentes) e em fase (coerentes).

CURIOSIDADE

CONTROVÉRSIA MILLIKAN - FLETCHER

Em setembro de 1909, *Harvey Fletcher* procurava um orientador para o seu doutoramento encontrou *R. Millikan* na tentativa de um trabalho para sua tese. Foi difícil marcarem a reunião, pois *R. Millikan* já era um cientista bastante ocupado. Após a conversa inicial, chegaram à conclusão que *H. Fletcher* deveria dar andamento às pesquisas sobre a medida da carga elétrica, iniciada por outro estudante de *R. Millikan, Begeman*. Marcaram então uma reunião com *Begeman* no laboratório e discutiram sobre o problema da rápida evaporação da água no aparato experimental da determinação da carga elétrica. Segundo *H. Fletcher* discutiram sobre a susbstituição da água por outros líquidos (mercúrio e óleo, por exemplo). *R. Millikan* disse para *H. Fletcher* que a definição da substância que fornecesse os melhores resultados seria o tema central de sua tese. Passaram a discutir sobre os detalhes do aparato, e *H. Fletcher* logo percebeu que ia ter muito trabalho experimental, pois o aparato já desenvolvido tinha um alto grau de sofisticação.

No dia seguinte, antes de chegar ao laboratório, comprou um pulverizador de perfume e um pouco de óleo de relógio (hoje usa-se nos laboratórios didáticos óleo de silicone). Na sua primeira montagem, borrificou o óleo entre as placas paralelas e logo observou, através do microscópio, gotículas de vários tamanhos e diversas cores. As maiores desciam rapidamente, enquanto que as menores ficavam suspensas por mais de um minuto. Com a pulverização, as gotículas ficavam ionizadas. *H. Fletcher*, ligou o campo elétrico entre as placas e observou que algumas gotículas subiam e outras desciam, haviam produzido tanto gotículas carregadas positivamente quanto negativamente. Com as medidas obtidas e o tratamento matemático já desenvolvido por *R. Millikan*, obteve os primeiros resultados da medida da carga eletrônica.

No segundo dia após iniciar suas pesquisas, convidou *R. Millikan* agora seu orientador de doutoramento, para averiguar seus resultados. *R. Millikan* ficou surpreso quando soube que *H. Fletcher* já havia montado o equipamento e completamente abismado quando viu o relatório das medidas, ficando extremamente motivado ao observar as gotículas no microscópio. Imediatamente, chamou o mecânico para providenciar um "aparato mais profissional". Uma semana depois estava pronto o novo aparato, um mês depois a imprensa local já divulgava as pesquisas, incluindo os nomes de *H. Fletcher* e *R. Millikan*. Em seguida, na primavera de 1910, *H. Fletcher*, conta que começou a escrever o artigo onde *R. Millikan* fazia as devidas correções e sugestões. E no final de junho, após a finalização do artigo, *R. Millikan* foi ao encontro de *H. Fletcher* em seu apartamento e depois de uma discussão sobre o trabalho, sugeriu que o artigo de uma tese de doutoramento deveria ter apenas a assinatura do estudante e como este primeiro artigo era fruto de pesquisas já iniciadas por ele, *H. Fletcher* não deveria ser autor, deveria ir apenas a assinatura do "chefe". Na carta que deixou para um amigo *H. Fletcher* escreveu:

"Era óbvio que ele queria ser o único autor do primeiro artigo. Eu não queria isso, mas não via outra saída, de modo que eu concordei em usar o quinto artigo listado acima como minha tese".

Aconteceu que este primeiro artigo foi o que ficou famoso, foi muito "azar" para *H. Fletcher*.

A carta que *H. Fletcher* fez, contando a história acima relatada, foi entregue a um seu amigo, *Mark B. Gardner*, com a condição de que seria publicada somente após a morte de *H. Fletcher*. A carta original encontra-se publicada na revista Physics Today, 35, June (1982).

Exercícios ou Problemas

01 – Duas placas metálicas paralelas possuem um campo elétrico uniforme na sua região central e foram eletrizadas com cargas iguais e de sinais contrários. Ambas estão separadas de 20 cm. Um elétron, abandonado próximo à placa negativa, gasta $5,0 \times 10^{-8}$ s para atingir a placa positiva. Calcule a diferença de potencial entre as duas placas.

02 – Em um tubo de TV, um elétron é acelerado horizontalmente (direção x), a partir do repouso, por uma diferença de potencial de 10 kV. Em seguida, o elétron atravessa uma região composta de duas placas quadradas, dispostas ao longo do eixo x, com 5,0 cm de comprimento cada uma e separadas por uma distância de 1,0 cm. Sabendo que a diferença de potencial entre as placas é de 200V, determine o valor do ângulo de deflexão, em relação à direção inicial do seu movimento, com o qual o elétron irá emergir das placas.

03 – Um feixe de partículas carregadas contendo: prótons, elétrons, dêuterons, átomos de hélio monoionizadas e moléculas de H monoionizados, passa por um seletor de velocidades no qual todas as partículas emergem com uma velocidade de $2,5 \times 10^{+6}$ m/s. Em seguida, o feixe é submetido a um campo magnético uniforme B = 0,40 T, perpendicular à velocidade das partículas. Calcule e compare os raios de curvatura das trajetórias seguidas pelas diferentes partículas.

04 – A Figura 6.05 mostra uma fotografia com a marcação do trajeto descrito pelo túnel do acelerador do CERN. Considere que o trajeto fechado seja um hexágono, desenhe

Espaço para resolução e comentários

Exercícios ou Problemas

um esquema ilustrativo das posições das placas metálicas que aceleraram as partículas e das posições dos eletroímãs que encurvaram a trajetória das partículas.

05 – Ao ligarmos uma televisão é necessário aguardarmos um certo intervalo de tempo, para que a imagem apareça na tela. Por que isto acontece?

06 – Aproximando da tela de um aparelho de TV, em funcionamento, qualquer objeto bem leve, por exemplo, uma tira de papel (15 cm x 0,3 cm); iremos observar que o papel será atraído pela tela, mostrando que ela está eletrizada. Explique este fenômeno?

07 – Usando o resultado anterior, eletrização da tela de TV, diga qual é o sinal da carga na tela. Justifique a sua resposta.

08 – *Thomson* concluiu com suas experiências com raios catódicos, que as partículas constituintes desses raios eram sempre do mesmo tipo, qualquer que fosse o material usado na confecção do catodo. Por quê?

09 – Em um dos aceleradores do CERN, pode-se ceder a uma partícula, um elétron ou um próton, uma energia de 200 GeV. Qual será o valor máximo da energia cinética e da velocidade da partícula, após receber esta quantidade de energia. Compare o valor dessa energia com a de outros processos físicos que você conheça (por exemplo, a energia elétrica consumida em um mês na sua residência ou a energia elétrica produzida pela bateria de um automóvel).

Exercícios ou Problemas

10 - Demonstre, matematicamente, que as equações abaixo são equivalentes:

$$\lambda = 3645\left(\frac{n^2}{n^2-4}\right) \text{ e } \frac{1}{\lambda} = R\left(\frac{1}{2^2} - \frac{1}{n^2}\right).$$

11 - (UFMG-1999) No modelo de Bohr para o átomo de hidrogênio, a energia do átomo:
A) pode ter qualquer valor.
B) tem um único valor fixo.
C) independe da órbita do elétron.
D) tem alguns valores possíveis.

12 - (UFMG-1997) A figura mostra, esquematicamente, os níveis de energia permitidos para elétrons de um certo elemento químico. Quando esse elemento emite radiação, são observados três comprimentos de onda diferentes, λ_a, λ_b, λ_c.

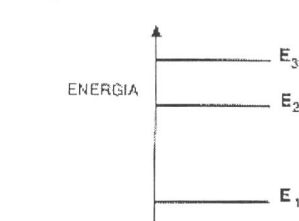

```
         _____  E_3
ENERGIA
         _____  E_2



         _____  E_1
```

a) Com base na figura, EXPLIQUE a origem da radiação correspondente aos comprimentos de onda λ_a, λ_b e λ_c.
b) Considere que $\lambda_a < \lambda_b < \lambda_c$. Sendo h a constante de Planck e c a velocidade da luz, DETERMINE uma expressão para o comprimento de onda λ_a.

13 - (UFMG-2000) A presença de um elemento atômico em um gás pode ser determinada verificando-se as energias dos fótons que são emitidos pelo gás, quando este é aquecido.
No modelo de Bohr para o átomo de hidrogênio, as energias dos dois níveis de

Espaço para resolução e comentários

menor energia são:
$E_1 = -13,6$ eV. $E_2 = -3,40$ eV.
Considerando-se essas informações, um valor possível para a energia dos fótons emitidos pelo hidrogênio aquecido é:
A) - 17,0 eV.
B) - 3,40 eV.
C) 8,50 eV.
D) 10,2 eV.

14 - (UFMG-1999) O modelo de Bohr para o átomo de hidrogênio pressupõe que o elétron descreve uma órbita circular de raio R em torno do próton. O módulo da força elétrica de atração entre o próton e o elétron é dado pela expressão:

$$F = \frac{kq^2}{R^2},$$

em que k é uma constante e q, a carga do elétron.
a) Assim sendo, DETERMINE a expressão para a energia cinética do elétron em termos de k, q e R.
b) A energia mecânica total do elétron é expressa por:

$$E = -\frac{kq^2}{2R}.$$

Assim sendo, EXPLIQUE a que se deve a diferença entre essa energia mecânica total e o resultado encontrado no item a para a energia cinética.

15 - (UFMG-1999) A luz emitida por uma lâmpada de gás hidrogênio é aparentemente branca, quando vista a olho nu. Ao passar por um prisma, um feixe dessa luz divide-se em quatro feixes de cores distintas: violeta, anil, azul e vermelho. Projetando-se esses feixes em um anteparo, eles ficam espaçados como ilustrado na Figura I.

violeta anil azul vermelho

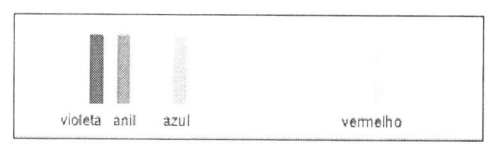

Figura I

a) EXPLIQUE por que, ao passar pelo prisma, o feixe de luz branca se divide em feixes de cores diferentes.

Considere, agora, a Figura II, que ilustra esquematicamente alguns níveis de energia do átomo de hidrogênio. As setas mostram transições possíveis para esse átomo.

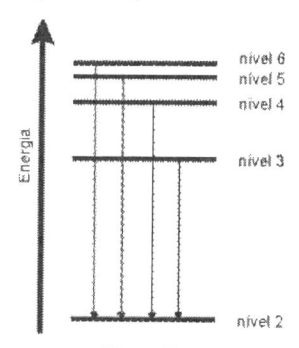

Figura II

b) RELACIONE as informações contidas na Figura II com as cores da luz emitida pela lâmpada de gás hidrogênio mostrado na Figura I. JUSTIFIQUE sua resposta.

16 - (UFRGS-1988) Dentre as afirmações apresentadas, qual é correta?
(A) A energia de um elétron ligado ao átomo não pode assumir um valor qualquer.
(B) A carga do elétron depende da órbita em que ele se encontra.
(C) As órbitas ocupadas pelos elétrons são as mesmas em todos os átomos.

Exercícios ou Problemas

(D) O núcleo de um átomo é composto de prótons, nêutrons e elétrons.
(E) Em todos os átomos o número de elétrons é igual à soma dos prótons e dos nêutrons.

17 - (UFRGS-1994) "De acordo com a teoria formulada em 1900, pelo físico alemão Max Planck, a matéria emite ou absorve energia eletromagnética de maneira _____ emitindo ou absorvendo _____, cuja energia é proporcional à _____ da radiação eletromagnética envolvida nessa troca de energia."
Assinale a alternativa que, pela ordem, preenche corretamente as lacunas:
(A) contínua - quanta - amplitude
(B) descontínua - prótons - freqüência
(C) descontínua - fótons - freqüência
(D) contínua - elétrons - intensidade
(E) contínua - nêutrons - amplitude

CAPÍTULO 07 — Dualidade Onda-Partícula

No século XVII, havia uma grande controvérsia sobre a natureza da luz visível. Duas teorias, baseadas em idéias completamente opostas, tentavam esclarecer esta questão: a teoria corpuscular do físico inglês *Isaac Newton* e a teoria ondulatória do físico holandês *Christiaan Huygens*. Ambas teorias explicavam satisfatoriamente os fenômenos da reflexão e da refração. Mas, por volta da segunda metade do século XVII, as descobertas de novos fenômenos ópticos: a difração e a interferência em 1665 e a polarização em 1678, puseram em cheque a teoria de *Newton*, pois essas descobertas não eram explicadas adequadamente se a luz fosse considerada como um feixe de partículas. Por outro lado, em 1803, *Thomas Young* realizou a sua famosa experiência da dupla fenda, que representou um duro golpe na teoria corpuscular, uma vez que, os resultados encontrados, em particular, a primeira medida experimental do comprimento de onda da luz, reforçaram as idéias de *Huygens*. Os debates continuaram e os seguidores de *Newton* ainda resistiam, mas a hegemonia da teoria ondulatória aumentou consideravelmente, em meados do século XIX, com a descoberta de *Maxwell* de que a luz era uma onda eletromagnética.

As idéias da dualidade

Em 1905, *Einstein* dá uma interpretação surpreendente para o chamado efeito fotoelétrico, ao propor, que nesse caso, a luz deveria se comportar como um pacote de partículas (os fótons) e não como uma onda eletromagnética. Assim, a controvérsia sobre a natureza da luz é retomada, só que agora os cientistas amparados em diversos fatos experimentais, resolvem admitir que a natureza da luz seria melhor entendida, se fosse aceita para ela um caráter dual, isto é, uma onda-partícula. Em determinadas situações (por exemplo, difração e interferência), a luz se comporta como uma onda; em outras (radiação do corpo negro e efeito fotoelétrico), a luz se comporta como partícula.

No ano de 1924, um jovem cientista francês, o *Príncipe Louis-Victor Pierre Raymond de Broglie*, pensando na simetria entre os campos elétrico e magnético, aplica o conceito de dualidade onda-partícula da luz para os corpos materiais. Em sua tese de doutoramento, ele apresenta a hipótese de que da mesma forma que a luz, as partículas materiais poderiam apresentar comportamentos típicos (difração e interferência) de uma onda, que denominou de **onda de matéria**. Surge então, a primeira pergunta. Podendo a matéria ter características de uma onda, qual seria, então, o comprimento de onda equivalente? E como calculá-lo?

Na sua tese, *de Broglie*, apresenta um argumento bastante simples para determinar o comprimento de onda associado à matéria. A constante de *Planck* h tem dimensões de [energia] × [tempo], que no caso do fóton corresponde a E=hf. Mas, como o fóton é uma partícula sem massa, então E=pc, de modo que igualando as duas expressões, obtemos que p=hf/c=h/λ, pois λc=f. Usando este resultado, *de Broglie* postulou que o comprimento de onda λ associado a uma partícula de momento linear p é dado por:

$$\lambda = \frac{h}{p},$$

que é chamado de comprimento de onda de *de Broglie* da partícula. Sendo:

$$p = \frac{mv}{\sqrt{1-\left(\frac{v}{c}\right)^2}}.$$

Outra importante contribuição de *de Broglie* foi a sua interpretação para as órbitas estacionárias previstas pelo modelo de Bohr para o átomo de hidrogênio. Segundo ele, o elétron que descreve uma órbita estacionária, ao redor do núcleo atômico, se comporta como uma onda estacionária e, neste caso, o comprimento da órbita deve ter um número inteiro de comprimentos de onda de um elétron, conforme ilustrado na Figura 7.01.

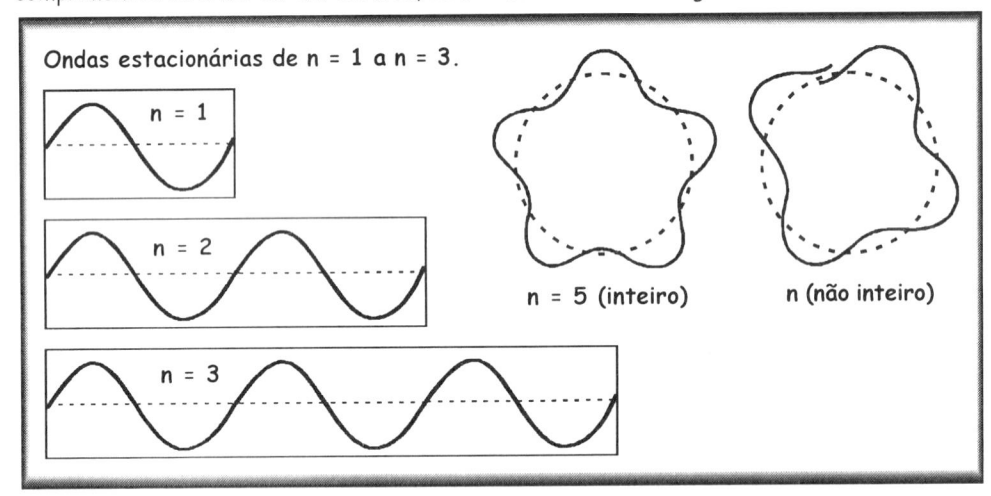

Figura 7.01 - Ilustração das órbitas estacionárias do modelo de Bohr, segundo as idéias de de Broglie.

Após sua divulgação, a hipótese de *de Broglie* inspirou uma série de pesquisas visando a sua comprovação. A questão fundamental era a seguinte: que tipo de experiência pode confirmar o caráter ondulatório da matéria? Diversos caminhos poderiam ser utilizados, pois se uma partícula possui características ondulatórias, ela deve apresentar, experimentalmente, efeitos de reflexão, refração, interferência e difração. Porém, a reflexão e a refração não dependem diretamente do comprimento de onda. Por outro lado, se a escolha recaísse na tentativa de observação da interferência de dois feixes de partículas, isto implicaria em obter dois feixes com a mesma fase, que do ponto de vista experimental é um pouco mais complicado. Logo, a saída parece ser fazer uma experiência de difração. Mas, para isto, que partícula devemos usar?

Demonstra-se, na óptica, que para se observar com precisão o fenômeno da difração de uma onda eletromagnética é necessário dispormos de ondas cujos comprimentos de onda sejam da mesma ordem de grandeza das dimensões do obstáculo, onde elas irão incidir. Por exemplo, um fio de cabelo (diâmetro ~ 10 μm) produz uma excelente figura de difração, quando se usa como fonte luminosa um laser apontador (λ ~ 0,63 μm). Com a relação de *de Broglie*, podemos estimar o comprimento de onda de alguns corpos materiais e, analisando os resultados, escolher o tipo adequado de obstáculo para realizar um experimento de difração. Vejamos abaixo os resultados relacionados a vários corpos materiais, com as velocidades fora do regime relativístico:

Um avião (m ~ 100 toneladas, v ~ 3000 m/s) → λ ~ 2×10^{-42} m;
Uma bola de futebol (m ~ 0,4 kg, v ~ 200 m/s) → λ ~ 8×10^{-36} m;
Uma gota de água (m ~ 0,01 kg, v ~ 1 m/s) → λ ~ 6×10^{-31} m;
Um próton (m ~ 10^{-27} kg v ~ 10^{+7} m/s) → λ ~ 100×10^{-15} m;
Um elétron (m ~ 10^{-30} kg v ~ 10^{+7} m/s) → λ ~ 100×10^{-12} m.

Os dados acima mostram que, os pequenos valores de λ para os corpos macroscópicos, é a razão pela qual o comportamento ondulatório da matéria não é percebido no nosso dia a dia. Além disso, naquela época, sabia-se que a separação entre os átomos de uma rede cristalina era da ordem do raio de Bohr, r_B ~ $0,5 \times 10^{-10}$ m, e que o tamanho do núcleo atômico era ~ 10^{-15} m. Portanto, as partículas candidatas à observação experimental da difração de partículas materiais, seriam os prótons e os elétrons.

Exemplo 01

Calcule o comprimento de onda de de Broglie, de:

a) Uma pessoa com massa de 70 kg com uma velocidade v= 12m/s;
b) Um próton de m_p=1,7x10^{-27} kg com velocidade de 12m/s;
c) Um elétron de m_e=9,1X10^{-31} kg com velocidade de 12m/s.

Resolução e Comentários

A relação de de Broglie é λ =h/p onde p = mv e h=6,63x10^{-34}J.s. Logo,

a) λ_{pessoa} = 6,63x10^{-34}/ (70 x 12) → λ_{pessoa} = **7,89x10^{-37}m**, e da mesma forma, teremos:

b) λ_p = **3,25x10^{-8}m**;

c) $\lambda_e = 6,07 \times 10^{-5}$ m. Ou seja, quanto menor for a massa de um corpo, maior será o seu comprimento de onda.

As experiências da dualidade

Em 1927, nos laboratórios da *AT&T Bell*, foi realizada a primeira experiência de difração de elétrons, que confirmava a existência das ondas de matéria, pelo físico *Clinton Joseph Davisson* e seu colaborador *L. H. Germer*.

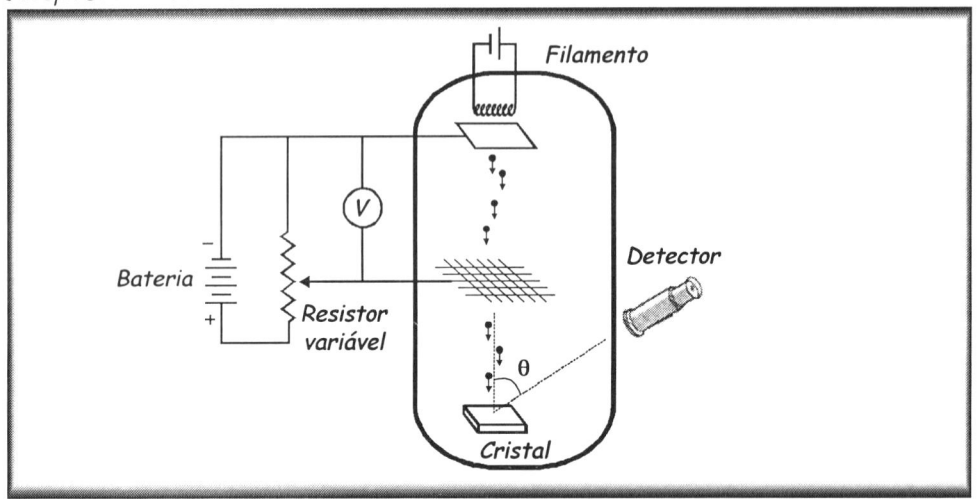

Figura 7.02 - Aparato experimental usado por Davisson e Germer.

O aparato experimental, exibido na Figura 7.02, tem como base: um tubo de Crookes, um filamento de metal, uma fonte (bateria) de voltagem, uma amostra de cristal de níquel e um detector D. Primeiro, elétrons são emitidos por um filamento aquecido e acelerados por uma diferença de potencial variável V. Em seguida, o feixe de elétrons com energia cinética eV incide sobre um monocristal de níquel. Na parte final, o detector, que faz um ângulo variável θ com a direção do feixe incidente, registra uma corrente elétrica I em função da voltagem V. Um intenso pico, correspondendo ao primeiro máximo de difração, é observado, quando o ângulo θ=50° e V=54 volts. *Davisson e Germer* sabiam que o espaçamento d entre os átomos do cristal de níquel era igual a *215 pm* (215 x 10^{-12} m). Então, usando a equação de difração, eles encontraram que o comprimento de onda, associado ao elétron espalhado, era dado por:

$$\lambda = d\, sen\theta = 215 \times 10^{-12}\, sen(50°) = 165\, pm.$$

Mas, o comprimento de onda de *de Broglie* de um elétron com energia cinética igual a *54 eV* é:

$$\lambda = \frac{h}{p} = \frac{h}{mv} = \frac{h}{\sqrt{2meV}} = 167\, pm.$$

Portanto, comparando esse resultado com o anterior, encontramos uma excelente concordância com o valor encontrado no experimento de *Davisson e Germer*, ou seja, a hipótese de *de Broglie*, de que a matéria tem comportamento ondulatório, foi comprovada experimentalmente. O elétron difratou.

A segunda experiência, que corrobora a primeira acima descrita, e comprova as idéias de *de Broglie*, foi realizada também em 1927, pelo físico inglês *George Paget Thomson*, filho de *J. J. Thomson*. O aparato experimental é semelhante ao utilizado por *Davisson e Germer*, com uma única diferença: ao invés de observar o espalhamento dos elétrons, *G. Thomson* analisou a transmissão do feixe de elétrons através de uma amostra de grafite policristalina. Um alvo policristalino representa um certo número de cristais, orientados de acordo com ângulos apropriados para a ocorrência da difração, cujos padrões se apresentam na forma de anéis. Na Figura 7.03, apresentamos o esquema do aparato experimental usado por *G. Thomson*. Na parte esquerda do bulbo de vidro, que foi evacuado, os elétrons são emitidos de um catodo aquecido pelo processo de emissão termiônica. Em seguida, um feixe colimado e acelerado colide com o alvo de grafite. Na parte direita do bulbo de vidro, uma tela fluorescente registra as colisões. No aparato original de *G. Thomson*, também, podiam ser produzidos raios X.

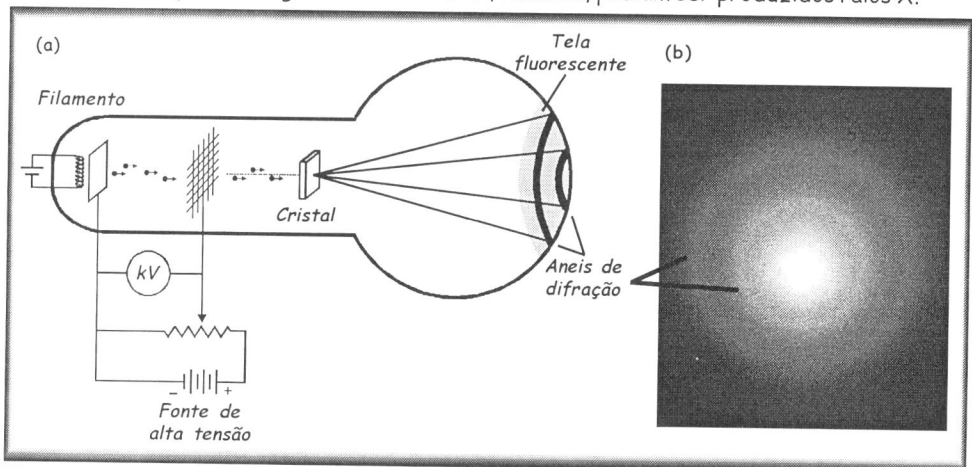

Figura 7.03 - (a) Esquema experimental usado por G. Thomson. (b) Fotografia dos anéis de difração obtida em um equipamento didático.

A Figura 7.04(a) mostra os anéis de difração, quando se incidem raios X no alvo de grafite, enquanto a Figura 7.04(b) refere-se aos anéis obtidos com elétrons. A completa semelhança entre os dois padrões de difração, não deixa dúvidas sobre o comportamento ondulatório dos elétrons e, por conseguinte, as idéias de *de Broglie*. Depois desses resultados, *de Broglie* foi laureado com o Prêmio Nobel de Física em 1929 e, mais tarde, em 1937 foi a vez de *Davisson* e *G. Thomson*. Um fato curioso é ter *G. Thomson* recebido o Nobel de Física por demonstrar que o elétron comporta-se como onda, e o seu pai, *J.J. Thomson* ter recebido, em 1906, o mesmo prêmio pela descoberta do elétron como partícula!

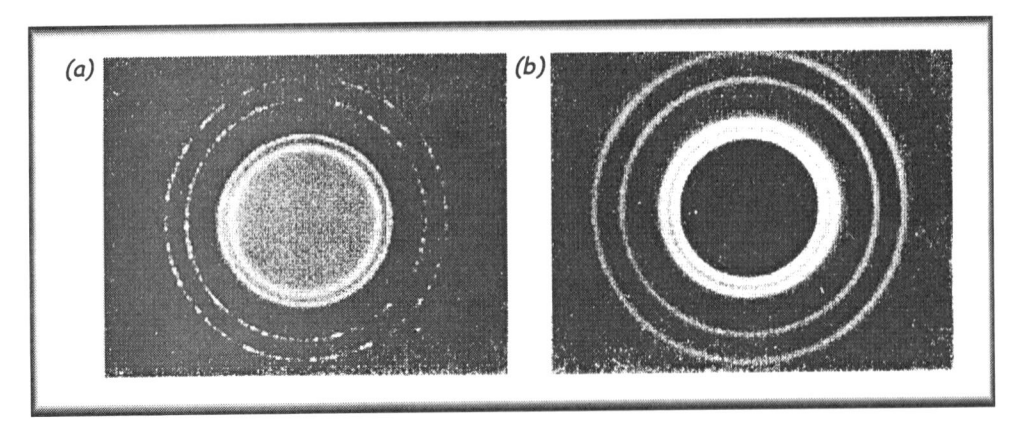

Figura 7.04 – Anéis de difração obtidos de experimentos com (a) raios X (a) e (b) com elétrons.

Exemplo 02

Considere um experimento de fenda única, onde incide um feixe de elétrons. Qual é o padrão de difração que será observado no anteparo, se os elétrons se comportarem como partículas e não como ondas?

Resolução e Comentários

O padrão detectado deveria ser formado de uma única faixa, representando a fenda. Contudo devido à natureza ondulatória do elétron, o padrão é semelhante ao apresentado na Figura 7.05.

Princípio da incerteza

A enorme quantidade de resultados tanto teóricos quanto experimentais, obtidos entre o final do século XIX e o início do século XX, deram à física novas ferramentas para a investigação da natureza microscópica da matéria. Embora, as descobertas neste período tenham permitido esclarecer importantes questões sobre as propriedades dos átomos e moléculas, bem como sobre o comportamento da luz, restaram ainda alguns problemas como, por exemplo, a descrição dos espectros de linhas de átomos mais complexos (o átomo de hélio) e a construção de uma teoria que unisse numa mesma base conceitual o caráter onda-partícula da radiação e da matéria. Em particular, a proposta de *de Broglie* relacionada às ondas de matéria provocou um esforço considerável de pesquisa, no sentido de encontrar uma maneira satisfatória de detectá-las. Mas, os pesquisadores encontraram grandes obstáculos para alcançar esse objetivos. A final de contas, a representação de uma partícula como uma onda, portanto, um evento espalhado no espaço e no tempo, é bastante diferente da representação corpuscular, que permite tratar a partícula como um objeto localizado tanto no espaço como no tempo. Então, era preciso avançar na direção de superar essas dificuldades e construir uma teoria que tivesse a capacidade de unificar o conhecimento sobre todas essas questões.

É neste clima que, no período compreendido entre 1925 e 1927, surge a denominada Teoria Quântica da Matéria cujos principais elaboradores foram: os físicos alemães *Werner Karl Heisenberg* (Prêmio Nobel de 1932) e *Max Born* (Prêmio Nobel de 1954), o físico inglês *Paul Adrien Maurice Dirac* e o físico austríaco *Erwin Schrödinger* (que junto com *Dirac* dividiu o Prêmio Nobel de 1933). Entre outras propostas, uma que teve boa aceitação de imediato foi à criação da mecânica ondulatória de *Schrödinger*, onde aparece uma nova grandeza, a função de onda Ψ (psi), que representa as propriedades ondulatórias das partículas e que é a solução da famosa equação de *Schrödinger*. Em princípio, uma vez conhecida à dependência de Ψ com a posição num dado instante de tempo, então o comportamento da partícula poderia ser conhecido precisamente. Ao aplicar sua equação para entender a estrutura atômica de um determinado elemento, *Schrödinger* não conseguiu encontrar um significado físico aceitável para Ψ. Coube a *Max Born*, em 1926, dar uma interpretação probabilística da solução da equação de *Schrödinger*.

Segundo *Born*, as possíveis soluções da equação de *Schrödinger* não representam grandezas associadas às trajetórias das partículas, ao contrário, elas descrevem a **probabilidade** de se localizar uma determinada partícula, numa dada posição e num dado instante de tempo. A saída encontrada por *Born* causou uma grande surpresa na comunidade cientifica, pois ao aderir a uma descrição probabilística para o mundo microscópico, a física abandona a visão clássica de que os fenômenos físicos obedecem a equações perfeitamente determinísticas, ou seja, sem nenhum apelo ao acaso.

Essa nova visão da natureza, principalmente, o conceito probabilístico da localização de partículas, trouxe uma nova interpretação das órbitas para o elétron no átomo de *Bohr*, antes tratadas como círculos ou elipses. Agora, tudo que se pode afirmar é que existe uma região ou uma **nuvem eletrônica**, cuja densidade está relacionada a uma maior (alta densidade) ou menor (baixa densidade) probabilidade de se encontrar o elétron, isto é, não é mais possível dizer: o elétron será encontrado neste ponto. Por exemplo, a afirmação: a probabilidade de se encontrar um elétron dentro de uma "caixa" é igual a 0,2 significa que existe uma chance de 20% de localizarmos o elétron nessa região.

Apesar de alguns cientistas, que ajudaram a criar a Teoria Quântica, não acreditarem nesta interpretação probabilística da natureza, o exemplo de maior renome foi *Einstein*. A sua confirmação através de resultados experimentais serviu para consolidar esta Teoria, como uma das mais bem sucedidas na história da física. Um exemplo impressionante desses resultados é o chamado **efeito túnel**. Considere um elétron se movendo entre duas paredes refletoras. Neste caso, os valores permitidos para a energia cinética do elétron, são tais que nenhum deles é suficiente para que o elétron saia de seu confinamento. No entanto, é possível mostrar que o elétron pode escapar do confinamento ou, em outras palavras, quanticamente existe uma probabilidade finita de que o elétron atravesse a parede. Tal comportamento, comprovado experimentalmente, é visto como se o elétron descobrisse um túnel dentro da barreira. Uma situação completamente análoga aos túneis construídos para automóveis, onde não é mais necessário vencer a energia potencial gravitacional de uma montanha para atravessá-la, pois se há um túnel este é o caminho mais rápido e o que gasta menos energia.

Os elétrons conhecem os túneis! Com a o advento da Mecânica Quântica, não é mais possível pensarmos no elétron como uma partícula (a falácia da bolinha, que na imaginação de muitas pessoas tem até cor, preta); o elétron é sinônimo de uma **anda de matéria ou onda-partícula**, uma propriedade válida, no mundo microscópio, para qualquer partícula. Mas, como conciliar com a experiência essa característica dual das partículas materiais, se nós nem sequer podemos enxergá-las? *Bohr* resolveu esta dificuldade propondo o chamado **princípio da complementaridade**. De acordo com este princípio, o modelo ondulatório e o corpuscular são ambos necessários para uma completa descrição de um fenômeno quântico, embora eles sejam mutuamente exclusivos. Pois, experimentos com elétrons, que medem a troca de energia ou de momento linear, requerem uma descrição baseada nas suas propriedades corpusculares, enquanto experimentos que tenham por objetivo observar a distribuição espacial da energia, revelam as propriedades ondulatórias do elétron. Logo, as duas características não podem ser evidenciadas simultaneamente com um único experimento.

A interpretação probabilística e as limitações impostas pela complementaridade, para as entidades físicas do mundo microscópico, serviram como pano de fundo para que em 1927, *Heisenberg* introduzisse na Teoria Quântica, mais um princípio fundamental, o **princípio da incerteza**. É possível determinarmos de maneira precisa e simultânea a posição e a quantidade de movimento (momento linear) de uma partícula? Segundo *Heisenberg*, isto é impossível, pois em qualquer processo de medida física a incerteza está presente e, no mundo quântico, se a incerteza na medida da posição for Δy e a incerteza na medida do momento for Δp_y, então vale a seguinte relação:

$$\Delta p_y \Delta y \sim h$$

onde h é a constante de *Planck*. Ou seja, como os valores da incerteza na posição e no momento são sempre maiores do que o valor da constante de *Planck*, então se tentarmos localizar precisamente a partícula, diminuindo drasticamente Δy, a incerteza no momento Δp_y deve aumentar, de forma que o produto $\Delta y \Delta p_y$ se mantenha constante e da ordem de h. Devido à pequenez da constante de *Planck*, tais efeitos da indeterminação somente são observados no mundo microscópico.

Por fim, uma outra forma de se apresentar o princípio da incerteza, é através das incertezas associadas às medidas da energia e do tempo, isto é,

$$\Delta E \Delta t \sim h.$$

As relações acima ficaram conhecidas na literatura como as "relações de incerteza de *Heisenberg*".

Princípio da incerteza: uma realização experimental

O princípio da incerteza pode ser demonstrado experimentalmente, usando uma idéia desenvolvida por *Bohr*. Suponha que desejamos medir a posição de uma partícula com precisão, iluminando um elétron. Quando a luz chegar ao elétron, um fóton irá colidir com ele, deste modo, o ato de "olhar" o elétron, perturba-o. No instante em que iluminamos o elétron, ele recua, mudando a sua velocidade, isto é, seu momento linear. Por outro lado, se não iluminarmos o elétron, não podemos vê-lo. Portanto, num contexto em que há uma interação entre o observador e o observável, o processo de medida em escala microscópica perturba o sistema, ressaltando o princípio da incerteza.

Uma outra experiência, por sinal bastante simples de ser executada, que nos ajuda a superar a nossa dificuldade em aceitar, rapidamente, o princípio da incerteza, é a da difração em fenda única com um feixe de luz de um laser. Com o aparato da Figura 7.05, tentaremos localizar fótons da luz do laser, com um comprimento de onda próximo a *630 nm* (630×10^{-9} m), portanto uma cor vermelha. Quando ocorrer a passagem de um fóton pela fenda de largura $d=\Delta y$, diremos que a medida y de sua localização será feita com esta precisão Δy.

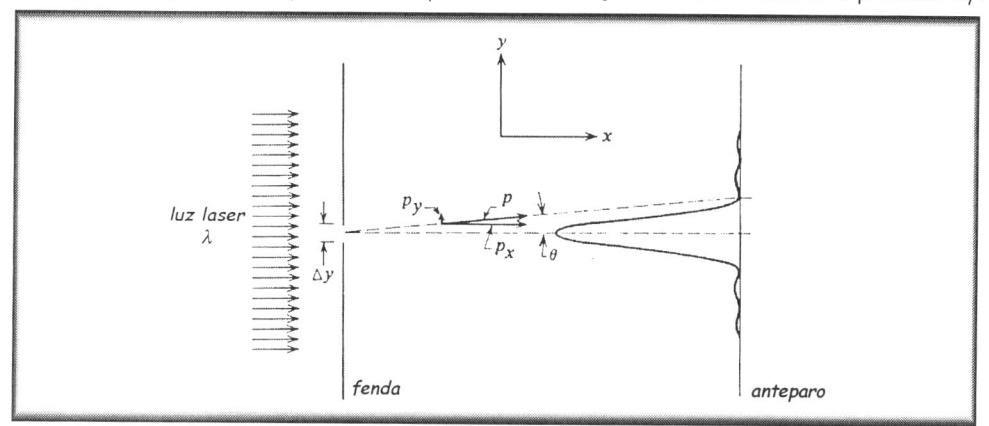

Figura 7.05 - Difração de um feixe de fótons por uma única fenda.

Ao passar pela fenda, o fóton será difratado e a posição angular θ do primeiro mínimo da figura de difração, ilustrado na Figura 7.05, é dado pela equação da difração:

$$\text{sen}\theta = \lambda/\Delta y.$$

Uma vez que, é a propagação da onda de matéria, associada ao fóton, quem governa o movimento da partícula, temos que a figura de difração revela informações sobre as probabilidades relativas do fóton ser encontrado em qualquer ângulo no intervalo entre $-\theta$ e $+\theta$. Além disso, antes do fóton passar pela fenda, o seu momento linear ao longo da direção y da fenda era completamente conhecido, $p_y = 0$, pois muito pouco se sabia a respeito de sua posição y. Entretanto, após passar pela fenda, o momento linear do fóton, na direção y, pode assumir qualquer valor entre $-p_y$ e $+p_y$, tal que com $\text{sen}\theta = \Delta p_y/p$. Assim, o momento do fóton na direção y, tornou-se impreciso devido ao efeito de difração da onda associada ao fóton.

Portanto, a incerteza máxima de $\Delta p_y \sim p_y$:

$$\Delta p_y \sim p_y = p\,\text{sen}\,\theta = p\frac{\lambda}{\Delta y}.$$

E como da relação de *de Broglie*, temos que $p = h/\lambda$, encontramos, em concordância com o limite imposto pelo princípio da incerteza, o seguinte resultado:

$$\Delta p_y = \frac{h}{\Delta y} \quad \text{ou} \quad \Delta p_y \Delta y = h.$$

Para reproduzirmos o experimento, descrito acima, basta usarmos um laser apontador (facilmente adquirido em lojas de brinquedos) e fazermos, com um estilete, uma fenda num espelho. Em seguida, devemos testar se a fenda é uniforme, colocando-a entre o nosso olho e uma lâmpada e observando os detalhes do traço. O traço sobre a superfície deve ter dimensões $\sim 100\,\mu m$, isto é, de algumas centenas de micro-metro, para podermos visualizar um bom padrão de difração. Fixando o laser, com uma fita adesiva, e alinhando a fenda na direção do feixe luminoso, iremos direcionar o raio laser incidente para a parte traseira do vidro. Finalmente, devemos colocar, a uns dois metros à frente da fenda, um anteparo (um papel branco) para visualizar a figura de difração, que, geralmente, apresenta alguns máximos e mínimos bem definidos. A Figura 7.06 mostra uma ilustração de um aparato experimental que serve para realizar a experiência do princípio da incerteza.

A última expressão obtida acima, que define o princípio da incerteza, poder ser reescrita como:

$$\Delta p_y \Delta y = h = p\,\text{sen}\,\theta d = \frac{h}{\lambda}\text{sen}\,\theta d = h.$$

Ou ainda:

$$\frac{d}{\lambda}\text{sen}\,\theta = 1.$$

Esta relação pode também ser chamada de **princípio da incerteza experimental**. Substituindo os valores do comprimento de onda da luz vermelha $\lambda = 630\,nm$ e da largura da fenda $d = 100\,\mu m$, encontramos que o seno do ângulo θ deve ser igual a $6{,}3 \times 10^{-3}$, ou seja, para cada metro de distância da fenda ao anteparo, a largura do primeiro máximo deve ser acrescido de 6,3 mm; para 2 m será de 12,6 mm e, assim, sucessivamente.

============ Física Moderna ============ 157 ▬

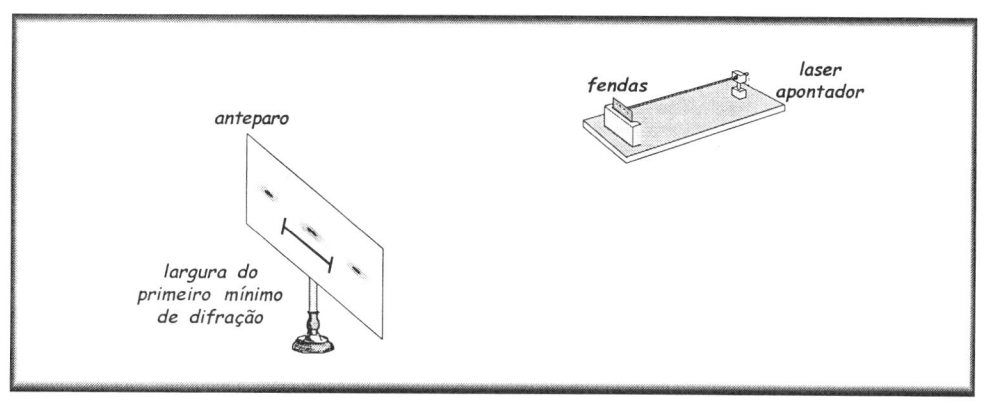

Figura 7.06 - Demonstração do princípio da incerteza para os fótons.

Exemplo 03

(UFRN-2003) Nas aulas sobre difração, Érica aprendeu que um fio com diâmetro igual à largura de uma fenda, quando posicionado convenientemente, produz a mesma figura de difração da fenda. Érica, uma estudante curiosa, resolveu observar a figura de difração de um fio dental e ficou comparando as medidas para diferentes marcas de fio. Como possui dentes muito próximos, Érica precisa escolher fios bem finos, por isso analisou a espessura dos fios com auxílio da Ótica Física e da Física Quântica. Para conseguir seu objetivo, preparou a seguinte experiência realizando-a numa sala escura. Ela incidiu um feixe de luz com um apontador laser sobre um fio dental, posicionado numa abertura de um pedaço de papelão, e pôde observar a figura de difração formada no anteparo com seus máximos e mínimos de intensidade (Figura 1).

Érica utilizou, separadamente, duas marcas de fios cujas referências nas embalagens afirmavam ser fio dental tipo extrafino (E) e fio dental tipo ultrafino (U). Os resultados observados por Érica estão mostrados na Figura 2.

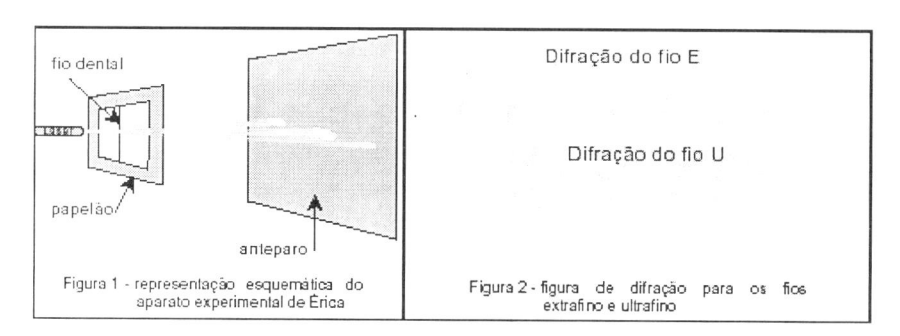

Para auxiliar na análise dos resultados obtidos, Érica reuniu algumas informações contidas no quadro abaixo e na Figura 3.

Ótica Física

$\Delta x \operatorname{sen}\theta = m\lambda$ é a equação que descreve a posição dos mínimos de difração de fenda única. Em que:
m = 1, 2, 3... dá a ordem dos mínimos a direita ou a esquerda do máximo central;
λ: é o comprimento de onda da luz que incide na fenda;
θ: é o ângulo que permite determinar a posição dos mínimos de difração no anteparo;
Δx: é a largura da fenda ou o diâmetro do fio.

Física Quântica

$\Delta x . \Delta p_x \approx h$ é a expressão do princípio da incerteza de Heisenberg. Em que:
h : é a constante de Planck;
Δp_x: é a incerteza na componente x do momento linear;
Δx: é a incerteza na posição.

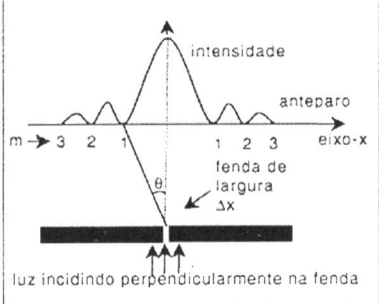

Figura 3 - curva representativa da intensidade para difração de fenda única

Face ao acima exposto, explique como Érica pode determinar corretamente qual fio dental é o mais fino. Para isso, recorra a duas formas distintas de análise:

A) fazendo uso da equação da ótica física;

B) fazendo uso do princípio de Heisenberg aplicado aos fótons.

Resolução e Comentários

A) Com o resultado da Óptica Física e para o primeiro mínimo, temos:

$$\Delta x \operatorname{sen}\theta = \lambda \quad (m = 1).$$

Essa equação acima afirma que, sendo λ o mesmo para os dois fios, quando Δx for MENOR a abertura angular do primeiro máximo será MAIOR. Quando Δx for MAIOR a abertura angular será MENOR. Conforme apresentado, o fio E possui uma abertura angular maior e, segundo analise acima, será o fio mais fino.

B) O resultado da Física Quântica informa que

$$\Delta x \, \Delta p = h.$$

Sendo h uma constante. Quando Δx for MENOR, Δp será MAIOR e vice-versa, ou seja, Δx MAIOR implica em Δp MENOR. Na analise quântica (princípio da incerteza de Heisenberg), o fóton antes de passar pelo fio possui momento linear apenas em uma direção, conforme mostrado na figura abaixo.

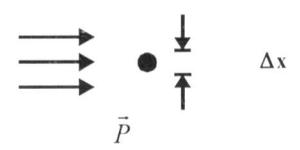

Após o fóton "possar" pelo fio, estaríamos informando sua posição com precisão Δx. E conforme o princípio da incerteza, uma precisão Δx está relacionado com uma precisão Δp, pela equação.

$$\Delta x \; \Delta p = h.$$

Portanto conclui-se que o feixe dos fótons, após o fio, sofrerá um alargamento. Conseqüentemente o fio E é o que apresenta um maior alargamento, sendo o fio mais fino.

Um pouco mais sobre dualismo

A formação de uma imagem em um filme fotográfico (preto e branco, por simplicidade), quando se considera a radiação visível como uma onda é feita da seguinte forma: a onda eletromagnética ao atingir o filme, desencadeia um processo fotoquímico que fará surgir pontos brancos e pretos, que juntos formarão uma imagem no filme. Assim, o processo de gravar a fotografia é instantâneo, quando a radiação é tratada como uma onda. E como será o processo de formação de uma imagem, se a radiação visível for vista como um conjunto de partículas?

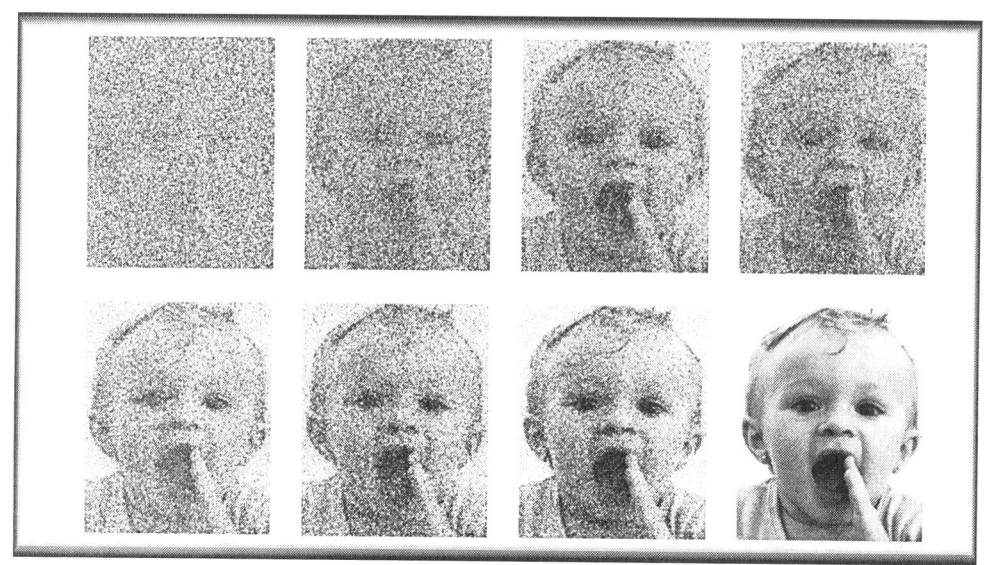

Figura 7.07 - Seqüência de fotografias obtidas com luz fraca.

A resposta é dada pela Figura 7.07, onde se apresenta uma seqüência de fotografias, tiradas com uma luz bastante fraca. Observa-se, claramente, que cada um dos fótons aparecem lentamente e de maneira aparentemente aleatória, ponto a ponto, formando por etapas uma imagem completa. Neste processo, cada fóton, ao atingir o filme, é absorvido por um grão de cristal (sais de prata), material constituinte do filme, até a obtenção final de uma fotografia. É importante ressaltar, que a imagem fotográfica formada independe do comportamento atribuído aos fótons, isto é, se eles são tratados como uma onda ou como uma partícula.

Uma outra questão relevante que surge ao analisarmos o dualismo onda-partícula é a seguinte: uma entidade física tem liberdade para escolher aspectos diferentes para a sua natureza, ou seja, pode decidir, por ela mesma, ser uma onda ou uma partícula? Se isto for possível, então esse ente físico deve possuir "uma mente própria", pois é capaz de decidir entre as características ondulatória ou corpuscular, de acordo com o estado em que ela se encontra. Todos os fatos conhecidos, até o presente momento, indicam que nem o fóton e nem o elétron podem escolher o tipo de comportamento, onda ou partícula, a ser seguido.

Um fóton irá se comportar como uma partícula, somente quando, em determinada situação, o mesmo estiver sendo absorvido ou emitido por um átomo; mas ao se propagar, ele deve se comportar com uma onda eletromagnética. Por exemplo, os desenhos mostrados na Figura 7.08 podem, dependendo do "plano de fundo", representar situações completamente distintas. No caso da Figura 7.08(a), podemos observar a imagem de uma taça ou das silhuetas de dois rostos, um de frente para o outro. No que se refere à Figura 7.08(b), o que vemos é o rosto de uma moça ou de uma senhora idosa. Ou seja, tudo se passa como se nós pudéssemos definir o que queremos ver, embora o que define o que veremos é o "plano de fundo" da figura. Do ponto de vista quântico, ocorre algo semelhante para as partículas. Elas podem apresentar características ondulatórias ou corpusculares, mas isso vai depender do "plano de fundo" ou dos objetivos de determinada medida.

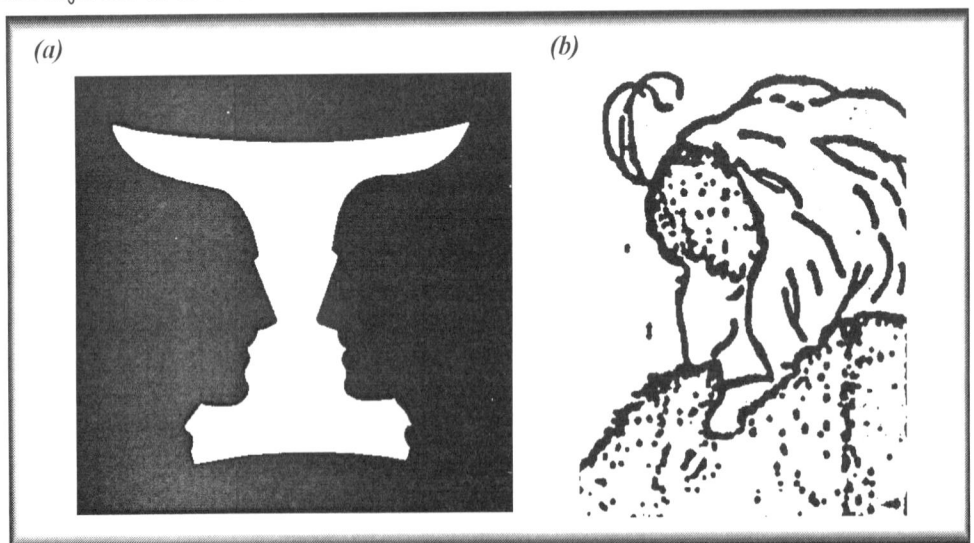

Figura 7.08 - Desenhos ilustrativos do dualismo onda-partícula.

As características ondulatórias das partículas materiais (prótons, elétrons ou nêutrons) são aplicadas na investigação do mundo microscópico. O poder de resolução de um microscópio óptico é definido pelo limite da difração da luz visível, ou seja, o limite, para se observar pequenos objetos, é da ordem de 0,1 µm. Logo, qualquer corpo com dimensões inferiores a esta, não será observado com um microscópios óptico e irá apresentar uma imagem borrada. Este obstáculo pode ser superado com um microscópio eletrônico, pois neste caso podemos usar as propriedades ondulatórias dos elétrons, que possuem comprimento de onda associado da ordem de 100×10^{-12} m, e que ainda pode ser ajustado através de uma diferença de potencial em um canhão eletrônico. Na Figura 7.09, mostramos fotografias de microscópios eletrônicos de varredura (MeV), usado em pesquisas científicas. A Figura 7.09(a) é a fotografia do primeiro microscópio eletrônico montado em 1938. A Figura 7.09(b) é a fotografia de um MeV comercial, que consiste basicamente em: (1) coluna óptica; (2) câmara da amostra; (3) bombas de vácuo; (4) controles eletrônicos e (5) sistema de formação de imagens. Comparando-o com o miscroscópio óptico que possui lentes vidro para formar a imagem, no ME o papel das "lentes", para o controle do feixe os elétrons, é exercido por campos elétricos e magnéticos, que definem a trajetória a ser descrita pelos elétrons. Em termos de ampliação da imagem, os microscópios ópticos convencionais aumentam em cerca de 2.000 vezes o objeto e os microscópios eletrônicos podem atingir um aumento de até 350.000 vezes. Por causa disso, os eletrônicos hoje são os mais usados para investigar, desde a estrutura atômica dos sólidos (metais, plásticos, entre outros) até organismos microscópicos como células, bactérias e vírus.

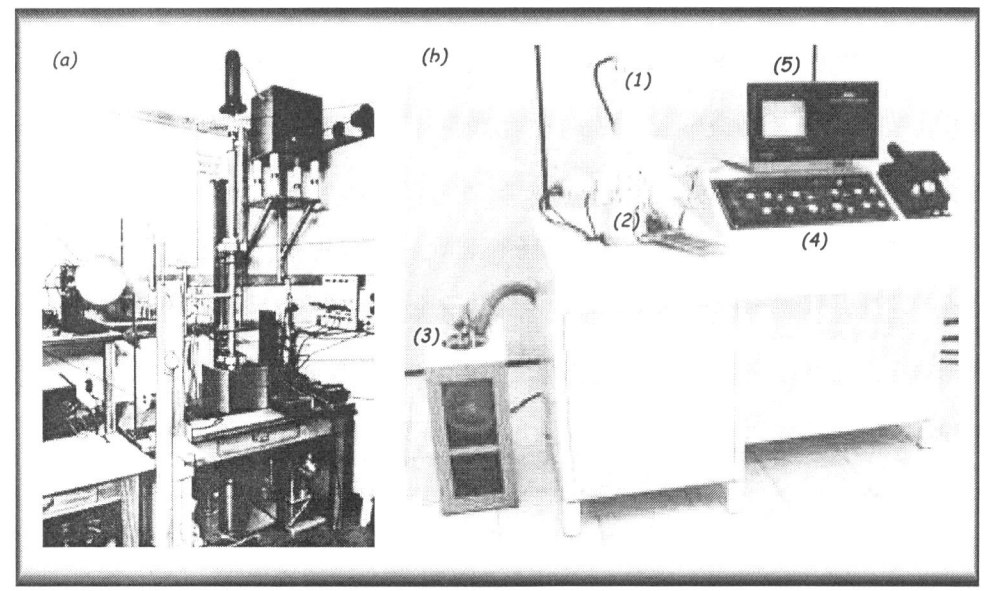

Figura 7.09 - Fotografias de microscópios eletrônicos usado para pesquisas científicas.

Exercícios ou Problemas

01 - (UFMG) A natureza da luz é uma questão que preocupa os físicos há muito tempo. No decorrer da história da física, houve predomínio ora da teoria corpuscular - a luz seria constituída de partículas -, ora da teoria ondulatória - a luz seria uma onda.
a) descreva a concepção atual da natureza da luz.
b) descreva, resumidamente, uma observação experimental que serviu de evidência para a concepção descrita no item anterior.

02 - (UFRGS-1990) Considerando as naturezas ondulatórias e corpuscular da luz, verifica-se que a energia dos fótons associados à luz no vácuo é inversamente proporcional _____. E que a quantidade de movimento linear dos fótons é diretamente proporcional _____ dessa luz.
Qual a alternativa que preenche de forma correta as duas lacunas, respectivamente?
(A) à velocidade - ao comprimento de onda.
(B) à freqüência - à velocidade.
(C) à freqüência - à freqüência.
(D) ao comprimento de onda - à freqüência.
(E) ao comprimento de onda - ao comprimento de onda.

03 - (UFRGS-1990) Considere as duas colunas abaixo, colocando no espaço entre parênteses o número do enunciado da primeira coluna que mais relação tem com o da segunda coluna.

Exercícios ou Problemas

1. Existência do núcleo atômico
2. Determinação da carga do elétron
3. Caráter corpuscular da luz
4. Caráter corpuscular das partículas

    ( ) Hipótese de de Broglie.
    ( ) Efeito fotoelétrico.
    ( ) Experimento de Millikan.
    ( ) Experimento de Rutherford.

A relação numérica correta, de cima para baixo, na coluna da direita, que estabelece a associação proposta, é:

(A) 4 - 3 - 2 - 1
(B) 1 - 3 - 2 - 4
(C) 4 - 2 - 3 - 1
(D) 4 - 3 - 1 - 2
(E) 4 - 1 - 2 - 3

04 - (PUCMG-1998) A experiência de espalhamento de partículas alfa por uma folha fina de ouro pareceu indicar que:

I. os átomos devem estar concentrados.
II. as cargas negativas dos átomos devem estar concentradas.
III. as cargas positivas dos átomos devem estar concentradas.

a) se apenas as afirmativas I e II forem falsas
b) se apenas as afirmativas II e III forem falsas
c) se apenas as afirmativas I e III forem falsas
d) se todas forem verdadeiras

Exercícios ou Problemas

e) se todas forem falsas

05 - (PUCMG-1998) Complete as lacunas do trecho com as palavras que, na mesma ordem, estão relacionadas nas opções a seguir.

"A luz, quando atravessa uma fenda muito estreita, apresenta um fenômeno chamado de _____ e isto é interpretado como resultado do comportamento _____ da luz. Porém quando a luz incide sobre uma superfície metálica, elétrons podem ser emitidos da superfície sendo este fenômeno chamado _____, que é interpretado como resultado do comportamento _____ da luz."

Assinale a opção **CORRETA** encontrada:

a) difração, ondulatório, efeito fotoelétrico, corpuscular.
b) difração, corpuscular, efeito fotoelétrico, ondulatório.
c) interferência, ondulatório, efeito Compton, corpuscular.
d) efeito fotoelétrico, corpuscular, difração, ondulatório.
e) ondas, magnético, fótons, elétrico.

Capítulo 08 - Física Nuclear

As descobertas do elétron, por *Thomson* e do núcleo atômico, por *Rutherford*, somadas ao grande sucesso alcançado pelo modelo atômico de *Bohr* deram início a uma nova área de investigação denominada **Física Atômica**. Tais estudos foram, posteriormente, utilizados para se compreender a estrutura do núcleo atômico, que teve como conseqüência principal o desenvolvimento da chamada **Física Nuclear**. Ambas as áreas de pesquisa produziram conhecimentos e aplicações que causaram um grande impacto na sociedade humana. No que diz respeito à Física Nuclear, o seu desenvolvimento foi precedido pela descoberta do fenômeno da radioatividade, conforme relataremos na seqüência.

O início: Becquerel; M. Curie e P. Curie

Logo após a descoberta dos raios X por *Röentgen*, em 1895, uma grande quantidade de pesquisadores, no mundo todo, tentou obter esses raios analisando as propriedades de diferentes substâncias luminescentes. Entre eles estava o físico francês *Antoine Henri Becquerel*. Ele observou que grãos de sais de urânio brilhavam espontaneamente, no escuro, sem a necessidade de serem submetidos a descargas elétricas, em tubos de *Crookes*, ou a alguma fonte de tensão. Achou, inicialmente, que eram raios X produzidos por aquecimento; e para testar esta hipótese, colocou uma certa quantidade de sal de urânio entre um papel preto e um papel fluorescente (chapa fotográfica) e, em seguida, expôs o embrulho ao Sol até que o mesmo se aquecesse. Quando revelou a chapa, *Becquerel* observou manchas bem nítidas da silhueta da amostra de sal, que, segundo ele, seriam devidas aos raios X produzidos pelo sal, ao ser iluminado pelo Sol. Porém, ao tentar reproduzir a experiência num outro dia, o clima não o ajudou, pois muitas nuvens encobriam o Sol, então *Becquerel* guardou em uma gaveta o embrulho que tinha preparado para essa nova experiência. Passaram-se alguns dias para que a luz solar aparecesse com uma boa intensidade. Quando isto aconteceu, *Becquerel* foi pegar o embrulho que havia guardado na sua gaveta e, bastante surpreso, observou que a chapa guardada apresentava manchas muito mais intensas e brilhantes, em relação às obtidas quando o embrulho tinha sido exposto ao Sol. Veja o relato de *Becquerel*:

"O Sol não apareceu nos dias seguintes, e eu revelei as chapas fotográficas no dia 1º de março de 1896, esperando encontrar somente imagens muito fracas que apareceram, contudo, com grande intensidade".

Repetiu a experiência em um local completamente escuro e, mesmo assim, a chapa fotográfica continuou a mostrar as manchas. Intrigado com o fato, ele perguntou a si mesmo: como pode o sal de urânio emitir radiação, se a amostra não foi aquecida e nem sofreu qualquer outro tipo de excitação? A sua conclusão inicial foi: o que a amostra de urânio está emitindo não são raios X. Seria apenas fosforescência? Continuando seus experimentos, *Becquerel* estudou outras amostras de urânio, até mesmos as que não apresentavam nenhuma "fosforescência", para constatar que:

"Todos os sais de urânio que estudei..., quer em forma de cristal ou em solução, deram-me resultados correspondentes. Eu cheguei à conclusão de que o efeito é devido à presença do elemento urânio nestes compostos, e que o metal isolado dava efeitos mais evidentes de que seu composto. Um experimento realizado algumas semanas atrás confirmou essa conclusão; o efeito, sobre chapas fotográficas, produzido pelo elemento, é muito maior do que o produzido por um de seus sais, particularmente pelo sulfato duplo de uranila e potássio". Logo, "os raios de Becquerel" como foram chamados na época eram emitidos espontaneamente e isto era um efeito proveniente do urânio. Uma das chapas fotográficas reveladas por *Becquerel* é mostrado na Figura 8.01.

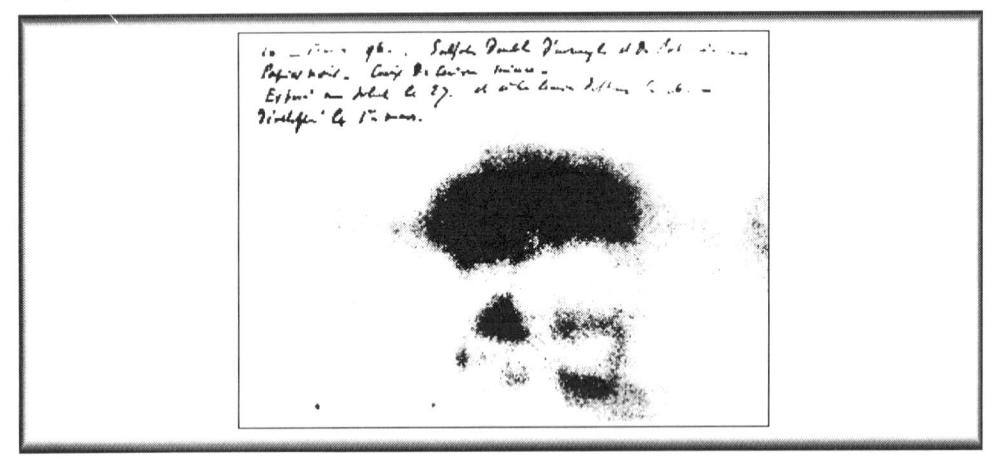

Figura 8.01 - Fotografia das manchas associadas aos "raios de Becquerel ", revelada pelo mesmo em 1896.

As pesquisas sobre os raios de *Becquerel* foram continuadas por uma jovem estudante de doutoramento, a físico-química polonesa, *Marie Curie*, que deu contribuições significativas para o entendimento deste fenômeno. A sugestão deste tema de pesquisa foi feita pelo seu marido, o renomado físico francês *Pierre Curie*. Ela investigou diversos elementos conhecidos, naquela época, mostrando que a emissão espontânea dos raios não era exclusividade do urânio, pois o **tório** apresentava, também, tal efeito. Na seqüência, ela pesquisou outros minérios, descobrindo o **polônio**, que emitia raios numa intensidade quatrocentas vezes maior do que os elementos anteriores.

Voltando sua atenção para outros minérios de urânio, na sua forma impura, ela observou que uma de suas formas, a *"petchblenda"*, era mais ativa do que o próprio urânio puro! Perguntou-se: qual a razão deste minério ser mais ativo do que o urânio? Na dúvida, repetiu a experiência, encontrando o mesmo resultado. Será que existe algum outro elemento, além do urânio, na composição do minério? Em 1902, o casal Curie conseguiu extrair o novo elemento da "*petchblenda*". Usando cerca de uma tonelada (1000 kg) de "*petchblenda*", eles isolaram um décimo de grama (0,0001 kg) de sal do novo elemento, batizado por eles de **rádio**, dois milhões de vezes mais ativo do que o urânio. Desde então, o fenômeno da emissão espontânea dos "raios de *Becquerel*" por alguns elementos da natureza, passou a se chamar de **radioatividade**. As importâncias destas pesquisas foram tais que, em 1903, *Pierre e Marie Curie* juntamente com *Henri Becquerel* dividiram o Prêmio Nobel de Física; e em 1911, Marie Curie recebeu, sozinha, o Prêmio Nobel de Química, pelas descobertas do polônio e do rádio.

Para a caracterização da radioatividade, *Rutherford e sua equipe* utilizaram os métodos que eram comuns naquela época. Inicialmente, observaram que a radiação tinha um alto poder de penetração e que, para barrá-la, seriam necessárias placas de chumbo com alguns centímetros de espessura. Em seguida, sabendo disso, prepararam uma caixa de chumbo com um pequeno orifício, onde colocaram uma amostra de rádio. Aos feixes de raios que saíam da caixa, aplicaram um campo elétrico, e observaram que o feixe inicial se dividia em três radiações distintas, que foram batizadas com as três primeiras letras do alfabeto grego: α (**alfa**), β (**beta**) e γ (**gama**), respectivamente. Este experimento está mostrado na Figura 8.02(a). Os diferentes desvios nas trajetórias das radiações α, β e γ, como iremos ver adiante, se deve ao fato de que elas são compostas de partículas com diferentes propriedades físicas. Investigações mais detalhadas indicam que nem todos os materiais radioativos emitem, simultaneamente, esses três tipos de radiações.

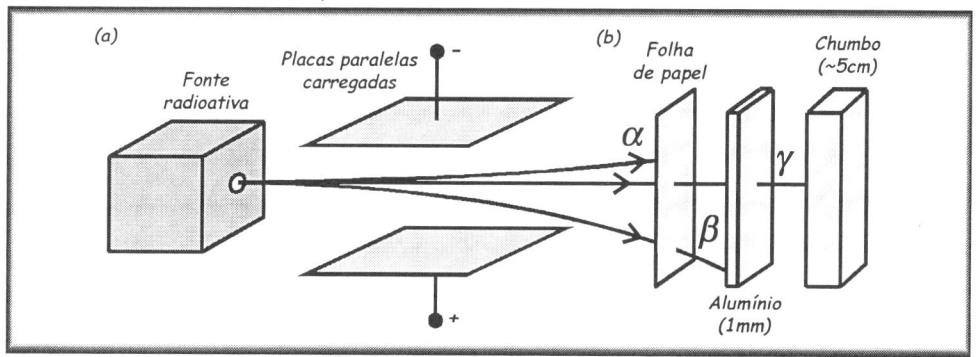

Figura 8.02 - Esquema experimental para investigar: (a) a separação de um feixe radioativo nas radiações α, β e γ; e (b) o poder de penetração dessas radiações.

Finalmente, eles analisaram o poder de penetração das radiações emitidas pelo rádio, como mostrado na Figura 8.02(b), concluindo que: as partículas α são pouco penetrantes, pois até mesmo uma fina folha de papel consegue detê-las. As partículas β possuem um poder de penetração maior, porém uma fina camada (com poucos milímetros) de um metal é suficiente para amortecer o seu movimento; e as partículas mais penetrantes são as partículas γ, que chegam a atravessar um bloco de chumbo com alguns centímetros (~ 5 cm) de espessura.

Em estudos posteriores, outros pesquisadores descobriram que existem três formas básicas, para se detectar a radioatividade. A primeira é medindo a ionização do ar próximo ao material radioativo, com o auxílio de um **eletroscópio** simples de folhas. Para isto, basta carregar as folhas do eletroscópio, por exemplo, atritando-as com plástico (passando-se um canudinho nos cabelos e depois atritando-o nas folhas do eletroscópio). Devido à repulsão entre as cargas da folha, elas deverão ficar separadas, de modo que, quando elas se aproximarem da região onde há radioatividade, as folhas do eletroscópio se juntarão. A segunda forma é observando o efeito de **enegrecimento de filmes fotográficos**. Neste caso, basta colocar o filme próximo ao material radioativo, para se constatar a formação de uma figura semelhante à encontrada por *Becquerel*, mostrada na Figura 8.01. Finalmente, a terceira forma de detecção é usando **materiais fluorescentes**. Na Figura 8.03 mostramos a fotografia de um eletroscópio (a) e de cartões com material que registra a existência de radiação nuclear usados em hospitais (b).

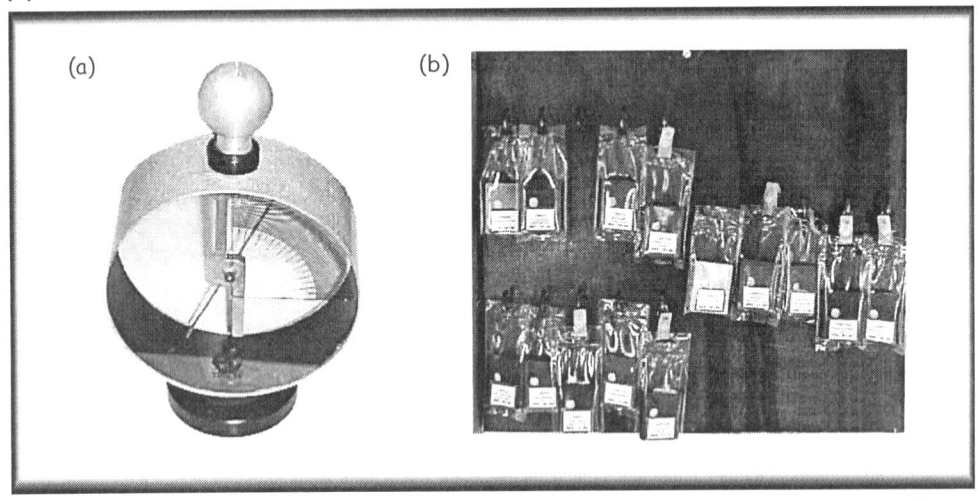

Figura 8.03 - (a) Fotografia de um eletroscópio. (b) Fotografia de cartões usados em hospitais.

Outro exemplo ocorre em alguns tipos de relógios de ponteiros que possuem os marcadores de horas luminosos, que emitem brilho continuamente, mesmo no escuro. Esses ponteiros são feitos com um material no qual se mistura brometo de rádio com sulfeto de zinco. Ao observarmos a região brilhante, com uma lente de foco pequeno (menor do que 5 cm), em uma sala completamente escura, veremos flashes individuais. Esses flashes são simplesmente a emissão de partículas α pelo rádio que, ao atingirem as moléculas do sulfeto de zinco, irão emitir flashes de radiação visível. Quem possuir esse tipo de relógio e uma lente de foco pequeno, pode realizar essa a experiência de Física Nuclear. Normalmente, materiais fluorescentes são usados pelas pessoas que trabalham em usinas nucleares, hospitais ou em centros de pesquisa, pois basta um cartão fino (facilmente transportado em um bolso) com uma camada de material fluorescente, para se detectar a presença de vazamentos radioativos.

Contador Geiger e partículas α, β e γ

A caracterização das propriedades das partículas α, β e γ tornou-se tema de pesquisa e quem contribuiu, de forma significativa para isso, foi o físico *Ernest Rutherford*, cujo trabalho lhe rendeu o Prêmio Nobel de Química de 1908. Foi ele quem montou equipamentos semelhantes ao usado por *Thomson* para determinar a massa e a carga das partículas α, β e γ; além de ter contribuído para a construção do principal equipamento de detecção de radiações, o **contador Geiger**, que tem esse nome em homenagem ao cientista *Hans Geiger* (que trabalhou com *Rutherford*). Como indicado na Figura 8.04, o *contador Geiger* consiste em um capacitor (de forma cilíndrica) metálico com um catodo, isolado eletricamente, dentro do mesmo, e com uma de suas laterais fechada com uma janela de vidro.

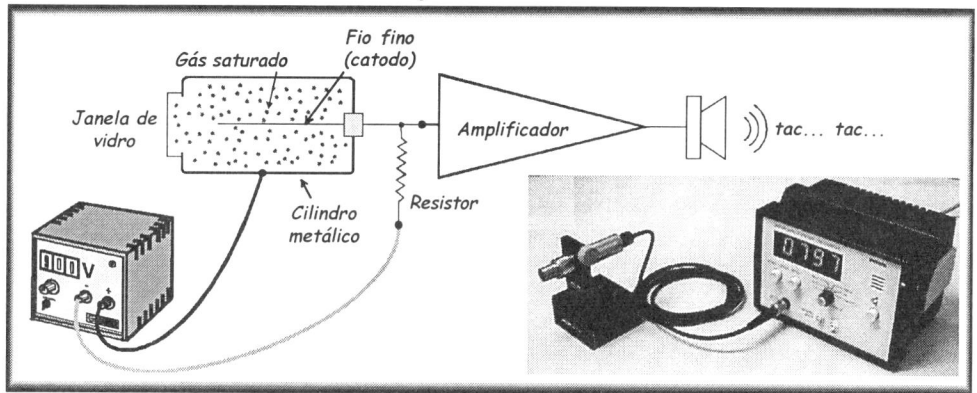

Figura 8.04 - Diagrama esquemático e fotografia (usado nos laboratórios didáticos) de um contador Geiger.

Para se investigar as características das radiações α, β e γ, coloca-se, dentro do capacitor, gás argônio, à baixa pressão (da ordem de *100 pascal*) e aplica-se uma tensão da ordem de *1.000 V*, entre os eletrodos, que é um valor ligeiramente menor do que o necessário para se produzir uma descarga elétrica. Em seguida, o capacitor é apontado na direção de um material radioativo, de onde partículas α, β e γ são emitidas. Ao entrarem no cilindro, as partículas, principalmente as partículas α, irão ionizar o argônio, produzindo, conseqüentemente, uma mudança na corrente elétrica que flui entre o catodo e o corpo cilíndrico do capacitor. Esta perturbação na corrente pode ser facilmente amplificada (hoje, os amplificadores são feitos com "chips" semicondutores) para acionar um alto-falante e, assim, permitir escutar os sons dos "tacs" (bastante utilizados em filmes, que retratam catástrofes nucleares). Cada "tac" equivale a um certo número de partículas. Vale aqui ressaltar que, numa primeira aproximação, o *contador Geiger* pode ser visto como um tubo de Crookes, aperfeiçoado e calibrado para detectar os efeitos da radioatividade.

Usando um espectrômetro de massa (veja o Exemplo 01 do Capítulo 06), *Rutherford* e *Geiger* separavam as partículas α, β e γ, emitidas de uma amostra de rádio, e as analisavam individualmente com um contador Geiger. Primeiro, contaram as partículas α, encontrando um valor igual a $3,57 \times 10^{+10}$ partículas por segundo. Depois fizeram as partículas α incidirem em uma placa metálica e mediram o aumento da corrente elétrica na mesma. Nesta etapa, dividiram o valor da corrente elétrica obtida pelo número de partículas, e conseguiram medir a carga da partícula α: $3,19 \times 10^{-19}$ coulomb, que é aproximadamente o dobro da carga de um elétron, mas com um sinal positivo. Finalmente, medindo a razão q/m, constataram que partículas α equivalem a íons do átomo hélio, duplamente ionizado. Posteriormente, em 1928, *George Gamow*, explica a emissão das partículas α usando princípios da Mecânica Quântica, afirmando que tratava de um fenômeno de tunelamento, ou seja, as partículas α tunelam pela barreira de potencial que as unem aos prótons e nêutrons e podem sair do núcleo atômico, mesmo possuindo uma energia menor do que o máximo da barreira de potencial.

Utilizando o mesmo procedimento descrito acima, *Rutherford* e *Geiger*, investigaram ainda, as partículas β e γ, embora os seus resultados não foram tão conclusivos. No entanto, como ilustrado, anteriormente, na Figura 8.02, os desvios sofridos pelas partículas β mostram que elas são carregadas negativamente, pois são desviadas na direção da placa com carga positiva. Mas, as primeiras medidas experimentais da carga elétrica da partícula β não eram exatamente iguais, ou um múltiplo da carga do elétron. Os valores experimentais medidos da razão q/m das partículas β dependiam, aparentemente, de muito fatores, tais como: o material radioativo usado ou e das condições de vácuo onde eram realizadas as experiências. Por esta razão, levantou-se a suspeita de que as partículas β fossem um novo tipo de partícula. Porém, a inconsistência dos resultados foi explicada pela Teoria da Relatividade Especial, segundo a qual a massa de uma partícula, que possui velocidade próxima à velocidade da luz, é dada por:

$$m = \frac{m_0}{\sqrt{1-\left(\frac{v}{c}\right)^2}} \; ;$$

ou seja; a razão q/m pode assumir valores diferentes para partículas com velocidades diferentes. Logo, no domínio relativístico, a razão q/m para os elétrons é dada por:

$$\frac{q}{m} = \frac{q}{m_0}\sqrt{1-\left(\frac{v}{c}\right)^2} \; .$$

Desde que as partículas β, provenientes de fontes radioativas, são emitidas com velocidades da ordem de $0,9c$, então a razão q/m de um elétron emitido com esta velocidade é de apenas 44% do valor encontrado por *Thomson*. Posteriormente, correções e ajustes nos experimentos confirmaram que as partículas β são de fato elétrons.

Historicamente, no estudo das emissões α e β, em comparação com as reações químicas, duas leis da radioatividade foram enunciadas. A primeira lei da radioatividade foi pronunciada em 1911 pelo químico inglês *Fredericy Soddy*, afirmando que sempre em uma emissão de uma partícula α; o número de massa do nuclídeo diminui de 4 unidades e o número atômico diminui de duas unidades. Por exemplo, na transmutação de urânio 238, temos:

$$^{238}_{92}U \rightarrow {}^{4}_{2}\alpha + {}^{234}_{90}Th.$$

O elemento final tório possui número de massa A = 234 = 238 - **4** e o número atômico Z = 90 = 92 - **2**.

A segunda lei da radioatividade foi pronunciada dois anos depois, em 1913, por *Soddy, Fajans* e *Russel*, afirmando que sempre em uma emissão de uma partícula β, o número de massa do nuclídeo não muda e o número atômico aumenta de uma unidade. Por exemplo, na transmutação do bismuto 214, temos:

$$^{214}_{83}Bi \rightarrow {}^{0}_{-1}\beta + {}^{214}_{84}Po.$$

O elemento final polônio possui o número de massa A = 214 = 214, ou seja, constante, e o número atômico Z = 84 = 83 + **1**.

Posteriormente, *Carl David Anderson*, em 1932, descobre um **elétron positivo** observando os rastros da radiação em uma câmara de bolhas, demonstrando que nuclídeos podem decair e emitir partículas β com carga positiva, que foram batizadas de **pósitron**. Essa nova partícula possui a mesma massa de um elétron, mas sua carga elétrica é positiva de modo que comprovou-se experimentalmente a existência de partículas β⁻ (elétrons) e β⁺ (pósitrons).

Uma câmara de bolhas é formada por um cilindro de vidro (diâmetro 20 cm e altura de 15 cm), tampado em ambas extremidades. A tampa superior é de vidro e a tampa inferior é um êmbolo (ou pistão) móvel. Dentro da câmara é colocado álcool ou vapor de água, o fluído colocado dentro da câmara pode formar duas fases dependendo do movimento do pistão, uma fase líquida e outra fase tipo espumante, semelhante a um copo de cerveja possuindo uma parte líquida e outra espumante. A parte dita espumante forma uma espécie de nuvem dentro do cilindro. Depois que é depositado uma amostra radioativa dentro do cilindro, rastros dentro do vapor são observados na parte superior da câmara de bolhas e, por conseguinte, fotografias das trajetórias podem ser registradas. Se a câmara for submetida a campos elétricos e magnéticos, as diferentes partículas possuirão distintos caminhos, os quais são registros das diversas partículas. Curiosamente, narram que foi em uma aula de laboratório que *Anderson*, observou a primeira aparição do que é hoje chamado de pósitron.

Na trajetória histórica da descoberta dos componentes do núcleo atômico, existia uma grande dúvida. São os elétrons constituintes do núcleo? Da discussão acima, sobre a emissão de partículas β, pode se concluir erroneamente que internamente no núcleo existem elétrons e pósitrons. Todavia, em comparação com o átomo, a emissão de um fóton não quer dizer que existem fótons dentro do átomo. O fóton é proveniente da energia liberada no decaimento do elétron. Analisando a emissão de partículas β da mesma maneira, conclui-se que a emissão dessas partículas dever ser o resultado da liberação da energia nuclear. Posteriormente, foi descoberto, que a emissão de um elétron é a decomposição de um nêutron em um próton (ficando no núcleo), emitindo um elétron e uma nova partícula, batizada pelo

nome de anti-neutrino. O decaimento β⁻ é representado pela seguinte reação:
$$n \rightarrow p + {}_{-1}\beta + \overline{\nu}_e.$$
Essa última reação informa que, um nêutron n decai em um próton p, um elétron e um antineutrino.

No que diz respeito pósitron sua origem advém da decomposição de um nêutron em um próton, emitindo o pósitron e um neutrino. Neutrino é neutrinho em italiano, nome batizado pelo físico italiano *Enrico Fermi*. Essa partícula foi imaginada por *Wolfgang Pauli*, físico inglês, para explicar a emissão de elétrons pelo núcleo e preservar as leis de conservação (energia, momento linear, momento angular, etc) na física nuclear. O neutrino é uma partícula de carga nula e número de massa zero (a massa de repouso do neutrino é atualmente considerada praticamente nula). Contudo, a observação experimental do neutrino só ocorreu em 1956, confirmando que o nêutron possui uma estrutura interna. Levando os cientistas a estudarem as chamadas partículas e anti-partículas sub-nucleares. Por exemplo, atualmente existem seis tipos de neutrinos, um pertinente aos elétrons, um associado aos múons e um relacionado aos táuons e as suas antipartículas. Outras partículas tais como: múon, píons, entre outras partículas e suas interações são os objetos e investigação do que se chama de Física de Partículas, um fascinante e moderno campo de estudo da Física.

Por outro lado, no que se refere as partículas γ, a Figura 8.02 indica que elas não têm carga elétrica, pois não são desviadas pelo campo elétrico. Os experimentos mostraram que a radiação γ é na verdade uma onda eletromagnética (as partículas γ são fótons) com um comprimento de onda menor, da ordem de 1/100, do que o dos raios X. Essa radiação é emitida unicamente pelos núcleos atômicos, por núcleos instáveis, após a emissão de uma partícula α ou β, ajudando na estabilidade nuclear. Por exemplo, no decaimento do césio 137 em bário 137:

$${}^{137}_{55}Cs \rightarrow {}^{0}_{-1}\beta + {}^{137}_{56}Ba \quad \text{(instável)} \rightarrow {}^{0}_{0}\gamma + {}^{137}_{56}Ba \quad \text{(estável)}$$

As principais propriedades das partículas α, β e γ, estão na tabela abaixo.

Radiação	Representação	Carga	Poder de Penetração	Poder de Ionização
α	${}^{4}_{2}\alpha$ ou ${}^{4}_{2}He$	+2e	pequeno	grande
β	${}^{0}_{-1}\beta$	-1e	moderado	moderado
γ	${}^{0}_{0}\gamma$	nula	grande	pequeno

Exemplo 01

(Unicamp-2002) A existência do neutrino e do anti-neutrino foi proposta em 1930 por Wolfgang Pauli, que aplicou as leis de conservação de quantidade de movimento e energia ao processo de desintegração β. O esquema abaixo ilustra esse processo para um núcleo de trítio, ³H (um isótopo do hidrogênio), que se transforma em um núcleo de hélio, ³He, mais um elétron, e⁻, e um anti-neutrino $\overline{v}$. O núcleo de trítio encontra-se inicialmente em repouso. Após a desintegração, o núcleo de hélio possui uma quantidade de movimento com módulo de 12 x 10⁻²⁴ . kg m/s e o elétron sai em uma trajetória fazendo um ângulo de 60° com o eixo horizontal e uma quantidade de movimento de módulo 6,0 x 10⁻²⁴ . kg m/s.

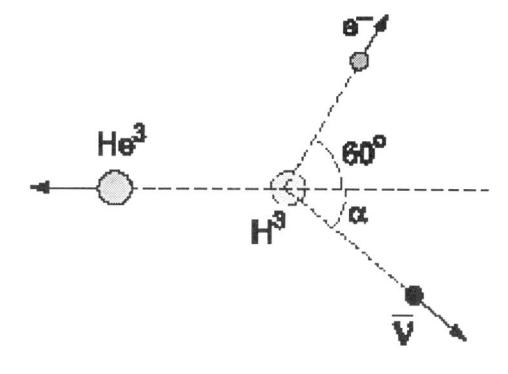

a) O ângulo α que a trajetória do anti-neutrino faz com o eixo horizontal é de 30°. Determine o módulo da quantidade de movimento do anti-neutrino.

b) Qual é a velocidade do núcleo de hélio após a desintegração? A massa do núcleo de hélio é 5,0 x 10⁻²⁴ . kg.

Resolução e Comentários

a) Em um sistema isolado, o momento linear é conservado, assim:

$$\vec{P}_{trítio} = \vec{P}_{hélio} + \vec{P}_{beta} + \vec{P}_{anti-neutrino},$$

$$0 = -12 \times 10^{-24} + 6 \times 10^{-24} \cos 60° + P_{anti-neutrino} \cos 30°,$$

$$P_{anti-neutrino} \cong 1,0 \times 10^{-23} \text{ kg m/s}.$$

b) Com a definição do momento linear, temos:

$$\vec{P}_{hélio} = m_{hélio} \vec{v}_{hélio},$$

$$v_{hélio} = \frac{12 \times 10^{-24}}{5,0 \times 10^{-27}},$$

$$\vec{v}_{hélio} = 2,4 \times 10^3 \text{ m/s (horizontal, para esquerda)}.$$

Origem da radioatividade

Até esse momento, não dissemos nada sobre a origem da radioatividade, nem tampouco, falamos sobre a razão pela qual um núcleo com cargas positivas (os prótons), pode ser estável. O entendimento da estabilidade dos núcleos atômicos só foi possível, após a descoberta de que no núcleo atômico existem partículas, com massa próxima à do próton e carga elétrica nula, que foram batizadas de **nêutrons**. Por volta de 1920, nenhum resultado experimental conseguia comprovar a hipótese da existência dessa partícula. Um dos principais problemas era que, até então, os métodos de detecção de partículas se baseavam em processos de ionização, e uma partícula neutra não consegue, evidentemente, ionizar um gás. Portanto, o principal problema era encontrar um método experimental que medisse algum efeito desta hipotética partícula neutra.

Em 1932, o físico inglês, *James Chadwick*, fez partículas α colidirem com um filme de berílio e observou que além da produção de carbono (^{12}C), uma partícula desconhecida era emitida, com um poder de penetração maior (vários centímetros no chumbo) do que a radiação γ. Para capturar essa nova partícula, ele teve a idéia de colocar, logo após o filme de berílio, um material hidrogenado (parafina), uma vez que, estes materiais possuem átomos cujos núcleos contêm apenas prótons. Então, depois do choque com a parafina, ele observou que muitos prótons com uma energia conhecida são produzidos e facilmente detectados por um contador *Geiger*. Após uma análise cuidadosa dos dados obtidos, *Chadwick* interpretou a máxima emissão de prótons da parafina, como sendo provocada por um choque perfeitamente elástico entre duas partículas de massas aproximadamente iguais: um próton e uma partícula neutra, isto é, sem carga, chegando a conclusão de que na colisão, a partícula neutra, posteriormente chamada por ele de **nêutron**, transfere toda sua energia cinética para o átomo da parafina. Em 1935, *Chadwick* ganhou o Prêmio Nobel de Física pela descoberta do nêutron.

A descoberta desta nova partícula nuclear (o nêutron) foi responsável pelo surgimento de modelos para a estrutura dos núcleos atômicos, que explicavam a questão da estabilidade nuclear. Nestes modelos admite-se que a forte repulsão eletrostática entre os prótons, dentro do núcleo, é compensada por uma ***força de origem nuclear***, que mantém o núcleo estável. Atualmente, sabe-se que esta força nuclear é de dois tipos: **uma *força nuclear fraca* e uma *força nuclear forte***. Ambas são de curto alcance, pois atuam efetivamente em distâncias da ordem de 10^{-15} m (raios dos núcleos atômicos). A força nuclear forte é a responsável pela estabilidade dos núcleos. Aqui, devemos destacar que o entendimento destes modelos nucleares serviu, também, para explicar a origem da radioatividade, pois se verificou que a emissão espontânea de partículas e radiação eletromagnética, de um determinado elemento, era ocasionada por um processo de desintegração nuclear. Em resumo, a radioatividade é simplesmente um processo (uma reação) nuclear de liberação de energia.

Atualmente, usa-se uma terminologia específica para caracterizar os elementos químicos em relação ao número de prótons e de nêutrons existentes num núcleo: o número de prótons ou **número atômico** é representado pela letra Z, o **número de nêutrons** pela letra N e $A = Z + N$ é o seu **número de massa**. Observe que não existe um símbolo para o número de elétrons, porque a sua massa é completamente desprezível. Normalmente, na literatura, utiliza-se o termo **nuclídeo** para designar todos os elementos que possuem o mesmo número de massa A e o termo **núcleons** para se referir, genericamente, aos prótons e aos nêutrons. Essa distinção se faz necessária, para não haver confusão entre os átomos que possuem o mesmo número atômico Z, portanto associados ao mesmo elemento químico; e os núcleos que possuem o mesmo Z e N, isto é, que pertencem ao mesmo *nuclídeo*. Em geral, representa-se um nuclídeo através do símbolo do elemento químico com um índice, que representa o número de massa A, sobre-escrito e colocado à esquerda do símbolo, como, por exemplo:

$$^{4}\text{He}, \ ^{7}\text{Li} \text{ ou } ^{197}\text{Au}.$$

No caso do ouro ^{197}Au, com *número atômico* Z = 79, vemos que o *número de nêutrons* é N = 197 - 79 = 118. Comumente, o número de nêutrons torna-se cada vez maior, quando o número atômico aumenta, ou seja, quase sempre **N > Z**. Temos ainda que os nuclídeos com o mesmo Z, porém com diferentes N são chamados de **isótopos**. O ouro, por exemplo, possui em torno de 30 isótopos, variando do ^{175}Au até ^{204}Au, mas somente o ^{197}Au é estável.

No gráfico da Figura 8.05(a) mostramos todos os nuclídeos conhecidos. Devido a sua importância, equivalente à tabela química para um químico, para os físicos nucleares esta figura recebeu o nome de **carta de nuclídeos**. A parte mais escura do gráfico refere-se aos nuclídeos estáveis, enquanto a sombreada aos chamados radionuclídeos instáveis.

Em particular, na Figura 8.05(b), mostramos a *carta de nuclídeos*, centrada no ^{197}Au. Novamente, os elementos sombreados indicam os nuclídeos estáveis, com a sua respectiva abundância isotópica relativa, em percentual. Os elementos sem sombra são os radionuclídeos instáveis, onde vemos na parte de baixo de cada quadro, os valores das suas respectivas vidas médias.

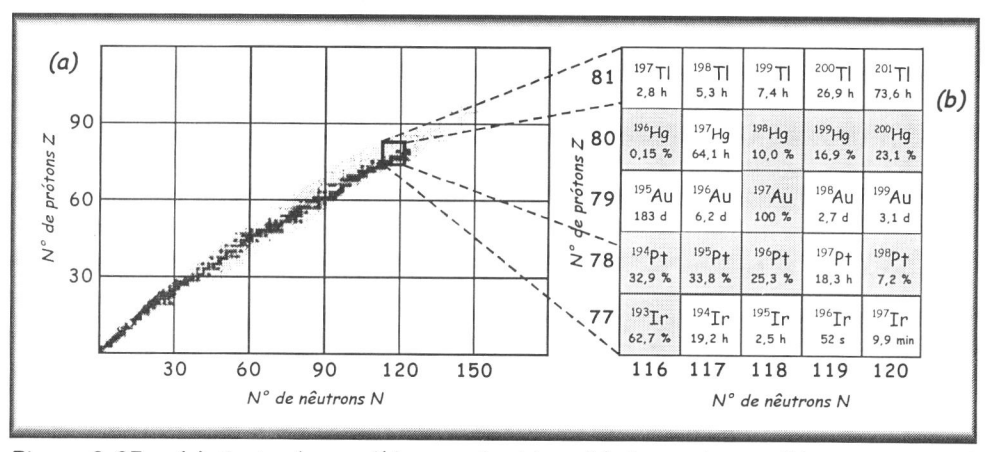

Figura 8.05 - (a) Carta dos nuclídeos conhecidos; (b) Carta dos nuclídeos em torno do ^{197}Au.

Exemplo 02

Você acha que em seu corpo, existem mais nêutrons do que prótons? E mais prótons do que elétrons? Discuta.

Resolução e Comentários

Resultados da Física Nuclear mostram que, nos elementos químicos com grandes números atômicos Z, devem existir mais nêutrons do que prótons, pois a estabilidade nuclear está diretamente relacionada à existência de uma quantidade maior de nêutrons no interior do núcleo. Com o nosso corpo é eletricamente neutro, então, necessariamente, o número de prótons é igual ao de elétrons.

Fissão nuclear

Geralmente, a energia liberada em um processo radioativo é bem superior às energias de ligação atômica, pois a ordem de grandeza da energia radioativa é **MeV** (milhões de elétron-volts), muito superior aos **keV** de uma ligação atômica, e um milhão de vezes maior do que a energia de um fóton de comprimento de onda da região visível, que é de alguns poucos **eV**. A energia de ligação de um núcleo com Z prótons e N nêutrons, $E_{nuclear}$, é dada pela relação de Einstein (energia - massa),

$$E_{nuclear} = Zm_p c^2 + Nm_N c^2 - M_N c^2,$$

onde m_p é a massa de repouso de um próton, m_N é massa de repouso do nêutron, M_N é a massa de repouso do núcleo e c é a velocidade da luz. Portanto, a medida da massa de repouso do núcleo M_N é o principal parâmetro para se determinar a energia nuclear $E_{nuclear}$. Essa equação, também é conhecida por energia do DEFEITO DE MASSA ($\Delta M = m_{reagentes} - m_{produtos}$), pois a energia de uma reação nuclear é proveniente da diferença das massas.

Pode-se medir a massa M_N com o auxílio de um espectrômetro de massa, semelhante ao inventado por *Thomson*, que mede a razão q/M para íons. Um gráfico típico das medidas da energia de ligação $E_{nuclear}$ por partícula (núcleon), ou seja, $E_{nuclear}/A$ em função do **número atômico A** é apresentado na Figura 8.06. Podemos observar que a principal informação, contida no gráfico, diz respeito à estabilidade nuclear. De fato, vemos no gráfico que para A > 16 (região próxima do oxigênio), a curva exibe um crescimento lento e suave até um valor máximo, A ≈ 60, para, em seguida, apresentar uma ligeira queda. Este comportamento, que está intimamente associado à estabilidade do núcleo, fornece as pistas de como será a forma de transmutação nuclear do elemento (reação nuclear que transforma um nuclídeo em outro).

Em qualquer processo de transmutação ocorrerá liberação ou absorção de energia, na forma de **energia nuclear**. Isto significa que na primeira região (2 < A < 50), antes do máximo, os nuclídeos possuem uma tendência de se agrupar ou se fundir, para formar um nuclídeo de massa maior, por isso este intervalo é chamado de região de **fusão nuclear**. A região central (faixa escura no gráfico) representa o local de máxima estabilidade (^{56}Fe), onde a energia satura em torno de *9 MeV*. E, finalmente, para A > 80, temos a região, batizada de região de **fissão nuclear**, onde os nuclídeos irão formar agrupamentos com massas menores, ou seja, onde eles estão mais separados.

Na maioria das **usinas nucleares**, que geram energia elétrica, o processo de liberação de energia nuclear se dá através da *fissão nuclear do urânio*. A Figura 8.07(a) mostra um modelo de uma fissão nuclear para o ^{235}U.

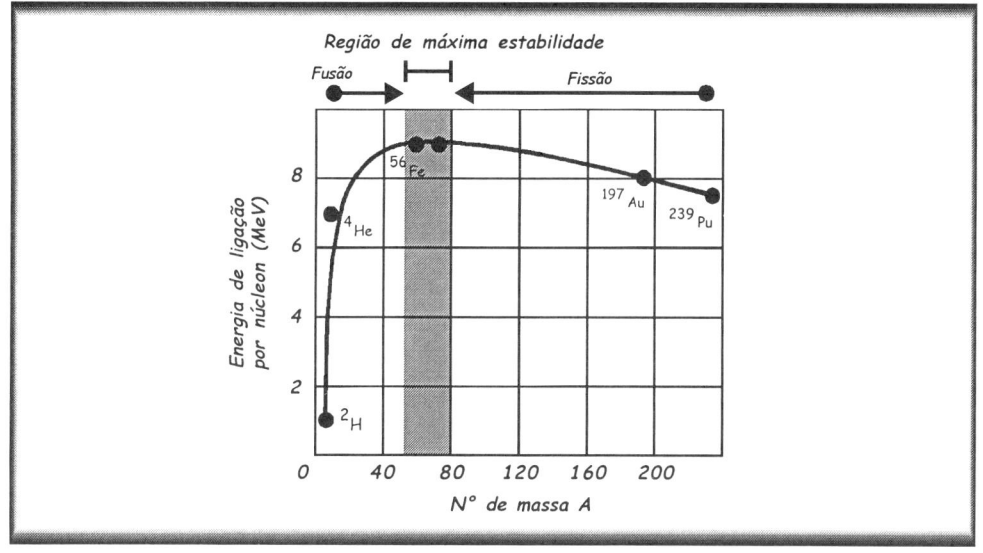

Figura 8.06 - Dependência da energia de ligação por núcleon com o número de massa A, para alguns nuclídeos.

Inicialmente, neste processo, um nêutron colide com um átomo de urânio ^{235}U, gerando dois ou três nêutrons. Em seguida, esses nêutrons, que não são repelidos pelos núcleos atômicos, irão provocar a fissão de outros átomos de urânio ^{235}U, produzindo mais nêutrons que irão colidir novamente com átomos de urânio ^{235}U e assim sucessivamente. Numa **reação em cadeia** deste tipo a liberação de energia alcança valores da ordem de milhões de megaton (unidade de medida utilizada em armas nucleares que corresponde ao valor da energia liberada pela explosão de um milhão de toneladas de dinamite TNT - trinitrotolueno). Quando se consegue controlar essa reação em cadeia a energia liberada pode ser usada para gerar energia elétrica nas usinas nucleares e quando não se consegue controlar a reação em cadeia produz uma bomba nuclear de fissão. A Figura 8.07(b) fornece uma visão esquemática de como uma reação em cadeia ocorre em um reator nuclear.

Exemplo 03

Como evidenciando na Figura 8.07(a), a reação mais comum em um processo de fissão é:

$$^{235}_{92}U + n \rightarrow ^{92}_{36}Kr + ^{142}_{56}Ba + 2n + 179{,}4 \ MeV.$$

Física Nuclear

Um nêutron reage com um átomo de urânio 235 e desintegra em kriptônio 92 e bário 142, mais 2 nêutrons e 179,4 MeV de energia, proveniente do chamada defeito de massa.

a) Uma única reação desta pode destruir uma casa?

b) Por que usar nêutrons, não podiam ser prótons?

c) Na fissão nuclear, a colisão nêutron-núcleo é elástica ou inelástica?

Resolução e Comentários

a) A energia liberada é muito grande, quase 200 MeV, quando comparada com outras formas de energia, tais como, energia atômica, keV. Contudo, apenas uma única reação não fornece energia para destruir uma grande quantidade de material. É necessário alguns kilogramas de material para se produzir uma bomba.

b) A vantagem dos nêutrons é principalmente devido à inexistência de carga elétrica. Desta forma não ocorre repulsão eletrostática e o nêutron consegue penetrar dentro do núcleo e criar a instabilidade para que ocorra a reação nuclear.

c) Ficando o nêutron aprisionado dentro do núcleo, semelhante a uma bala de um pêndulo balístico, podemos afirmar que a colisão é puramente inelástica.

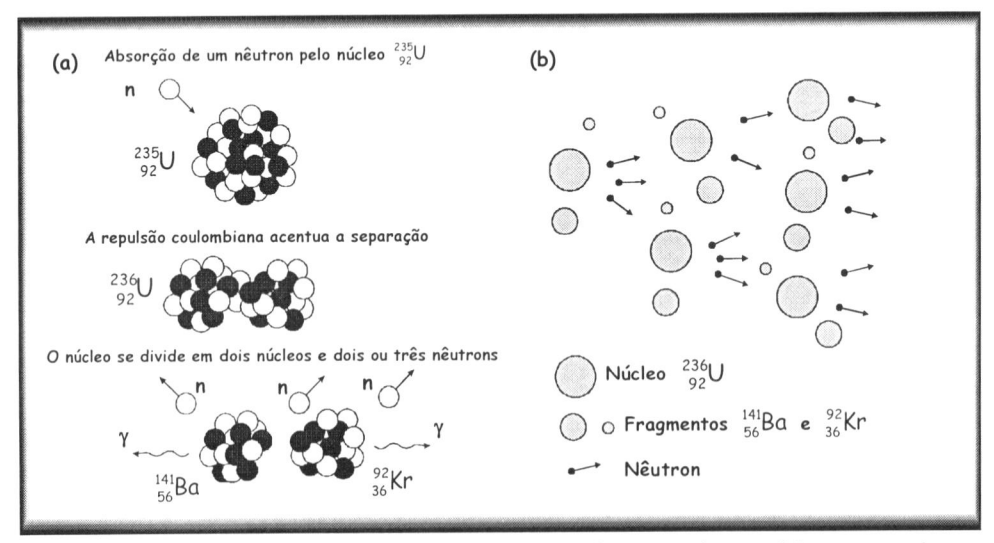

Figura 8.07 - (a) Estágios de um típico processo de fissão nuclear e (b) esquema de uma reação em cadeia.

Na Figura 8.08(a), mostramos o esquema da usina nuclear de Angra dos Reis, situada no Estado do Rio de Janeiro.

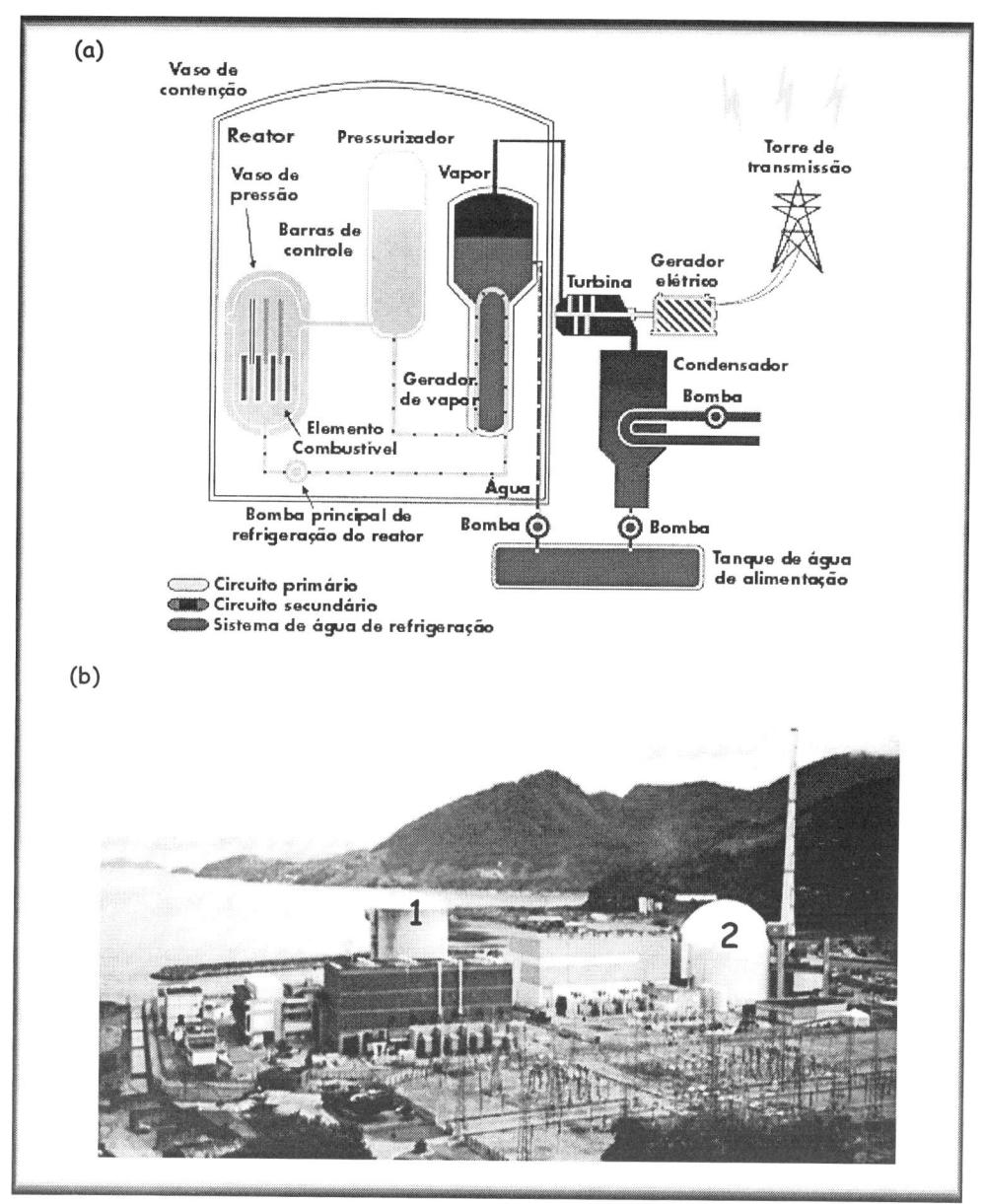

Figura 8.08 - (a) Esquema da usina de energia nuclear de Angra dos Reis. (b) Fotografia das usinas nucleares: Angra 1 e Angra 2. A numeração 1 e 2 na fotografia evidencia os reatores nucleares.

Dentro do **reator**, está o elemento combustível (urânio ^{235}U) que, pelo processo de fissão nuclear, irá liberar energia aquecendo a água. Essa água aquecida circulará dentro de um **pressurizador** até ser transformada em vapor. Este, por sua vez, irá colocar em movimento a **turbina**, que aciona um **gerador elétrico** para produzir energia elétrica. Esse tipo de reator é chamado de PWR (do inglês, Pressurized WateR), em distinção aos outros reatores que são pressurizados por deutério. Para controlar a reação nuclear, de forma que não se torne uma bomba nuclear e que também não cessem a reação, as barras de controle ficam se movimentando, descendo e subindo dentro do vaso. Uma exclente animação é mostrada na página: www.eletronuclear.gov.br, de onde foi retirada a Figura 8.08(a). As barras de controle são montadas com materiais que absorvem os nêutrons lentos, os responsáveis pela fissão nuclear, os materiais mais usados para absorverem os nêutrons são cádmio e boro. Resumindo, as usinas nucleares funcionam de forma semelhante às usinas termoelétricas, a única diferença é que nas usinas nucleares a fonte de energia são reações nucleares, enquanto que nas usinas termoelétricas, a fonte de energia está associada à reações químicas. Na Figura 8.07(b) mostramos a fotografia das usinas nuclares: Angra 1 e Angra 2. Atualmente as duas usinas estão em plena operação produzindo cerca de 40% da energia do estado do Rio de Janeiro.

Devemos destacar que diferentemente de uma usina nuclear, que funciona com uma pequena quantidade de massa enriquecida do ^{235}U, a temível bomba atômica é construída com uma quantidade de massa grande, acima de uma massa crítica, que é da ordem de alguns kilogramas de ^{235}U (dependendo da concentração de urânio 235). A massa crítica é a massa mínima de ^{235}U que pode realizar a reação em cadeia e provocar uma explosão nuclear. Uma quantidade de matéria deste tipo, torna difícil o controle da reação em cadeia, ocasionando portanto uma explosão, isto é, a **bomba atômica**. Uma bomba atômica, com apenas alguns kilogramas, pode ser, facilmente, transportada dentro de uma pequena maleta; justificando deste modo, uma das grandes preocupações mundiais, que é o temor a países que detêm a tecnologia nuclear e que são governados por dirigentes completamente desequilibrados, pois sozinhos eles podem destruir, um país, um continente ou até mesmo o nosso planeta Terra.

Enriquecendo urânio

Muitas vezes escutamos a expressão, enriquecimento do urânio. O que vem a ser enriquecer urânio? Tratasse de um neologismo técnico, que significa purificar o minério bruto em partes que contenham grandes percentuais de urânio 235, que é o urânio fóssil e usado nas reações nucleares. O urânio é um metal encontrado em formações rochosas da crosta terrestre. De uma forma geral o ciclo completo consiste em várias etapas. Primeiro, ocorre à extração do minério das jazidas geológicas. Depois, por lixiviação estática (processo químico, onde um solvente é colocado sobre o material, normalmente na forma de cinzas, para separar as partes do material) produz o chamado "bolo amarelo" (em inglês é yellowcake), trata-se de um concentrado de U_3O_8. Esse processo a industria nuclear brasileira já domina na unidade de Lagoa Real no estado da Bahia. Em seguida, o óxido de urânio, U_3O_8, é convertido em hexafluoreto de urânio UF_8 em estado gasoso, que é dissolvido e purificado por métodos químicos. Agora em uma etapa de centrifugação isotópica (separa os isótopos ^{235}U e ^{238}U) e difusão gasosa (os isótopos ^{235}U e ^{238}U difundem com velocidade diferentes dentro de um material poroso), ocorre o definitivo enriquecimento, o urânio 235 que era apenas 0,7% passa a ser de 2% a 5%. Enfim passando da fase gasosa para a fase sólida (pó de óxido UO_2), o pó obtido é pressado formando pastilhas (pequenos cilindros com diâmetro em torno de 2 cm e altura de 4 cm) de UO_2, que são montadas em varetas (alguns metros de comprimento) de uma liga metálica especial, o zircaloy. Temos agora o combustível nuclear, pode ser utilizado nas usinas elétricas de fissão nuclear ou para fabricação de bombas atômicas de fissão nuclear, também chamadas de bomba A.

É relevante ressaltar que algumas bombas A (bombas de fissão nuclear) são montadas com o plutônio 239 (^{239}Pu), que é até mais físsil do que o urânio 235. O ^{239}Pu, produzido do ^{238}U, após absorver um nêutron, transforma-se em netúnio (^{239}Np) que emite um elétron e se transforma em ^{239}Pu, conforme reação mostrada abaixo:

$$^{238}_{92}U + n \rightarrow {}^{239}_{92}U \rightarrow {}^{239}_{93}Np + {}_{-1}\beta \rightarrow {}^{239}_{94}Pu$$

Curiosamente essa reação ocorre também em um reator de energia nuclear. Portanto, além da produção de energia nuclear, a mesma usina, pode produzir plutônio 239, matéria-prima para bombas A. Esse tipo de reator nuclear, que é alimentado com urânio e pode obter ^{239}Pu, recebe o nome de **reator regenerador**. Pois, é projetado para gerar mais combustível nuclear do que lhe foi abastecido. Contudo, esse tipo de reator possui uma complexidade de funcionamento muito maior, além de não ser tão seguro quando o reator normal. Observando estes itens alguns países descartam os reatores regeneradores para produção de energia elétrica.

Acidente nuclear de Chernobyl

O acidente nuclear de Chernobyl, hoje na Ucrânia (ex-União Soviética), que ocorreu em abril de 1986, foi em um reator nuclear do tipo regenerador. O reator número 04 da usina de Chernobyl possuía a finalidade de produzir ^{239}Pu para fins militares. Como comentado anteriormente, esse tipo de reator possui uma grande complexidade de funcionamento. Durante um teste de rotina, ocorreu um descontrole da temperatura interna do reator nuclear, ocasionando um superaquecimento, a água de refrigeração interna ferveu, rompendo a parede (blindagem) do reator, deixando escapar uma grandiosa nuvem radioativa que podia ser vista por países vizinhos (resquícios nucleares foram encontrados até na França, há cerca de 1.500 km distante do acidente). O reator continuou aquecendo, chegando a derreter o piso, devido ao seu próprio peso, começou a descer. Os técnicos conseguiram introduzir uma grossa camada de concreto abaixo do piso e o reator foi selado completamente. A reação de fissão continuará ocorrendo dentro dessa "sepultura nuclear" por algumas décadas. Mesmo após o acidente a usina de Chernobyl continua em operação, apenas o reator 04 não produz mais energia elétrica, nem tão pouco material para bombas nucleares.

Exemplo 04

Qual é a energia liberada em um processo de fissão total de 500g de urânio 235, considerando que em cada etapa, da reação em cadeia, ocorre uma liberação de energia igual a E = 200MeV. [Dados: N_0 = 6,02x10^{23} (Número de Avogrado) e M = 235g (massa molar do Urânio)]

Resolução e Comentários

Primeiro, vamos calcular o número de núcleos de urânio em 1 mol, ou seja: 235g (1mol) → 6,02x10^{23} núcleos. Logo, em 500g devemos obter, com uma regra de três simples, que N = 1,28x10^{24} núcleos. Com isto podemos determinar a energia total E_{TOT} liberada, que é dada por: E_{TOT} = NE = 1,28x10^{24} x 200 ou, ainda, **E_{TOT} = 2,56x10^{26}MeV**. Portanto, uma energia muito grande. Para termos uma idéia comparativa deste valor, basta lembrar que a energia produzida, a cada segundo, pela hidroelétrica de Itaipu é de aproximadamente **8,0x10^{22} MeV**, ou seja, três mil vezes menor do que a energia conseguida com 500g de urânio.

Fusão nuclear

A energia proveniente do **Sol** ou das estrelas tem sua origem num processo de *fusão nuclear*, onde átomos de hidrogênio se juntam para formar átomos de hélio, liberando cerca de *20 MeV* em cada reação. Neste processo, a temperatura inicial envolvida é altíssima (~ 10 x 10^{+6} K, uma dezena de milhões de kelvin), que é impossível de se atingir em laboratórios experimentais tradicionais. De uma forma simplista a fusão nuclear é semelhante à combustão química comum. Nas duas situações é necessário uma temperatura inicial para que a reação ocorra e se mantenha. Na reação química, os átomos se ajustam para formar um novo material mais fortemente ligado. Na reação nuclear, os núcleos se combinam para formar um novo núcleo mais estável. Em ambas as situações ocorre liberação de energia, sendo que no caso nuclear há uma quantia muito maior de energia liberada.

A Figura 8.09 mostra o caso de uma reação típica de fusão, na qual isótopos de hidrogênio combinam-se para formar hélio. Um núcleo de deutério ^{2}H e um núcleo de trítio ^{3}H colidem formando um átomo de hélio ^{4}He, um nêutron e *17,6 MeV*.

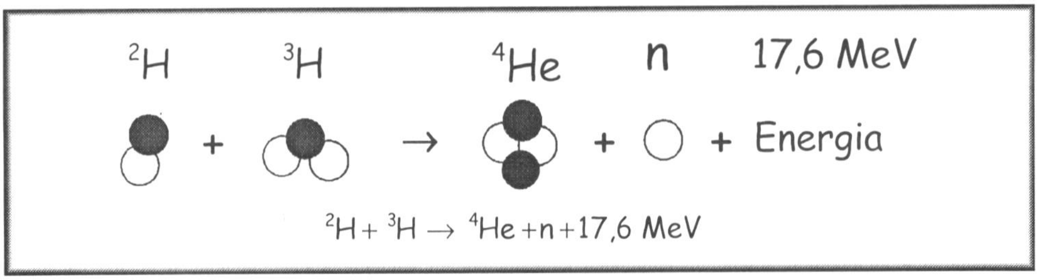

$$^2H + {}^3H \rightarrow {}^4He + n + 17,6 \text{ MeV}$$

Figura 8.09 - Processo de fusão nuclear.

Para que uma reação desse tipo possa iniciar é necessário que o deutério e trítio possuam energia cinética da ordem de *1 MeV*. Valor até pequeno de ser atingido nos grandes aceleradores, mas é muito pouco provável que ocorra uma colisão desse tipo, principalmente, devido à repulsão eletrostática entre os dois isótopos. Contudo, a repulsão eletrostática pode ser vencida pelo tunelamento quântico e basta uma energia de *10 keV*, para que a reação inicie, que corresponde a uma temperatura de *$10 \times 10^{+6}$ K*. No Sol e nas estrelas essa temperatura é conseguida graças ao plasma (estado da matéria formado por íons e elétrons livres), o qual é confinado devido ao grandioso campo gravitacional.

Para se conseguir uma reação de fusão controlada aqui na Terra é necessário um altíssimo investimento científico e tecnológico (alguns bilhões de dólares). Mesmo assim, ainda não é economicamente viável se produzir energia elétrica partindo da fusão nuclear. Ainda é muito difícil se conseguir o plasma necessário para se obter a temperatura de *$10 \times 10^{+6}$ K*. Atualmente, dois métodos vêm obtendo sucesso. O primeiro inventado na Rússia e conhecido por **tokamak**, utiliza um processo de confinamento magnético, onde um campo magnético confina o plasma. O segundo método, denominado de confinamento inercial, uma gotinha congelada (diâmetro de 0,5 mm) contendo uma mistura de $^2H + {}^3H$ é colocada em uma região onde incidem pulsos de lasers com energia de 10^{+6} J que duram menos de 10^{-8} s. Contudo, nesses processos o principal problema ainda é manter a reação de fusão, espera-se que em breve, próximas décadas, o homem já esteja dominando este processo. Assim, poderá gerar energia elétrica com pouca produção de rejeitos radioativos, pois no processo de fusão, os produtos não são radioativos.

Uma usina nuclear que gere energia elétrica por fusão nuclear funcionará de forma semelhante às usinas nucleares de fissão. Mudando apenas a parte central do reator. O reator agora será alimentado com deutério e trítio ao invés de urânio. As demais partes funcionaram de forma semelhante, a água será aquecida que fará girar uma turbina, que movimenta uma bobina e pela devido à indução eletromagnética (lei de Faraday), gera energia elétrica.

Da mesma forma que a fissão nuclear é usada para gerar armas nucleares, a fusão também já foi usada. Uma bomba gerada a partir da fusão nuclear, origina as chamadas bombas de hidrogênio (bombas H). Jamais uma bomba H foi usada em uma guerra. Porém, em testes, a maior bomba, chamada de "Monster Bomb", detonada na Rússia, atingiu 57 megaton (unidade de medida utilizada em armas nucleares que corresponde ao valor da energia liberada pela explosão de um milhão de toneladas de dinamite TNT - trinitrotolueno). Como veremos mais adiante milhões de vezes mais potente, que as bombas nucleares detonadas no Japão.

Exemplo 05

Qual das duas reações nucleares fornece mais energia, a fusão nuclear ou a fissão nuclear?

Resolução e Comentários

Como visto anteriormente, em uma reação de fusão do urânio 235 a energia libera 179,4 MeV, enquanto que uma reação de fissão, do deutério com o trítio, fornece 17,6 MeV. Supondo que teremos a mesma quantidade de massa de cada composto, por exemplo, um kilograma de ^{235}U e um kilograma de ^{2}H + ^{3}H. Podemos dividir a energia total liberada pela quantidade de núcleons de cada tipo de reação e, assim, teremos a energia por núcleon, que corresponde basicamente a correspondência em massa. Assim, para a fusão temos, 179,4 MeV por 236 núcleons, que fornece 0,76 MeV/kg. Enquanto que na fissão temos, 17,6 MeV por 5 núcleons, dando 3,52 MeV/kg. Dessa forma, a fissão muni 4,63 (3,52 dividido por 0,76) vezes mais energia que a fusão por cada kilograma de material nuclear.

Esquema de funcionamento das bombas nucleares

Em agosto de 1945 o uso de bombas nucleares como arma de guerra foi efetivado pelo Estados Unidos. Duas bombas foram lançadas nas cidades de Hiroshima (6 de agosto) e Nagasaki (9 de agosto), demonstrando ao mundo o poderio das armas nucleares. As duas bombas arrasaram as duas cidades (cerca de 100 mil pessoas morreram instantaneamente), fazendo com que o Japão se rendesse e colocando fim na segunda guerra mundial.

A primeira bomba, detonada em Hiroshima, de combustível físsil ^{235}U foi apelidada de "Little Boy" com um poder de 12,5 kiloton. A segunda bomba, chamada de "Fat Man", continha ^{239}Pu, e era mais potente com um poder de 22 kiloton. Como informado anteriormente, se nêutrons lentos incidem em ^{235}U ou ^{239}Pu, ocorre a emissão de dois ou três nêutrons que fazem novas fissões e isto pode levar a uma reação em cadeia, provocando a liberação de uma grande quantidade de energia. Se não houver um processo de controle da reação, em uma usina nuclear isto é feito graças ao reator nuclear, pode ocorrer uma grande explosão. Uma das principais condições para que uma explosão aconteça é que ocorra uma reação em cadeia, ou seja, as emissões de novos nêutrons, decorrentes da primeira fissão, possam executar novas fissões. Para que essa reação em cadeia ocorra é necessário uma certa quantidade de massa mínima, pois assim os nêutrons colidiram com os núcleos físseis, provocando novas fissões. Se a quantidade de massa for pequena, o nêutron pode passar por todo o material sem que ocorra uma colisão, mas se a massa for grande o nêutron colidirá e a reação em cadeia ocorrerá, podendo provocar uma explosão, uma bomba atômica. Essa massa mínima recebe o nome de massa crítica, uma massa superior provocará uma explosão nuclear. Em síntese, para se produzir uma bomba nuclear tipo A, é necessário: urânio 235 enriquecido; uma fonte radioativa de nêutrons lentos e uma quantidade de massa superior à massa crítica e, por fim, um detonador. Conforme ilustrado na Figura 8.10.

Inicialmente, duas partes de ^{235}U devem estar separadas, possuindo massas inferiores à massa crítica. A fonte radioativa de nêutrons lentos deve estar posicionada na região central de uma das massas. Um detonador, por exemplo, uma dinamite pode ser acionada por uma descarga elétrica (existem outras formas de detonação das bombas). As duas massas se aproximam e formam uma massa maior do que a massa crítica criando uma bomba atômica. Nesse caso, uma bomba A. Para detonar uma bomba H, é necessária uma bomba A, pois a reação nuclear atingirá temperaturas da ordem de milhões de kelvin e a fusão nuclear ocorrerá, provocando a explosão.

Em suma, para detonar uma bomba H é necessário uma bomba A, que por sua vez necessita ser acionado por uma dinamite para ser ignitada. Para uma bomba de ^{239}Pu, o método é mais complicado, pois o sistema de detonação é mais complexo, são cerca de 32 partes que formam o circuito ignitor.

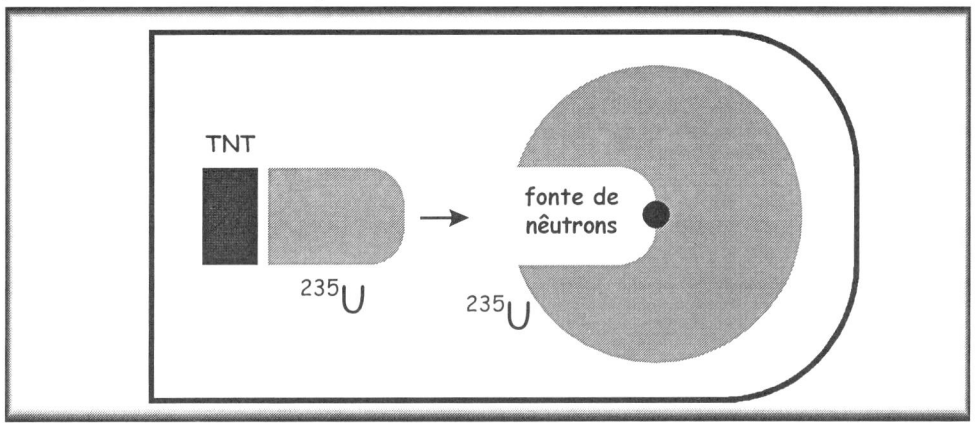

Figura 8.10 - Dois pedaços de urânio 235 com massas subcríticas irão ser unidas pela explosão da TNT, formando uma massa superior a massa crítica e, assim provocando uma explosão nuclear.

É fácil imaginar o que aconteceria com o planeta Terra em uma possível guerra nuclear, uma vasta destruição, cerca de metade da população morreria. Talvez voltássemos à idade média, desprovidos de energia elétrica, combustíveis, alimentos e sistemas de comunicações. Com os arsenais nucleares que se possui hoje no mundo, cerca de 50 mil bombas nucleares, fornece aproximadamente 3 toneladas de dinamite por habitante. Foi pensando nessas causas que, no início dos anos 80, foi publicado um livro (The cold and the dark, entre os autores está Carl Sagan) que relata o que aconteceria se houvesse uma guerra nuclear. Devido às explosões nucleares se formariam enormes nuvens de poeira e fumaça na atmosfera. A radiação solar não chegaria até a superfície, assim teríamos um longo período de escuridão e frio, o **inverno nuclear**, e poucos sobreviveriam a essa longa estação de inverno nuclear. A título de ilustração, um exemplo de uma destruição nuclear, mostramos na Figura 8.11, o que ocorre com uma residência, após uma explosão nuclear. Imagens obtidas na página: http://energia.web1000.com/imagenes2.htmb. Imagine se você estivesse dentro desta casa, o que você veria?

Figura 8.11 - Seqüência de fotografias de uma residência após uma explosão nuclear.

Decaimento radioativo

Em 1900, *Rutherford* descobriu que todas as substâncias radioativas emitem partículas numa intensidade que diminui exponencialmente com o tempo. Este comportamento, válido para todos os elementos radioativos, tem uma característica bastante peculiar, que é o fato de que cada substância tem sua própria taxa de decaimento no tempo, dada por uma constante temporal $T_{1/2}$ chamada de meia-vida. O tempo $T_{1/2}$ representa o intervalo de tempo necessário para que uma determinada amostra, de uma substância radioativa, tenha sua capacidade de emitir radioatividade reduzida à metade. A Figura 8.12(a) exibe um gráfico típico de um decaimento exponencial.

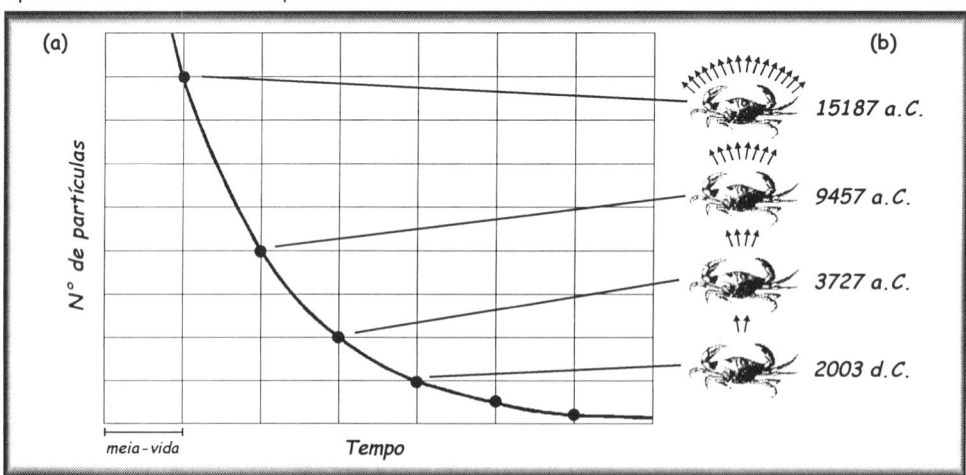

Figura 8.12 - (a) Curva de desintegração exponencial de materiais radioativos. (b) ilustração do decaimento exponencial.

Em geral, esta curva aparece na análise de processos estatísticos ou aleatórios, que implica definir um parâmetro λ (a constante de decaimento) como sendo a probabilidade por unidade de tempo de um dos núcleos decair. Na Figura 8.12(b) ilustramos o decaimento radioativo do carbono-14 de um crustáceo morto 15.187 anos a.C., evidenciando a cada meia vida a quantidade de partículas radioativas emitidas. Observe na figura que a cada 5.730 anos (meia vida do carbono-14) a intensidade (quantidade de setas) decai exatamente da metade.

Algumas estimativas conhecidas de meia-vida são: $T_{1/2}$ = 7x10^8 anos para o urânio ^{235}U, $T_{1/2}$ = 5,3 anos para o cobalto ^{60}Co e $T_{1/2}$ = 8 dias para o iôdo ^{127}I. Devemos observar que quanto menor for a meia-vida de uma substância, maior é a taxa de decaimento e, portanto, mais rapidamente ela se desintegra.

É fácil observar na Figura 8.12(a), que o número de partículas N, emitidas depois de n meias-vidas (n= t/$T_{1/2}$), onde t é o tempo total e $T_{1/2}$ é o tempo da meia-vida é dada por:

$$N = N_0 \left（\frac{1}{2^n}\right),$$

ou ainda,

$$N = N_0 2^{-t/T_{1/2}}.$$

Mas, usando a seguinte definição:

$$e^{\lambda} T_{1/2} = 2.$$

E substituindo-a na equação acima obtemos que:

$$N = N_0 e^{-\lambda t}.$$

que é a lei do decaimento radioativo exponencial, tal que N_0 é o número de partícula no instante t = 0.

Exemplo 06

Calcule o número de átomos de ^{198}Au, após decorridos 12,15 dias. Considere que, no instante t=0, a amostra possuía 10^{+8} átomos e que a meia-vida do ^{198}Au é de 2,7 dias.

Resolução e Comentários

Vamos introduzir uma mudança de variável na equação do decréscimo exponencial, ou seja, faremos λ = 1/$T_{1/2}$ e usaremos a equação, definida anteriormente, que relaciona λ com $T_{1/2}$, o tempo de meia-vida. Desta forma, a expressão para o número de átomos passa a ser dada por:

$$N = N_0 2^{-t/T_{1/2}}$$

Como $N_0 = 10^{+8}$ átomos; $T_{1/2} = 2{,}7$ dias e $t=12$ dias, então, usando-se estes valores, encontramos:

$$N = 4{,}42 \times 10^{+6} \text{ átomos.}$$

Como evidenciado na Figura 8.12(a), o carbono 14 pode ser utilizado como relógio para marcar a idade da morte de organismos vivos. A cada 5.730 anos a intensidade de ^{14}C é diminuída exatamente pela metade. Quando um organismo morre (deixa de absorver ^{14}C), a intensidade detectada em um contador Geiger é de aproximadamente 15,0 contagens por minuto por grama. Como a meia-vida do ^{14}C é de 5.730 anos, significa que a cada 5.730 anos a intensidade da contagem diminuirá pela metade, por exemplo: depois de 5.730 anos a contagem será 7,5 e após 11.460 anos (2 vezes 5.730) de 3,75 e, assim, sucessivamente.

E de onde vem o ^{14}C absorvido pelos organismos vivos? Devido ao constante bombardeio de raios cósmicos, muitos elétrons, prótons e nêutrons "entram" na atmosfera terrestre. Os prótons e elétrons rapidamente se unem para formar átomos de hidrogênio nas camadas mais alta da atmosfera. Porém, os nêutrons continuam o movimento no sentido da superfície terrestre, chegando a encontrar os muitos átomos de nitrogênio (^{14}N) do ar que respiramos (cerca de 80% do ar que respiramos é nitrogênio). Após a absorção do nêutron pelo nitrogênio, um próton acaba sendo emitido, transformando ^{14}N em carbono 14. Esse isótopo do carbono ^{14}C (com 8 nêutrons e 6 prótons) é radioativo, emite uma partícula β, um anti-neutrino de elétron e decai em nitrogênio. Porém o ^{14}C existe em pouquíssima quantidade, comparando com isótopo mais comum do carbono (^{12}C, com 6 prótons e 6 nêutrons) é apenas dez bilionésimo do carbono encontrado na atmosfera. Mesmo assim, as propriedades químicas do ^{14}C são idênticas as do ^{12}C, os átomos de ^{14}C se combinam com o oxigênio para formar a molécula de dióxido de carbono CO_2, é absorvida continuamente pelas plantas (árvores, vegetais, etc) no processo da fotossíntese. As plantas servem de alimentos para os animais e seres humanos. É desta forma que o ^{14}C chega a todos os organismos vivos.

A datação pelo ^{14}C possui suas limitações. Primeiro é supor que a "produção" de ^{14}C se manteve constante ao longo dos muitos períodos terrestres. Sendo independente da variação da intensidade da absorção dos raios cósmicos, das mudanças do campo magnético da Terra, das mudanças da composição da atmosfera produzidas por fenômenos químicos ou geológicos. Mesmo desprezando a limitação acima, uma segunda limitação é devido ao comportamento exponencial, pois o método só é preciso para tempo menores do que 10 vezes a meia-vida, 57.300 anos. Para datar idades maiores, outros átomos radioativos são usados. Por exemplo: para datar a idade da terra foi usada a **datação do urânio**, meia-vida de 4,5 bilhões de anos. O método consiste em conjecturar que os meteoritos foram produzidos no mesmo momento que a Terra, só que devido ao tamanho reduzido esfriaram muito rapidamente. De posse de uma amostra de meteorito se mede a radioatividade do ^{238}U, que decai em ^{206}Pb, em seguida, obtem-se a estimativa de que a Terra possui 4,6 bilhões de anos.

Física Moderna

O mais comentado episódio sobre a datação do carbono 14 aconteceu quando, em 1988, a igreja católica liberou parte do **Santo Sudário** para ser datado com ^{14}C. O Santo Sudário é considerado o manto de linho que cobriu Jesus Cristo após sua morte. Três laboratórios, um americano, um suíço e um alemão, fizeram a datação independentemente. Curiosamente os três obtiveram idades coerentes, todos entre 750 a 600 anos (ano de 1250 d.C e 1400 d.C). Coincidentemente, exatamente a época em que o sudário apareceu na Europa. Conclusão dos cientistas, o Santo Sudário deve ser falso e não cobriu Jesus Cristo. Esse resultado é muito constrangedor para os religiosos, pois a peça é considerada a única prova material da existência de Jesus Cristo. Porém, esse não é o único resultado controverso sobre a veracidade do Santo Sudário. Cerca de 400 grupos de estudiosos investigam detalhes da peça. Muitos religiosos não acreditam nesses resultados científicos da datação com o ^{14}C. Os principais argumentos dos religiosos são: o Sudário pode ter sofrido contaminação do ambiente; devido ao contato com um corpo humano bactérias podem ter se desenvolvido na peça de linho, e principalmente, após um incêndio que ocorreu em 1523 a proporção do carbono pode ter sido alterada. Em suma, ainda é um assunto de muita controvérsia e a igreja católica já prometeu fornecer novos pedaços do Sudário para nova análise científica via datação radioativa.

Exemplo 07

(UFRN-2004) A descoberta da radioatividade foi um dos grandes feitos científicos dos tempos modernos. Ela causou tamanho impacto na ciência e na tecnologia que a cientista polonesa Marie Curie foi a primeira pessoa a ganhar dois prêmios Nobel. Uma importante aplicação do trabalho dessa cientista, o decaimento radioativo dos núcleos atômicos, é a data de fósseis e artefatos feitos de matéria orgânica. Os seres vivos são essencialmente feitos de carbono e, enquanto vivos, carregam em si quantidades de carbono radioativo (^{14}C) e carbono estável (^{12}C), numa proporção fixa. Quando um animal ou planta morre, o ^{14}C começa a decair em ^{12}C, fazendo a proporção entre os dois isótopos variar ao longo do tempo. A equação que governa esse processo, juntamente com alguns dados numéricos, são mostrados abaixo.

$N = N_0 e^{-at}$ N_0: quantidade de núcleos no tempo $t=0$.
$A = 1,2 \times 10^{-4}$ ano^{-1} N: quantidade de núcleos no tempo t.
$\ln(0,92) \sim -0.083$ a: constante de decaimento.

Na datação, por exemplo, do Santo Sudário, um lençol de linho que supostamente envolveu o corpo de Jesus Cristo e no qual está impressa uma imagem humana, foi usada uma técnica que permitiu verificar que existe, hoje, 92% do ^{14}C que deveria existir quando a fibra de linho foi colhida e usada para fazer o lençol.

Usando essas informações, pode-se afirmar que essa relíquia católica tem aproximadamente:

A) 2033 anos.   C) 1400 anos.
B) 2000 anos.   D) 700 anos.

Resolução e Comentários

É uma questão de substitui os valores apresentados nas equações dadas. Com os valores dados e usando as propriedades do logaritmo, temos:

$$\ln(0,92) \cong -0,083 = \ln(N/N_0) = -at \Rightarrow -0,083 \cong -1,2 \times 10^{-4} t$$

$t \cong 700$ anos. Portanto, resposta letra "D".

Mais aplicações da física nuclear

Na agricultura, as técnicas nucleares vêm sendo empregadas para estudar solos, plantas, insetos, animais, microorganismos e a preservação dos alimentos. Essas técnicas usadas pelos cientistas que posteriormente passam o conhecimento diretamente para os agricultores que, através do uso, por exemplo, da radiação ionizante, podem melhorar a qualidade das sementes, obtendo com isto novas multiplicidade de plantas, como novas características, tornando-se mais produtivas. Diversos tipos de plantios como: o feijão, o arroz, o trigo, a cana-de-açúcar, o mamão, a laranja, a videira e outros vegetais, já foram tratados com raios γ, e através das mutações obtidas, foi possível "criar" plantas com maior produtividade agrícola e resistentes às pragas e doenças. Em alguns casos, o valor nutritivo do alimento foi melhorado através do aumento do teor de proteínas.

A radiação ionizante também é empregada na conservação de alimentos e isso tem sido motivo de muitas pesquisas. Para produtos como as carnes, em geral, a quantidade de radiação necessária para destruir os microorganismos e enzimas, responsáveis pelo apodrecimento do produto é muito elevada o que pode provocar mudanças na cor, na textura e no sabor do alimento. Para estes casos, assim como para frutas e hortaliças, a radiação é usada como suplemento aos métodos convencionais de preservação, como o calor e o frio. Desta forma, doses mais baixas de radiação, que não alteram a aparência nem o sabor do alimento, podem ser usadas para prolongar a "vida" de muitos alimentos frescos que vão ser, posteriormente, mantidos numa geladeira.

Na exploração de petróleo, técnicas nucleares são largamente usadas. Uma das técnicas utilizadas para confirmar a existência de petróleo, numa dada região, é a que mede a condutividade elétrica do solo. Contudo, em muitas regiões, essa medida, que usa métodos resistivos, é contraditória. Para obter melhores previsões, usam-se a técnica do bombardeamento de nêutrons, via uma sonda nuclear, pois ela permite confirmar ou não a existência de hidrocarbonetos no local investigado e, portanto, a existência ou não de petróleo. Este método foi utilizado para se confirmar à existência de petróleo na região de Mossoró (cidade do Rio Grande do Norte), cuja produção representa, hoje, cerca de 10% da produção nacional de petróleo. Curiosamente, este mesmo método (procedimento) foi usado por J. Chadwick para descobrir o nêutron.

Na medicina, a radioterapia é um recurso que utiliza radiação nuclear no tratamento de tumores, principalmente os malignos. Em princípio, pretende-se conseguir a destruição de tumor pela absorção de energia da radiação, maximizando o dano no tumor e minimizando os danos em tecidos normais vizinhos, o que se consegue irradiando o tumor de várias direções. Quanto mais profundo o tumor, mais energética deve ser a radiação utilizada.

A chamada bomba de cobalto nada mais é que uma fonte radioativa de cobalto 60, utilizada para tratar câncer de órgãos internos. As fontes de césio 137, do tipo que causou o acidente de Goiânia (veja quadro no final do capítulo), já foram bastante utilizadas na radioterapia, mas estão sendo desativadas, pois a energia da radiação gama emitida pelo césio-137 é relativamente baixa. A nova geração de aparelhos de radioterapia são os aceleradores lineares. Estes aceleram elétrons até uma energia de 22 MeV que, ao incidirem em um alvo, produzem raios X com energia superior à dos raios γ e do césio 137 e, até mesmo, do cobalto 60. Pela sua eficiência, os aceleradores são, hoje em dia, bastante utilizados na terapia de tumores de órgãos mais profundos como o pulmão, a bexiga e o útero.

A radiologia diagnóstica tradicional consiste na utilização de um feixe de raios X para a obtenção de imagens do interior do corpo, que serão reveladas numa chapa fotográfica, ou exibidas em uma tela fluoroscópica ou de TV. O médico, ao examinar uma chapa, pode verificar diversas estruturas anatômicas do paciente e descobrir a existência de alguma anormalidade. Essas imagens podem ser tanto estáticas quanto dinâmicas, como as apresentadas na tela de uma TV em exames, por exemplo, de cateterismo, que servem para avaliar o funcionamento do coração.

A medicina nuclear usa radionuclídeos e técnicas da Física Nuclear para obtenção de diagnósticos, no tratamento e estudos de doenças. A principal diferença entre o diagnóstico feito com raios X e o feito com radionuclídeos, está no tipo de informação obtida. No primeiro caso, a informação está mais relacionada com a anatomia, e no segundo caso, com o metabolismo e a fisiologia. Com o desenvolvimento de aceleradores nucleares, como o cíclotron, e de reatores nucleares, radionuclídeos artificiais têm sido produzidos e, um grande número deles, são normalmente usados como marcadores de compostos para estudos biológicos, bioquímicos e médicos. Muitos radionuclídeos produzidos nos cíclotrons possuem meia-vida curta, daí o grande interesse na medicina, pois eles proporcionam uma dose baixa de radiação no paciente.

Entretanto, a possibilidade de utilizar radionuclídeos de meia-vida curta, requer a instalação do cíclotron dentro das dependências do próprio hospital. É o caso do oxigênio 15, do nitrogênio 13, do carbono 11 e do flúor 18, cujas meias-vidas são de aproximadamente 2, 10, 20 e 110 min, respectivamente. O flúor 18 é usado como marcador para analisar o metabolismo da glicose em um paciente. Outros tipos de radionuclídeos são os que emitem pósitrons, bastante utilizados na obtenção de imagens com o uso da técnica de tomografia por emissão de pósitron.

Finalizando as aplicações na medicina, temos o procedimento chamado de radiomunoensaio, que é um método de diagnóstico laboratorial no qual se utiliza substâncias radioativas para a quantificação de hormônios, marcadores tumorais e drogas, que serão detectadas em amostras do sangue e urina dos pacientes. Esse método corresponde aos denominados procedimentos "in vitro", utilizados pela medicina nuclear. Os exames mais comuns realizados pelo método têm por objetivo avaliar as taxas dos hormônios tireoidianos (T3, T4, TSH, T4 Livre), da prolactina, do FSH, do LH, do estradiol e da progesterona, do hormônio do crescimento, do antígeno prostático específico, da microalbuminúria, entre outros.

Perigos da radiação nuclear

A radiação nuclear danifica os tecidos vivos, de modo que as pessoas que trabalham com material radioativo devem se proteger. As partículas α e β são absorvidas mais facilmente, mas os raios γ são muito mais penetrantes. Os elementos que possuem número atômico grande absorvem melhor os raios γ, em comparação com os de baixo número atômico. A radiação em excesso pode causar câncer e também a multiplicação acelerada e desenfreada de células de certas regiões do corpo. Os efeitos biológicos da radiação são bastante diversos, entre eles temos: o desenvolvimento de tumores, leucemia, queda de cabelo, redução na expectativa de vida, indução a mutações genéticas, malformações fetais, lesões de pele, olhos, glândulas e de órgãos do sistema reprodutivo.

A bomba atômica, além de o seu alto poder mecânico de destruição, leva partículas radioativas para vários pontos da Terra. Quando uma bomba atômica é detonada, seguem-se várias etapas de destruição. No início, ocorre uma reação em cadeia em pleno ar. Após *100 ms (milisegundos)*, a massa gasosa que adveio da bomba emite elevadas quantidades de partículas alfas e raios ultravioleta, além de outras radiações eletromagnéticas, cuja luminosidade pode destruir a retina e cegar as pessoas que a olharem diretamente. Em torno de seis segundos, a radiação já foi totalmente absorvida pelo ar ao redor, que se transforma numa enorme bola de fogo, cuja expansão provoca a destruição de todos os materiais inflamáveis num raio médio de *1 km*, assim como queimaduras de 1°, 2° e 3° graus. Passado os seis segundos, a esfera de fogo atinge o solo, iniciando uma onda de choque e devastação que se propaga através de um deslocamento de ar comparável a um furacão com ventos de 200 a 400 km/h. Decorridos 2 min, a esfera de fogo já se transformou completamente em um cogumelo, que vai atingir a estratosfera (~ 50 km de altura acima da superfície terrestre). As partículas radioativas se espalham pela estratosfera levadas pelos fortes ventos e acabam se precipitando em diversos pontos da Terra.

O aumento dos níveis naturais de radiação, através da utilização de elementos radioativos naturais ou artificiais, provoca a poluição radioativa. Experiências com ogivas atômicas, realizadas há vários anos, geraram grande quantidade de resíduos radioativos, os quais são transportados para a atmosfera e espalham-se pela superfície do planeta, no ar, água e solo, aumentando a radioatividade natural. Explosões nucleares experimentais, como as realizadas pela França nos atóis do Indo-Pacífico (Bikini, Muroroa, etc), disponibilizam elevados índices de radiação residual no ambiente marinho. Mais de quinhentas explosões já foram detonadas nos oceanos, subsolos e na atmosfera nas últimas 3 décadas por diversos países da Europa e pelos EUA.

Tanto na fase de obtenção, purificação e concentração dos combustíveis nucleares (principalmente urânio e tório) como durante a fase de operação de usinas nucleares, grande quantidade de lixo radioativo é produzida. No esfriamento dos reatores, utiliza-se água dos mares e rios que, se não forem tomadas às devidas precauções, volta ao ambiente contaminada pela radiação e aquecida.

CURIOSIDADE

O Acidente de Goiânia

Em 13 de setembro de 1987, aconteceu no Brasil um fato que demonstra o que a falta de informação científica pode resultar. Tal acontecimento é importante para lembrar-nos que a física tem um importante papel social. Todos os acontecimentos que serão citados neste texto foram provocados pela manipulação de uma cápsula que continha cloreto de césio-137.

O Instituto Goiano de Radioterapia estava desativado há dois anos. Dois homens, Roberto Santos Alves e Wagner Mota, invadiram o prédio e roubaram um aparelho de radioterapia, que posteriormente foi vendido à um ferro velho.

Ao violarem o equipamento expuseram ao ambiente 19,26 g de cloreto de césio-137. Esse composto é um pó branco, semelhante ao sal de cozinha, porém, brilha no escuro emitindo uma luz azulada. Foi justamente tal emissão luminosa que despertou o interesse de seus manipuladores. Devido a beleza da emissão luminosa, o composto foi dado como presente, para ser usado como enfeite na casa. Mas a curiosidade foi maior, e o composto foi usado na pele e até ingerido. Esse fato favoreceu a propagação do césio-137 para as redondezas, pois o material tem a propriedade de absorver água (composto higroscópico). Isso facilita a aderência do composto à superfícies, favorecendo a contaminação interna do organismo.

Um dos casos mais marcantes, foi o da menina Leide, de apenas seis anos. Ela era sobrinha de Devair, dono da sucata, que a presenteou com uma porção do pó cintilante; a menina espalhou-o pelo corpo e comeu pão com as mãos sujas, ingerindo césio.

Para termos uma idéia: as roupas que são usadas para proteger o ser humano contra radiação, aquelas que parecem roupas de proteção contra abelhas, conseguem no máximo evitar que a pessoa receba emissão alfa (baixo poder de penetração). As emissões beta (poder de penetração mediano) e as emissões gama (alto poder de penetração) conseguem atravessá-las sem maiores problemas. Devemos lembrar que as emissões gama são as mais perigosas. Surge então o questionamento: "Qual a finalidade de utilizar tais roupas?" O objetivo principal é justamente evitar a contaminação das regiões internas do nosso corpo. Imagine o que representa ingerir césio-137! Você teria dentro do seu organismo um composto radioativo cuja meia vida é de 30 anos. Leide, por exemplo, morreu muito antes disso. Ela faleceu em 23 de outubro de 87.

O saldo da tragédia, segundo a Comissão Nacional de Energia Nuclear (CNEN), foram quatro mortes e a monitoração de 112.800 pessoas das quais 129 apresentaram contaminação corporal interna e externa. Foi produzido 13,4 toneladas de lixo contaminado, armazenado em mais de mil caixas, aproximadamente três mil tambores e catorze contêineres em Goiás, por pelo menos 180 anos.

Existem algumas curiosidades sobre o acidente. Inicialmente acreditou-se que os sintomas (tonturas, náuseas, vômitos e diarréia) eram fruto de alguma doença contagiosa. Somente dezesseis dias depois perceberam ser um acidente radioativo. Os contaminados e os suspeitos de contaminação foram todos reunidos num estádio de futebol, ou seja, muitos suspeitos acabaram sendo contaminados devido à proximidade de outros. É provável que helicópteros que foram usados no transporte dos técnicos ao local tenham favorecido a dispersão do composto.

Exercícios ou Problemas

01 - Quais os principais métodos de detecção das radiações nucleares? Descreva em detalhes o funcionamento de um contador Geiger.

02 - A radioatividade dos elementos é afetada pela mudança na temperatura ou na pressão ambiental? Por quê?

03 - Nos reatores nucleares (fissão nuclear) usam-se a água para absorver a energia dos nêutrons rápidos. Explique porque a água é mais eficaz do que o chumbo? Indique outro elemento que poderia ser usado, em substituição à água, para absorver a energia desses nêutrons.

04 - Considere o nuclídeo ^{197}Au. Qual é a diferença de massa para separá-lo em seus núcleons (prótons e nêutrons)? Utilize os seguintes dados: número atômico, 79; número de nêutrons, 118; número de massa, 196,966543; a massa de um átomo de hidrogênio é 1,007825 e a massa de um nêutron é de 1,008665.

05 - Calcule o número de átomos de ^{198}Au, após decorridos 21,6 dias. Considere que, no instante t=0, a amostra possuía 10^{+10} átomos e que a meia-vida do ^{198}Au é de 2,7 dias.

06 - Suponha que um arqueólogo brasileiro encontre uma machadinha antiga na região do Rio Grande do Norte e extraia um grama de carbono -14 dessa machadinha, descobrindo que ela tem apenas um oitavo da radioatividade contida em um grama de carbono extraído de uma folha de uma árvore recentemente cortada. Determine, aproximadamente, a idade da machadinha.

Espaço para resolução e comentários

Exercícios ou Problemas

07 - (UFRG-1985) Um elemento radioativo X desintegra-se para formar um elemento Y, de acordo com a seguinte reação:

$$^{210}_{84}X \rightarrow Y + ^{4}_{2}He$$

O número de massa do elemento Y é
(A) 82   (D) 212
(B) 86   (E) 214
(C) 206

08 - (UFRGS-1987) Selecione a alternativa que completa corretamente a lacuna nas afirmações seguintes:
I - Raios X apresentam um poder de penetração no corpo humano maior do que _____.
II - Numa transformação radioativa natural, o número de átomos radioativos da amostra _____ com o passar do tempo.

(A) raios gama - permanecem constantes
(B) raios gama - diminuem
(C) microondas - diminuem
(D) raios gama - aumentam
(E) microondas - permanecem constantes

09 - (UFRGS-1989) Num reator, núcleos de ^{235}U capturam nêutrons e, então, sofrem um processo de fragmentação em núcleos mais leves, liberando energia e emitindo nêutrons. Este processo é conhecido como:

(A) fusão.   (D) reação termonuclear.
(B) fissão.   (E) aniquilação.
(C) espalhamento.

10 - (UFRGS-1990) Partículas alfa, partículas beta e raios gama podem ser emitidos por átomos radioativos. As partículas alfa são íons de hélio carregados positivamente.

Exercícios ou Problemas

As partículas betas são elétrons. Os raios gama são ondas eletromagnéticas de freqüência muito alta. Na desintegração de $^{226}_{88}Ra$ resultando na formação de um núcleo $^{222}_{86}Ra$, pode-se inferir que houve a emissão

(A) apenas de raios gama.
(B) de uma partícula alfa.
(C) de uma partícula beta.
(D) de duas partículas beta e duas partículas alfa.
(E) de raios gama e de duas partículas beta.

11 - (UFRGS-1991) Em 1989, os noticiários destacaram, por um certo período, a realização de pesquisas sobre maneiras alternativas de obter a fusão nuclear. Tais alternativas, contudo, não se confirmaram. O que se sabe comprovadamente, hoje, é o que já se sabia até aquela época: a fusão nuclear é obtida a temperaturas tão altas quanto as existentes _____ E, ao contrário da fissão nuclear utilizada nas centrais nucleares, _____ dejetos nucleares.

Assinale a alternativa que preenche de forma correta as duas lacunas, respectivamente.
(A) na superfície da Terra - produz
(B) na superfície da Lua - produz
(C) na superfície da Lua - não produz
(D) no centro do Sol - não produz
(E) no centro do Sol - produz

12 - (UFRGS-1992) Analise cada uma das seguintes afirmações e indique se são verdadeiras (V) ou falsas (F).
( ) O poder de penetração dos raios gama em metais é menor do que o dos raios X.

( ) Um dos principais temores sobre danos pessoais decorrentes de acidentes em usinas nucleares reside no fato de que a fissão nuclear produz, além da energia liberada imediatamente, fragmentos radioativos que continuam irradiando por bastante tempo.
( ) Admite-se, presentemente, que a manutenção da camada de ozônio (O_3) que se concentra na alta atmosfera é importante, especialmente, porque funciona como um filtro que serve para absorver raios ultravioleta provenientes do Sol, evitando que cheguem em excesso à superfície terrestre?

Quais são, pela ordem, a indicação correta?

(A) V - V - F   (D) F - V - V
(B) V - F - V   (E) F - F - V
(C) V - F - F

13 - (UFRGS-1995) Dentre as afirmações sobre reações nucleares apresentadas nas alternativas, qual está correta?
(A) Fusão nuclear e fissão nuclear são duas maneiras diferentes de denominar a mesma reação nuclear.
(B) A fusão nuclear é um fenômeno comum que ocorre no dia-a-dia, podendo ser observado ao derreter-se um pedaço de gelo.
(C) As fissões nucleares, utilizadas nas centrais nucleares, produzem fragmentos radioativos.
(D) No processo de fusão nuclear não há liberação de energia.
(E) Uma reação nuclear em cadeia (seqüência de fissões nucleares) não pode ser iniciada nem controlada em um reator nuclear.

Questões Complementares (UFRN)

01 - (UFRN-1998) A teoria da Relatividade Especial prediz que existem situações nas quais dois eventos que acontecem em instantes diferentes, para um observador em um dado referencial inercial, podem acontecer no mesmo instante, para outro observador que está em outro referencial inercial. Ou seja, a noção de simultaneidade é relativa e não absoluta. A relatividade da simultaneidade é conseqüência do fato de que
A) a teoria da Relatividade Especial só é válida para velocidades pequenas em comparação com a velocidade da luz.
B) a velocidade de propagação da luz no vácuo depende do sistema de referência inercial em relação ao qual ela é medida.
C) a teoria da Relatividade Especial não é válida para sistemas de referência inerciais.
D) a velocidade de propagação da luz no vácuo não depende do sistema de referência inercial em relação ao qual ela é medida.

02 - (UFRN-1999) Nos dias atuais, há um sistema de navegação de alta precisão que depende de satélites artificiais em órbita em torno da Terra. Para que não haja erros significativos nas posições fornecidas por esses satélites, é necessário corrigir relativisticamente o intervalo de tempo medido pelo relógio a bordo de cada um desses satélites. A teoria da relatividade especial prevê que, se não for feito esse tipo de correção, um relógio a bordo não marcará o mesmo intervalo de tempo que outro relógio em repouso na superfície da Terra, mesmo sabendo-se que ambos os relógios estão sempre em perfeitas condições de funcionamento e foram sincronizados antes de o satélite ser lançado. Se não for feita a correção relativística para o tempo medido pelo relógio de bordo,
A) ele se adiantará em relação ao relógio em terra enquanto ele for acelerado em relação à Terra.
B) ele ficará cada vez mais adiantado em relação ao relógio em terra.
C) ele se atrasará em relação ao relógio em terra durante metade de sua órbita e se adiantará durante a outra metade da órbita.
D) ele ficará cada vez mais atrasado em relação ao relógio em terra.

03 - (UFRN-1999) Na formação de uma tempestade, ocorre uma separação de cargas elétricas no interior das nuvens, que induzem, na superfície da Terra, cargas de sinal oposto ao das acumuladas nas partes mais baixas das nuvens. Isso cria uma diferença de potencial elétrico entre essas partes das nuvens e o solo. Nas figuras a seguir, estão esquematizadas diferentes situações do tipo descrito acima.

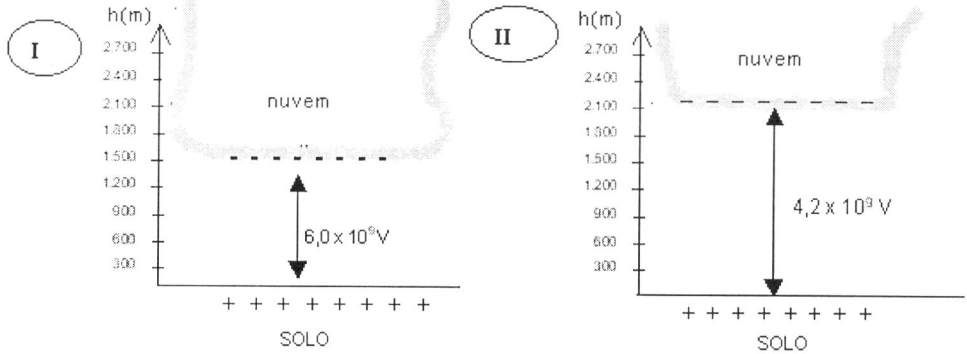

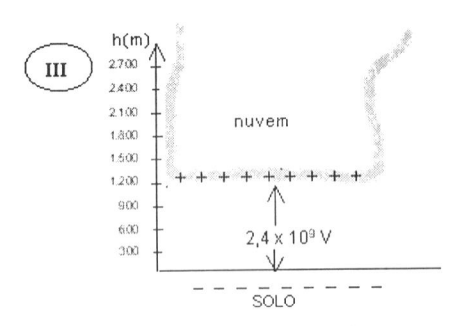

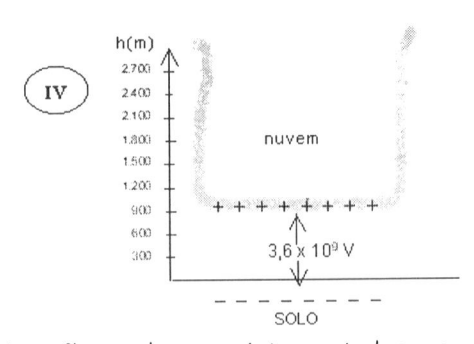

Em primeira aproximação, as quatro situações podem ser interpretadas como capacitores de placas planas e paralelas. Estão indicados, nas figuras, um eixo vertical com medidas de alturas em relação ao solo e a diferença de potencial entre as partes mais baixas da nuvem e o solo em cada caso. O campo máximo que um capacitor cujo meio isolante seja o ar pode suportar, sem ocorrer uma descarga elétrica entre suas placas, é aproximadamente 3×10^6 V/m. Qualquer campo maior que esse produz uma faísca (raio) entre as placas. Com base nesses dados, é possível afirmar que as situações em que mais provavelmente ocorrerão descargas elétricas são:

A) I e IV   B) I e III   C) II e III   D) II e IV

04 - (UFRN-1999) Um átomo de hidrogênio, ao passar de um estado quântico para outro, emite ou absorve radiação eletromagnética de energias bem definidas. No diagrama ao lado, estão esquematicamente representados os três primeiros níveis de energia do átomo de hidrogênio. Considere dois fótons, f_1 e f_2, com energias iguais a 10,2 eV e 8,7 eV, respectivamente, e um átomo de hidrogênio no estado fundamental. Esse átomo de hidrogênio poderá absorver:

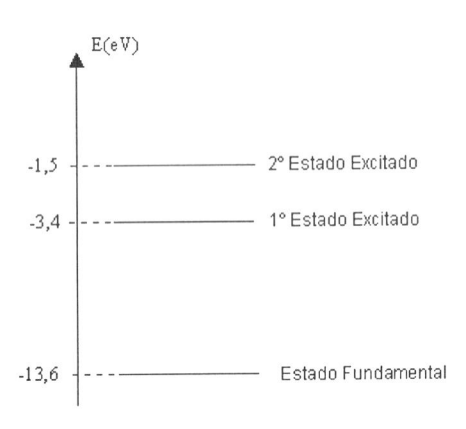

A) apenas o fóton f_2
B) apenas o fóton f_1
C) ambos os fótons
D) nenhum dos dois fótons

05 - (UFRN-1999) Nos dias atuais, há um sistema de navegação de alta precisão que depende de satélites artificiais em órbita em torno da Terra. Para que não haja erros significativos nas posições fornecidas por esses satélites, é necessário corrigir relativisticamente o intervalo de tempo medido pelo relógio a bordo de cada um desses satélites. A teoria da relatividade especial prevê que, se não for feito esse tipo de correção, um relógio a bordo não marcará o mesmo intervalo de tempo que outro relógio em repouso na superfície da Terra, mesmo sabendo-se que ambos os relógios estão sempre em perfeitas condições de funcionamento e foram sincronizados antes de o satélite ser lançado. Se não for feita a correção relativística para o tempo medido pelo relógio de bordo,

A) ele se adiantará em relação ao relógio em terra enquanto ele for acelerado em relação à Terra.
B) ele ficará cada vez mais adiantado em relação ao relógio em terra.
C) ele se atrasará em relação ao relógio em terra durante metade de sua órbita e se adiantará durante a outra metade da órbita.
D) ele ficará cada vez mais atrasado em relação ao relógio em terra

06 - (UFRN-1999) A figura abaixo foi obtida a partir de uma fotografia de uma câmara de bolhas (aparato que permite obter o rastro do movimento de uma partícula que a atravessa) e mostra os rastros de três partículas: um próton, um elétron e um neutrino (que é eletricamente neutro). Os rastros dessas partículas estão indicados, <u>não necessariamente nessa ordem</u>, pelos números 1, 2 e 3. Há um campo magnético uniforme que permeia toda a região mostrada e que é perpendicular ao plano da figura. Considere que o movimento das partículas representadas ocorra no plano da figura e que o módulo da velocidade seja o mesmo para todas as partículas carregadas. A força magnética é a única força que é dinamicamente relevante na situação descrita. Dado que a força centrípeta que atua sobre as partículas carregadas é a força magnética, tem-se, então: $m \times v^2/r = q \times v \times B \times sen\theta$, em que m representa a massa da partícula; v, o módulo de sua velocidade; r, seu raio de giro; q, o valor absoluto de sua carga elétrica; B, a intensidade do campo magnético que atua sobre ela; θ, o menor ângulo entre as direções da velocidade e do campo magnético. Essa relação possibilita obter-se uma expressão para o raio de giro da partícula. Com base nas informações fornecidas, na expressão obtida para o raio de giro da partícula e nos seus conhecimentos sobre força magnética, 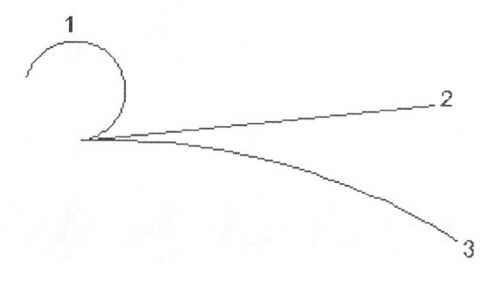
a) Associe cada um dos rastros à partícula que o produziu. Justifique.
b) indique se o campo magnético está entrando no plano da figura ou dele saindo. Justifique.

07 - (UFRN-2000) André está parado com relação a um referencial inercial, e Regina está parada com relação a outro referencial inercial, que se move com velocidade (vetorial) constante em relação ao primeiro. O módulo dessa velocidade é v. André e Regina vão medir o intervalo de tempo entre dois eventos que ocorrem no local onde esta se encontra. (Por exemplo, o intervalo de tempo transcorrido entre o instante em que um pulso de luz é emitido por uma lanterna na mão de Regina e o instante em que esse pulso volta à lanterna, após ser refletido por um espelho). A teoria da relatividade restrita nos diz que, nesse caso, o intervalo de tempo medido por André ($\Delta t_{André}$) está relacionado ao intervalo de tempo medido por Regina (Δt_{Regina}) através da expressão: $\Delta t_{André} = \gamma \Delta t_{Regina}$.

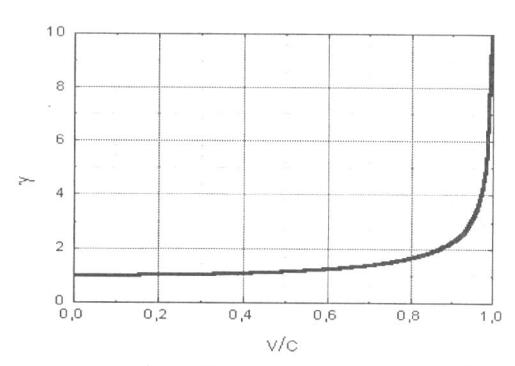

Nessa relação, a letra gama (γ) denota o fator de Lorentz. O gráfico anterior representa a relação entre γ e v/c, na qual c é a velocidade da luz no vácuo. Imagine que, realizadas as medidas e comparados os resultados, fosse constatado que $\Delta t_{André}$ = $2\Delta t_{Regina}$. Usando essas informações, é possível estimar-se que, para se obter esse resultado, a velocidade teria de ser aproximadamente

A) 50% da velocidade da luz no vácuo.
B) 87% da velocidade da luz no vácuo.
C) 105% da velocidade da luz no vácuo.
D) 20% da velocidade da luz no vácuo.

08 - (UFRN-2000) O radar é um dos equipamentos usados para controlar a velocidade dos veículos nas estradas. Ele é fixado no chão e emite um feixe de microondas que incide sobre o veículo e, em parte, é refletido para o aparelho. O radar mede a diferença entre a freqüência do feixe emitido e a do feixe refletido. A partir dessa diferença de freqüências, é possível medir a velocidade do automóvel. O que fundamenta o uso do radar para essa finalidade é o(a)

A) lei da refração.
B) efeito fotoelétrico.
C) lei da reflexão.
D) efeito Doppler.

09 - (UFRN-2000) Um processo de aniquilação de matéria, ou, equivalentemente, de conversão de massa de repouso em energia, ocorre na interação entre um elétron (de massa m e carga -e) e um pósitron (de mesma massa m e carga +e). Como conseqüência desse processo, o elétron e o pósitron são aniquilados, e, em seu lugar, são criados dois fótons gama (γ), que se deslocam em sentidos opostos. O processo de aniquilação descrito pode ser representado por

$$e- + e+ \rightarrow \gamma + \gamma .$$

Pode-se dizer que as grandezas físicas que se conservam nesse processo são

A) a massa de repouso, a carga elétrica e a energia.
B) a massa de repouso, a energia e o momento linear.
C) a carga elétrica, o momento linear e a energia.
D) a carga elétrica, a massa de repouso e o momento linear.

10 - (UFRN-2000) No decaimento radiativo de um núcleo atômico, podem ser emitidos, por exemplo, três tipos de radiação: alfa (núcleo do átomo de hélio), beta (elétron ou pósitron) e gama (fóton). O uso de energia nuclear pode ter implicações maléficas ou benéficas. Um dos benefícios é seu uso na Medicina, através da radioterapia, na qual a energia proveniente da emissão radiativa é usada para destruir células cancerosas. É possível medir o poder de penetração, nos tecidos humanos, do próprio núcleo atômico radiativo (se lançado inteiro sobre tais tecidos) e das radiações alfa, beta e gama. Constata-se que o poder de penetração de cada uma das quatro entidades varia bastante de uma para a outra, quando elas são lançadas com igual energia cinética (por exemplo, 1 MeV). Tomando como base <u>apenas</u> o poder de penetração nos tecidos humanos, pode-se concluir que, na radioterapia, para tratamento de tumores profundos, deve ser lançado sobre o tumor:

A) radiação gama
B) partícula beta
C) partícula alfa
D) núcleo radiativo

11 - (UFRN-2000) Muitas cidades brasileiras não são cobertas pelos sinais retransmitidos pelas emissoras de televisão, pois eles têm um alcance limitado na superfície da Terra. Os satélites retransmissores vieram solucionar esse problema. Eles captam os sinais diretamente das "emissoras-mães", amplificam-nos e os retransmitem para a Terra. Uma antena parabólica metálica, instalada em qualquer residência, capta, então, os raios eletromagnéticos, praticamente paralelos, vindos diretamente do satélite distante, e manda-os, em seguida, para um receptor localizado no foco da antena.
A eficácia da antena parabólica deve-se ao seguinte fato:
A) O efeito fotoelétrico causado pelas ondas eletromagnéticas, no metal da antena, faz com que os elétrons arrancados atinjam o foco da mesma, amplificando o sinal.
B) Ela funciona como um espelho em relação a esses raios paralelos, refletindo-os para o foco, onde eles se concentram e aumentam a intensidade do sinal.
C) Os sinais são amplificados porque a antena os polariza e, por reflexão, joga-os em fase, no foco da mesma.
D) Ela absorve os sinais, que, por condução elétrica, chegam ao seu foco com uma intensidade maior.

12 - (UFRN-2000) Dois fótons, cujas energias são, respectivamente, 9,25 eV e 12,75 eV, incidem sobre um átomo de hidrogênio que está no estado fundamental. Na figura abaixo, estão representadas as energias de cinco estados possíveis do átomo de hidrogênio.
Raciocine apenas em termos da unidade elétron-volt (eV). NÃO é preciso transformar as energias para joule.

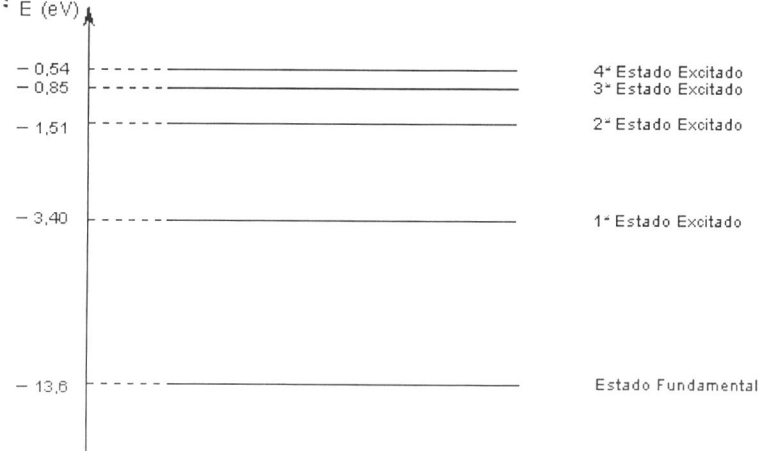

E (eV)

- $-0,54$ .... 4º Estado Excitado
- $-0,85$ .... 3º Estado Excitado
- $-1,51$ .... 2º Estado Excitado
- $-3,40$ .... 1º Estado Excitado
- $-13,6$ .... Estado Fundamental

A) Apenas um desses dois fótons incidentes poderá ser absorvido pelo átomo de hidrogênio no estado fundamental. Determine qual dos dois fótons pode ser absorvido nesse caso. Justifique.
B) Quando o átomo de hidrogênio, no estado fundamental, absorver um desses fótons, ele ficará num estado excitado. Explicite para qual estado excitado irá o átomo nesse caso. Justifique.
C) Uma vez nesse estado excitado, o átomo de hidrogênio irá decair para estados menos excitados, através da emissão de radiação eletromagnética, até voltar ao estado fundamental. Explicite todas as maneiras pelas quais o átomo excitado poderá decair até chegar ao estado fundamental.
D) Escolha um dos decaimentos possíveis explicitados no subitem anterior. Especifique os estados inicial e final do decaimento que você acabou de escolher e calcule a energia (em eV) do fóton emitido nesse decaimento.

13 - (UFRN-2001) Amanda, apaixonada por História da Ciência, ficou surpresa ao ouvir de um colega de turma o seguinte relato: *J. J. Thomson recebeu o prêmio Nobel de Física, em 1906, pela descoberta da partícula elétron. Curiosamente, seu filho, G. P. Thomson, recebeu o prêmio Nobel de Física, em 1937, por seu importante trabalho experimental sobre difração de elétrons por cristais. Ou seja, enquanto um verificou aspectos de partícula para o elétron, o outro percebeu a natureza ondulatória do elétron.* Nesse relato, de conteúdo incomum para a maioria das pessoas, Amanda teve a lucidez de perceber que o aspecto ondulatório do elétron era uma comprovação experimental da teoria das ondas de matéria, proposta por Louis de Broglie, em 1924. Ou seja, o relato do colega de Amanda estava apoiado num fato bem estabelecido em Física, que é o seguinte:

A) O princípio da superposição, bastante usado em toda a Física, diz que aspectos de onda e de partícula se complementam um ao outro e podem se superpor num mesmo experimento.
B) O princípio da incerteza de Heisenberg afirma que uma entidade física exibe ao mesmo tempo suas características de onda e de partícula.
C) A teoria da relatividade de Einstein afirma ser tudo relativo; assim, dependendo da situação, características de onda e de partícula podem ser exibidas simultaneamente.
D) Aspectos de onda e de partícula se complementam um ao outro, mas não podem ser observados simultaneamente num mesmo experimento.

14 - (UFRN-2001) Quando a luz incide sobre a superfície de uma placa metálica, é possível que elétrons sejam arrancados dessa placa, processo conhecido como *efeito fotoelétrico*. Para que um elétron escape da superfície do metal, devido a esse efeito, a energia do fóton incidente deve ser, pelo menos, igual a uma energia mínima, chamada função trabalho (W_o), uma grandeza característica de cada material. A energia de cada fóton da luz incidente é igual ao produto hf, onde h é a constante de Planck e f é a freqüência da luz incidente. Quando a energia do fóton incidente é maior que W_o, a energia restante é transformada em energia cinética do elétron. Dessa forma, a energia cinética máxima (ε_M) do elétron arrancado é dada por:

$$\varepsilon_M = hf - W_o.$$

Considere o experimento no qual um feixe de luz que contém fótons com energias associadas a um grande intervalo de freqüências incide sobre duas placas, P_1 e P_2, constituídas de metais **diferentes**. Para esse experimento pode-se afirmar que o gráfico representando a energia cinética máxima dos elétrons emitidos, em função das freqüências que compõem a luz incidente, é:

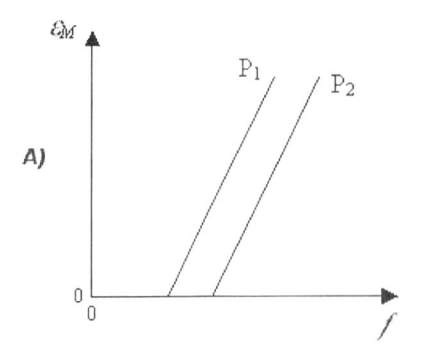

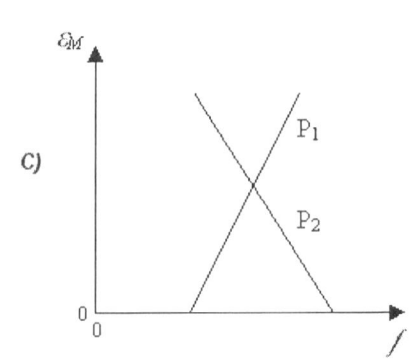

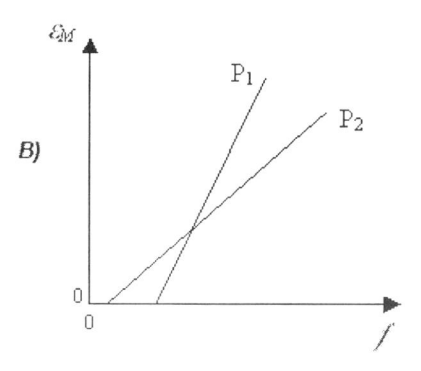

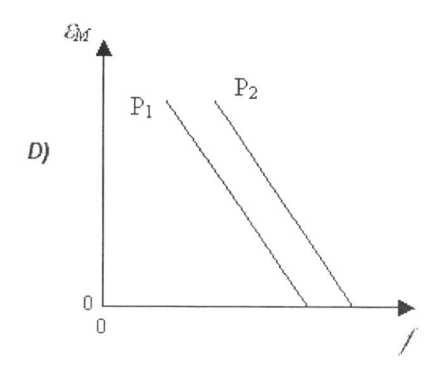

B) [gráfico: $\mathcal{E}_M$ vs f, retas P_1 e P_2 crescentes partindo de zero]

D) [gráfico: $\mathcal{E}_M$ vs f, retas P_1 e P_2 decrescentes]

15 - (UFRN 2001) Crizzoleta Puzzle, estudante de Física, idealizou a seguinte experiência: Numa colisão entre dois nêutrons, são realizadas medidas simultâneas e exatas da posição e da velocidade de cada um dos nêutrons. Em sua idealização, essas medidas são efetuadas em dois instantes: antes da colisão (figura I) e depois da colisão (figura II). A letra c, que aparece nas duas figuras, representa a velocidade da luz no vácuo, e v_1 e v_2 representam, respectivamente, as velocidades dos nêutrons 1 e 2.

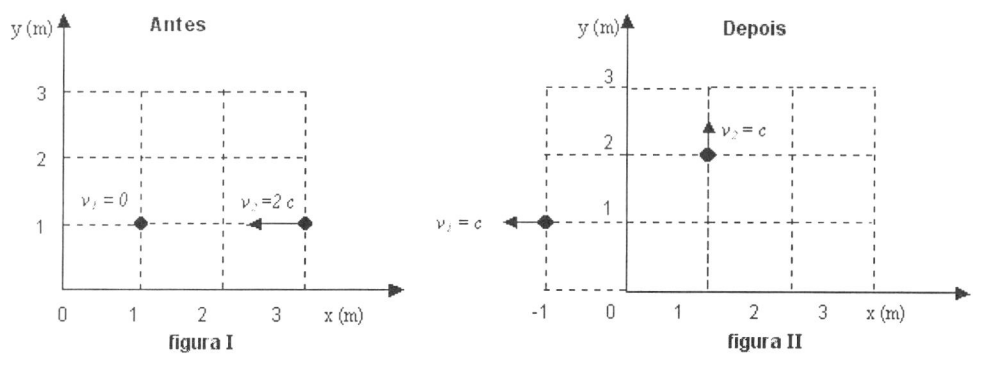

[figura I: Antes — $v_1 = 0$ em (1,1); $v_2 = 2c$ em (3,1)]
[figura II: Depois — $v_1 = c$ em (0,1) apontando para esquerda; $v_2 = c$ em (2,2) apontando para cima]

Analisando a experiência proposta, verificamos, à luz da Física Moderna, que a referida estudante violou

A) o princípio da incerteza de Heisenberg, a lei de conservação do momento linear e a lei de Coulomb.
B) o princípio da incerteza de Heisenberg, um postulado da teoria da relatividade especial de Einstein e a lei de conservação do momento linear.
C) um postulado da teoria da relatividade especial de Einstein, a lei de conservação da carga elétrica e a lei de conservação do momento linear.
D) um postulado da teoria da relatividade especial de Einstein, a lei de Coulomb e a lei de conservação da carga elétrica.

16 - (UFRN-2001) Inácio, um observador inercial, observa um objeto em repouso devido às ações de duas forças opostas exercidas pela vizinhança desse objeto. No mesmo instante, Ingrid e Acelino, observando o mesmo objeto, a partir de referenciais diferentes do referencial de Inácio, chegam às seguintes conclusões: para Ingrid, o objeto se move com momento linear constante, e, para Acelino, o objeto se move com aceleração constante. Face ao exposto, é correto afirmar que

A) Ingrid está num referencial não inercial com velocidade constante.
B) Ingrid e Acelino estão, ambos, em referenciais não inerciais.
C) Acelino está num referencial não inercial com aceleração constante.
D) Acelino e Ingrid estão, ambos, em referenciais inerciais.

17 - (UFRN-2001) O dia estava lindo. O sol deixou Tatiana extasiada e curiosa para entender o processo de geração de tanta energia. Foi, então, buscar nos livros e na internet uma explicação para isso. Seu rosto estampou grande admiração ao compreender que o sol e as demais estrelas faziam a "alquimia" de transformar elementos leves em outros mais pesados, através do processo de fusão nuclear (como, por exemplo, a conversão de hidrogênio em hélio). Ela pôde perceber que em tal façanha muita energia é liberada. Na verdade, vem daí a energia que faz uma estrela brilhar! A liberação dessa energia se deve à transformação de massa de repouso em energia, conforme é dado pela equação de Einstein, $E=mc^2$ (onde m é a massa que é convertida em energia; E é a energia associada a essa massa; c, a velocidade da luz no vácuo). Tatiana, entusiasmada, resolveu avaliar quanta energia seria liberada numa estrela, numa única reação de fusão de três partículas alfa (na verdade, núcleos de hélio: $_2He^4$), para formar um núcleo de carbono, $_6C^{12}$. Seus cálculos foram feitos baseados nas seguintes considerações: a massa de repouso de cada partícula alfa é igual a $3.728,3 \frac{MeV}{c^2}$ e a massa de repouso do núcleo de carbono é igual a $11.177,7 \frac{MeV}{c^2}$, onde elétron-volt (eV) é a unidade de energia e o prefixo M, de mega, corresponde a 10^6. As massas estão expressas respeitando-se os algarismos significativos provenientes dos experimentos que as avaliaram. Esquematicamente, Tatiana representou o processo da seguinte forma:

$$_2He^4 + _2He^4 + _2He^4 \longrightarrow _6C^{12} + E_L,$$

onde E_L representa a energia liberada. A partir dos dados acima,

A) verifique se o processo de fusão analisado por Tatiana contraria a lei de conservação da carga. Justifique sua resposta.
B) calcule, em MeV, o valor da energia E_L encontrado por Tatiana, usando como unidade de massa apenas $\frac{MeV}{c^2}$. Dê a resposta respeitando os algarismos significativos.
C) calcule o trabalho realizado com a energia E_L (obtida na resposta do item B) num processo de expansão isotérmica de uma porção de gás da estrela. (Considere que o gás seja ideal e leve em conta a primeira lei da termodinâmica, segundo a qual: $\Delta U = Q - W$, onde ΔU é a variação da energia interna do gás, Q é a quantidade de calor trocado e W é o trabalho realizado.)

18 - (UFRN-2002) Bastante envolvida com seus estudos para a prova do vestibular, Sílvia selecionou o seguinte texto sobre Teoria da Relatividade para mostrar à sua colega Tereza:
À luz da Teoria da Relatividade Especial, as medidas de comprimento, massa e tempo não são absolutas quando realizadas por observadores em referenciais inerciais diferentes. Conceitos inovadores como massa relativística, contração de Lorentz e dilatação temporal desafiam o senso comum. Um resultado dessa teoria é que as dimensões de um objeto são máximas quando medidas em repouso em relação ao observador. Quando o objeto se move com velocidade V, em relação ao observador, o resultado da medida de sua dimensão paralela à direção do movimento é menor do que o valor obtido quando em

repouso. As suas dimensões perpendiculares à direção do movimento, no entanto, não são afetadas.

Depois de ler esse texto para Tereza, Sílvia pegou um cubo de lado L_0 que estava sobre a mesa e fez a seguinte questão para ela:

Como seria a forma desse cubo se ele estivesse se movendo, com velocidade relativística constante, conforme direção indicada na figura abaixo?

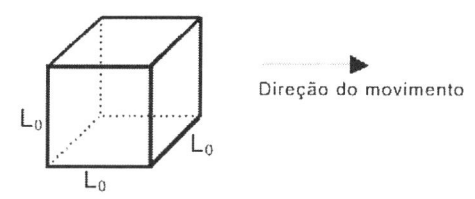

Direção do movimento

A resposta correta de Tereza a essa pergunta foi:

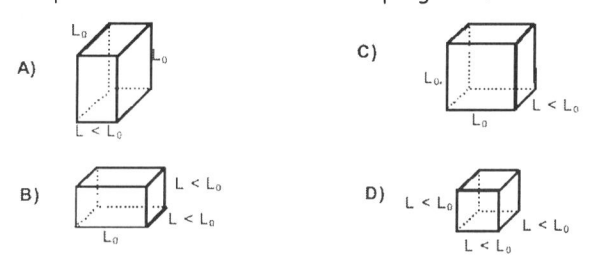

A)

B) $L < L_0$ / $L < L_0$

C) $L < L_0$

D) $L < L_0$ / $L < L_0$ / $L < L_0$

(UFRN-2002) O texto abaixo refere-se às questões **20** e **21**.

No Brasil, a preocupação com a demanda crescente de energia elétrica vem gerando estudos sobre formas de otimizar sua utilização. Um dos mecanismos de redução de consumo de energia é a mudança dos tipos de lâmpadas usados nas residências. Dentre esses vários tipos, destacam-se dois: a lâmpada incandescente e a fluorescente, as quais possuem características distintas no que se refere ao processo de emissão de radiação.

- A lâmpada incandescente (lâmpada comum) possui um filamento, em geral feito de tungstênio, que emite radiação quando percorrido por uma corrente elétrica.
- A lâmpada fluorescente em geral utiliza um tubo, com eletrodos em ambas as extremidades, revestido internamente com uma camada de fósforo, contendo um gás composto por argônio e vapor de mercúrio. Quando a lâmpada é ligada se estabelece um fluxo de elétrons entre os eletrodos. Esses elétrons colidem com os átomos de mercúrio transferindo energia para eles (átomos de mercúrio ficam excitados). Os átomos de mercúrio liberam essa energia emitindo fótons ultravioleta. Tais fótons interagem com a camada de fósforo, originando a emissão de radiação.

20 - (UFRN-2002) Considerando os processos que ocorrem na lâmpada fluorescente, podemos afirmar que a explicação para a emissão de luz envolve o conceito de

A) colisão elástica entre elétrons e átomos de mercúrio.
B) efeito fotoelétrico.
C) modelo ondulatório para radiação.
D) níveis de energia dos átomos.

21 - (UFRN-2002) As lâmpadas incandescentes são pouco eficientes no que diz respeito ao processo de iluminação. Com intuito de analisar o espectro de emissão de um filamento de uma lâmpada incandescente, vamos considerá-lo como sendo semelhante ao de um corpo negro (emissor ideal) que esteja à mesma temperatura do filamento (cerca de 3000 K). Na figura abaixo, temos o espectro de emissão de um corpo negro para diversas temperaturas.

Intensidade da radiação emitida por um corpo negro em função da freqüência para diferentes valores de temperatura.

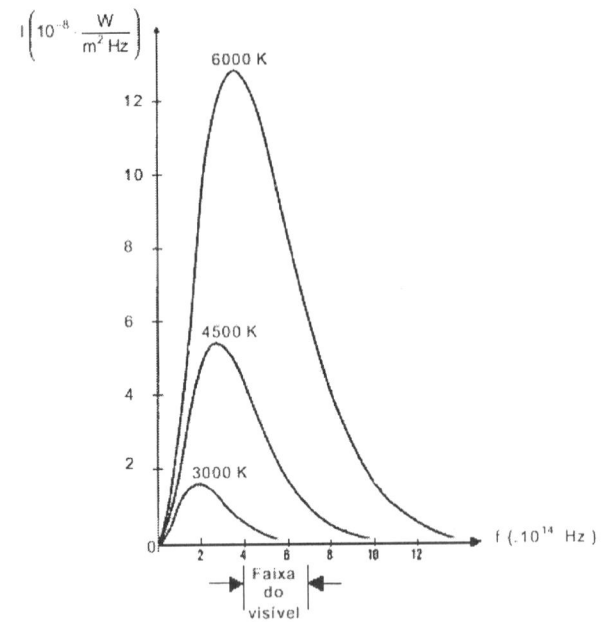

Diante das informações e do gráfico, podemos afirmar que, tal como um corpo negro,

A) os fótons mais energéticos emitidos por uma lâmpada incandescente ocorrem onde a intensidade é máxima.
B) a freqüência em que ocorre a emissão máxima independe da temperatura da lâmpada.
C) a energia total emitida pela lâmpada diminui com o aumento da temperatura.
D) a lâmpada incandescente emite grande parte de sua radiação fora da faixa do visível.

22 - (UFRN-2002) Ano passado, na prova de Física do Vestibular da UFRN, a simpática ilusionista amadora Mary Scondy nos apresentou uma de suas mágicas para servir de objeto de avaliação dos candidatos a uma vaga na UFRN. Satisfeita com sua participação, Mary resolveu, mais uma vez, utilizar truques rudimentares para enriquecer a atual prova de Física. E, desta vez, ela garante ter poder mental capaz de fazer um anel saltar da mesa. Para realizar seu intento, Mary escondeu, embaixo de sua mesa de trabalho, a instalação de uma bobina que pode ser ligada, com facilidade, a uma bateria, ao acionar, com o pé, um interruptor escondido no chão. Todo o processo foi cuidadosamente preparado para garantir que o anel saltasse. Logo após encenações iniciais, Mary coloca sobre a mesa o anel metálico em um ponto exatamente em cima do local onde está escondida a bobina (figura abaixo). Ela concentra-se e, com sutileza, aciona o interruptor. Pronto!!! O anel saltou em pleno ar e Josué, um dos espectadores, ficou espantado com os poderes de Mary.

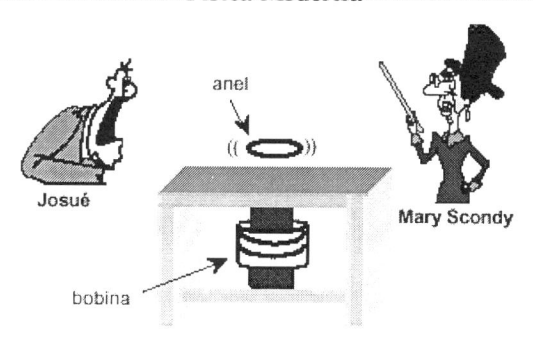

Com base no que foi descrito,
A) explique, utilizando as leis da Física, como foi possível o anel saltar.
B) cite os tipos de energia associados ao salto dado pelo anel.

23 - (UFRN-2002) Dentre as criações da mente humana, a Física Moderna assegurou um lugar de destaque, constituindo-se em um dos grandes suportes teóricos no processo de criação tecnológica e tendo repercussão cultural na sociedade. Uma análise histórica revela que um dos pilares do desenvolvimento dessa área da Física foi o cientista dinamarquês Niels Bohr, o qual, em 1913, apresentou um modelo atômico que estava em concordância qualitativa com vários dos experimentos associados ao espectro do átomo de hidrogênio. Uma característica de seu modelo é que alguns conceitos clássicos são mantidos, outros rejeitados e, em adição, novos postulados são estabelecidos, apontando, assim, para o surgimento de um novo panorama na Física. No modelo proposto por Bohr para o átomo de hidrogênio, o átomo é formado por um núcleo central e por uma carga negativa (elétron) que se move em órbita circular em torno do núcleo devido a ação de uma força elétrica (força de Coulomb). O núcleo, parte mais massiva, é constituído pela carga positiva (próton). Esse modelo garante a estabilidade do átomo de hidrogênio e explica parte significativa dos dados experimentais do seu espectro de emissão e absorção. A estrutura de átomo proposta por Niels Bohr apresenta níveis discretos de energia, estando o elétron com movimento restrito a certas órbitas compatíveis com uma regra de quantização do momento angular orbital, L, ($L = n\frac{h}{2\pi}$, em que n é um número inteiro e h é a constante de Planck). No entendimento de Bohr, quando o elétron sai de um nível de maior energia para outro menos energético, a diferença de energia é emitida na forma de fótons (partícula cujo momento linear, P, pode ser calculado pela expressão $P = \frac{E}{c}$, em que E é a energia do fóton e c é a velocidade da luz no vácuo). A análise de tal emissão de fótons constitui parte relevante na verificação da confiabilidade do modelo atômico proposto. Considerando o texto acima como um dos elementos para suas conclusões,
A) Complete a tabela, apresentada na folha de resposta, registrando dois aspectos da Física Clássica que foram mantidos no modelo de Bohr e dois aspectos inovadores que foram introduzidos por Bohr.
B) Obtenha uma expressão analítica para a velocidade de recuo, V_R VR, de um átomo de hidrogênio livre, quando um fóton é emitido por ele após a transição de um elétron do primeiro nível excitado (energia E_1) para o estado fundamental (energia E_0). Expresse o resultado em função de: E_0, E_1, c e M_H, em que M_H é a massa do átomo de hidrogênio após a liberação do fóton.

Quadro de resposta da letra (A)

Aspectos da Física Clássica mantidos no modelo de Bohr	Aspectos inovadores introduzidos no modelo de Bohr

24 - (UFRN-2003) Mauro ouviu no noticiário que os presos do Carandiru, em São Paulo, estavam comandando, de dentro da cadeia, o tráfico de drogas e fugas de presos de outras cadeias paulistas, por meio de telefones celulares. Ouviu também que uma solução possível para evitar os telefonemas, em virtude de ser difícil controlar a entrada de telefones no presídio, era fazer uma blindagem das ondas eletromagnéticas, usando telas de tal forma que as ligações não fossem completadas. Mauro ficou em dúvida se as telas eram metálicas ou plásticas. Resolveu, então, com seu celular e o telefone fixo de sua casa, fazer duas experiências bem simples.

1ª - Mauro lacrou um saco plástico com seu celular dentro. Pegou o telefone fixo e ligou para o celular. A ligação foi completada.

2ª - Mauro repetiu o procedimento, fechando uma lata metálica com o celular dentro. A ligação não foi completada.

O fato de a ligação não ter sido completada na segunda experiência, justifica-se porque o interior de uma lata metálica fechada

A) permite a polarização das ondas eletromagnéticas diminuindo a sua intensidade.
B) fica isolado de qualquer campo magnético externo.
C) permite a interferência destrutiva das ondas eletromagnéticas.
D) fica isolado de qualquer campo elétrico externo.

25 - (UFRN-2003) Em um aparelho de televisão, existem três funções básicas (cor, brilho e contraste), que podem ser controladas continuamente, para se obter uma boa imagem. Ajustar uma dessas funções depende essencialmente do controle da diferença de potencial que acelera os elétrons emitidos pelo tubo de raios catódicos e que incidirão na tela fluorescente. Assim, no tubo de imagem do televisor, os elétrons podem ter qualquer valor de energia, dependendo da diferença de potencial aplicada a esses elétrons.

A Física Quântica, quando aplicada ao estudo de átomos isolados, constata que a energia dos elétrons nesses átomos é uma grandeza discreta ao invés de contínua, como estabelecido pela Física Clássica.

Essas afirmações, valores contínuos de energia para os elétrons emitidos pelo tubo e energias discretas para os elétrons do átomo, não são contraditórias, porque os elétrons emitidos pelo tubo de raios catódicos

A) são livres e os elétrons que estão nos átomos são confinados.
B) são em grande quantidade, diferentemente dos elétrons que estão nos átomos.
C) perdem a carga elétrica, transformando-se, em fótons e os elétrons que estão nos átomos permanecem carregados.
D) têm comprimento de onda de de Broglie associado igual ao dos elétrons que estão nos átomos.

26 - (UFRN-2003) A técnica de difração é largamente utilizada na determinação da estrutura dos materiais cristalinos. Essa técnica consiste em analisar o feixe difratado de nêutrons ou de raios-X que incide sobre o cristal cuja estrutura se deseja determinar. Observase por meio de detectores apropriados, que a difração dos nêutrons e dos raios-X apresenta máximos e mínimos de intensidade em direções bem definidas. Esses máximos e mínimos de intensidade correspondem às interferências construtivas e destrutivas provenientes da interação dos nêutrons ou dos raios-X com os átomos do cristal. Fazendo-se um estudo da localização desses máximos e mínimos, determinase, então, a disposição espacial dos átomos no cristal.

Pelo exposto, podemos afirmar que a interação dos nêutrons e a interação dos raios-X com o cristal evidenciam a natureza

A) de partícula para os nêutrons e ondulatória para os raios-X.
B) de partícula para os nêutrons e para os raios-X.
C) ondulatória para os nêutrons e para os raios-X.
D) ondulatória para os nêutrons e de partícula para os raios-X.

27 - (UFRN-2003) A natureza do processo de geração da luz é um fenômeno essencialmente quântico. De todo o espectro das ondas eletromagnéticas, sabemos que a luz é a parte desse espectro detectada pelo olho humano. No cotidiano vemos muitas fontes de luz BRANCA, como o Sol e as lâmpadas incandescentes que temos em casa. Já uma luz VERMELHA monocromática – por exemplo, de um laser – temos menos oportunidade de ver. Esse tipo de luz laser pode ser observada tanto em consultório de dentistas quanto em leituras de códigos de barras nos bancos e supermercados. Nos exemplos citados, envolvendo luz branca e luz vermelha, muitos átomos participam do processo de geração de luz.

Com base na compreensão dos processos de geração de luz, podemos dizer que a

A) luz vermelha monocromática é gerada pelo decaimento simultâneo de vários elétrons entre um mesmo par de níveis atômicos.
B) luz branca é gerada pelo decaimento simultâneo de vários elétrons entre um mesmo par de níveis atômicos.
C) luz vermelha monocromática é gerada pelo decaimento simultâneo de vários elétrons entre vários pares de níveis atômicos.
D) luz branca é gerada pelo decaimento sucessivo de um elétron entre vários pares de níveis atômicos.

28 - (UFRN-2003) Em alguns programas de televisão apresentam-se pessoas que dizem se alimentar apenas de luz. Para muitos, a palavra alimento está associada a uma boa porção de massa e a palavra luz ao conceito de energia. Os conceitos de massa e energia dentro da Física Moderna estão relacionados a duas constantes fundamentais: h, constante introduzida por Planck (em seu trabalho sobre radiação de corpo negro), e c, que é a velocidade da luz no vácuo.

O quadro abaixo exemplifica, com duas equações, a presença dessas constantes, tanto na Teoria Quântica como na Teoria da Relatividade de Einstein.

Teoria Quântica (modelo corpuscular da luz)	Teoria da Relatividade
$E = hf$	$E = mc^2$
E: energia de um fóton associado a uma radiação de frequência f;	E: é o equivalente em energia da massa m de um objeto;
$h \doteq 6 \times 10^{-34}$ unidades do sistema Internacional (SI).	$c = 3 \times 10^8$ m/s (velocidade da luz no vácuo).

Tendo como referência as informações acima e considerando uma radiação de freqüência $6 \times 10^{+14}$ hertz, obtenha:

A) a quantidade de fótons, N, que produziria um equivalente energético de uma massa igual a 0,4 kg;
B) a unidade para a constante de Planck, h, a partir de uma análise dimensional, representada em função das grandezas: massa (kg), comprimento (m) e tempo (s).

29 - (UFRN-2004) Abraão está sempre inovando sua maneira de lecionar. Ele conhece bem a força do desenho caricato e tenta fazer uma espécie de "caricatura conceitual" para evidenciar sutilezas da Física Moderna. Abraão acredita que essa forma descontraída de discutir conceitos físicos favorece a apreensão do "novo" e auxilia a manutenção do senso de humor em suas aulas, nas quais ele costuma fazer algumas afirmações para serem discutivas.

Uma afirmação correta feita por Abraão é:

A) é impossível esmagar um objeto (por exemplo, tirar suco de uma fruta) usando o efeito da contração de Lorentz, apresentado na Teoria da Relatividade Especial.
B) ondas de matéria não podem ser associadas a corpos macroscópicos, senão um carro ao passar por um túnel sofreria forte difração.
C) a massa relativística cresce com a velocidade do objeto, portanto um elétron fica com um tamanho enorme para velocidades próximas da velocidade da luz.
D) na Teoria da Relatividade de Einstein, tudo é relativo, até mesmo leis de conservação, cuja validade vai depender do observador inercial que analise a situação.

30 - (UFRN-2004) Bárbara ficou encantada com a maneira de Natasha explicar a dualidade onda-partícula, apresenda nos textos de Física Moderna. Natasha fez uma analogia com o processo de percepção de imagens, apresentando uma explicação baseada numa figura muito utilizada pelos psicólogos da Gestalt. Seus esclarecimentos e a figura ilustrativa são reproduzidos abaixo.

A minha imagem preferida sobre o comportamento dual da luz é o desenho de um cálice feito por dois perfis. Qual a realidade que percebemos na figura ao lado? Podemos ver um cálice ou dois perfis, dependendo de quem consideramos como figura e qual consideraremos como fundo, mas não podemos ver ambos simultaneamente. É um exemplo perfeito de realidade criada pelo observador, em que nós decidimos o que vamos observar. A luz se comporta de forma análoga, pois, dependendo do tipo de experiência ("fundo"), revela, sua natureza de onda ou sua natureza de partícula, sempre escondendo uma quando a outra é mostrada.

Figura citada por Natasha, na qual dois perfis formam um cálice, e vice-versa.

Diante das explicações acima, é correto afirmar que Natasha estava ilustrando, com o comportamento da luz, o que os físicos chamam de princípio da:

A) incerteza de Heisenber.
B) complementaridade de Bohr.
C) superposição.
D) Relatividade.

31 - (UFRN-2004) Numa experiência histórica, Sir Isaac Newton observou que um feixe de luz branca proveniente do Sol pode ser decomposto num espectro de cores que se distribuem uniformemente num anteparo plano. Para meios dispersivos, o índice de refração η varia com o comprimento de onda λ. A figura 1 mostra essa variação para diferentes materiais. A figura 2 ilustra um feixe de luz branca passando por um prisma feito com um desses materiais e se decompondo num anteparo plano.

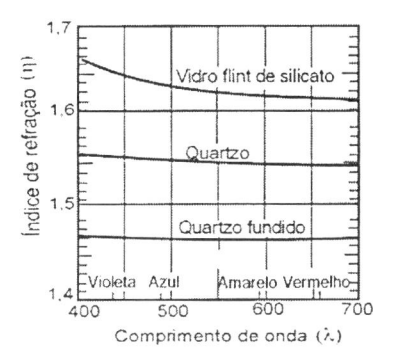

Figura 1 - Variação do índice de refração (η), com o comprimento de onda (λ), para diferentes materiais).

Figura 2 - Dispersão da luz branca por um prisma.

De acordo com essas informações, as cores mais prováveis das faixas 1, 2 e 3 são, respectivamente,

a) Vermelho, violeta e amarelo.
b) Amarelo, vermelho e violeta.
c) Violeta, amarelo e vermelho.
d) Vermelho, amarelo e violeta.

32 - (UFRN-2004) Uma das aplicações do efeito fotoelétrico é o visor noturno, aparelho de visão sensível à radiação infravermelha, ilustrado na figura abaixo. Um aparelho desse tipo foi utilizado por membros das forças especiais norte-americanas para observar supostos integrantes da rede al-Qaeda. Nesse tipo de equipamento, a radiação infravermelha atinge suas lentes e é direcionada para uma placa de vidro revestidas de material de baixa função de trabalho (W). Os elétrons arrancados desse material são "transformados", eletronicamente em imagens. A teoria de Einstein para o efeito fotoelétrico estabelece que:

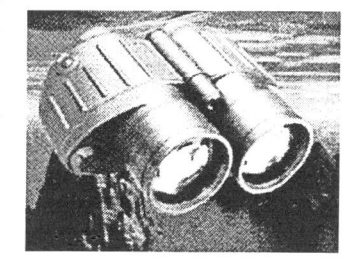

$$E_c = hf - W$$

Sendo: E_c a energia cinética máxima de um fotoelétron. $h = 6,6 \times 10^{-34}$ J.s a constante de Planck. f a freqüência da radiação incidente.

Considere que um visor noturno recebe radiação de freqüência $f = 2,4 \times 10^{+14}$ Hz e que os elétrons mais rápidos ejetados do material têm energia cinética $E_c = 0,90$ eV. Sabe-se que a carga do elétron é $q = 1,6 \times 10^{-19}$ C e $1 eV = 1,6 \times 10^{-19}$ J.

Baseando-se nessas informações, calcule:
a) A função de trabalho (W) do material utilizado para revestir a placa de vidro desse visor noturno, em eV.
b) O potencial de corte (V_0) desse material para a freqüência (f) da radiação incidente.

Questões Complementares (Região Nordeste)

01 - (UFPE-2004) Um astronauta é colocado a bordo de uma espaçonave e enviado para uma estação espacial a uma velocidade constante **v = 0,8 c**, onde **c** é a velocidade da luz no vácuo. No referencial da espaçonave, o tempo transcorrido entre o lançamento e a chegada na estação espacial foi de **12 meses**. Qual o tempo transcorrido no referencial da Terra, em **meses**?

02 - (UFPE-2004) O efeito fotoelétrico é a emissão de elétrons pela superfície de certos, quando submetidos a ondas eletromagnéticas de determinadas freqüências. Qual dos gráficos abaixo representa o potencial V_{CORTE} dos elétrons emitidos, em função da freqüência f da luz que incide sobre uma superfície metálica?

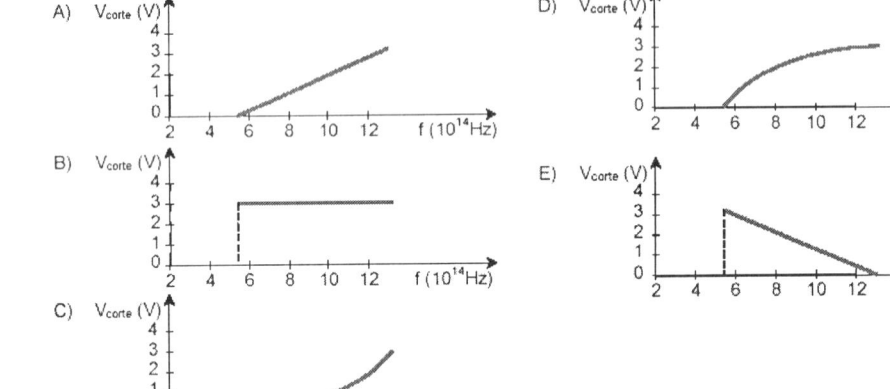

A) [gráfico: V_{corte} (V) vs f (10^{14} Hz), reta crescente a partir de f≈5]

D) [gráfico: V_{corte} (V) vs f (10^{14} Hz), curva crescente saturando]

B) [gráfico: V_{corte} (V) vs f (10^{14} Hz), degrau constante em 3]

E) [gráfico: V_{corte} (V) vs f (10^{14} Hz), reta decrescente]

C) [gráfico: V_{corte} (V) vs f (10^{14} Hz), curva crescente côncava]

03 - (UFPE-2004) A fissão nuclear é um processo pelo qual os núcleos atômicos:

A) de elementos mais leves convertidos a núcleos atômicos de elementos mais pesados.
B) emitem radiação beta e estabilizam.
C) de elementos mais pesados são convertidos a núcleos atômicos de elementos mais leves.
D) absorvem radiação gama e passam a emitir partículas alfa.
E) absorvem nêutrons e têm sua massa atômica aumentada em uma unidade.

04 - (UFPE-1995) A primeira transmutação artificial de um elemento em outro, conseguida por Rutherford em 1919, baseou-se na reação

$$^{14}_{7}N + ^{4}_{2}He \longrightarrow X + ^{1}_{1}H$$

É correto afirmar que:

( ) O núcleo X tem dezessete nêutrons

( ) O átomo neutro do elemento X tem oito elétrons.
( ) O núcleo $_1^1H$ é formado de um próton e um nêutron.
( ) O número atômico do elemento X é 8.
( ) O número de massa do elemento X é 17.

05 - (UPE-2004) No modelo planetário do átomo, o núcleo tem carga positiva e pequena dimensão e os elétrons circulam em volta dele. De acordo com a Mecânica Clássica de Newton, o equilíbrio da órbita depende de que a força de atração entre núcleo e elétron faça o papel de força centrípeta. Desse modo, os raios das órbitas atômicas poderiam ter qualquer valor. Na prática, observa-se que só algumas órbitas são permitidas. Conforme a teoria eletromagnética de Maxwell, cargas elétricas aceleradas irradiam. O elétron, girando, tem aceleração centrípeta e, como carga acelerada, perde energia. Assim, o modelo atômico de Bohr seria inviável. Entretanto, várias evidências apóiam esse modelo. Para preservar a concepção do átomo, propôs-se que, em determinadas órbitas, o elétron não irradiaria energia, contrariando o eletromagnetismo. Estas órbitas especiais atenderiam à condição de quantização da quantidade de movimento angular ou, equivalentemente, do perímetro de cada órbita eletrônica.

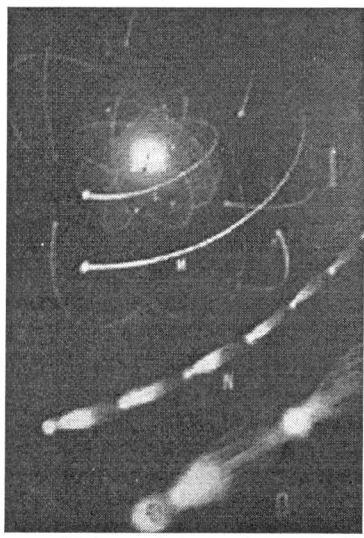

Modelo planetário: o equilíbrio da órbita ocorre quando a força centrípeta é a atração elétrica entre o núcleo e o elétron.

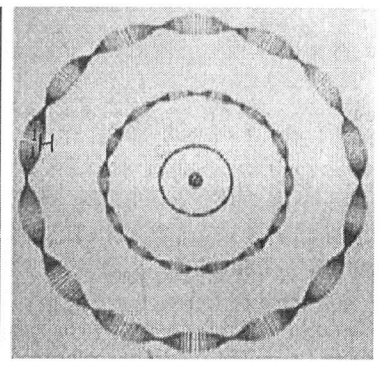

Modelo quântico: elétrons têm comprimento de onda associado. Quando o perímetro da órbita contém um número inteiro de comprimentos de onda, ela é estável.

Modelo de Bohr

Em relação a esses comentários, analise as proposições seguintes como verdadeiras ou falsas, considerando as seguintes informações adicionais:

( ) A condição clássica para estabilidade da órbita é $m v^2 r = K Z e^2$.

( ) A condição quântica para estabilidade da órbita é $2\pi r m v = n h$.
( ) A condição quântica para estabilidade da órbita é $2\pi n r = m v h$.
( ) A condição clássica para estabilidade da órbita é $m \omega^2 r^3 = K Z e^2$.
( ) A condição quântica para estabilidade da órbita é $m v r = K Z e^2$.

06 - **(UPE-2004)** A figura ilustra o método de Fizeau para determinar a velocidade da luz. O processo está descrito a seguir.

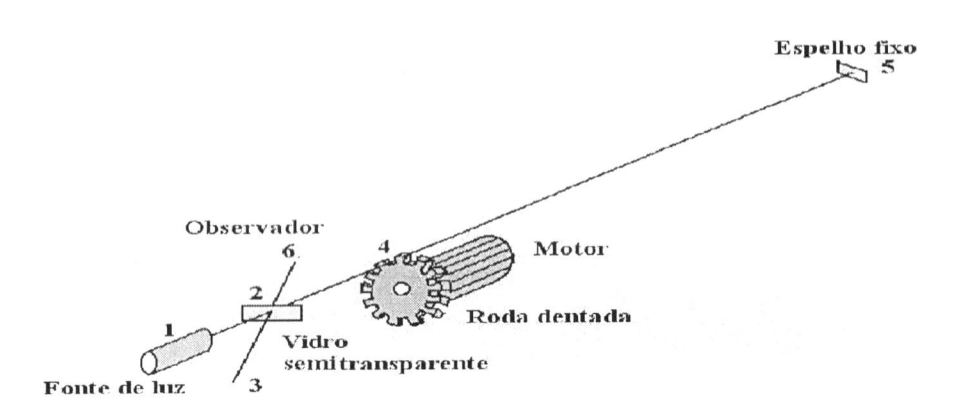

O raio, que sai da fonte de luz **(1)**, chega ao vidro semitransparente **(2)**, é parcialmente refletido na direção **(2-3)** e parcialmente transmitido na direção **(2-4)**. Passa entre os dentes da roda dentada **(4)** e segue em direção ao espelho fixo **(5)**. Refletido na mesma direção, o raio passa novamente no espaço entre os dentes **(4)** e chega ao vidro semitransparente **2**, onde é parcialmente refletido na direção **(2-6)**, chegando ao observador. Com a roda parada, o observador vê a luz. Quando o motor é ligado e a velocidade da roda aumenta, a luz deixa de ser vista na direção **(2-6)**. Nessa situação, determina-se a velocidade angular da roda dentada. **Para calcular a velocidade da luz deve-se dividir**

A) a distância entre os pontos 2 e 5 pela velocidade angular da roda dentada.
B) a distância entre os pontos 2 e 5 pelo número de dentes da roda dentada.
C) a distância entre os pontos 4 e 5 pelo tempo no percurso do espaço entre dois dentes.
D) o dobro da distância entre os pontos 2 e 5 pelo tempo no percurso do espaço entre dois dentes.
E) o dobro da distância entre os pontos 4 e 5 pelo tempo no percurso do espaço entre dois dentes.

07 - **(UPE-2004)** Os semicondutores são materiais que possuem resistividade de valor intermediário entre a do condutor e a do isolante. O germânio é um material semicondutor que tem quatro elétrons de valência. Se um cristal de germânio contiver pequena quantidade de

Física Moderna

arsênico, que apresenta cinco elétrons de valência, sobrará um elétron na estrutura. Esse material é chamado de semicondutor *tipo n* e diz-se que o germânio está dopado com o arsênico. Se, ao invés do arsênico, o gálio for usado na dopagem (três elétrons de valência) faltará um elétron na estrutura (um buraco). Agora, tem-se um semicondutor *tipo p*. A junção desses dois tipos (diodo) vai produzir um efeito de difusão de elétrons e buracos, e o resultado será uma alteração de estado, de tal modo que o material oferecerá grande resistência se tentarmos fazer uma corrente elétrica atravessá-lo no sentido n p (polarização inversa). Já no sentido p n a corrente elétrica passará com facilidade (polarização direta). Considere essas informações para analisar as figuras.

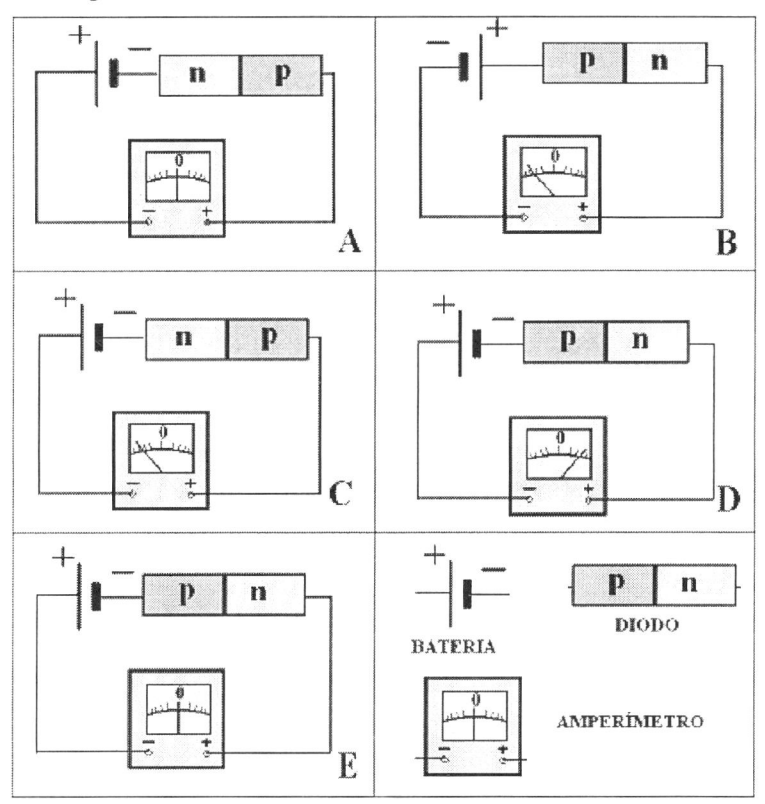

( ) O circuito A está correto.
( ) O circuito B está correto.
( ) O circuito C está correto.
( ) O circuito D está correto.
( ) O circuito E está correto.

08 - (UFBA-2002) Investigando a estrutura do núcleo atômico, Rutherford conseguiu, pela primeira vez, transformar artificialmente um elemento químico em outro, fazendo um feixe de partículas alfa passar através de uma camada de nitrogênio gasoso. A transformação ocorrida, de nitrogênio em oxigênio, está representada, de maneira sintética, na figura a seguir. Com base nessas informações, na análise da figura e nos conhecimentos sobre física nuclear, é correto afirmar:

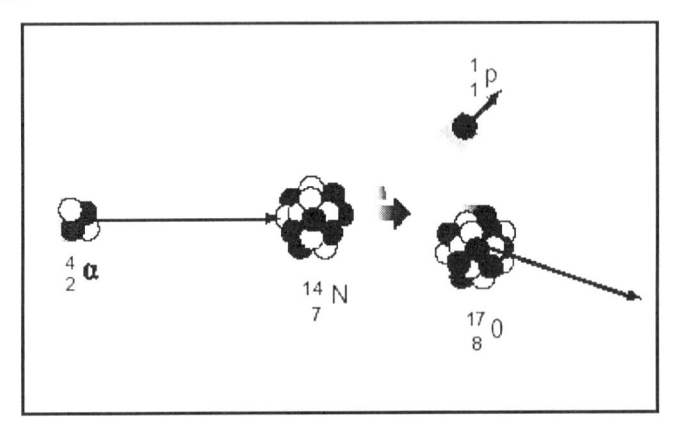

a) A estabilidade de núcleos atômicos se mantém pela ação de forças de natureza eletromagnética.
b) A partícula alfa é formada por dois núcleons.
c) O nitrogênio libera um próton mediante reação nuclear espontânea.
d) O oxigênio obtido é resultante de um processo de transmutação.
e) A conservação do número de massa ocorre em reações nucleares.
f) A carga elétrica total, antes da reação, é igual à carga elétrica total após a reação.

09 - (UFBA-2003)

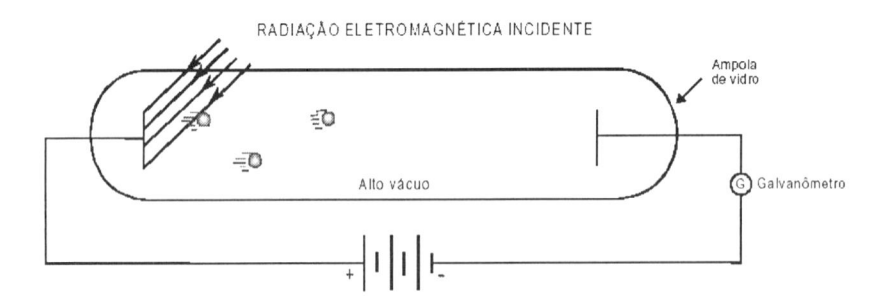

No arranjo experimental da figura, utilizado para observação do efeito fotoelétrico, uma radiação eletromagnética de comprimento de onda igual a l incide sobre a placa de tungstênio, e o galvanômetro acusa presença de corrente fotoelétrica. Considere-se a constante de Planck igual a h, a velocidade de propagação da radiação igual a c, a massa do elétron igual a m e a freqüência mínima de um fóton para arrancar um elétron da placa igual a f_0. A partir dessas informações, escreva, em função das propriedades da radiação e da placa, a equação da velocidade dos elétrons emitidos.

10 - (UFC -2002) De acordo com a teoria da relatividade, de Einstein, a energia total de uma partícula satisfaz a equação $E^2 = p^2c^2 + m_0^2c^4$, onde p é a quantidade de movimento linear da partícula, m_0 é sua massa de repouso e c é a velocidade da luz no vácuo. Ainda de acordo com Einstein, uma luz de freqüência n pode ser tratada como sendo constituída de fótons, partículas com massa de repouso nula e com energia E = hn, onde h é a constante de Planck. Com base nessas informações, você pode concluir que a quantidade de movimento linear p de um fóton é:

a) p = hc   b) p = hc/n   c) p = 1/hc   d) p = hn/c   e) p = cn/h

11 - (UFC-2002) O gráfico mostrado ao lado resultou de uma experiência na qual a superfície metálica de uma célula fotoelétrica foi iluminada, separadamente, por duas fontes de luz monocromática distintas, de freqüências $n_1 = 6,0 \times 10^{14}$ Hz e $\nu_2 = 7,5 \times 10^{14}$ Hz, respectivamente. As energias cinéticas máximas, $K_1 = 2,0$ eV e $K_2 = 3,0$ eV, dos elétrons arrancados do metal, pelos dois tipos de luz, estão indicadas no gráfico. A reta que passa pelo dois pontos experimentais do gráfico obedece à relação estabelecida por Einstein para o efeito fotoelétrico, ou seja, K = hν - φ, onde h é a constante de Planck e φ é a chamada função trabalho, característica de cada material. Baseando-se na relação de Einstein, o valor calculado de φ, em elétron-volts, é:

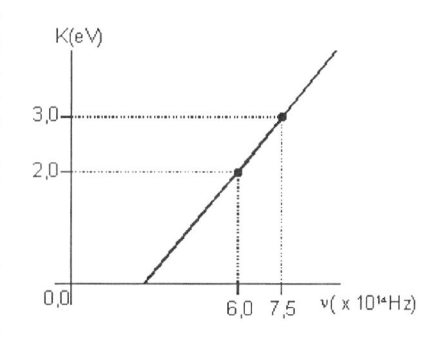

a) 1,3   d) 2,0
b) 1,6   e) 2,3
c) 1,8

12 - (UFC-2002) Uma fábrica de produtos metalúrgicos do Distrito Industrial de Fortaleza consome, por mês, cerca de $2,0 \times 10^6$ kWh de energia elétrica (1 kWh = $3,6 \times 10^6$ J). Suponha que essa fábrica possui uma usina capaz de converter diretamente massa em energia elétrica, de acordo com a relação de Einstein, $E = m_0c^2$.

Nesse caso, a massa necessária para suprir a energia requerida pela fábrica, durante um mês, é, em gramas:

a) 0,08   d) 80
b) 0,8   e) 800
c) 8

13 - (UFC-2002) Um elétron é acelerado a partir do repouso até atingir uma energia relativística final igual a 2,5 MeV. A energia de repouso do elétron é $E_0 = 0,5$ MeV. Determine:

a) a energia cinética do elétron quando ele atinge a velocidade final;

b) a velocidade escalar atingida pelo elétron como uma fração da velocidade da luz no vácuo, c.

14 - (UFC-2002) A função trabalho de um dado metal é 2,5 eV.

a) Verifique se ocorre emissão fotoelétrica quando sobre esse metal incide luz de comprimento de onda $l = 6,0 \times 10^{-7}$ m. A constante de Planck é $h \approx 4,2 \times 10^{-15}$ eV×s e a velocidade da luz no vácuo é $c = 3,0 \times 10^8$ m/s.

b) Qual é a freqüência mais baixa da luz incidente capaz de arrancar elétrons do metal?

15 - (UFC -2002) De acordo com a teoria da relatividade, de Einstein, a energia total de uma partícula satisfaz a equação $E^2 = p^2c^2 + m_0^2c^4$, onde p é a quantidade de movimento linear da partícula, m_0 é sua massa de repouso e c é a velocidade da luz no vácuo. Ainda de acordo com Einstein, uma luz de freqüência n pode ser tratada como sendo constituída de fótons, partículas com massa de repouso nula e com energia $E = hn$, onde h é a constante de Planck. Com base nessas informações, você pode concluir que a quantidade de movimento linear p de um fóton é:

a) p = hc   b) p = hc/n   c) p = 1/hc   d) p = hn/c   e) p = cn/h

16 - (UFC-2002) O gráfico mostrado ao lado resultou de uma experiência na qual a superfície metálica de uma célula fotoelétrica foi iluminada, separadamente, por duas fontes de luz monocromática distintas, de freqüências $n_1 = 6,0 \times 10^{14}$ Hz e $v_2 = 7,5 \times 10^{14}$ Hz, respectivamente. As energias cinéticas máximas, $K_1 = 2,0$ eV e $K_2 = 3,0$ eV, dos elétrons arrancados do metal, pelos dois tipos de luz, estão indicadas no gráfico. A reta que passa pelo dois pontos experimentais do gráfico obedece à relação estabelecida por Einstein para o efeito fotoelétrico, ou seja, $K = h\nu - \phi$, onde h é a constante de Planck e ϕ é a chamada função trabalho, característica de cada material. Baseando-se na relação de Einstein, o valor calculado de ϕ, em elétron-volts, é:

a) 1,3   b) 1,6   c) 1,8   d) 2,0   e) 2,3

17 - (UFC- 2002) Uma fábrica de produtos metalúrgicos do Distrito Industrial de Fortaleza consome, por mês, cerca de $2,0 \times 10^6$ kWh de energia elétrica (1 kWh = $3,6 \times 10^6$ J). Suponha que essa fábrica possui uma usina capaz de converter diretamente massa em energia elétrica, de acordo com a relação de Einstein, $E = m_0c^2$.

Nesse caso, a massa necessária para suprir a energia requerida pela fábrica, durante um mês, é, em gramas:

a) 0,08   b) 0,8   c) 8   d) 80   e) 800

18 - (UNIFOR-2001) Um elétron e um próton são lançados perpendicularmente às linhas de indução de um campo magnético uniforme, como mostra a figura a seguir.

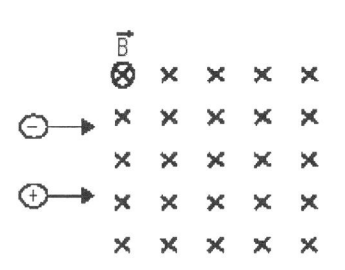

Ao penetrar na região do campo magnético suas trajetórias estão MELHOR esquematizadas em:

Dado:
$\vec{B}$: indica que o vetor indução magnética é perpendicular ao plano do papel, nele penetrando.

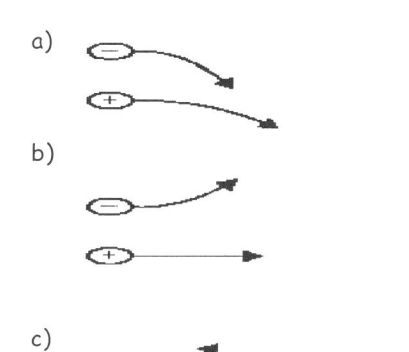

a)
b)
c) 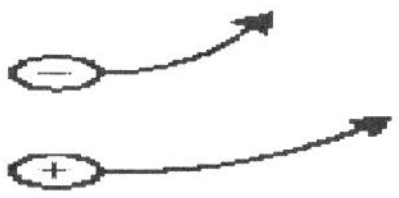
d) 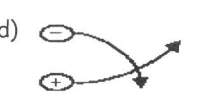
e)

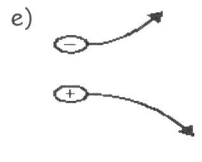

19 - (UERN-2004) Sabe-se que o mesmo raio de luz que pode difratar ao redor de um obstáculo, ao incidir na superfície de um metal, provoca emissão de fotoelétron. Esse fenômeno associado à luz foi explicado por:

a) Heisenberg
b) Albert Einstein
c) De Broglie
d) Max Planck
e) Thomas Young

Para responder às próximas questões, identifique com V as afirmativas verdadeiras e com F.

20 - (UERN-2004) Em um artigo publicado em 1913, intitulado "Sobre a constituição dos átomos e moléculas", Bohr fundamentou a teoria em dois postulados básicos:

I. Que o equilíbrio dinâmico dos sistemas nos estados estacionários pode ser discutido com o auxílio da mecânica clássica, enquanto a passagem do sistema entre estados estacionários diferentes não pode ser tratada da mesma forma.

II. Que o segundo processo é seguido pela emissão de uma radiação homogênea, para a qual a relação entre a freqüência e o total de energia emitida é dada pela teoria de Planck.

Com base nessas informações e considerando-se os átomos referidos no texto como sendo de hidrogênio, pode-se afirmar:
( ) Aspectos da Física Clássica mantidos no modelo de Bohr são a lei de Coulomb e a 2ª lei de Newton.
( ) A diferença entre as energias dos níveis envolvidos é igual a hf, em que h é a constante de Planck e f, a freqüência do fóton.
( ) Para passar da órbita n=2 para n=4, o elétron absorve dois fótons com a freqüência correspondente à da luz.

21 - (UERN-2004) Considerando-se a Teoria da Relatividade Restrita, proposta por Albert Einstein (1879 - 1955), em 1905, pode-se afirmar:

( ) O brilho da supernova, que se afasta da Terra com velocidade próxima a da luz, é semelhante ao que teria se estivesse em repouso.
( ) O observador parado na calçada vê um carro que se desloca com velocidade próxima a da luz, como sendo mais comprido e mais baixo.
( ) A quantidade de movimento linear associada a um fóton é igual a hf/c, em que h é a constante de Planck, f, a freqüência do fóton e c, a velocidade de propagação da luz.

22 - (OVERDOSE-2003) Suponha que os monitores Dieguinho e Carol fossem comandantes de naves espaciais, cada qual com o comprimento próprio L_0 = 10 m, em missão pelo espaço sideral. Em determinado momento as naves passam uma pela outra, como mostra a figura, com velocidade relativa v. Carol mede um intervalo de tempo de $\frac{1}{\sqrt{3}} \cdot 10^{-7}$ para que a segunda nave passe por ela. Qual o parâmetro da velocidade relativa b para as duas naves espaciais?

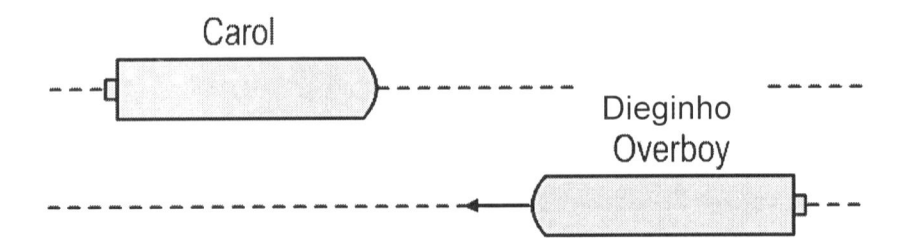

23 - (OVERDOSE-2003) Felipe Teodoro e Roberto Moreno, devido ao excelente trabalho realizado no Overdose, ganham uma viagem para conhecer o acelerador de partículas do CERN em Genebra - Suíça. Aprendem que uma determinada partícula tem vida média de 200×10^{-9} s. Durante sua existência a partícula percorre 1340 m dentro de um acelerador com uma velocidade 0,999c. Quais são as medidas, respectivamente, do tempo de vida da partícula e do espaço percorrido do ponto de vista de um observador no referencial do laboratório e do "ponto de vista da partícula"?

a) 200×10^{-9} s; 1875 m; $5,854 \times 10^{-6}$ s; 80 m
b) $9,546 \times 10^{-6}$ s; 1720 m; 200×10^{-9} s; 95 m
c) $4,473 \times 10^{-6}$ s; 1340 m; 200×10^{-9} s; 60 m
d) 200×10^{-9} s; 2520 m; 800×10^{-9} s; 72 m
e) IMPOSSÍVEL RESPONDER !!!

24 - (OVERDOSE-2003) A monitora Juliana Curvelo acorda no meio da noite com uma dúvida: " a massa realmente se conserva (Lei de Lavoisier)?". Resolve então ligar para sua amiga, a monitora Clarinha, e relata o seguinte problema: "O núcleo do átomo de Hélio é constituído por dois prótons e dois nêutrons, sendo as massas do próton e do nêutron, aproximadamente, $1,67 \times 10^{-27}$ kg e a massa do núcleo de um átomo de Hélio $6,64 \times 10^{-27}$ kg. Há conservação da massa na formação de um núcleo de Hélio? E da energia? Há liberação de energia na formação de um núcleo de hélio? Quanto?

a) não; sim; sim; impossível calcular.   c) sim ; sim ; sim ; $4,5 \times 10^{-8}$ J
b) não ; sim ; sim ; $3,6 \times 10^{-8}$ J   d) não ; sim ; sim ; $3,6 \times 10^{-12}$ J

25 - (OVERDOSE-2003) O monitor Chico trabalha na base espacial OVER-HUBBLE. Ele mede 20m para o comprimento de uma nave espacial estacionada na base. A nave parte para uma expedição ao planeta de Augusto, Buchus Laminicus, quando o veículo atinge a velocidade de cruzeiro, Chico mede a partir da base um novo comprimento de 10 m. Qual a velocidade da móvel em relação à base? Qual o comprimento para o piloto?

a) 0,5c; 20 m   b) 0,7c; 10 m   c) 0,4c; 20 m   d) 0,86c; 10 m   e) NDA

26 - (OVERDOSE-2003) Suponha que o disco representado na figura gire, no sentido horário, com velocidade comparável (v = 0,8c) à da luz. Com base nos seus conhecimentos, marque a alternativa que contém a nova geometria do disco.

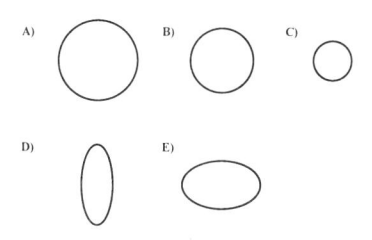

27 - (OVERDOSE-2003) Considere três partículas que se movem no vácuo, são elas: um fóton de 2.0 eV, um elétron de 0.4 MeV e um próton de 10 MeV. Com base nos seus conhecimentos relativísticos, marque a alternativa que contém respectivamente, a partícula mais veloz, a mais lenta, a de maior momento linear e a de menor momento.

a) fóton;   elétron; próton; elétron
b) fóton;   próton; próton; fóton
c) elétron; próton; fóton; elétron
d) próton;   elétron; próton; elétron
e) NDA

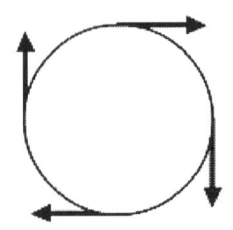

28- (OVERDOSE-2003) Marque a alternativa que contém a soma dos itens corretos.

(01) Sendo a luz, tal como o som, um fenômeno ondulatório é de esperar que haja total semelhança entre as propriedades das ondas luminosas e das ondas sonoras.
(02) A velocidade da luz (tal como a do som) varia de um meio para outro. Por isso e que, no caso da luz, há diferentes índices de refração, conforme o meio.
(04) A velocidade da luz, tal como a do som, é a mesma, independentemente da velocidade da fonte emissora.
(08) A existência de uma força gravitacional fere o princípio da relatividade. Baseado nisso, Einstein criou a teoria da deformação do espaço-tempo.

A soma das alternativas corretas é:

a) 3   b) 5   c) 6   d) 7   e) NDA

29 - (OVERDOSE-2003) Marque a alternativa que contém a soma dos itens corretos.

(01) A velocidade da luz *(contrariamente à do som)* não depende da velocidade do observador relativamente a fonte emissora. Esta propriedade da luz é, a primeira vista, bastante estranha. De fato, se imaginarmos que a propagação das ondas se faz por perturbações locais de um meio transmitidas através dele (ondas de som, ondas de superfície num lago), então, se nos deslocarmos através desse meio em direção à fonte emissora claro que a perturbação parece deslocar-se com velocidade maior. Tal fato explica o efeito Doppler para uma onda de qualquer natureza.
(02) Antes de Einstein aceitava-se que a luz se propagava também por perturbação do meio material circundante (ar, água, ...). O fato de a luz se propagar no vácuo — que é o resultado mais importante da conhecida experiência em que o despertador sob uma campânula onde se extraiu o ar deixa de se ouvir *mas não deixa de se ver* — era algo esquisito que se resolvia inventando um meio material, alias bastante imaterial chamado éter, sem massa e sem qualquer outra propriedade que não fosse a de transportar a luz.... Com a ajuda do

éter a luz teria propriedades exatamente iguais às do som. A experiência de Michelson-Morley foi montada com o objetivo de provar que o éter existia; porém, por imprecisão nas medidas acabou levando à conclusão de que o éter não existia.

(04) No caso das ondas sonoras, uma vez que a velocidade da onda e característica do meio, é intuitivo que o *efeito de Doppler* (clássico) seja uma conseqüência dessa invariância.

(08) Na visão moderna, a luz e o campo elétrico são compostos a partir dos mesmo "tijolinhos".

(16) Durante muito tempo acreditou-se que a emissão beta e o elétron fossem partículas diferentes. Tal fato pode ser explicado pela equivalência massa-energia.

A soma das alternativas corretas é:

a) 6   b) 22   c) 30   d) 31   e) NDA

30 - (OVERDOSE-2003) Marque a alternativa que contém a soma dos itens corretos.

(01) O fato da velocidade da luz ser muito elevada, em comparação com outras velocidades, tornava difícil verificar se a velocidade da luz era ou não diferente em diferentes referenciais. No entanto, o referencial da Terra move-se com grande velocidade em relação ao Sol (30 km/s), ou seja, cerca de cem mil quilômetros por hora! Dessa forma, é possível utilizar esse movimento para avaliar o comportamento da velocidade da luz. Tal raciocínio levou a criação da experiência do interferômetro.

(02) Numa dada época do ano, num dado local sabe-se qual a direção e sentido do movimento de translação da Terra. Orienta-se um braço na direção de translação e o outro perpendicular à essa direção. Na hipótese da existência de um referencial absoluto, o éter, em relação ao qual a velocidade da luz é c e assumindo a validade do cálculo clássico da soma das velocidades (equação de Galileu), haveria uma diferença de tempo no percurso dos feixes. Mudando a orientação dos braços o resultado seria outro. As figuras de interferência obtidas deveriam então naturalmente variar com a orientação do interferômetro.

(04) James Clerk Maxwell acreditava na existência do éter.

(08) Albert Einstein acreditava na existência do éter.

(16) Christian Huygens acreditava na existência do éter.

A soma das alternativas corretas é:

a) 6   b) 22   c) 30   d) 31   e) NDA

O TEXTO ABAIXO REFERE-SE ÀS PRÓXIMAS QUESTÕES

31 - (OVERDOSE-2003) Uma nave cujo comprimento em repouso é de 60 m, afasta-se de um observador na Terra.

Os OVER-Alunos desejam medir sua velocidade através da emissão de um sinal luminoso da Terra que será refletido de volta por dois espelhos colocados em cada uma das extremidades da nave. Eles recebem o segundo sinal com uma diferença de tempo de 1.74 μs depois da recepção do primeiro.

32 - (OVERDOSE-2003) A diferença de percurso entre o primeiro e o segundo raio é igual ou diferente do dobro do comprimento da nave para o observador na nave? E para o observador na Terra?

A) A diferença de percurso é igual para o observador na nave ($\Delta x' = 2L'$) e menor para o observador na terra ($\Delta = 2L - v\Delta T$)
B) A diferença de percurso é igual para o observador na nave ($\Delta x' = 2L'$) e maior para o observador na Terra ($\Delta x = 2L + v\Delta T$).
C) A diferença de percurso é a mesma para os dois referenciais.
D) A diferença de percurso é diferente para o observador na nave e igual para o observador na terra.
E) NDA

33 - (OVERDOSE-2003) A nave transporta um laboratório de Física onde se produzem mésons que se deslocam com uma velocidade de 0.999c em relação a esta. Qual a velocidade destes mésons em relação a um laboratório na Terra?

A) A velocidade dos mésons é menor que 0.999c.
B) A velocidade dos mésons é igual a 0.999c.
C) A velocidade dos mésons é maior a 0.999c.
D) É fisicamente impossível mensurar a velocidade dos mésons.
E) NDA

34 - (OVERDOSE-2003) Experimente usar a equação de Galileu na questão anterior. Qual é o resultado? Você acha isso possível?

A) 1.899 c, impossível!
B) 1.456c, impossível!
C) 0.999c, possível!
D) 0.789c, possível!
E) NDA

35 - (OVERDOSE-2003) Os múons são partículas que despertam grande interesse dos cientistas em todo o mundo. Medidas feitas em potentes aceleradores de partículas mensuraram que o tempo de vida dos múons, em repouso, era cerca de 2,2 microsegundos. Considerando que o múon fosse originado em repouso na troposfera terrestre (que possui cerca de 10km de altura), acelerado exclusivamente pela gravidade chegaria ao solo do planeta com velocidade de cerca de 447 m/s. No entanto, devido ao bombardeio dos raios cósmicos com a atmosfera terrestre, estes podem ser criados na atmosfera atingindo velocidades altíssimas, próximas à velocidade da luz. Dessa forma, haveria variação no tempo de vida dos múons caso um observador na superfície da terra mensurasse o seu tempo de vida?

A) Não haverá alteração do tempo de vida dos múons, uma vez que o novo referencial está submetido às mesmas condições que o referencial anterior alterado. Ou seja, ambos os referenciais (próprio e relativo) não sofreriam efeitos relativísticos.
B) Tendo alta velocidade, eles chegarão mais rápido à superfície da Terra. Assim, a medição do tempo de vida seria ainda menor. Ou seja, a dilatação do tempo ocorreria para o múon.
C) Os múons iriam apresentar maior tempo de vida, uma vez que, sendo a velocidade próxima da velocidade da luz, os efeitos relativísticos serão considerados. Ou seja, os efeitos relativísticos ocorreriam somente para os cientistas.
D) Os múons iriam apresentar menor tempo de vida, uma vez que, a altas velocidades, seriam desintegrados mais rapidamente.
E) NDA

O TEXTO ABAIXO REFERE-SE ÀS PRÓXIMAS QUESTÕES

(OVERDOSE-2003) Marta quer medir a velocidade do vento baseando-se no método de Michelson e Morley: emissão de sinais sonoros segundo dois caminhos perpendiculares. Com base em seus conhecimentos, ela monta um aparato experimental com esse objetivo. Porém, tal aparato está limitado a medir intervalos de tempo superiores a 0,001 s. Se o comprimento do caminho dos sinais até serem refletidos for escolhido de modo a ser L=100 m.

No interferômetro Michelson-Morley a diferença de tempo é dada pela seguinte expressão:

$$\Delta t \cong \frac{L \cdot v^2}{c^3}$$

36 - (OVERDOSE 2003) Qual a velocidade mínima do vento que ele pode medir?
a) 62.8 km/h.   b) 87.5 km/h   c) 93.2 km/h   d) 71.4 km/h   e) NDA

37 - (OVERDOSE 2003) Você acha apropriado o comprimento de caminho escolhido pelo experimentador?
a) Inviabiliza o experimento. Seria inteligente um comprimento menor.
b) Inviabiliza o experimento. Pois seria necessário ventos com velocidades muito elevadas.
c) O comprimento está de acordo com os parâmetros envolvidos.
d) Inviabiliza o experimento. Porém é impossível prever a melhor alternativa. Tal conclusão só será obtida após várias tentativas.
e) NDA

Questões Complementares (Região Centro-Oeste)

01 - (UnB-2001) Motores iônicos constituem uma nova geração de motores para naves espaciais desenhadas para vôos de longa distância. Nesse tipo de motor, cuja estrutura hipotética está representada na figura abaixo, íons de xenônio (Xe) são acelerados e expelidos em alta velocidade. Para a obtenção de íons de Xe, um feixe de elétrons colide com um feixe de átomos neutros de Xe expelidos de um tanque, arrancando-lhes elétrons. Com a colisão, os átomos de Xe acabam sendo ionizados e são, então, acelerados por campos elétricos até uma grade de saída cuja função é devolver os elétrons arrancados aos íons, neutralizando-os. Na figura abaixo, **A** e **B** representam dois terminais conectados às placas de aceleração dos íons; **C** representa um coletor de elétrons provenientes do feixe e dos átomos ionizados.

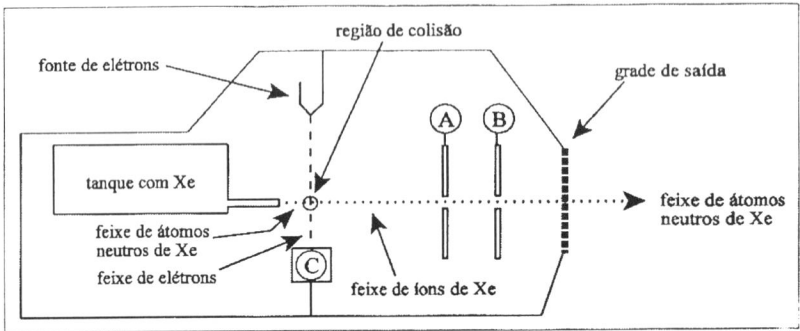

Com relação ao funcionamento do motor descrito acima, julgue os itens que se seguem.

(1) Para que os íons de Xe aumentem sua velocidade entre as placas de aceleração, é necessária a utilização de uma fonte de tensão conectada da seguinte forma:

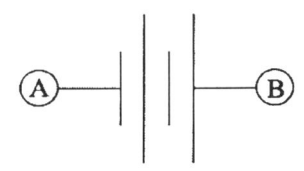

(2) Se o feixe atômico não fosse neutralizado na grade de saída, o motor passaria a ter, depois de um certo tempo de funcionamento, aceleração resultante nula.
(3) A quantidade de átomos ionizados a cada segundo pode ser aumentada pela elevação da intensidade da corrente elétrica proveniente da fonte de elétrons.
(4) Campos magnéticos externos podem fazer o feixe de elétrons não colidir com o feixe de átomos de Xe.
(5) O feixe de átomos neutros de Xe pode ser desviado por um campo magnético uniforme antes de chegar à região de colisão.

02 - (UNB-2001) Johannes Kepler (1571-1630), astrônomo alemão, foi o primeiro a suspeitar que a luz podia exercer força sobre objetos. Para ele, a pressão da luz explicaria porque as caudas dos cometas afastam-se do Sol. O aparelho ilustrado na figura abaixo, chamado radiômetro, permite verificar a existência dessa força. Ele consiste de uma cruz, com quatro aletas, apoiada em seu centro sobre uma agulha metálica. O atrito entre a cruz e a agulha é tão pequeno que a cruz pode rodar livremente. Cada uma das aletas tem uma das faces pintada de preto e a outra totalmente espelhada, conforme ilustrado em sua vista superior. O aparelho todo encontra-se em um recipiente transparente e com vácuo perfeito em seu interior. Ao ser iluminado, a pressão da luz faz que a cruz comece a girar. Essa pressão pode ser entendida se a luz for considerada um feixe de partículas, chamadas fótons. A pressão exercida em um anteparo por um feixe de partículas deve-se à variação do momento linear dessas partículas na colisão com o anteparo. A respeito desse assunto, julgue os itens abaixo, considerando a luz como um feixe de fótons em que cada um deles tem momento linear e supondo que a superfície espelhada de cada aleta do radiômetro reflita 100% da luz incidente e que a superfície preta absorva 100%.

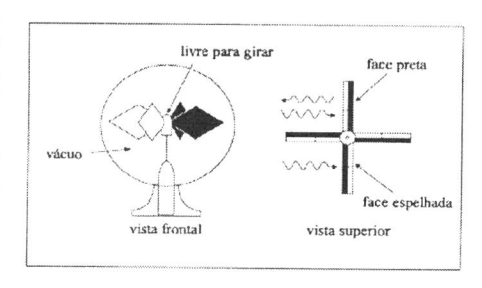

(1) A reflexão da luz em uma superfície 100% refletora pode ser entendida como o processo de colisões elásticas dos fótons com a superfície.
(2) Se, na colisão de um fóton com a superfície preta, toda a energia do fóton é absorvida, é correto afirmar que todo o seu momento linear é transferido à superfície da aleta.
(3) Ao ser exposta à luz, a cruz do radiômetro, quando vista de cima, gira no sentido anti-horário.
(4) Sabendo que o momento linear de um fóton é diretamente proporcional à freqüência da luz, é correto afirmar que o impulso transmitido por um fóton de uma radiação infravermelha é maior que aquele transmitido por um fóton de uma radiação ultravioleta.

03 - (UFG-2001) Em uma impressão a *jato de tinta*, as letras são formadas por pequenas gotas de tinta que incidem sobre o papel. A figura mostra os principais elementos desse tipo de impressora. As gotas, após serem eletrizadas na *unidade de carga*, têm suas trajetórias modificadas no *sistema de deflexão* (placas carregadas), atingindo o papel em posições que dependem de suas cargas elétricas. Suponha que uma gota de massa m e de carga elétrica q, entre no sistema de deflexão com velocidade v_0, ao longo do eixo x. Considere a diferença de potencial, V, entre as placas, o comprimento, L, das placas e a distância, d, entre elas.

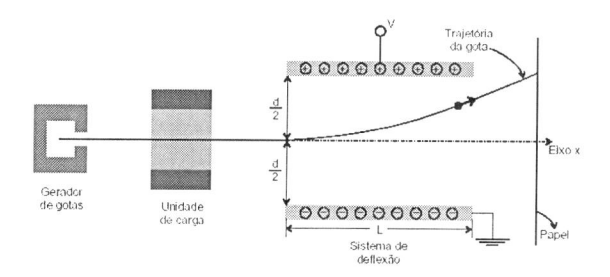

Se a gota descrever a trajetória mostrada na figura, pode-se afirmar que

1-( ) sua carga elétrica é positiva.
2-( ) L/v_0, é o tempo necessário para ela atravessar o sistema de deflexão.
3-( ) o módulo de sua aceleração é qV/md.
4-( ) ocorre um aumento de sua energia potencial elétrica.

04 - (UFG-2002) Os transformadores colocados nos postes da rede elétrica são utilizados para baixar a voltagem alternada da linha de transmissão de energia elétrica. A figura abaixo mostra esquema de um transformador ideal abaixador de voltagem, composto por duas bobinas enroladas em torno de um núcleo de ferro. A bobina primária, com Np espiras, está submetida a uma voltagem alternada Vp e a bobina secundária, com Ns espiras, está ligada a uma carga resistiva R que representa o número de usuários permitidos.

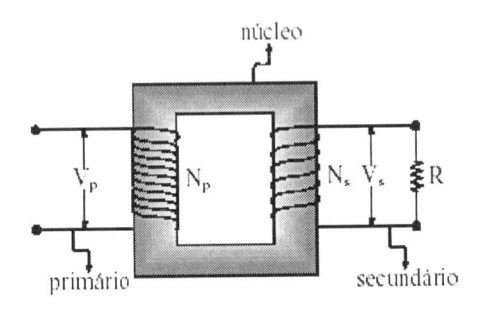

Sendo assim, pode-se afirmar que

1-( ) a força eletromotriz induzida nas bobinas primária e secundária tem o mesmo valor.
2-( ) a potência fornecida à bobina primária tem o mesmo valor da obtida na bobina secundária.
3-( ) a voltagem alternada na bobina secundária é Vs = (Ns/Np).Vp.
4-( ) a corrente na bobina primária é maior do que na secundária.

05 - (UFG-2003) O vetor campo magnético B, produzido por ímãs naturais ou por correntes circulando em fios, possui inúmeras aplicações de interesse acadêmico, prático, industrial e tecnológico. Em relação a algumas dessas aplicações, pode-se afirmar que:

1-( ) o princípio de funcionamento de um motor elétrico é baseado no fato de que uma espira, conduzindo uma corrente elétrica i, quando colocada em uma região onde B SINAL DE DIFERENTE 0, com seu plano paralelo às linhas de B, gira devido ao torque produzido pelo campo magnético sobre a espira.
2-( ) em um espectrômetro de massa, partículas de mesma carga e massas diferentes podem ser separadas e identificadas de acordo com o raio da trajetória circular que elas descrevem, quando lançadas perpendicularmente em direção a uma região onde B SINAL DE DIFERENTE 0, uma vez que o raio da trajetória é inversamente proporcional à massa da partícula.

3-( ) em um gerador de eletricidade, a rotação de uma espira, colocada numa região onde B ≠ 0, faz variar o fluxo magnético através dela, induzindo uma corrente elétrica na espira.

4-( ) campos magnéticos transversais ao movimento de elétrons, num tubo de TV, são responsáveis pelo direcionamento desses elétrons para diferentes pontos na tela do televisor, gerando a imagem vista pelo telespectador.

06 - (UFG-2003) Um acelerador de partículas é uma instalação na qual partículas são aceleradas e mantidas em uma trajetória curvilínea fechada, podendo atingir velocidades próximas à da luz. As colisões que elas podem ter com outras partículas são extremamente importantes para o melhor entendimento da estrutura interna da matéria. O princípio básico de funcionamento de um acelerador de partículas consiste na aplicação combinada de campos elétricos e magnéticos, no interior de um anel no qual as partículas estão confinadas. A figura a seguir representa duas regiões distintas onde se movimenta uma carga elétrica positiva q, inicialmente com velocidade v.

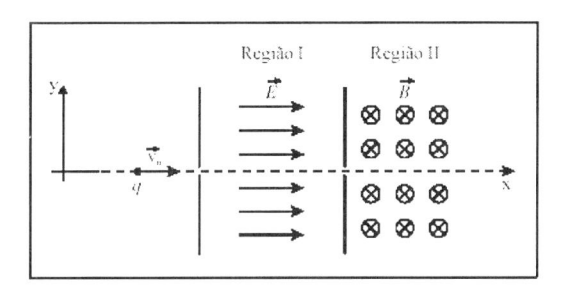

Região I: existe somente campo elétrico E.
Região II: existe somente campo magnético B, entrando no plano da folha.

a) Represente a trajetória da carga q ao passar pela Região I e, posteriormente, pela Região II.

b) Considerando que a partícula tenha carga $q = 1,6 \times 10^{-19}$ C, massa $m = 1,6 \times 10^{-27}$ kg, e que $E = 10^{+3}$ V/m, $v_0 = 10^{+5}$ m/s e que
o tempo gasto pela partícula na Região I seja $t = 10^{-6}$ s, calcule a velocidade com que a partícula entrará na Região II.

c) Se $B = 10^{-1}$ T, calcule o raio do arco de circunferência que a partícula descreve no campo magnético.

07 - (UFG-2004) Radiações eletromagnéticas com freqüências maiores que as da região do visível, como ultravioleta, raios-X e raios gama, podem produzir danos aos organismos vivos, pelo fato de possuírem fótons com energias muito altas. Considere raios-X de comprimento de onda 0,1 nm e luz verde de comprimento de onda 500 nm e calcule:
Dado: c= 3×10^8 m/s

a) as freqüências das radiações;
b) a razão entre as energias de seus fótons.

08 - (UFMT-2002) A maioria das usinas nucleares utiliza a fissão do isótopo U-235 para a produção de energia elétrica. Sabendo-se que a energia cinética dos fragmentos de fissão de cada átomo de U-235 é 200 milhões de eV (elétron-volts), calcule quantos anos durariam 4,7 kg desse isótopo, admitindo-se que essa quantidade fosse responsável para manter o fornecimento de energia de 1 MW. Arredonde o resultado para o número inteiro mais próximo, se necessário.

> Dados: 1 eV = $1,6 \times 10^{-19}$ J
> Número de Avogadro = 6×10^{23} átomos por mol
> Número de segundos num ano = 32 milhões

09 - (UFMT-2003) Na figura abaixo é representado um desenho esquemático que retrata um projeto possível de um aparelho de televisão.

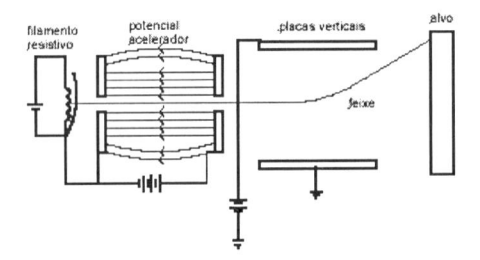

O conjunto completo consiste de um filamento que deve ser aquecido para atuar como fonte de elétrons, que formam um feixe acelerado por um potencial acelerador e, posteriormente, desviados por um campo elétrico perpendicular à trajetória original do feixe que varia em função do sinal recebido pelo aparelho vindo de uma emissora de TV. O desvio faz com que os elétrons atinjam seletivamente pontos do alvo (a tela da TV) formando uma imagem. Sobre os princípios físicos envolvidos no funcionamento de tal aparelho de televisão, julgue os itens.

(A) Os elétrons que constituem o feixe são emitidos pela emissora de TV e captados por meio da antena do aparelho de televisão.
(B) O feixe representado na figura foi desviado na direção da parte superior desta folha de papel, o que significa que a placa vertical superior deve estar carregada negativamente.
(C) O feixe de elétrons deve se deslocar no vácuo, pois o aparelho de televisão deve ser termicamente isolado.
(D) O projeto do aparelho de TV apresentado na figura é coerente com as equações gerais do eletromagnetismo, estabelecidas por James Maxwell.

10 - (UFMT-2003) O termo *meia-vida* refere-se ao intervalo de tempo em que a quantidade original de um dado elemento radioativo é reduzida à metade. A partir dessa definição, julgue os itens.

(A) Quanto menor a meia-vida de um elemento, maior será a quantidade de radioatividade emitida num dado intervalo de tempo, se a quantidade original desse elemento for 1 mol.

(B) Considerando que a meia-vida do Césio 137 (Cs-137) é de 30 anos, a quantidade desse elemento, após 90 anos, será um terço da original.
(C) Levando-se em conta que a meia-vida do isótopo mais abundante do urânio é de bilhões de anos, pode-se afirmar que a quantidade de urânio na Terra permanece, há milhares de anos, praticamente constante.
(D) A quantidade de radioatividade emitida por um elemento depende de sua meia-vida, mas não da quantidade de átomos desse elemento.

11 - (UFMT-2003) Em relação ao funcionamento de um aparelho de televisão, considere:

- O tempo médio necessário para o acendimento de um pixel da tela do aparelho de TV é igual ao tempo médio gasto pelo elétron entre o potencial acelerador e o alvo.
- É constante a velocidade dos elétrons, na trajetória entre o potencial acelerador e o alvo.
- A distância média entre o potencial acelerador e o alvo é de 50 cm.
- A energia cinética adquirida pelo elétron no potencial acelerador é igual ao produto entre a carga do elétron ($1,5 \times 10^{-19}$ C) e a diferença de potencial nas placas aceleradoras, cujo valor é de 300V.
- A energia cinética do elétron antes do potencial acelerador pode ser desprezada.
- A massa do elétron é de 9×10^{-31} kg.
- A tela do aparelho de TV é constituída de 800 colunas e 500 linhas.

Calcule, a partir das considerações, quantas vezes por segundo os elétrons devem varrer a tela de um aparelho de televisão.

12 - (UFMT-2004) É possível transmitir informações (sinais de rádio, TV, celular, etc.) entre duas espiras situadas a uma certa distância uma da outra. A explicação desse fenômeno é formulada:

A) pelas leis de Faraday e Coulomb, combinadas, pois a transmissão de sinais dá-se por meio de ondas eletromagnéticas.
B) pela lei de Faraday, pois trata-se de um fenômeno magnetostático.
C) pela lei de Ampère, pois trata-se de um fenômeno de magnetização.
D) pela lei de Coulomb, pois trata-se de um fenômeno eletrostático.
E) pelas leis de Faraday e Ampère, combinadas, pois trata-se de um fenômeno que envolve tanto a geração de campos por correntes elétricas como a geração de correntes por campos eletromagnéticos.

13 - (UFMT-2004) Na Física Contemporânea, todos os fenômenos podem ser descritos pelas quatro Forças Naturais:

- A Gravitacional, que atua entre corpos e partículas que possuem massa.
- A Eletromagnética, que atua entre corpos e partículas que possuem carga elétrica.
- A Nuclear Forte, que atua entre prótons e nêutrons no interior do núcleo dos átomos.

- A Nuclear Fraca, que é responsável pelos processos de transformação de um próton em um nêutron, ou vice-versa.

Assim sendo, uma **reação química** é uma manifestação:

A) da força gravitacional.
B) da força nuclear forte.
C) da força eletromagnética.
D) da força nuclear fraca.
E) de uma combinação das forças gravitacional e eletromagnética.

Questões Complementares (Região Sudeste)

01 - (UFMG-1998) Suponha que uma nave se afasta de um planeta com velocidade v = 0,2c, onde c = 3×10^8 m/s é a velocidade da luz no vácuo. Em um determinado momento, a nave envia um sinal de rádio para comunicar-se com o planeta. DETERMINE a velocidade do sinal medida por um observador na nave e a medida por um observador no planeta. EXPLIQUE seu raciocínio.

02 - (UFMG-1999) Raios X e ondas de rádio estão se propagando no vácuo. Os raios X têm comprimento de onda igual a $7,2 \times 10^{-11}$ m e as ondas de rádio, comprimento de onda igual a 3,0m. Sejam E_X a energia dos fótons de raios X, E_R a energia dos fótons da onda de rádio e v_X v_R, respectivamente, as suas velocidades de propagação. Com base nessas informações, é CORRETO afirmar que

(A) $E_X > E_R$ e $v_X = v_R$.
(B) $E_X = E_R$ e $v_X = v_R$.
(C) $E_X > E_R$ e $v_X > v_R$.
(D) $E_X = E_R$ e $v_X > v_R$.

03 - (UFMG-1999) O eletroscópio é um aparelho utilizado para detectar cargas elétricas. Ele é constituído de uma placa metálica, que é ligada a duas lâminas metálicas finas por uma haste condutora elétrica. As duas lâminas podem se movimentar, afastando-se ou aproximando-se uma da outra. A Figura I mostra um eletroscópio eletricamente descarregado e a Figura II, o mesmo eletroscópio carregado.

1. EXPLIQUE por que as lâminas de um eletroscópio se separam quando ele está carregado.
2. Considerando um eletroscópio inicialmente descarregado, EXPLIQUE:

(A) por que as lâminas se afastam quando luz branca incide sobre a placa.
(B) por que as lâminas não se movem quando luz monocromática vermelha incide sobre a placa.

04 - (UFMG-2000) O principal processo de produção de energia na superfície do Sol resulta da fusão de átomos de hidrogênio para formar átomos de hélio. De uma forma bem simplificada, esse processo pode ser descrito como a fusão de quatro átomos de hidrogênio ($m_H = 1,67 \times 10^{-27}$ kg) para formar um átomo de hélio ($m_{He} = 6,65 \times 10^{-27}$ kg). Suponha que ocorram 10^{38} reações desse tipo a cada segundo.

(A) Considerando essas informações, EXPLIQUE como essa reação pode produzir energia.
(B) Com base nas suposições feitas, CALCULE a quantidade de energia liberada a cada segundo.

05 - (UFMG-2001) Em um tipo de tubo de raios X, elétrons acelerados por uma diferença de potencial de $2,0 \times 10^4$ V atingem um alvo de metal, onde são violentamente desacelerados. Ao atingir o metal, toda a energia cinética dos elétrons È transformada em raios X.

1. CALCULE a energia cinética que um elétron adquire ao ser acelerado pela diferença de potencial.

2. CALCULE o menor comprimento de onda possível para raios X produzidos por esse tubo.

06 - (UFMG-2002) Para se produzirem fogos de artifício de diferentes cores, misturam-se diferentes compostos químicos à pólvora. Os compostos à base de sódio produzem luz amarela e os à base de bário, luz verde. Sabe-se que a freqüência da luz amarela é menor que a da verde. Sejam E_{Na} e E_{Ba} as diferenças de energia entre os níveis de energia envolvidos na emissão de luz pelos átomos de sódio e de bário, respectivamente, e v_{Na} e v_{Ba} as velocidades dos fótons emitidos, também respectivamente. Assim sendo, é CORRETO afirmar que

A) $E_{Na} < E_{Ba}$ e $v_{Na} = v_{Ba}$.
(B) $E_{Na} < E_{Ba}$ e $v_{Na} \neq v_{Ba}$.
(C) $E_{Na} > E_{Ba}$ e $v_{Na} = v_{Ba}$.
(D) $E_{Na} > E_{Ba}$ e $v_{Na} \neq v_{Ba}$.

07 - (UFMG-2002) Na iluminação de várias rodovias, utilizam-se lâmpadas de vapor de sódio, que emitem luz amarela o se produzir uma descarga elétrica nesse vapor. Quando passa através de um prisma, um feixe da luz emitida por essas lâmpadas produz um espectro em um anteparo, como representado nesta figura:

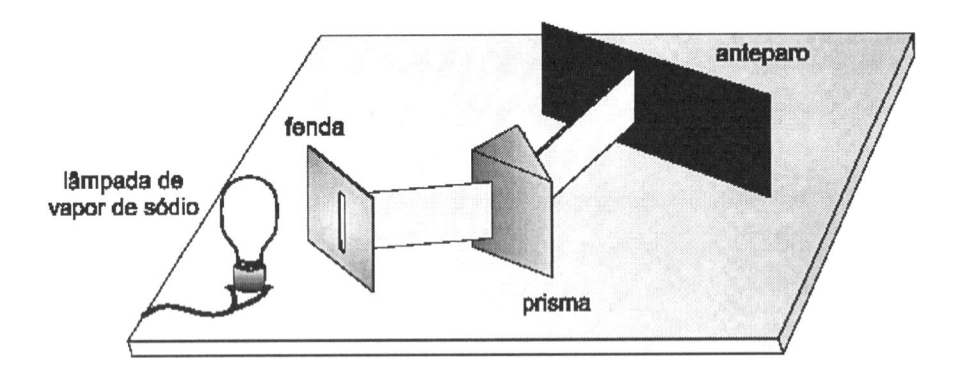

O espectro obtido dessa forma apresenta apenas uma linha amarela.

1) **EXPLIQUE** por que, no espectro da lâmpada de vapor de sódio, não aparecem todas as cores, mas apenas a amarela.

Se, no entanto, se passar um feixe de luz branca pelo vapor de sódio e examinar-se o espectro da luz resultante com um prisma, observam-se todas as cores, exceto, exatamente, a amarela.

2) **EXPLIQUE** por que a luz branca, após atravessar o vapor de sódio, produz um espectro com todas as cores, exceto a amarela.

08 -(UFMG-2004) Observe esta figura:

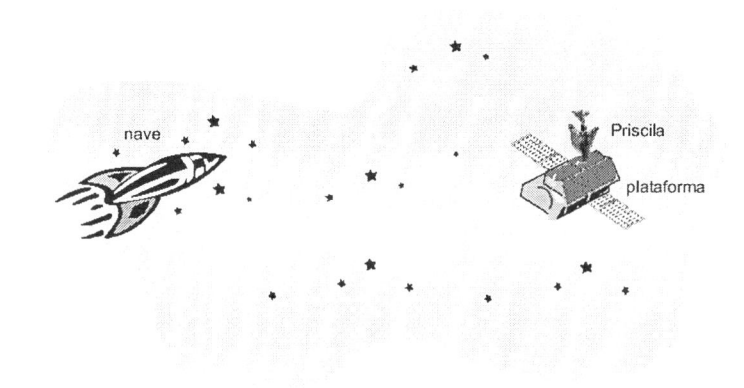

Paulo Sérgio, viajando em sua nave, aproxima-se de uma plataforma espacial, com velocidade de 0,7 c , em que c é a velocidade da luz. Para se comunicar com Paulo Sérgio, Priscila, que está na plataforma, envia um pulso luminoso em direção à nave. Com base nessas informações, é **CORRETO** afirmar que a velocidade do pulso medida por Paulo Sérgio é de

(A) 0,7 c.   (B) 1,0 c.   (C) 0,3 c.   (D) 1,7 c.

09 - (UFMG-2004) Após ler uma série de reportagens sobre o acidente com Césio 137 que aconteceu em Goiânia, em 1987, Tomás fez uma série de anotações sobre a emissão de radiação por Césio:

- O Césio 137 transforma-se em Bário 137, emitindo uma radiação beta.
- O Bário 137, assim produzido, está em um estado excitado e passa para um estado de menor energia, emitindo radiação gama.
- A meia-vida do Césio 137 é de 30,2 anos e sua massa atômica é de 136,90707 u, em que u é a unidade de massa atômica (1 u = 1,6605402 × 10^{-27} kg).
- O Bário 137 tem massa de 136,90581 u e a partícula beta, uma massa de repouso de 0,00055 u.

Com base nessas informações, faça o que se pede.

1. Tomás concluiu que, após 60,4 anos, todo o Césio radioativo do acidente terá se transformado em Bário. Essa conclusão é **verdadeira** ou **falsa**? **JUSTIFIQUE** sua resposta.

2. O produto final do decaimento do Césio 137 é o Bário 137. A energia liberada por átomo, nesse processo, é da ordem de 10^6 eV, ou seja, 10^{-13} J. **EXPLIQUE** a origem dessa energia.

3. **RESPONDA:** Nesse processo, que radiação – a **beta** ou a **gama** – tem maior velocidade? **JUSTIFIQUE** sua resposta.

10 - (PUCMG-1998) No estabelecimento da Teoria Atômica, foram propostos três modelos atômicos que se sucederam, porque não conseguiam explicar adequadamente alguns fatos experimentais. Os modelos são conhecidos pelos nomes de seus autores: Thomson, Rutherford e Bohr. Três fatos experimentais ajudaram a decidir qual deles poderia descrever o átomo de uma forma mais adequada. São eles: neutralidade elétrica, espalhamento de partículas alfa e estabilidade da energia orbital dos elétrons. Para cada propriedade citada nas questões 52, 53 e 54, responda de acordo com o critério a seguir, assinalando para cada questão:

a) somente o modelo de Thomson explicaria
b) os modelos de Thomson e Bohr explicariam
c) somente o modelo de Bohr explicaria
d) os modelos de Rutherford e Bohr explicariam
e) todos os modelos explicariam

( ) neutralidade elétrica

( ) espalhamento de partículas alfa

( ) estabilidade da energia orbital dos elétrons.

11 - (PUCMG-1998) Leia o texto abaixo e escolha entre as opções seguintes a seqüência que CORRETAMENTE completa o texto.
"*A experiência de espalhamento de partículas alfa realizada por Rutherford e seus pesquisadores permitiu que se formulasse uma hipótese sobre a constituição dos átomos. Levando em conta os dados experimentais, Rutherford conjeturou que as cargas _____ ficariam _____ na região _____ do átomo e que as cargas _____ ficariam _____ na região _____.*"

a) negativas, espalhadas, central, positivas, espalhadas, central
b) negativas, concentradas, central, positivas, espalhadas, periférica
c) positivas, concentradas, central, negativas, concentradas, periférica
d) positivas, concentradas, central, negativas, espalhadas, periférica
e) positivas, concentradas, central, negativas, concentradas, central

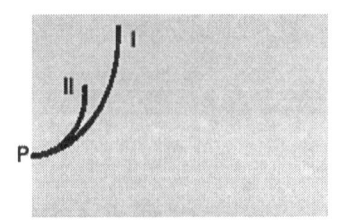

12 - (PUCMG-1998) Numa explosão solar, uma grande bolha de plasma (gás ionizado) é fotografada afastando-se do Sol com a velocidade de 1,2 milhão de quilômetros por hora. Uma nova observação, feita uma hora depois, mostra que esse material atingiu a velocidade de 1,6 milhão de quilômetros por hora. Sabe-se que o raio do Sol é de aproximadamente setecentos mil quilômetros. Supondo que a velocidade tenha crescido uniformemente e que a trajetória seja retilínea, é CORRETO afirmar que a distância percorrida pelo material da bolha entre a primeira e segunda observações é um valor próximo:

(A) do valor do raio do Sol
(B) do valor do diâmetro do Sol
(C) da metade do valor do raio do Sol
(D) do dobro do valor do diâmetro do Sol
(E) do triplo do valor do raio do Sol

13 - (PUCMG-1998) Todas as formas de energia mencionadas abaixo são originadas da energia que o Sol transmite à Terra, EXCETO a energia proveniente:

a) da fissão do núcleo do átomo de urânio
b) da combustão da madeira
c) da combustão da gasolina
d) do movimento de um curso d' água de um nível mais elevado para um nível mais baixo
e) dos ventos que ocorrem no nosso planeta

14 - (PUCMG-1998) Sobre o efeito fotoelétrico, pode-se dizer que a energia cinética de cada elétron extraído do metal depende:

I. da intensidade da luz incidente.
II. da freqüência da luz incidente.
III. do ângulo de incidência da luz.

a) se apenas as afirmativas I e II forem falsas
b) se apenas as afirmativas II e III forem falsas
c) se apenas as afirmativas I e III forem falsas
d) se todas forem verdadeiras
e) se todas forem falsas

15 - (PUCMG-1998) O modelo planetário de Rutherford foi aceito apenas parcialmente porque:
I. os elétrons deveriam perder energia orbitando em torno dos prótons.
II. os elétrons não têm massa suficiente para orbitarem em torno dos pró-tons.
III. os elétrons colidiriam entre si ao orbitarem em torno dos prótons.

a) se apenas as afirmativas I e II forem falsas
b) se apenas as afirmativas II e III forem falsas
c) se apenas as afirmativas I e III forem falsas
d) se todas forem verdadeiras
e) se todas forem falsas

16 - (PUCMG-1999) Analise as afirmativas abaixo sobre as partículas alfa, beta e gama, considerando a natureza dessas partículas:

I. Uma partícula alfa em movimento pode ser desviada por um campo magnético perpendicular à sua velocidade.

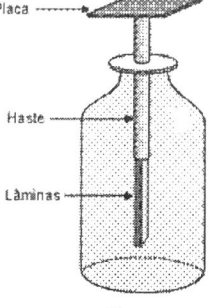

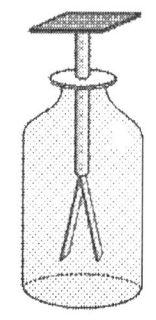

Figura I   Figura II

II. Uma partícula beta em movimento pode ser desviada por um campo magnético perpendicular à sua velocidade.

III. Uma partícula gama em movimento pode ser desviada por um campo magnético perpendicular à sua velocidade. Assinale:

(A) se apenas as afirmativas I e II são corretas.
(B) se apenas as afirmativas II e III são corretas.
(C) se apenas as afirmativas I e III são corretas.
(D) se todas as afirmativas são falsas.
(E) se todas as afirmativas são corretas.

17 - (PUCMG-1999) O efeito fotoelétrico consiste:

(A) na existência de elétrons em uma onda eletromagnética que se propaga em um meio uniforme e contínuo.
(B) na possibilidade de se obter uma foto do campo elétrico quando esse campo interage com a matéria.
(C) na emissão de elétrons quando uma onda eletromagnética incide em certas superfícies.
(D) no fato de que a corrente elétrica em metais é formada por fótons de determinada energia.
(E) na idéia de que a matéria é uma forma de energia, podendo transfor-marse em fótons ou em calor.

18 - (PUCMG-2000) Cada opção desta questão apresenta um conceito de Física Moderna e uma descrição. Escolha aquela que apresente uma descrição que NÃO CORRESPONDA ao conceito precedente.

(A) Efeito fotoelétrico: emissão de elétrons.
(B) Raios gama: fótons de alta energia.
(C) Raios X: elétrons de alta energia.
(D) Átomo de Rutherford: núcleos com carga positiva.
(E) Átomo de Bohr: níveis discretos de energia.

19 - (PUCMG-2000) Duas partículas carregadas são lançadas com a mesma velocidade em um ponto P de uma região em que existe um campo magnético vertical constante perpendicular à folha do desenho e saindo da folha. Uma delas segue uma trajetória I dentro da região, e a outra segue uma trajetória II. Analisando a figura ao lado, conclui-se que:

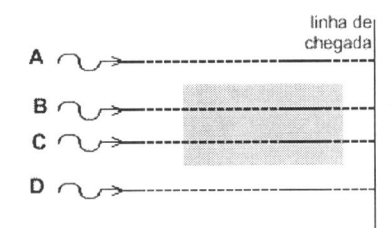

(A) as duas partículas têm a mesma massa e mesma carga.
(B) as duas partículas têm massas e cargas diferentes.
(C) a trajetória I corresponde ao movimento da carga de menor massa.
(D) a trajetória II corresponde ao movimento da carga de maior massa.
(E) as duas partículas têm cargas de mesmo sinal, mas as massas são diferentes.

20 - (PUCMG-2000) O efeito fotoelétrico é um fenômeno pelo qual:

(A) elétrons são arrancados de certas superfícies quando há incidência de luz sobre elas.

(B) as lâmpadas incandescentes comuns emitem um brilho forte.
(C) as correntes elétricas podem emitir luz.
(D) as correntes elétricas podem ser fotografadas.
(E) a fissão nuclear pode ser explicada.

21 - (PUCMG-2000)
I. No efeito fotoelétrico, para que os elétrons ejetados da superfície metálica tenham maior energia cinética, basta aplicar luz de maior intensidade a essa superfície.
II. Segundo a interpretação que Einstein deu ao efeito fotoelétrico, maior intensidade de luz incidente em uma superfície é equivalente a um maior número de fótons por unidade de tempo atingindo essa mesma superfície.
III. A energia de um fóton é inversamente proporcional ao comprimento de onda da onda eletromagnética que lhe corresponde.

a) se apenas as afirmativas I e II forem verdadeiras
b) se apenas as afirmativas II e III forem verdadeiras
c) se apenas as afirmativas I e III forem verdadeiras
d) se todas forem verdadeiras
e) se todas forem falsas

22 - (PUCMG-2000)

I. O modelo atômico de Rutherford baseia-se em alguns postulados, sendo um deles o da quantização do momento angular do elétron.
II. O único problema com o modelo atômico de Rutherford era que ele não explicava adequadamente o espectro descontínuo dos gases, por exemplo, do hidrogênio atômico, que era composto apenas por algumas freqüências bem definidas.
III. No modelo atômico de Bohr, o simples fato de o elétron ser uma carga elétrica em movimento orbital (e, portanto, acelerado), é suficiente para explicar a irradiação, pelo átomo, de energia eletromagnética.

a) se apenas as afirmativas I e II forem verdadeiras
b) se apenas as afirmativas II e III forem verdadeiras
c) se apenas as afirmativas I e III forem verdadeiras
d) se todas forem verdadeiras
e) se todas forem falsas

23 - (PUCMG-2000) Escolha a opção que se refira àquela onda eletromagnética que estiver associada a fótons de MAIOR energia.

a) Onda longa de rádio.
b) Onda de televisão.
c) Microonda.
d) Raio X.
e) Raio gama.

24 - (PUCMG-2000) As radiações podem ser de natureza corpuscular ou de natureza eletromagnética. Escolha a opção que contenha radiações que NÃO SEJAM de natureza eletromagnética.

a) raios gama e raios alfa.
b) raios beta e raios X.
c) raios X e raios gama.
d) raios alfa e raios beta.
e) raios beta e raios gama.

25 - **(PUCMG-2001)** A existência de um núcleo atômico que concentra a carga positiva do átomo, e de dimensões diminutas em relação às dimensões dele, foi reconhecida pela primeira vez com a apresentação do modelo atômico de:

(A) Bohr
(B) Rutherford
(C) Thomson
(D) Demócrito

26 - **(PUCMG-2001)** Utilizando as propriedades dos fótons e o conceito do índice de refração, vamos imaginar a corrida de fótons a seguir. Quatro fontes de cores diferentes emitem quatro fótons: A de cor vermelha, B de cor amarela, C de cor verde e D de cor azul. Inicialmente eles se movem no ar, seguindo as trajetórias indicadas pelas linhas tracejadas. Logo a seguir, B e C atravessam um bloco transparente de vidro comum, em forma de paralelepípedo, com duas faces perpendiculares às trajetórias dos fótons. Após o bloco, está a linha de chegada.

Com relação à ordem de chegada, é CORRETO afirmar que:

(A) A, B, C e D chegam juntos.
(B) D chega primeiro seguido de C, B e A, nessa ordem.
(C) A e D chegam juntos e, logo após, chegam juntos B e C.
(D) A e D chegam juntos, seguidos por B, e C chega por último.

27 - **(FUVEST-2002)** Em 1987, devido a falhas nos procedimentos de segurança, ocorreu um grave acidente em Goiânia. Uma cápsula de Césio-137, que é radioativo e tem meia-vida de 30 anos, foi subtraída e violada, contaminando pessoas e o ambiente. Certa amostra de solo contaminado, colhida e analisada na época do acidente, foi recentemente reanalisada. A razão R, entre a quantidade de Césio-137, presente hoje nessa amostra, e a que existia originalmente, em 1987, é

A meia-vida de um elemento radioativo é o intervalo de tempo após o qual o número de átomos radioativos existentes em certa amostra fica reduzido à metade de seu valor inicial.

a) R = 1   b) 1 > R > 0,5   c) R = 0,5   d) 0,5 > R > 0   e) R = 0

28 - **(FUVEST-2003)** A figura representa uma câmara fechada C, de parede cilíndrica de material condutor, ligada a Terra. Em uma de suas extremidades, há uma película J, de pequena espessura, que pode ser atravessada por partículas. Coincidente com o eixo da câmara, há um fio condutor F mantido em potencial positivo em relação à terra. O cilindro está preenchido com um gás de tal forma que partículas alfa, que penetram em C, através de J, colidem com moléculas do gás podendo arrancar elétrons das mesmas. Neste processo, são formados íons positivos e igual número de elétrons livres que se dirigem, respectivamente, para C e para F. O número de pares de elétron-íon formados é proporcional à energia depositada na câmara pelas partículas alfa, sendo que para cada 30 eV de energia perdida por uma partícula alfa, um par é criado. Analise a situação em que um número $n = 2.10^4$ partículas alfa, cada uma com energia cinética igual a **4,5 MeV**, penetram em **C**, a cada segundo, e lá perdem toda a sua energia cinética. Considerando que apenas essas partículas criam os pares de elétron-íon, determine:

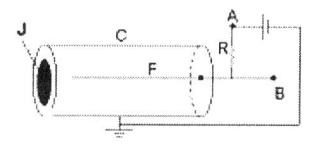

a) o número **N** de elétrons livres produzidos na câmara **C** a cada segundo

b) a diferença de potencial **V** entre os pontos **A** e **B** da figura, sendo a resistência **R=5.10^7 Ω**

29 - (FUVEST-2002) Em 1987, devido a falhas nos procedimentos de segurança, ocorreu um grave acidente em Goiânia. Uma cápsula de Césio-137, que é radioativo e tem meia-vida de 30 anos, foi subtraída e violada, contaminando pessoas e o ambiente. Certa amostra de solo contaminado, colhida e analisada na época do acidente, foi recentemente reanalisada. A razão R, entre a quantidade de Césio-137, presente hoje nessa amostra, e a que existia originalmente, em 1987, é:

a) R = 1   b) 1 > R > 0,5   c) R = 0,5   d) 0,5 > R > 0   e) R = 0

30 - (FUVEST-2002) Um espectrômetro de massa foi utilizado para separar os íons I_1 e I_2, de mesma carga elétrica e massas diferentes, a partir do movimento desses íons em um campo magnético de intensidade B, constante e uniforme. Os íons partem de uma fonte, com velocidade inicial nula, são acelerados por uma diferença de potencial V_0 e penetram, pelo ponto P, em uma câmara, no vácuo, onde atua apenas o campo B (perpendicular ao plano do papel), como na figura. Dentro da câmara, os íons I_1 são detectados no ponto P_1, a uma distância D_1 = 20 cm do ponto P, como indicado na figura. Sendo a razão m_2/m_1, entre as massas dos íons I_2 e I_1, igual a 1,44, determine:

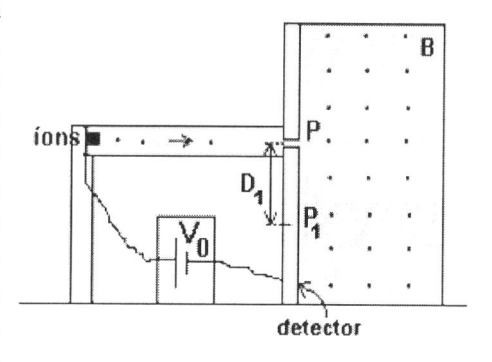

a) A razão entre as velocidades V_1/V_2 com que os íons I_1 e I_2 penetram na câmara, no ponto P.

b) A distância D_2, entre o ponto P e o ponto P_2, onde os íons I_2 são detectados. (Nas condições dadas, os efeitos gravitacionais podem ser desprezados).

31 - (FUVEST-2003) Núcleos atômicos instáveis, existentes na natureza e denominados isótopos radioativos, emitem radiação espontaneamente. Tal é o caso do Carbono-14 (^{14}C), um emissor de partículas beta (b$^-$). Neste processo, o núcleo de ^{14}C deixa de existir e se transforma em um núcleo de Nitrogênio-14 (^{14}N), com a emissão de um anti-neutrino n e uma partícula β$^-$.

$$^{14}C \rightarrow {}^{14}N + \beta^- + \nu$$

Os vetores quantidade de movimento das partículas, em uma mesma escala, resultantes do decaimento beta de um núcleo de ^{14}C, em repouso, poderiam ser melhor representados, no plano do papel, pela figura

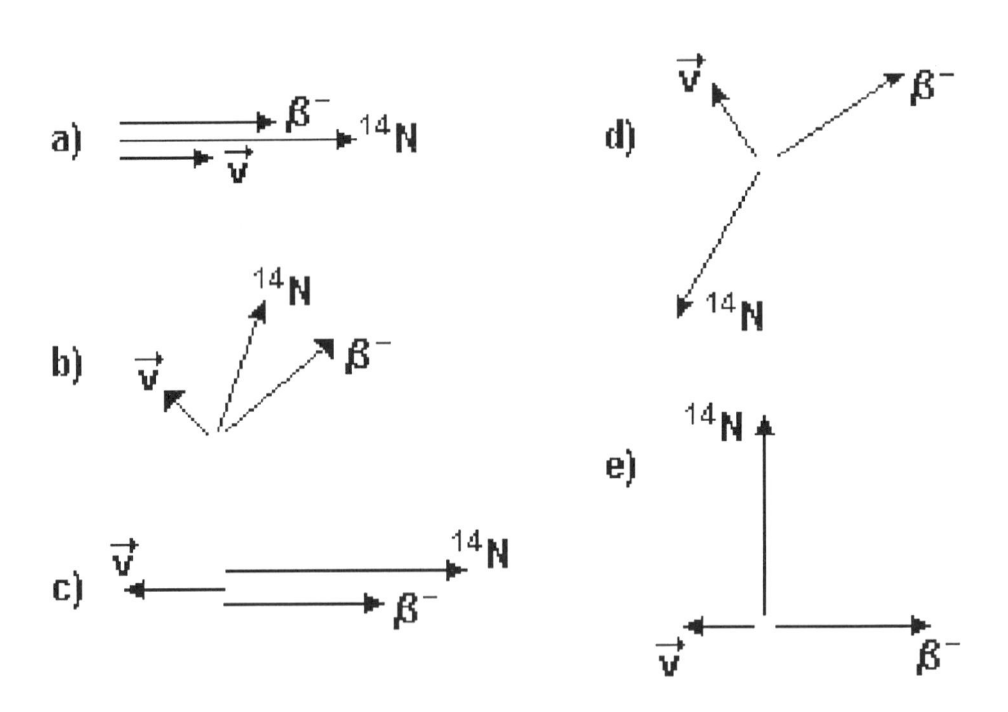

a) [diagrama]

b) [diagrama]

c) [diagrama]

d) [diagrama]

e) [diagrama]

32 - (ITA-1999) A tabela abaixo mostra os níveis energéticos de um átomo do elemento X, que se encontra no estado gasoso.

E_0	E_1	E_2	E_3	Ionização
0	7,0 eV	13,0 eV	17,4 eV	21,4 eV

Dentro das possibilidades, a energia que poderia retornar no elétron, com energia 15 eV após colidir com um átomo X seria de:

a) 0 eV   b) 4,4 eV   c) 16,0 eV   d) 2,0 eV   e) 14,0 eV

33 - (ITA-2002) Um átomo de hidrogênio tem níveis de energia discretos dados pela equação, em que $E_n = -13,6/n^2$ eV $\{n \in Z / n \geq 1\}$. Sabendo que um fóton de energia 10,19 eV excitou o átomo do estado fundamental (n = 1) até o estado p, qual deve ser o valor de p? Justifique.

34 - (ITA-2002) Um trecho da música "Quanta", de Gilberto Gil, é reproduzido no destaque a seguir.

Fragmento infinitésimo,
Quase que apenas mental,
Quantum granulado no mel,
Quantum ondulado do sal,
Mel de urânio, sal de rádio
Qualquer coisa quase ideal.

As frases "Quantum granulado no mel" e "Quantum ondulado do sal" relacionam-se, na Física, com

a) Conservação de Energia.
b) Conservação da Quantidade de Movimento.
c) Dualidade Partícula-onda.
d) Princípio da Causalidade.
e) Conservação do Momento Angular.

35 - (ITA-2003) Experimentos de absorção de radiação mostram que a relação entre a energia **E** e a quantidade de movimento **p** de um fóton é **E =pc**. Considere um sistema isolado formado por dois blocos de massas m_1 e m_2, respectivamente, colocados no vácuo, e separados entre si de uma distância L. No instante **t** = 0, o bloco de massa m_1 emite um fóton que é posteriormente absorvido inteiramente por m_2, não havendo qualquer outro tipo de interação entre os blocos. (Ver figura). Suponha que m_1 se torne m'_1 em razão da emissão do fóton e, analogamente, m_2 se torne m'_2 devido à absorção desse fóton. Lembrando que esta questão também pode ser resolvida com recursos da Mecânica Clássica, assinale a opção que apresenta a relação correta entre a energia do fóton e as massas dos blocos.

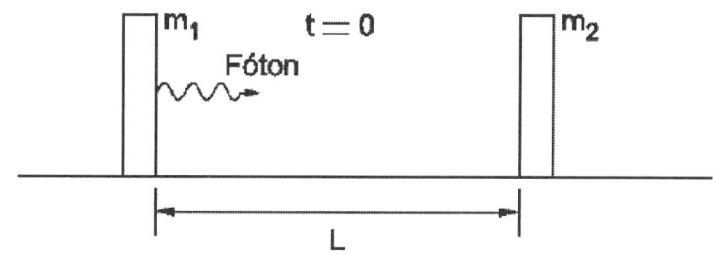

a) $E = (m_2 - m_1) \cdot c^2$
b) $E = (m'_2 - m_2) \cdot c^2 / 2$
c) $E = (m_1 - m'_1) \cdot c^2$
d) $E = (m'_1 - m'_2) \cdot c^2$
e) $E = (m'_2 - m_2) \cdot c^2$

36 - (ITA-2003) Considere as seguintes afirmações:

I. No efeito fotoelétrico, quando um metal é iluminado por um feixe de luz monocromática, a quantidade de elétrons emitidos pelo metal é diretamente proporcional à intensidade do feixe incidente, independentemente da freqüência da luz.

II. As órbitas permitidas ao elétron são aquelas em que o momento angular orbital é **n.h/2π** sendo **n** = 1, 3, 5...

III. Os aspectos corpuscular e ondulatório são necessários para a descrição completa de um sistema quântico.

IV. A natureza complementar do mundo quântico é expressa, no formalismo da Mecânica Quântica, pelo princípio da incerteza de Heisenberg.

Quais estão corretas?

a) I e II   b) I e III   c) I e IV   d) II e III   e) III e IV

37 - (ITA-2003) Utilizando o modelo de Bohr para o átomo, calcule o número aproximado de revoluções efetuadas por um elétron no primeiro estado excitado do átomo de hidrogênio, se o tempo de vida do elétron, nesse estado excitado, é de 10^{-8} s. São dados: o raio da órbita do estado fundamental é de $5,3 \times 10^{-11}$ m e a velocidade do elétron nessa órbita é de $2,2 \times 10^6$ m/s.

a) 1×10^6 revoluções
d) 8×10^6 revoluções
c) 5×10^7 revoluções
e) 9×10^6 revoluções
b) 4×10^7 revoluções

38 - (ITA-2004) O átomo de hidrogênio no modelo de Bohr é constituído de um elétron de carga **e** que se move em órbitas circulares de **r**, em torno do próton, sob a influência da força de atração coulombiana. O trabalho realizado por esta força sobre o elétron ao percorrer a órbita do estado fundamental é:

a) $-e^2/(2\,\varepsilon_0 r)$ c) $-e^2/(4\pi\varepsilon_0 r)$ e) n.d.a.
b) $e^2/(2\,\varepsilon_0 r)$ d) e^2/r

39 - (ITA-2004) Num experimento que usa o efeito fotoelétrico, ilumina-se sucessivamente a superfície de um metal com luz de dois comprimentos de onda diferentes, λ_1 e λ_2, respectivamente. Sabe-se que as velocidades máximas dos fotoelétrons emitidos são, respectivamente, v_1 e v_2, em que $v_1 = 2v_2$. Designando C a velocidade da luz no vácuo, e h a constante de Planck, pode-se, então, afirmar que a função trabalho φ do metal é dada por:

a) $(2\lambda_1 - \lambda_2)\,hC/(\lambda_1\lambda_2)$
b) $(\lambda_2 - 2\lambda_1)\,hC/(\lambda_1\lambda_2)$
c) $(\lambda_2 - 4\lambda_1)\,hC/(3\lambda_1\lambda_2)$
d) $(4\lambda_1 - \lambda_2)\,hC/(3\lambda_1\lambda_2)$
e) $(2\lambda_1 - \lambda_2)\,hC/(3\lambda_1\lambda_2)$

40 - (ITA-2004) Tubos de imagem de televisão possuem bobinas magnética defletoras que desviam elétrons para obter pontos luminosos na tela e, assim, produzir imagens. Nesses dispositivos, elétrons são inicialmente acelerados por uma diferença de potencial U entre o catodo e o anodo. Suponha que os elétrons são gerados em repouso sobre o catodo. Depois de acelerados, são direcionados, ao longo do eixo **x**, por meio de uma fenda sobre o anodo, para uma região de comprimento **L** onde atua um campo de indução magnética uniforme $\vec{B}$, que penetra perpendicularmente o plano do papel, conforme mostra o esquema. Suponha, ainda, que a tela delimita a região do campo de indução magnética.

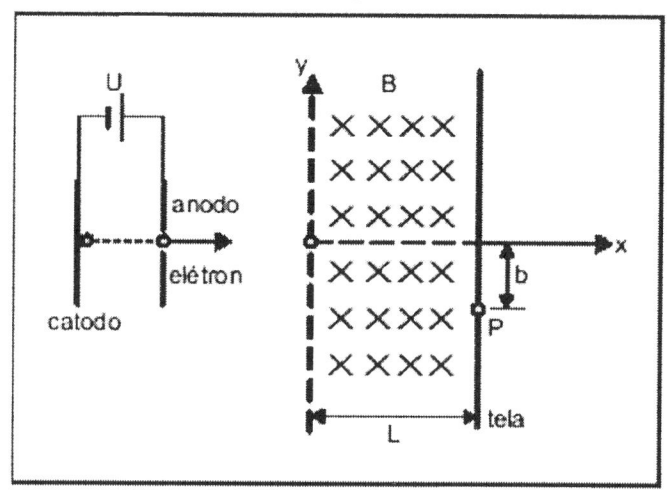

Se um ponto luminoso é detectado a uma distância b sobra a tela, determine a expressão da intensidade de $\vec{B}$ necessária para que s elétrons atinjam o ponto luminoso P, em função dos parâmetros e constantes fundamentais intervenientes (considere b<<L)

41 - (ITA-2004) Um elétron é acelerado a partir do repouso por meio de uma diferença de potencial U, adquirindo uma quantidade de movimento p. Sabe-se que, quando o elétron está em movimento, sua energia relativística é dada por $E = [(m_0 C^2) + p^2 C^2]^{1/2}$ em que m_0 é a massa de repouso do elétron e C a velocidade da luz no vácuo. Obtenha o comprimento de onda de De Broglie do elétron em função de U e das constantes fundamentais pertinentes.

42 - (VUNESP-1991) O primeiro isótopo radioativo artificialmente produzido foi o $^{30}_{15}P$, através do bombardeio de lâminas de alumínio por partículas alfa, segundo a reação (I).

(I) $^{27}_{13}Al$ + partícula alfa $\longrightarrow$ $^{30}_{15}P$ + partícula x

O isótopo formado, $^{30}_{15}P$, por sua vez emite um pósitron, segundo a reação (II)

(II) $^{30}_{15}P \longrightarrow ^{b}_{n}Y + ^{0}_{+1}e$

Balancear as equações (I) e (II), identificando a partícula x, e fornecendo os números atômicos e de massa do elemento Y formado.

43 - (Vunesp-1992) Em 1902, Rutherford e Soddy descobriram a ocorrência da transmutação radioativa investigando o processo espontâneo:

$$^{226}_{88}Ra \longrightarrow ^{222}_{88}Rn + X$$

A partícula X corresponde a um:

a) núcleo de hélio.   b) átomo de hidrogênio.   c) próton.
d) nêutron.   e) elétron.

44 - (Vunesp-1992) Neptúnio, de símbolo Np, foi o primeiro elemento transurânico preparado em laboratório. Esse elemento foi obtido através das reações nucleares:

$$^{238}_{92}U + ^{1}_{0}n \longrightarrow ^{x}_{92}U$$

$$^{x}_{92}U \longrightarrow ^{239}_{93}Np + y$$

a) Complete as equações. Forneça o valor de x e identifique a partícula y.

b) O neptúnio-239 tem tempo de meia-vida de 2 dias. Discuta o significado do tempo de meia-vida do Np.

45 - (Vunesp-1995) Quando um átomo do isótopo 228 do tório libera uma partícula alfa (núcleo de hélio com 2 prótons e número de massa 4), transforma-se em um átomo de rádio, de acordo com a equação a seguir.

$$^{228}_{x}Th \longrightarrow ^{y}_{88}Ra + \alpha$$

Os valores de **x** e **y** são, respectivamente:

a) 88 e 228   b) 89 e 226   c) 90 e 224
d) 91 e 227   e) 92 e 230

46 - (Puccamp-1994) O gás carbônico da atmosfera apresenta uma quantidade pequena de ^{14}C e que permanece constante; na assimilação do carbono pelos seres vivos a relação $^{14}C/^{12}C$ é mantida. Contudo, após cessar a vida, o ^{14}C começa a diminuir enquanto o ^{12}C permanece inalterado, o que possibilita o cálculo da data em que isso ocorreu. Considere que numa peça arqueológica encontrou-se a relação $^{14}C/^{12}C$ igual à metade do seu valor na atmosfera. A idade aproximada dessa amostra, em anos, é igual a
(Dado: meia-vida do ^{14}C = 5 570 anos)

a) 2 785   b) 5 570   c) 8 365
d) 1 1140   e) 1 3925

47 - (Puccamp-1995) O iodo-125, variedade radioativa do iodo com aplicações medicinais, tem meia vida de 60 dias. Quantos gramas de iodo-125 irão restar, após 6 meses, a partir de uma amostra contendo 2,00g do radioisótopo?

a) 1,50   b) 0,75   c) 0,66   d) 0,25   e) 0,10

48 - (UNICAMP-2001) O Projeto Auger (pronuncia-se ogê) é uma iniciativa científica internacional, com importante participação de pesquisadores brasileiros, que tem como objetivo aumentar nosso conhecimento sobre os raios cósmicos. Raios cósmicos são partículas subatômicas que, vindas de todas as direções e provavelmente até dos confins do universo, bombardeiam constantemente a Terra. O gráfico abaixo mostra o fluxo (número de partículas por m² por egundo) que atinge a superfície terrestre em função da energia da partícula, expressa em eV (1 eV = 1,6 × 10⁻¹⁹ J). Considere a área da superfície terrestre $5,0 \times 10^{14}$ m².

a) Quantas partículas com energia de 10^{16} eV atingem a Terra ao longo de um dia?

b) O raio cósmico mais energético já detectado atingiu a Terra em 1991. Sua energia era $3,0 \times 10^{20}$ eV. Compare essa energia com a energia cinética de uma bola de tênis de massa 0,060 kg num saque a 144 km/h.

49 - (Cesgranrio-1993) Um átomo de $^{238}_{92}U$ emite uma partícula alfa, transformando-se num elemento X, que por sua vez, emite uma partícula beta, dando o elemento Y, com número atômico e número de massa respectivamente iguais a:

a) 92 e 234   b) 91 e 234   c) 90 e 234   d) 90 e 238   e) 89 e 238

50 - (Cesgranrio-1994) Após algumas desintegrações sucessivas, o $^{232}_{90}Th$, muito encontrado na orla marítima de Guarapari (ES), se transforma no $^{208}_{86}Pb$. O número de partículas α e β emitidas nessa transformação foi, respectivamente, de:

a) 6 e 4   b) 6 e 5   c) 5 e 6   d) 4 e 6   e) 3 e 3

51 - (Fei -1994) Um dos isótopos do Amerício $^{241}_{95}Am$, quando bombardeado com partículas α ($^{4}_{2}He$), formam um elemento novo e dois nêutrons $^{1}_{0}n$, como indicado pela equação:

$$^{241}_{95}Am + ^{4}_{2}He \longrightarrow \text{elemento novo} + 2\,^{1}_{0}n$$

Os números atômicos e de massa do novo elemento serão respectivamente:

a) 95 e 245   b) 96 e 244   c) 96 e 243   d) 97 e 243   e) 97 e 245

52 - (Unitau-1995) Examine a seguinte proposição:
"A radiação gama apresenta pequeno comprimento de onda, sendo mais penetrante que alfa, beta e raios X."

Esta proposição está:

a) confusa.
b) totalmente errada.
c) errada, porque não existem radiações gama.
d) parcialmente correta.
e) totalmente correta.

53 - (Mackenzie-1996) No dia 6 de agosto próximo passado, o mundo relembrou o cinqüentenário do trágico dia em que Hiroshima foi bombardeada, reverenciando seus mortos. Uma das possíveis reações em cadeia, de fissão nuclear do urânio 235 usado na bomba, é

$$^{235}_{92}U + ^{1}_{0}n \longrightarrow ^{139}_{56}Ba + ^{94}_{36}Kr + X + energia,$$

onde X corresponde a:

a) $^{3}_{1}H$ b) $3\,^{1}_{0}n$ c) $2\,^{1}_{0}n$ d) $^{4}_{2}\alpha$ e) $^{2}_{1}D$

54 - (UNIUBE-2003) Considere dois níveis de energia de um átomo de sódio, representados no diagrama.
A diferença de energia entre os níveis (inicial e final) é igual a $3,4 \times 10^{-19}$ J e a energia do fóton é igual a h.f, em que h é a constante de Planck ($6,6 \times 10^{-34}$ J.s) e f é a freqüência do fóton emitido. Considerando os dados apresentados e utilizando a tabela abaixo como referência marque a alternativa, que representa a cor da luz emitida nessa transição eletrônica.

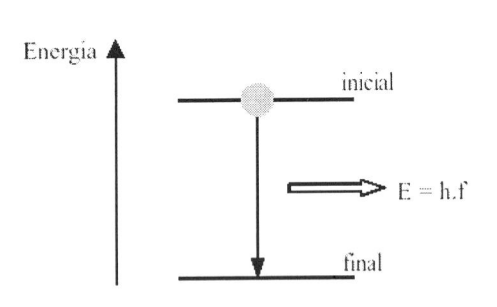

Cor	Freqüência (10^{14} Hz)
Vermelha	4,0 - 4,4
Laranja	4,4 - 4,6
Amarela	4,6 - 5,0
Verde	5,0 - 5,7
Azul	5,7 - 5,9
Anil	5,9 - 6,2
Violeta	6,2 - 7,0

A) vermelha.
B) amarela.
C) violeta.
D) azul.
E) verde

Questões Complementares (Região Sul)

01 - (UFRGS-1968) Qual das explicações lhe parece correta para o efeito fotoelétrico?

(A) Choque elástico entre partículas leves e núcleos.
(B) Produção de Raios X quando há choque de elétrons em uma placa de metal.
(C) Produção de luz por modificação energética de um sistema atômico.
(D) Arrancamento de elétrons de uma substância por incidência de radiação eletromagnética.
(E) Emissão de fótons devido a elétrons emitidos por substâncias radioativas.

02 - (UFRGS-1968) A emissão de fotoelétrons, por um determinado metal, exige que:

(A) a luz incidente tenha uma freqüência maior que um determinado valor.
(B) a luz incidente tenha um comprimento superior a um determinado valor.
(C) este material esteja próximo à temperatura de fusão.
(D) a luz incidente tenha intensidade superior a um valor determinado.
(E) o material não esteja ligado à Terra.

03 - (UFRGS-1971) Os raios X e a luz diferem porque:

(A) a freqüência dos raios X é maior do que a freqüência da luz visível.
(B) a luz é constituída de ondas transversais e os raios X de ondas longitudinais.
(C) os raios X são desviados por campos elétricos e magnéticos enquanto a luz não sofre desvio.
(D) os raios X são partículas neutras e a luz é constituída de corpúsculos carregados eletricamente.
(E) no espaço vazio a velocidade dos raios X é superior à velocidade da luz.

04 - (UFRGS-1985) Comparadas com a luz visível, as microondas têm

(A) velocidade de propagação menor no vácuo.
(B) fótons de energia maior.
(C) freqüência menor.
(D) comprimento de onda igual.
(E) comprimento de onda menor.

05 - (UFRGS-1985) Segundo o modelo de Bohr, o átomo pode absorver e emitir pacotes quantizados de energia, chamados fótons. O diagrama ao lado apresenta as energias de alguns estados estacionários do átomo de hidrogênio.

$n = 8$ ———————— $0,0$ eV
$n = 4$ ———————— $-0,8$
$n = 3$ ———————— $-1,5$
$n = 2$ ———————— $-3,4$
$n = 1$ ———————— $-13,6$

Selecione a alternativa que completa corretamente as lacunas abaixo:

Um fóton emitido quando o átomo de hidrogênio faz a transição do estado estacionário $n = 3$ para o $n = 2$ tem uma energia _____, uma freqüência _____ e um comprimento de onda _____ do que um fóton emitido na transição do estado $n = 4$ para o $n = 3$.

(A) maior - maior - menor
(B) maior - menor - maior
(C) menor - menor - maior
(D) menor - maior - menor
(E) maior - maior - maior

06 - (UFRGS-1987) A tabela mostra as freqüências (f) de três ondas eletromagnéticas que se propagam no vácuo. Comparando-se essas três ondas, verifica-se que

Ondas	f (Hz)
X	3×10^{17}
Y	6×10^{14}
Z	3×10^{14}

(A) a energia de um fóton associado à onda X é maior do que a energia de um fóton associado à onda Y.
(B) o comprimento de onda da onda Y é igual ao dobro do da onda Z.
(C) à onda Z estão associados os fótons de maior energia e de menor quantidade de movimento.
(D) a energia do fóton associado à onda X é igual à associada à onda Y.
(E) as três ondas possuem o mesmo comprimento de onda.

07 - (UFRGS-1988) Uma fonte radioativa de urânio emite radiações alfa (α), beta (β) e gama (γ). Quando essas radiações passam por um campo elétrico uniforme, quais das trajetórias indicadas na figura são percorridas por elas?
(A) A trajetória X é percorrida pelas três radiações.
(B) A trajetória Y é percorrida pelas três radiações.
(C) A trajetória Y é percorrida por duas radiações, e a Z, por uma.
(D) A trajetória Z é percorrida por duas radiações, e a X, por uma.
(E) Cada trajetória é percorrida por uma radiação.

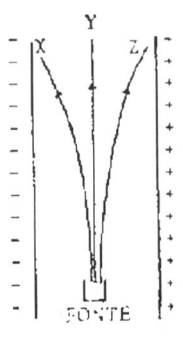

08 - (UFRGS-1989) Em que situação descrita nas alternativas pode estar agindo uma força magnética sobre a partícula em questão?

(A) Um próton move-se em um campo magnético.
(B) Um elétron encontra-se em repouso em um campo magnético.
(C) Um nêutron move-se em um campo magnético.
(D) Uma partícula alfa encontra-se em repouso em um campo magnético.
(E) Uma partícula gama move-se em um campo magnético.

09 - (UFRGS-1989) Entre as ondas eletromagnéticas mencionadas na tabela, identifique a que tem o maior comprimento de onda e a que apresenta a maior energia de um fóton associado à onda, respectivamente.

Ondas eletromagnéticas
infravermelho
microondas
raios X
ultravioleta

(A) microondas - raios X
(B) ultravioleta - raios X
(C) microondas - infravermelho
(D) ultravioleta - infravermelho
(E) raios X - infravermelho

11 - (UFRGS-1989) No efeito fotoelétrico ocorre a variação da quantidade de elétrons emitidos por unidade de tempo e da sua energia quando há variação de certas grandezas características da luz incidente na fotocélula. Associe as variações descritas na coluna da direita com as grandezas da luz incidente, mencionadas na coluna da esquerda.

1. Freqüência
2. Velocidade
3. Intensidade de elétrons emitidos

( ) variação da energia dos elétrons emitidos
( ) variação do número por unidade de tempo

A relação numérica, de cima para baixo, da coluna da direita, que estabelece a seqüência de associações corretas é:

(A) 1 - 2
(B) 1 - 3
(C) 2 - 1
(D) 2 - 3
(E) 3 - 1

12 - (UFRGS-1990) Quando a luz incide sobre uma fotocélula ocorre o evento conhecido como efeito fotoelétrico. Nesse evento,

(A) é necessária uma energia mínima dos fótons da luz incidente para arrancar os elétrons do metal.
(B) os elétrons arrancados do metal saem todos com a mesma energia cinética.
(C) a quantidade de elétrons emitidos por unidade de tempo depende do quantum de energia da luz incidente.
(D) a quantidade de elétrons emitidos por unidade de tempo depende da freqüência da luz incidente.
(E) o quantum de energia de um fóton da luz incidente é diretamente proporcional a sua intensidade.

13 - (UFRGS-1992) Em qual das alternativas as radiações eletromagnéticas estão citadas na ordem crescente da energia do fóton associado às ondas?

(A) raios gama, luz visível, microondas
(B) raios gama, microondas, luz visível
(C) luz visível, microondas, raios gama
(D) microondas, luz visível, raios gama
(E) microondas, raios gama, luz visível

14 - (UFRGS-1992) Considere a seguintes afirmações sobre a estrutura do átomo:

I - A energia de um elétron ligado a um átomo não pode assumir qualquer valor.
II - Para separar um elétron de um átomo é necessária uma energia bem maior do que para arrancar um próton do núcleo.
III - O volume do núcleo de um átomo é aproximadamente igual à metade do volume do átomo todo.
Quais estão corretas?

(A) Apenas I
(B) Apenas II
(C) Apenas I e III
(D) Apenas II e III
(E) I, II e III

15 - (UFRGS-1993) Considerando as seguintes afirmações sobre a estrutura nuclear do átomo.

I - O núcleo de um átomo qualquer tem sempre carga elétrica positiva.
II - A massa do núcleo de um átomo é aproximadamente igual à metade da massa de todo o átomo.
III - Na desintegração de um núcleo radioativo, ele altera sua estrutura para alcançar uma configuração mais estável.

Quais estão corretas?

(A) Apenas I
(B) Apenas II
(C) Apenas I e III
(D) Apenas II e III
(E) I, II e III

16 - (UFRGS-1995) Instrução: a questão refere-se à situação descrita a seguir:
A visualização de cores é a maneira de o olho humano identificar ou distinguir diferentes comprimentos de onda da luz. A tabela apresenta alguns comprimentos de onda λ da luz do espectro de emissão de uma lâmpada de vapor de mercúrio e as respectivas cores que podem ser visualizadas.

λ $(10^{-10}$ m)	cor visualizada
4047	violeta
4358	anil
5461	verde
6232	vermelha

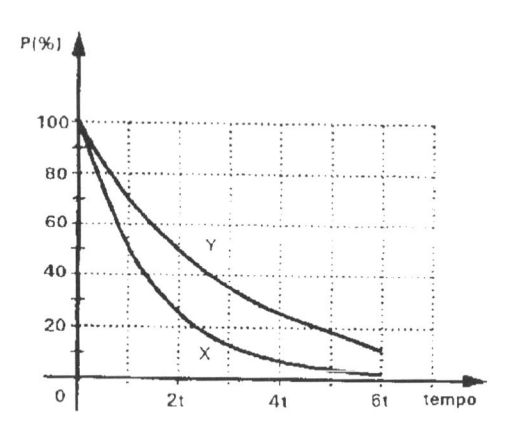

Considerando os dados da tabela, pode-se afirmar que no vácuo

(A) as freqüências da luz identificada por cada uma das quatro cores são iguais.
(B) a quantidade de movimento linear associada a um fóton da luz visualizada como cor vermelha é maior do que a de um fóton da luz violeta.
(C) a energia associada a um fóton da luz visualizada como de cor violeta é maior do que a de um fóton da luz verde.
(D) a velocidade da luz visualizada como de cor anil é menor do que a de cor verde.
(E) a freqüência da luz visualizada como de cor vermelha é maior do que a de cor violeta.

17 - (UFRGS-1995) Entre as partículas alfa (α), beta (β) e gama (γ), indique:

a que tem o maior poder de penetração.	as que têm cargas elétricas.
(A) α	β,γ
(B) α	α,β
(C) β	β,γ
(D) γ	α,β
(E) γ	α,γ

18 - (UFRGS-1995) O gráfico mostra as curvas de decaimento radioativo de duas amostras X e Y de duas substâncias radioativas puras. P indica o percentual de átomos radioativos presentes nas amostras em função do tempo.

A partir dessa situação, é possível afirmar que:

(A) a meia-vida de X é o dobro da de Y.
(B) X e Y têm o mesmo número de átomos radioativos no instante 3t.
(C) em relação a X, a amostra Y possui o dobro de átomos radioativos transformados no instante 4t.
(D) transcorrido um tempo 2t, o número de átomos radioativos da amostra X que ainda permanece nalterada é igual ao dobro do número da amostra Y.
(E) transcorrido um tempo 6t, o percentual do número original de átomos radioativos da amostra X que se desintegraram é maior do que o da Y.

19 - (UFRGS-1995) Selecione a alternativa que apresenta as palavras que completam corretamente as lacunas, pela ordem, no seguinte texto relacionado com o efeito fotoelétrico.
O efeito fotoelétrico, isto é, a emissão de _____ por metais sob a ação da luz, é um experimento dentro de um contexto físico extremamente rico, incluindo a oportunidade de pensar sobre o funcionamento do equipamento que leva à evidência experimental relacionada com a emissão e a energia dessas partículas, bem como a oportunidade de entender a inadequacidade da visão clássica do fenômeno. Em 1905, ao analisar esse efeito, Einstein fez a suposição revolucionária de que a luz, até então considerada como um fenômeno ondulatório, poderia também ser concebida como constituída por conteúdos energéticos que obedecem a uma distribuição _____, os quanta de luz, mais tarde denominados _____.

(A) fótons - contínua - fótons
(B) fótons - contínua - elétrons
(C) elétrons - contínua - fótons
(D) elétrons - discreta - elétrons
(E) elétrons - discreta - fótons

20 - (UFRGS-1998) O modelo atômico sofre adaptações com adventos de novos conhecimentos que se obtêm sobre a natureza da matéria. Há alguns eventos ocorridos na primeira metade do século XX que foram particularmente importantes. Na coluna da esquerda estão listados seis nomes que emprestavam decisivas contribuições para a física moderna.
Na coluna da direita, estão indicadas três contribuições que devem ser associadas com seus respectivos autores:

1. Niels Bohr
2. Louis de Broglie
3. Albert Einstein
4. Max Planck
5. Rutherford
6. Schorödinger

( ) Os elétrons ocupam níveis definidos de energia
( ) Os elétrons têm caráter corpuscular e de onda, simultaneamente
( ) Uso de solução matemática, obtida através da mecânica quântica, para descrever os elétrons.

Assinale o item correto:

a) 1,2,6
b) 5,2,6
c) 1,2,4
d) 1,3,6
e) 5,3,4

21 - (PUCRS-1971) Os raios gama são considerados:

(A) ondas longitudinais.
(B) ondas transversais.
(C) ondas polarizadas.
(D) partículas eletricamente neutras.
(E) partículas eletricamente carregadas.

22 - (PUCRS-1972) Quando um átomo de um elemento radioativo emite um raio beta positivo, seu número de massa:

(A) aumenta uma unidade
(B) diminui uma unidade
(C) diminui duas unidades
(D) diminui quatro unidades
(E) não se altera

23 - (PUCRS-1973) A energia portada por um fóton de luz de freqüência 5×10^{14} Hz é de aproximadamente: (Dado: h = $6,63 \times 10^{-34}$ J.s)

(A) $2,30 \times 10^{-18}$ J
(B) $3,31 \times 10^{-19}$ J
(C) $6,62 \times 10^{-18}$ J
(D) $5,32 \times 10^{-15}$ J
(E) $8,42 \times 10^{-18}$ J

24 - (PUCRS-1973) Assinalar a afirmação correta:

(A) os raios X são partículas de massa aproximadamente igual à do elétron.
(B) quando um elemento radioativo emite uma radiação beta ordinária seu número atômico permanece inalterado.
(C) os gases, nas condições normais, são bons condutores de eletricidade.
(D) o elétron-volt (eV), é uma unidade de comprimento muito usada no domínio da Física Atômica.
(E) uma descarga elétrica num gás é capaz de ionizá-lo tornando-o condutor de eletricidade.

25 - (PUCRS-1973) Um átomo excitado emite energia, muitas vezes em forma de luz visível, porque:

(A) um de seus elétrons foi arrancado do átomo.
(B) um dos elétrons desloca-se para níveis de energia mais baixos, aproximando-se do núcleo.
(C) um dos elétrons desloca-se para níveis de energia mais altos, afastando-se do núcleo.
(D) os elétrons permanecem estacionários em seus níveis de energia.
(E) os elétrons se transformam em luz, segundo Einstein.

26 - (PUCRS-1973) Assinalar a afirmação correta:

(A) Quando um elemento radioativo emite uma partícula alfa, seu número atômico permanece inalterado.
(B) Os raios X são radiações eletromagnéticas de comprimento de onda maior que o da luz visível.
(C) O efeito fotoelétrico é a emissão de elétrons por um metal quando aquecido.
(D) Raios canais são íons positivos provenientes de gás residual de um tubo de descarga.
(E) N.D.A.

27 - (PUCRS-1973)

I - Robert Andrews Millikan determinou, com grande precisão, a carga do elétron.
II - O efeito Compton demonstra que a radiação tem comportamento corpuscular.
III - Uma descarga elétrica num gás é capaz de ionizá-lo tornando-o condutor de eletricidade.

(A) somente a afirmação I é correta
(B) somente as afirmações I e II são corretas
(C) somente as afirmações II e III são corretas
(D) somente as afirmações I e III são corretas
(E) todas as afirmações são corretas.

28 - (PUCRS-1973)
Um quantum de radiação X de comprimento de onda igual a 3,0Å possui uma energia aproximadamente igual a:

(A) 2,30 keV
(B) $3,31 \times 10^{-15}$ J
(C) 4,13 keV
(D) 6,62 keV
(E) $2,24 \times 10^{-12}$ J

29 - (PUCRS-1974) Assinalar a afirmação correta:

(A) a experiência de espalhamento de partículas alfa pela matéria realizada por Rutherford, revelou que o átomo é composto de elétrons.
(B) o efeito fotoelétrico nos revela a descontinuidade da radiação.
(C) quando em elemento emite uma partícula beta, o seu núcleo atômico decresce de uma unidade.
(D) os raios X mais penetrantes são aqueles de maior comprimento de onda.
(E) n.d.a.

30 - (PUCRS-1974)

I - O elétron-volt (eV) é uma unidade de energia.
II - Os raios gama são radiações eletromagnéticas de comprimento de onda maior que o da luz.
III - A energia equivalente à massa de repouso de uma partícula é obtida pelo produto da massa (em repouso) da partícula pelo quadrado da velocidade da luz.

(A) somente a afirmação I é correta
(B) somente as afirmações I e II são corretas
(C) somente as afirmações I e III são corretas
(D) somente as afirmações II e III são corretas
(E) todas as afirmações são corretas

31 - (PUCRS-2000) INSTRUÇÃO: Responder à questão seguinte com base no texto e afirmativas abaixo:

Os avanços tecnológicos referentes ao uso da energia nuclear para produzir eletricidade são notáveis. A legislação pertinente pune severamente as empresas responsáveis por quaisquer danos pessoais e ambientais. Mas os acidentes continuam acontecendo, como os do segundo semestre de 1999 na Ásia. O grau de risco dessa atividade é alto porque todas as usinas:
I. dependem do processo da fusão nuclear.

II. empregam água pesada (ou deuterada), que é originariamente radioativa.
III. empregam materiais físseis, que permanecem radioativos por longos períodos de tempo.

Analisando-se os três fatores acima, deve-se concluir que é correta a alternativa

(A) somente I.
(B) somente III.
(C) somente I e II.
(D) somente I e III.
(E) I, II e III.

32 - (PUCRS-2001) INSTRUÇÃO: Responder à questão seguinte com base no texto e afirmativas abaixo:

Sobre a natureza e comportamentos de **ondas** são feitas quatro afirmativas:

I. Ondas eletromagnéticas porpagam-se também no vácuo.
II. Ondas sonoras não podem ser polarizadas.
III. Ondas de mesma freqüência têm sempre a mesma amplitude.
IV. O raio X é uma onda eletromagnética.

Considerando as afirmativas acima, é correto concluir que:

(A) somente I é correta
(B) somente II é correta
(C) somente I, II e III são corretas
(D) somente I, II e IV são corretas
(E) todas são corretas

33 -(PUCRS-2001) A quantização da energia eletromagnética é evidenciada no efeito

(A) Doppler.
(B) Oersted.
(C) paramagnético.
(D) fotoelétrico.
(E) Joule.

34 - (PUCRS-2002) A sigla "LASER" (Light Amplification by Stimulated Emission of Radiation) significa "luz amplificada por emissão estimulada de radiação" ou "radiação luminosa amplificada por emissão estimulada". A radiação LASER emitida por um gás é radiação luminosa

(A) coerente e monocromática.
(B) coerente e policromática.
(C) não coerente e monocromática.
(D) não coerente e polarizada.
(E) policromática e polarizada.

Física Moderna

35 - (PUCRS-2002) Em 1895, o físico alemão Wilhelm Conrad Roentgen descobriu os raios X, que são usados principalmente na área médica e industrial. Esses raios são

(A) radiações formadas por partículas alfa com grande poder de penetração.
(B) radiações formadas por elétrons dotados de grandes velocidades.
(C) ondas eletromagnéticas de freqüências maiores que as das ondas ultravioletas.
(D) ondas eletromagnéticas de freqüências menores do que as das ondas luminosas.
(E) ondas eletromagnéticas de freqüências iguais às das ondas infravermelhas.

36 - (PUCRS-2003) A energia de um fóton é diretamente proporcional a sua freqüência, com a constante de Plank, **h**, sendo o fator de proporcionalidade. Por outro lado, pode-se associar massa a um fóton, uma vez que ele apresenta energia ($E = mc^2$) e quantidade de movimento. Assim, a quantidade de movimento de um fóton de freqüência **f** propagando-se com velocidade **c** se expressa como:

(A) c^2/hf (C) hf/c (E) cf/h
(B) hf/c^2 (D) c/hf

37 - (UFSC-1990) Obtenha a soma dos valores numéricos associados às opções CORRETAS.

01. A experiência de Thomson consistiu em efetuar medidas precisas para determinar-se a razão entre a carga (e) e a massa (m), das partículas dos raios catódicos e foi crucial para a correta identificação das mesmas. Modernamente elas são conhecidas como elétrons.
02. A experiência de Millikan, da gota de óleo, permitiu calcular-se, pela primeira vez, o valor do "quantum" elementar de carga elétrica na natureza, isto é, a carga do elétron.
04. A radioatividade natural consiste na emissão de radiação por parte de núcleos instáveis. A radiação que é observada pode ser de três tipos: partículas alfa (núcleos de hélio), partículas beta (elétrons) e raios gama (ondas eletromagnéticas).
08. Os raios X são ondas eletromagnéticas transversais de mesmo tipo que as ondas luminosas, porém o seu comprimento de onda situa-se num intervalo inferior ao da radiação luminosa.
16. O efeito fotoelétrico consiste na emissão de elétrons de uma superfície fotossensível, quando radiação luminosa de freqüência suficientemente elevada incidir na mesma.

38 - (UFSC-1991) Assinale as afirmativas CORRETAS, some os valores respectivos. Com relação ao efeito fotoelétrico é CORRETO afirmar que:

01. em uma célula fotoelétrica, a velocidade dos fotoelétrons emitidos aumenta, quando diminuímos o comprimento de onda da radiação luminosa utilizada para provocar o mesmo.
02. em uma célula fotoelétrica, a velocidade dos fotoelétrons emitidos aumenta, quando aumentamos o comprimento de onda da radiação luminosa utilizada para provocar o fenômeno.
04. em uma célula fotoelétrica, a velocidade dos fotoelétrons emitidos será maior, se utilizarmos, para provocar o fenômeno, luz vermelha forte, em vez de empregarmos luz violeta fraca.
08. numa célula fotoelétrica, a energia cinética dos elétrons arrancados da superfície do metal

depende da freqüência da luz incidente.
16. numa célula fotoelétrica, a energia cinética dos elétrons arrancados da superfície do metal depende da intensidade da luz incidente.
32. a emissão de fotoelétrons por uma placa fotossensível só pode ocorrer quando a luz incidente tem menor comprimento de onda do que certo comprimento de onda crítico de característico para cada metal.

39 - (UFSC-1994) Com relação aos fenômenos físicos, envolvendo elétrons, é CORRETO afirmar:

01. Podem ser chamados de raios catódicos.
02. Na célebre experiência de Thomson, conseguiu-se determinar a sua carga.
04. A razão entre a sua carga e a sua massa foi possível determinar, devido aos trabalhos do físico Robert A. Millikan, na famosa experiência da gota de óleo.
08. O "quantum" de carga elétrica elementar na Natureza é igual à carga do elétron que vale, no S.I., aproximadamente $1,6 \times 10^{-19}$ C. Isto é, em um módulo, toda e qualquer carga elétrica é um múltiplo inteiro da carga do elétron.
16. Um outro modo de designarmos os elétrons é pelo nome de raios canais, pois são obtidos a partir da canalização dos elétrons oriundos do ânodo de um tubo gerador.
32. Uma superfície de potássio metálico é capaz de emitir elétrons, quando submetida a uma radiação violeta monocromática. Esse fenômeno é conhecido com o nome de feito fotoelétrico.
64. No efeito Compton, são emitidos elétrons a partir de uma superfície metálica, desde que a radiação seja monocromática, de grande intensidade e grande comprimento de onda.

40 - (UFSC-2002) Em um laboratório, são fornecidas a um estudante duas lâmpadas de luz monocromática. Uma emite luz com comprimento de onda correspondente ao vermelho ($\lambda \cong 6,2 \times 10^{-7}$ m) e com potência de 150 watts. A outra lâmpada emite luz com comprimento de onda correspondente ao violeta ($\lambda \cong 3,9 \times 10^{-7}$ m) e cuja potência é de 15 watts. O estudante deve realizar uma experiência sobre o efeito fotoelétrico. Inicialmente, ele ilumina uma placa de lítio metálico com a lâmpada de 150 W e, em seguida, ilumina a mesma placa com a lâmpada de 15 W. A freqüência-limite do lítio metálico é aproximadamente $6,0 \times 10^{14}$ Hz.

Em relação à descrição apresentada, assinale a(s) proposição(ões) CORRETA(S).

01. Como a lâmpada de luz vermelha tem maior potência, os elétrons serão ejetados da superfície metálica, ao iluminarmos a placa de lítio com a lâmpada de 150 W.
02. Ao iluminar a placa de lítio com a lâmpada de 15W, elétrons são ejetados da superfície metálica.
04. A energia cinética dos elétrons, ejetados da placa de lítio, é diretamente proporcional à freqüência da luz incidente.
08. Quanto maior o comprimento de onda da luz utilizada, maior a energia cinética dos elétrons ejetados da superfície metálica.

16. Se o estudante iluminasse a superfície de lítio metálico com uma lâmpada de 5 W de luz monocromática, com comprimento de onda de 4,6 x 10⁻⁷ m (luz azul), os elétrons seriam ejetados da superfície metálica do lítio.
32. Se o estudante utilizasse uma lâmpada de luz violeta de 60 W, a quantidade de elétrons ejetados da superfície do lítio seria quatro vezes maior que a obtida com a lâmpada de 15 W.
64. A energia cinética dos elétrons ejetados, obtida com a lâmpada de luz vermelha de 150 W, é dez vezes maior que a obtida com a lâmpada de luz violeta de 15 W.

41 - (UEL-1995) Na transformação radioativa do $^{239}_{92}U$ a $^{239}_{94}Pu$ há emissão de:

(A) 2 partículas alfa.
(B) 2 partículas beta.
(C) 2 partículas alfa e 1 partícula beta.
(D) 1 partícula alfa e 2 partículas beta.
(E) 1 partícula alfa e 1 partícula beta.

42 - (UEL-2003) A tela da televisão é recoberta por um material que emite luz quando os elétrons do feixe incidem sobre ela. O feixe de elétrons varre a tela linha por linha, da esquerda para a direita e de cima para baixo, formando assim a imagem da cena transmitida. Sobre a formação da imagem na tela fotoluminescente, é correto afirmar:
a) Na televisão em preto-e-branco, há apenas a emissão de duas cores: a branca e a preta; e as diferentes tonalidades de cinza são proporcionadas pela variação da intensidade do feixe eletrônico.
b) Na televisão em cores há três feixes eletrônicos com intensidades diferentes, que ao incidirem na tela proporcionam a emissão das três cores primárias de luz: azul, vermelho e verde.
c) Cada região da tela da televisão em cores é um emissor de luz, constituído por três partes diferentes de material fotoluminescente, que emitem as cores primárias de luz – azul, vermelho e verde – dependendo da energia dos elétrons incidentes.
d) Na televisão em preto-e-branco, cada região da tela é composta por dois emissores de luz, que emitem nas cores preta e branca, conforme a intensidade do feixe eletrônico.
e) A emissão das três cores primárias da tela de televisão em cores depende da energia cinética com que os elétrons incidem: o vermelho corresponde à incidência de elétrons de baixa energia cinética, e o azul, à incidência de elétrons de alta energia cinética.

Exercícios ou Problemas

PROVÃO DE FÍSICA - MEC
ANO 2000

01. Em 1900, Max Planck apresenta à Sociedade Alemã de Física um estudo, onde, entre outras coisas, surge a idéia de quantização. Em 1920, ao receber o prêmio Nobel, no final do seu discurso, referindo-se às idéias contidas naquele estudo, comentou: "O fracasso de todas as tentativas de lançar uma ponte sobre o abismo logo me colocou frente a um dilema: ou o *quantum* de ação era uma grandeza meramente fictícia e, portanto, seria falsa toda a dedução da lei da radiação, puro jogo de fórmulas, ou na base dessa dedução havia um conceito físico verdadeiro. A admitir-se este último, o *quantum* tenderia a desempenhar, na física, um papel fundamental... destinado a transformar por completo nossos conceitos físicos que, desde que Leibnitz e Newton estabeleceram o cálculo infinitesimal, permaneceram baseados no pressuposto da continuidade das cadeias causais dos eventos. A experiência se mostrou a favor da segunda alternativa."

(Adaptado de Moulton, F.R. e Schiffers, J.J. Autobiografia de la ciencia. Trad. Francisco A. Delfiane. 2 ed. México: Fondo de Cultura Econômica, 1986. p. 510)

O referido estudo foi realizado para explicar

(A) a confirmação da distribuição de Maxwell-Boltzmann, de velocidades e de trajetórias das moléculas de um gás.
(B) a experiência de Rutherford de espalhamento de partículas alfa, que levou à formulação de um novo modelo atômico.
(C) o calor irradiante dos corpos celestes, cuja teoria havia sido proposta por Lord Kelvin e já havia dados experimentais.
(D) as emissões radioativas do isótopo Rádio-226, descoberto por Pierre e Marie Curie, a partir do minério chamado "pechblenda".
(E) o espectro de emissão do corpo negro, cujos dados experimentais não estavam de acordo com leis empíricas até então formuladas.

02. Considerando-se as equações de Maxwell pode-se afirmar que

(A) as ondas eletromagnéticas viajam sempre com velocidades menores que a da luz.
(B) os campos elétrico e magnético obedecem a equa-

ções de onda que podem ser escritas na forma relativística.
(C) cada campo, elétrico e magnético, é obtido resolven-do-se a respectiva equação de continuidade.
(D) o campo magnético de uma corrente dependente do tempo é dado pela Lei de Biot-Savart.
(E) o campo elétrico pode ser sempre obtido através da Lei de Coulomb, de acordo com teoria da relatividade.

03. As hipóteses de Niels Bohr sobre a quantização de energia nos átomos foram confirmadas pela primeira vez em 1914, numa experiência realizada por J. Franck e G. Hertz. Nessa experiência, numa válvula contendo vapor de mercúrio, elétrons ejetados pelo cátodo aquecido mantido a um potencial zero, eram atraídos pela grade positiva e conseguiam vencer o potencial negativo da placa. Assim, obtém-se uma curva característica da intensidade de corrente elétrica i em função do potencial V 0 da grade, representada pelo gráfico

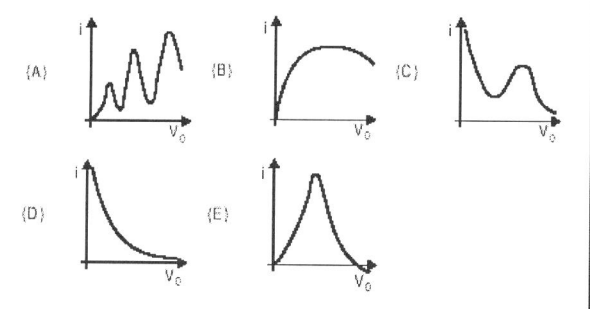

04. No gráfico abaixo estão representadas três curvas que mostram como varia a energia emitida por um corpo negro para cada comprimento de onda, E(l), em função do comprimento de onda λ, para três temperaturas absolutas diferentes: 1 000 K, 1 200 K e 1 600 K.

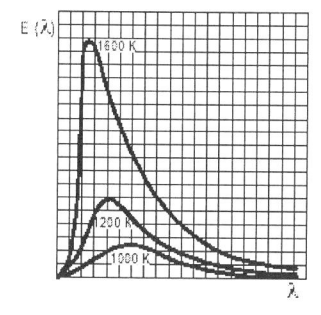

Com relação à energia total emitida pelo corpo negro e ao máximo de energia em função do comprimento de onda, pode-se afirmar que a energia total é

(A) proporcional à quarta potência da temperatura e quanto maior a temperatura, menor o comprimento de onda para o qual o máximo de energia ocorre.
(B) proporcional ao quadrado da temperatura e quanto maior a temperatura, maior o comprimento de onda para o qual o máximo de energia ocorre.
(C) proporcional à temperatura e quanto maior a temperatura, menor o comprimento de onda para o qual o máximo de energia ocorre.
(D) inversamente proporcional à temperatura e quanto maior a temperatura, maior o comprimento de onda para o qual o máximo de energia ocorre.
(E) inversamente proporcional ao quadrado da temperatura e quanto maior a temperatura, maior o comprimento de onda para o qual o máximo de energia ocorre.

05. Um feixe de elétrons é acelerado até que cada elétron adquira energia cinética equivalente a 3/2 de sua energia de repouso E_0. Nesse instante, a quantidade de movimento e a velocidade de cada um desses elétrons são, respectivamente, iguais a

(A) $\dfrac{2}{\sqrt{3}} \dfrac{E_0}{c}$ e $\dfrac{2}{\sqrt{3}} c$

(B) $\dfrac{2}{\sqrt{3}} \dfrac{E_0}{c}$ e $0{,}67\ c$

(C) $\dfrac{2}{3} \dfrac{E_0}{c}$ e $0{,}67\ c$

(D) $\dfrac{4}{3} \dfrac{E_0}{c}$ e $0{,}75\ c$

(E) $\dfrac{4}{3} \dfrac{E_0}{c}$ e $0{,}80\ c$

06. Considere a reação de fissão nuclear do ^{235}U quando induzida por neutrons, segundo a equação abaixo.

$$^{235}U + n \rightarrow {}^{148}La + {}^{88}Br + Q$$

Dados: $1\,MeV = 1{,}6 \times 10^{-13}\,J$
$c = 3{,}0 \times 10^8\,m/s$

Nuclídeo	Massas aproximadas de 1 mol do nuclídeo
^{235}U	235 g
n	1 g
^{148}La	147 g
^{88}Br	87 g

O valor de Q, para a reação de 1 mol de átomos de ^{235}U será, em MeV, da ordem de
(A) 10^{-29}
(B) 10^{-15}
(C) 10^{27}
(D) 10^{15}
(E) 10^{13}

07. Dois núcleos de deutério, de massa $m_d = 1876 \dfrac{MeV}{c^2}$ se chocam frontalmente, tendo cada um uma quantidade de movimento dada por $p_d = 61 \dfrac{MeV}{c}$ formando um núcleo de hélio de massa $m_{He} = 3728 \dfrac{MeV}{c^2}$.

Pode-se dizer que esse núcleo de hélio
(A) fica em repouso, liberando uma energia de, aproximadamente, 26MeV.
(B) é emitido com o dobro do momento linear de cada partícula de deutério.
(C) é emitido com a mesma velocidade das partículas de deutério.
(D) fica em repouso, liberando uma energia de, aproximadamente, 61MeV.
(E) é emitido com o mesmo momento angular de cada partícula, liberando a energia de 24MeV.

08. A teoria quântica dá uma reinterpretação completa da visão do mundo, que advém de
(A) ela ser descrita por uma equação diferencial ordinária, como a equação de Newton.
(B) ela ser definida fazendo-se uma analogia formal com a mecânica clássica, mas reinterpretando a função de onda como amplitude de probabilidade.
(C) que, para obtê-la, deve-se considerar a expressão relativística da energia e do momento, substituindo as relações de incerteza.
(D) se poder fornecer os valores incertos da energia,

enquanto que os valores exatos correspondentes aos estados não podem ser conhecidos, por causa do princípio da incerteza.

(E) se poder fornecer a energia do sistema exatamente, e não os valores do momento, momento angular ou posição que dependem do princípio da incerteza.

09. Para uma demonstração experimental, considere a montagem esquematizada abaixo.

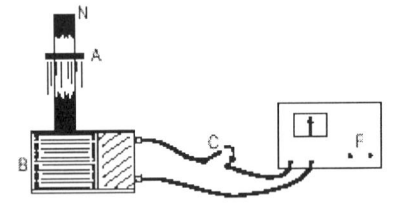

Quando a chave C, que liga os terminais da bobina à fonte F, é fechada, o anel A colocado no núcleo N, apoiado sobre a bobina B, salta verticalmente. Mantendo-se a chave ligada, o anel pode permanecer em equilíbrio, levitando a certa altura da bobina. Para que essa demonstração funcione, a fonte de tensão e os materiais utilizados adequados devem ser:

	Fonte de tensão	Anel de	Núcleo de lâminas de
A	contínua	aço	alumínio
B	alternada	aço	aço
C	contínua	alumínio	aço
D	alternada	alumínio	aço
E	contínua	alumínio	alumínio

10. Quando se realiza a experiência de Millikan para determinação da carga elétrica elementar, e, observa-se através de uma luneta uma gotícula de óleo carregada eletricamente. Essa gotícula, fortemente iluminada, pode movimentar-se verticalmente entre as placas de um capacitor. Para obtenção do valor de **e** as variáveis a serem medidas são:

(A) a diferença de potencial e a intensidade do campo elétrico entre as placas.

(B) a intensidade luminosa e a diferença de potencial entre as placas.

(C) a diferença de potencial entre as placas e a viscosidade da gotícula.
(D) a intensidade luminosa e o tempo gasto pela gotícula para percorrer determinada distância.
(E) a diferença de potencial entre as placas e o tempo gasto pela gotícula para percorrer determinada distância.

11. Uma conhecida atividade experimental da física moderna pode ser realizada com dois equipamentos. O mais antigo é um tubo de raios catódicos dentro do qual um feixe de elétrons passa entre as placas de um capacitor e produz na tela um ponto luminoso. A posição desse ponto luminoso pode se deslocar verticalmente, quando se varia a tensão no capacitor. O mais moderno, é um tubo contendo hélio onde um feixe de elétrons, imerso no campo magnético uniforme gerado por duas bobinas de Helmholtz, forma filete luminoso circular. O objetivo dessa atividade experimental é
(A) determinar a razão e/m do elétron.
(B) determinar a constante de Planck.
(C) medir a carga elétrica elementar.
(D) determinar a constante eletrostática do vácuo.
(E) estudar a ressonância do spin do elétron.

Provão de Física - MEC
ano 2001

01. No início do século XX, Rutherford estava envolvido numa pesquisa cujo objetivo era descrever e explicar os fenômenos que acompanhavam a passagem das partículas alfa através da matéria. Um de seus alunos observou que, vez por outra, as partículas alfa, em vez de seguirem direta ou quase diretamente, eram defletidas pela matéria e se desviavam em ângulos consideráveis. Os grandes desvios surpreenderam Rutherford que, mais tarde, declarou que foi como se alguém lhe tivesse dito que, ao atirar em uma folha de papel, a bala tivesse ricocheteado! Em 1911, Rutherford anunciou que descobrira a razão pela qual as partículas alfa desviavam-se em ângulos grandes. Sua descoberta implicou diretamente a
(A) formulação de um novo modelo atômico, planetário, em substituição ao "modelo do pudim de passas".
(B) descoberta da estrutura do núcleo atômico, composto por prótons e nêutrons.

(C) postulação da existência de órbitas estacionárias para os elétrons que, dessa forma, não seriam capturados pelos prótons do núcleo atômico.
(D) descoberta dos raios X, radiações eletromagnéticas emitidas pela matéria quando bombardeada pelas partículas alfa.
(E) descoberta do nêutron, partícula eletricamente neutra que possibilitaria a estabilidade do núcleo atômico.

02. Para obter o espectro de emissão de uma determinada substância utiliza-se uma fonte de luz contendo vapor dessa substância e observam-se visualmente as raias emitidas com o auxílio de um espectroscópio. O valor da freqüência das radiações de cada uma das raias observadas pode ser obtido
(A) indiretamente, medindo-se a intensidade da radiação emitida utilizando-se um fotosensor.
(B) diretamente, utilizando um freqüencímetro acoplado ao espectroscópio.
(C) indiretamente, medindo-se o ângulo da luz difratada ao atravessar uma rede de difração.
(D) diretamente, por meio de uma célula fotoelétrica acoplada ao espectroscópio.
(E) indiretamente, pelo coeficiente angular da reta resultante do gráfico intensidade x freqüência da radiação.

03. A radiação de uma estrela visível a olho nu atinge a superfície da Terra com uma intensidade da ordem de 10^{-8} W/m². Admita que a freqüência da radiação visível seja da ordem de 10^{15} Hz e avalie a ordem de grandeza da área da pupila do olho humano. Nessas condições, pode-se afirmar que o número de fótons, por segundo, oriundos dessa estrela, que atravessam a pupila de um observador, tem ordem de grandeza, aproximadamente, de
   Dado: Constante de Planck: h = $6,6 \times 10^{-34}$ J.s
(A) 10^{25}
(B) 10^{15}
(C) 10^{10}
(D) 10^{5}
(E) 10^{2}

04. Radiação eletromagnética na faixa de microondas incide sobre uma fenda de largura a = 6,0 cm. O primeiro mínimo de difração é observado num anteparo a um ângulo de 30° com o eixo central

da fenda, normal ao plano que contém a fenda.

a . sen θ = nλ.

Dados: $f = \dfrac{c}{\lambda}$

c = 3,0 . 10⁸ m/s

Pode-se concluir que
(A) o comprimento de onda da radiação incidente é, aproximadamente, 5,2 cm.
(B) a freqüência da radiação incidente é 5,0 GHz.
(C) a freqüência da radiação incidente é 50 MHz.
(D) o segundo mínimo de difração ocorre em q = 60°.
(E) o segundo mínimo de difração não pode ser observado.

05. A função trabalho, φ = hf, para o tungstênio vale aproximadamente 4,0 eV. O menor valor do comprimento de onda para que ocorra o efeito fotoelétrico, nesse metal é, em metros,
   Dados: h = 4,0×10⁻¹⁵ eV s   c = 3,0×10⁸ m/s
(A) 1,2×10⁻⁸
(B) 4,0×10⁻⁷
(C) 3,0×10⁻⁷
(D) 3,0×10⁻⁶
(E) 3,0×10⁻⁵

06. Segundo se conta, desde a adolescência Einstein refletia sobre algumas questões para as quais as respostas dadas pela física da sua época não o satisfaziam. Uma delas, conhecida como "o espelho de Einstein", era a seguinte: se uma pessoa pudesse viajar com a velocidade da luz, segurando um espelho a sua frente, não poderia ver a sua imagem, pois a luz que emergisse da pessoa nunca atingiria o espelho. Para Einstein, essa era uma situação tão estranha que deveria haver algum princípio ou lei física ainda desconhecido que a "impedisse" de ocorrer. Mais tarde, a Teoria da Relatividade Restrita formulada pelo próprio Einstein mostrou que essa situação seria
(A) impossível, porque a velocidade da luz que emerge da pessoa e se reflete no espelho não depende da velocidade da pessoa, nem da velocidade do espelho.
(B) impossível, porque a luz refletida pelo espelho, jamais poderia retornar ao observador, estando no mesmo referencial.
(C) impossível, porque estando à velocidade da luz, a distância entre a pessoa e o espelho se reduziria a zero, tornando os dois corpos indistinguíveis

Espaço para resolução e comentários

entre si.
(D) possível, porque a pessoa e o espelho estariam num mesmo referencial e, nesse caso, seriam válidas as leis da física clássica que admitem essa situação.
(E) possível, porque a luz é composta de partículas, os fótons, que nesse caso permanecem em repouso em relação à pessoa e, portanto, nunca poderiam atingir o espelho.

07. Os níveis de energia do átomo de hidrogênio são dados por $E_n = -\dfrac{13,6}{n^2}$ eV, sendo n 1,2,3,... o número quântico principal. O espectro visível corresponde aproximadamente à região compreendida entre os comprimentos de onda e 380 nm a 760 nm. Pode-se afirmar que
(A) para transições entre o contínuo e o estado fundamental, o comprimento de onda está no espectro visível.
(B) para transições entre o segundo e o primeiro estados excitados, o comprimento de onda está no espectro visível.
(C) todos os decaimentos estão na região das radiações ultravioletas.
(D) todos os decaimentos estão na região das radiações infravermelhas.
(E) só é possível calcular decaimentos e relacioná-los com comprimentos de onda se a teoria relativística for levada em conta.

08. Um núcleo de rádio, $^{226,025}_{88}Ra$, em repouso, emite uma partícula alfa, $^{4,003}_{2}\alpha$, e se transforma em radônio, $^{222,017}_{86}Rn$.
Dado: 1 u (unidade unificada de massa atômica) = 931,502 MeV/c²

Pode-se afirmar que

(A) a energia final de cada partícula é 2,30 MeV/c².
(B) a energia de recuo do radônio é de 4,65 MeV/c².
(C) o radônio fica em repouso e a energia da partícula alfa é 9,3 MeV/c².
(D) o momento da partícula alfa é 183 MeV/c, o mesmo valor numérico do momento do radônio.
(E) o momento da partícula alfa é 4,65 MeV/c, igual em valor numérico ao momento do radônio.

09. Suponha que uma espaçonave viaje com velocidade v = 0,80 c, onde c é a velocidade da luz. Supondo que se possa desprezar os tempos de aceleração e desace-leração da nave durante uma jornada de ida e volta que leva 12 anos, medidos por um astronauta a bordo, pode-se afirmar que um observador que permaneceu na Terra terá envelhecido, em anos,

(A) 9,6
(B) 10
(C) 12
(D) 15
(E) 20

Dados: $\gamma^2 = \dfrac{1}{1 - \dfrac{v^2}{c^2}}$

$\Delta t = \gamma \Delta t'$

10. Partículas chamadas múons são criadas na atmosfera, a cerca de 20 km de altitude, através da colisão de raios cósmicos com núcleos atômicos e se movem com velocidade v = 0,99 c em direção ao solo. A vida média do múon em repouso no solo é $2,2 \times 10^{-8}$ s. Se a razão entre o tempo gasto pelo múon, desde que é criado nas altas camadas da atmosfera até atingir o solo, e sua vida média é 4,30, no referencial do solo, pode-se afirmar que essa razão no referencial do múon é

(A) 0,605
(B) 4,30
(C) 15,9
(D) 30,6
(E) 217

Dados: $c = 3,0 \times 10^8$ m/s

$\gamma \cong 7,1$

$\Delta L' = \gamma \Delta L$

11. É comum a utilização doméstica de transformadores, principalmente quando uma família muda de uma cidade para outra e as tensões das redes elétricas dessas cidades são diferentes, mas não se usam transformadores associados a pilhas ou baterias, para transformar a tensão nominal de uma pilha de 1,5 V para 9,0 V, ou de uma bateria de 9,0 V para 1,5 V, por exemplo. Isso ocorre porque os transformadores

(A) só funcionam quando a tensão fornecida pela fonte, assim como a corrente por ela gerada, são contínuas.
(B) não funcionam quando associados a pilhas ou baterias, porque não circula corrente por eles.
(C) funcionam com ambas as tensões e correntes, mas só podem abaixar a tensão, nunca elevar.
(D) funcionam com ambas as tensões e correntes, mas só podem elevar a tensão, nunca abaixar.
(E) só funcionam quando a tensão fornecida pela fonte for alternada.

Espaço para resolução e comentários

12. Na experiência de Millikan, uma gotícula de óleo de densidade 800 kg/m³ é injetada numa câmara fechada penetrando na região entre duas placas paralelas dispostas horizontalmente a uma distância de 10 cm entre si. Se a diferença de potencial entre a placa superior e a inferior for 10^5 V, para que uma gota com excesso de 5 elétrons permaneça com velocidade constante durante a sua queda, seu volume em m 3 deverá ser, aproxima-damente, igual a

Dados: $e = 1,6 \times 10^{-19} C$ $g = 10 \text{ m/s}^2$

(A) 10^{-18}
(B) 10^{-17}
(C) 10^{-16}
(D) 10^{-15}
(E) 10^{-14}

13. A figura representa esquematicamente um contador Geiger-Müller, detector de radiatividade.

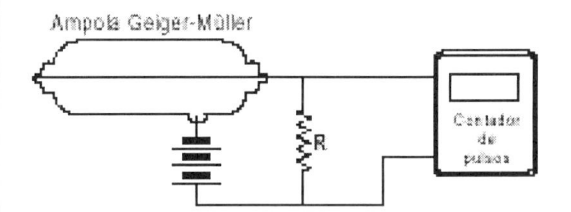

Para funcionar corretamente, ele precisa de um ajuste da tensão, processo em que se obtém a curva característica representada pela figura

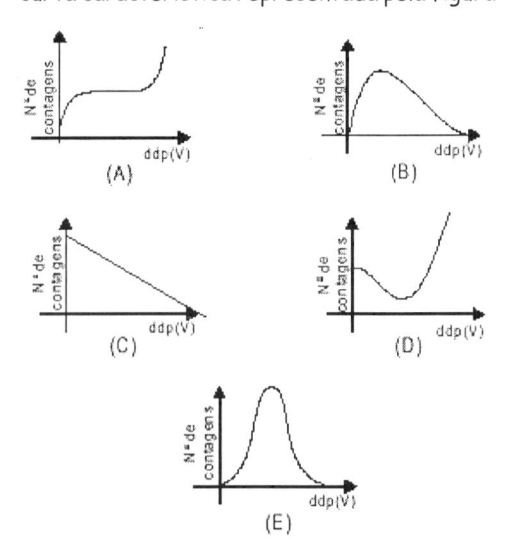

(A)
(B)
(C)
(D)
(E)

PROVÃO DE FÍSICA - MEC
ANO 2002

01. "A fotografia, para mim, é um meio que leva a um fim, mas foi transformada na coisa mais importante. Aos poucos fui-me acostumando ao turbilhão, mas isso levou tempo. Há exatamente quatro semanas que não consigo fazer uma experiência!" (E. SEGRÈ). Assim o físico alemão Wilhelm C. Röntgen (1845 - 1923) queixa-se em carta a um amigo, da grande repercussão na imprensa da sua descoberta, que revolucionou a medicina e lhe deu o primeiro Prêmio Nobel de Física, em 1901. Trata-se da descoberta dos raios
(A) beta, radiação eletromagnética de baixa freqüência.
(B) X, feixes de elétrons, também conhecidos como raios catódicos.
(C) X, radiação eletromagnética de alta freqüência.
(D) gama, feixes de prótons emitidos por substâncias radiativas.
(E) gama, feixes de nêutrons, emitidos por substâncias radiativas.

02. Leia o trecho abaixo.
"Como é sabido, a eletrodinâmica de Maxwell (...) conduz (...) a assimetrias que não parecem ser inerentes aos fenômenos. Consideremos, por exemplo, as ações eletrodinâmicas entre um ímã e um condutor (...) se for móvel o ímã e estiver em repouso o condutor, estabelecer-se-á em volta do ímã, um campo elétrico (...) que dará origem a uma corrente elétrica nas regiões onde estiverem colocadas porções do condutor. Mas se é o ímã que está em repouso e o condutor que está em movimento, então, embora não se estabeleça em volta do ímã nenhum campo elétrico, há no entanto uma força eletromotriz (...) que dá lugar a correntes elétricas de grandeza e comportamento iguais às que tinham no primeiro caso (...)." (H.A. Lorentz et alii)
Essa discussão sobre as assimetrias relaciona-se diretamente à formulação do Princípio da
(A) Indução, de Faraday.
(B) Relatividade, por A. Einstein.
(C) Incerteza, por Heisenberg.
(D) Exclusão, de Pauli.
(E) Mínima ação, de Lagrange.

03. As raias do espectro de hidrogênio podem ser obtidas pela relação: $f_{n_1 n_2} = R\left(\dfrac{1}{n_2^2} - \dfrac{1}{n_1^2}\right)$, onde $f_{n_1 n_2}$ representa a freqüência da transição do elétron de uma órbita n_1 para uma órbita n_2 e R é a constante de Rydberg. Por outro lado, a freqüência da luz visível pode ser expressa em termos de R e situa-se na faixa entre 0,13 R e 0,23 R. Considere a transição de uma órbita $n_1 = n$ para uma outra órbita adjacente $n_2 = n-1$. Para que a radiação emitida nessa transição seja visível, o valor de n deve ser
(A) 6
(B) 5
(C) 4
(D) 3
(E) 2

04. O efeito fotoelétrico contrariou as previsões teóricas da física clássica porque mostrou que a energia cinética máxima dos elétrons, emitidos por uma placa metálica iluminada, depende
(A) exclusivamente da amplitude da radiação incidente.
(B) da freqüência e não do comprimento de onda da radiação incidente.
(C) da amplitude e não do comprimento de onda da radiação incidente.
(D) do comprimento de onda e não da freqüência da radiação incidente.
(E) da freqüência e não da amplitude da radiação incidente.

05. A figura representa um ímã em forma de paralelepípedo e algumas linhas do campo magnético por ele gerado. Suponha que esse ímã possa ser cortado em duas partes, em cada um dos planos α, β, ou γ, indicados na figura.
Logo em seguida ao corte, esses fragmentos vão se
(A) repelir, sempre, para qualquer plano de corte.

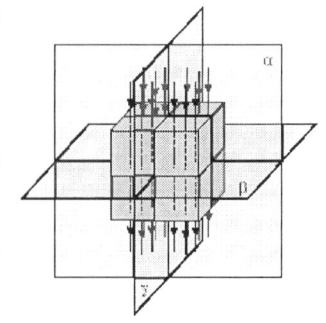

(B) atrair, sempre, para qualquer plano de corte.
(C) atrair quando o corte for feito no plano β e repelir quando o corte for feito nos outros dois planos.
(D) repelir quando o corte for feito no plano α e atrair quando o corte for feito nos outros dois planos.
(E) atrair quando o corte for feito nos planos α e β e repelir quando o corte for feito no plano γ.

06. Um estudante notou que, ao refletir a luz do sol na superfície de um disco compacto, CD, se vêem estrias radiais de várias cores. Perguntando ao professor de Física a razão do fenômeno, este respondeu que o CD se comporta como uma rede de difração, devido ao grande número de furos muito próximos, na sua superfície, e propôs ao estudante montar um experimento simples para avaliar a distância d entre os furos. Para isto, ele fixou verticalmente um CD sobre uma mesa e o iluminou, praticamente perpendicularmente à sua superfície, com a luz de um ponteiro a laser. Colocando uma cartolina branca na vertical, paralela ao CD e a uma distância de aproximadamente 30 cm do disco, ele observou dois pontos refletidos na folha: um praticamente na direção do feixe incidente e outro 13 cm acima deste. Nas especificações do ponteiro ele encontrou que o comprimento de onda do laser é λ = 630×10⁻⁹ m. Dado: $d \sin\theta = n\lambda$

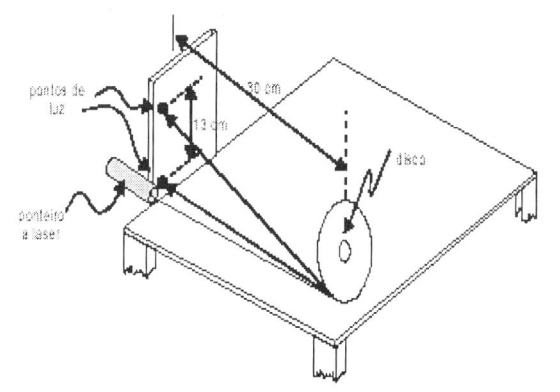

Dessas observações, ele pode concluir que a distância d entre os furos do CD é, aproximadamente,
(A) $6,3 \times 10^{-6}$ m
(B) $3,1 \times 10^{-6}$ m
(C) $1,5 \times 10^{-6}$ m
(D) $2,7 \times 10^{-7}$ m
(E) $1,0 \text{ u } 10^{-7}$ m

Espaço para resolução e comentários

07. Suponha que em uma experiência, um feixe de elétrons passe por duas fendas, A e B, conforme mostra o esquema abaixo.

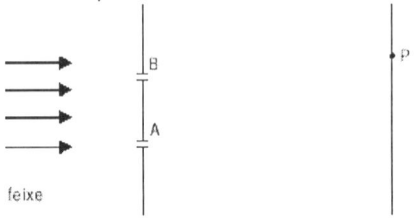

Quando apenas a fenda A estiver aberta mede-se em P a intensidade i = 100 elétrons/s. Quando apenas a fenda B estiver aberta, mede-se em P a intensidade i = 225 elétrons/s. Quando ambas as fendas estiverem abertas, a intensidade em P, medida em elétrons/s, estará contida no intervalo
(A) $0 \leq i \leq 100$
(B) $100 \leq i \leq 225$
(C) $225 \leq i \leq 325$
(D) $25 \leq i \leq 625$
(E) $325 \leq i \leq 550$

08. Um radionuclídeo muito utilizado na técnica PET é o isótopo de flúor $^{18}_{9}F$. Na tabela abaixo são dadas as massas atômicas (incluindo a massa dos elétrons), em unidades de MeV/c², de vários isótopos de oxigênio, flúor e neônio.

Elemento	Z	A	Massa atômica (MeV/c²)
O	8	17	15.834,32
		18	16.765,82
F	9	17	15.837,08
		18	16.767,48
Ne	10	17	15.851,60

Sabendo que a massa do elétron é m e 0,51 MeV/c², pode-se dizer que, na emissão do pósitron, o núcleo resultante e a energia do pósitron são, respectivamente,

(A) $^{17}_{8}O$ e 931,94 MeV, no máximo.

(B) $^{17}_{9}F$ e 929,48 MeV, no máximo.

(C) $^{17}_{10}Ne$ e 915,24 MeV, exatamente.

(D) $^{18}_{8}O$ e 0,64 MeV, no máximo.

(E) $^{18}_{8}O$ e 0,64 MeV, exatamente.

09. A figura representa uma nave espacial que se move com uma grande velocidade constante o v em relação à plataforma. O_1 é um observador localizado no centro da nave e O_2 é um observador externo, localizado no centro da plataforma. Cada observador tem dois telefones celulares, um C_A e um C_B, junto aos seus ouvidos. A e B são fontes de radiação eletromagnética localizadas na extremidade da plataforma.

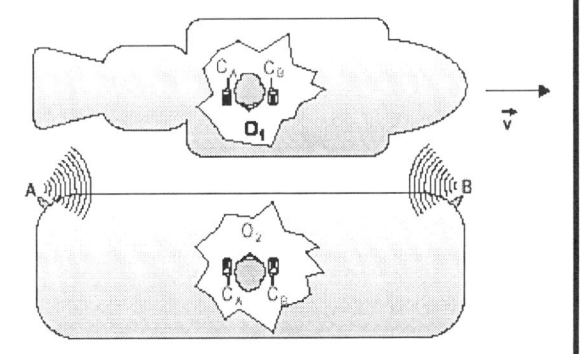

Suponha que, no instante representado, são emitidos simultaneamente um sinal do ponto A da plataforma, na freqüência de recepção dos celulares C_A, e outro sinal do ponto B da plataforma, na freqüência de recepção dos celulares C_B. De acordo com a Teoria da Relatividade Especial, pode-se afirmar que os sinais captados pelos celulares C_A e C_B são simultâneos para

(A) ambos os observadores.
(B) O_1, mas para O_2 o celular C_A capta primeiro.
(C) O_1, mas para O_2 o celular C_B capta primeiro.
(D) O_2, mas para O_1 o celular C_A capta primeiro.
(E) O_2, mas para O_1 o celular C_B capta primeiro.

PROVÃO DE FÍSICA - MEC
ANO 2003

Atenção: Para responder às questões de números 01 a 03 considere a tabela e as informações abaixo.

O espectro de emissão do hidrogênio pode ser medido utilizando uma lâmpada de vapor d'água e um espectrômetro óptico simples com uma rede de difração de transmissão. Numa experiência padrão, um aluno procurou primeiro calibrar o espectrômetro utilizando uma lâmpada de mercúrio, cujo espectro é bem conhecido, para depois determinar o espectro do hidrogênio. Na tabela abaixo são dados os ângulos obtidos para as linhas do mercúrio e do hidrogênio.

Mercúrio			Hidrogênio	
cor	θ (°)	λ (10⁻⁹m)	cor	θ (°)
violeta 1	14,0	404,66	violeta	14,0
violeta 2	14,2	407,78	azul	15,0
azul	15,1	435,84	turquesa	17,2
turquesa	17,1	491,60	vermelho	23,5
verde	19,0	546,07		
amarelo 1	20,1	576,96		
amarelo 2	20,3	579,07		

Dados
$$E = hf$$
$$h = 6{,}6 \times 10^{-34} \text{ J} \cdot \text{s}$$
$$hc = 1\,240 \times 10^{-9} \text{ eV} \cdot \text{m}$$
$$a \operatorname{sen} \theta = n\lambda$$

01. Utilizando a calibração da rede com a lâmpada de mercúrio, pode-se afirmar que o número de ranhuras por **mm** da rede de difração utilizada é, aproximadamente,

(A) 100
(B) 200
(C) 600
(D) 1.000
(E) 2.000

02. De acordo com os resultados da experiência, a energia do fóton correspondente à emissão no vermelho do hidrogênio é, aproximadamente,

(A) 1,0 eV
(B) 1,9 eV
(C) 3,4 eV
(D) 6,0 eV
(E) 13,6 eV

03. Sabendo que os níveis de energia do hidrogênio são dados por $E_n = -13{,}6\ eV/n^2$, a emissão no azul do hidrogênio corresponde a uma transição entre os níveis

(A) 6 e 1
(B) 5 e 1
(C) 4 e 1
(D) 5 e 2
(E) 5 e 3

04. O gráfico abaixo representa a energia de ligação por núcleon, E_L/A, em função do número de massa, A, dos núcleos de todos os elementos e isótopos da natureza.

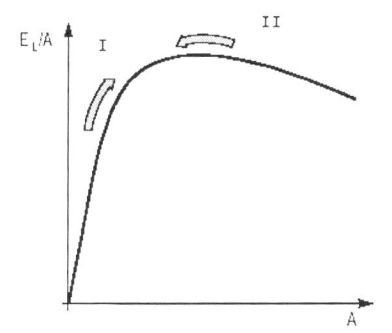

As setas **I** e **II** indicam transmutações possíveis de núcleos atômicos em reações nucleares. Pode-se afirmar que a seta **I**

(A) indica uma reação de fusão, a seta **II** indica uma reação de fissão e nesta, a liberação de energia por núcleon é menor.
(B) indica uma reação de fusão, a seta **II** indica uma reação de fissão e nesta, a liberação de energia por núcleon é maior.
(C) indica uma reação de fissão, a seta **II** indica uma reação de fusão e nesta, a liberação de energia por núcleon é maior.
(D) indica uma reação de fissão, a seta **II** indica uma reação de fusão e nesta, a liberação de energia por núcleon é menor.
(E) e a seta **II** podem indicar reações de fusão ou fissão, mas na fissão a liberação de energia por núcleon é sempre maior.

Espaço para resolução e comentários

Espaço para resolução e comentários

05. O tubo de um potente laser, na superfície da Terra, gira com velocidade angular ω = 1,0 rad/s, num plano que passa pelo centro da Lua. Sabendo que a velocidade da luz é **c** = 300 000 km/s e que a distância Terra-Lua é 380 000 km, pode-se afirmar que, na superfície da Lua, bem defronte à Terra, a mancha iluminada pelo feixe

(A) tem velocidade superficial de 300 000 km/s porque a Teoria da Relatividade assim obriga.
(B) tem velocidade superficial de 80 000 km/s porque, nesse caso se aplica a Teoria da Relatividade Geral.
(C) tem velocidade de 380 000 km/s e isso não contradiz a Teoria da Relatividade.
(D) tem velocidade bem menor que 300 000 km/s, devido ao efeito Doppler.
(E) não se forma, porque isto contraria a Teoria da Relatividade.

06. A **Figura 1** representa o esquema da experiência de Franck-Hertz. Elétrons emitidos pelo filamento **F** são acelerados, por uma tensão variável **V** até a grade **G** e retardados, por uma tensão fixa V_0, até a placa coletora **P**. A corrente que flui na placa é medida pelo amperímetro **A**. Todo o tubo é preenchido por mercúrio gasoso.

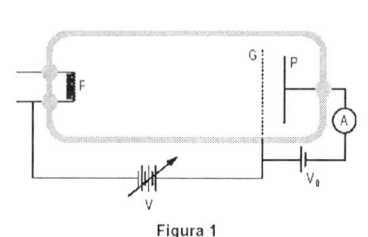

Figura 1

A **Figura 2** representa a corrente medida em função do potencial acelerador **V**.

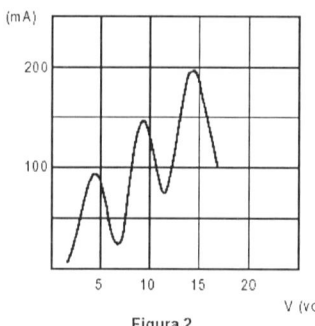

Figura 2

Pode-se afirmar que:
(A) entre 0 e 4 V, os elétrons emitidos somam-se aos do mercúrio provocando um aumento gradual da corrente I_p com a tensão V, entre a grade e o filamento.
(B) nas proximidades de 5 V, os elétrons emitidos têm energia suficiente para excitar átomos do mercúrio para o primeiro nível quântico e a corrente I_p começa a diminuir.
(C) entre 5 V e 9 V, aproximadamente, os elétrons emitidos têm energia suficiente para excitar átomos do mercúrio e a corrente I_p começa a aumentar.
(D) o mínimo da corrente I_p na tensão da ordem de 7 V significa que os elétrons emitidos têm uma energia aproximada de 7 eV e esta fica abaixo da energia mínima para excitar átomos do mercúrio.
(E) o máximo da corrente I_p na tensão da ordem de 10 V significa que os elétrons emitidos têm energia aproximada de 10 eV e são capazes de excitar, cada um deles, inúmeros átomos de mercúrio.

07. A superfície de um metal de função de trabalho ϕ = 2,3 eV é iluminada por dois feixes de luz, cujos parâmetros são dados na tabela abaixo. Nesta, E_{MAX} é a energia máxima dos fotoelétrons emitidos em cada caso.

	Comprimento da onda (nm)	E_{max} (eV)	Intensidade (W/m²)
Feixe 1	$\lambda_1 = \lambda$	$E_1 = 3{,}7$	$I_1 = 0{,}6$
Feixe 2	$\lambda_2 = 2\lambda$	E_2	I_2

Dados:
$E = hf - \phi$
$hc = 1\,240 \times 10^{-9}$ eV.m

Os valores aproximados dos parâmetros λ, E_2 e I_2 são, respectivamente,

(A) 890 ; 1,4 ; necessariamente 0,60
(B) 670 ; 1,4 ; necessariamente 1,2
(C) 400 ; 0,70 ; necessariamente 0,60
(D) 210 ; 0,70 ; qualquer
(E) 180 ; 1,8 ; qualquer

Questões Complementares (pesquisadas na Internet, sem registro do autor)

01 - Em 1900, Max Planck apresenta à sociedade alemã de Física um estudo onde, entre outras coisas, surge a idéia de quantização. Em 1920, ao receber o prêmio Nobel, no final de seu discurso, referindo-se às idéias contidas naquele estudo, comentou:
"O fracasso de todas as tentativas de lançar uma ponte sobre o abismo logo me colocou frente a um dilema: ou o quantum de ação era uma grandeza meramente fictícia e portanto, seria falsa toda a dedução da lei da radiação, puro jogo de fórmulas, ou na base dessa dedução haveria um conceito físico verdadeiro. A admitir-se este ultimo, o quantum tenderia a desempenhar, na física, um papel fundamental... destinado a transformar por completo nossos conceitos físicos que, desde que Newton estabelecerá o cálculo infinitesimal, permaneceram baseados no pressuposto da continuidade das causas e eventos. A experiência mostrou-se a favor da segunda altrnativa".

O referido estudo foi realizado para explicar:

a) a confirmação da distribuição de Maxwell - Boltzmann, de velocidades e de trajetória das moléculas de um gás;
b) a experiência de Rutheford de espalhamento de partículas alfa, que levou a formulação de um novo modelo atômico;
c) as emissões radioativas dos isótopos Rádios-226 descoberto por Pierre e Marrie Curie, a partir do minério chamado de "pechblenda";
d) o espectro de emissão do corpo negro, combatendo a teoria clássica de que uma partícula vibrante pode ter valores de energia que varia, com continuidade.

02 - Analise o texto abaixo que se refere ao raciocínio de Broglie., exposto na palestra proferida na ocasião em que ele recebeu o premio Nobel de Física de 1929.
"Por um lado, a teoria quântica da luz não pode ser satisfatória, visto que define a energia de um corpúsculo de luz pela equação E = h.f, que contém a freqüência. Mas uma teoria puramente corpuscular não contem nada que nos permita definir uma freqüência ; portanto é somente por essa que somos compelidos, no caso da luz, a introduzir simultaneamente a idéia do corpúsculo e a idéia da periodicidade. Por outro lado, a determinação do movimento estável nos elétrons do átomo introduz números inteiros, e até nesse ponto, os fenômenos que envolvem números inteiros em Física são os de interferência e os de tons normais de vibração. Esse fato sugeriu-me a idéia de que os elétrons não poderiam ser considerados como corpúsculos, mas que a periodicidade também lhe devia ser atribuída."

Através de hipóteses de De Broglie, a mecânica quântica trouxe novas idéias do mundo subatômico. Em particular, permitiu evidencia mais direta a respeito de ondas associadas à matéria revelada.

a) na relação de Einstein de momento-energia;
b) na difração de elétrons por um cristal;
c) na experiência de Wien do espectro de radiação;
d) nas experiências do átomo de hélio.

03 - No inicio do século XX, Rutheford estava envolvido numa pesquisa cujo objetivo era descrever e explicar os fenômenos que acompanhavam a passagem das partículas alfa através da matéria. Um dos seus alunos observou que, vez por outra, as partículas alfa, em vez de seguirem direta ou indiretamente, eram defletidas pela matéria e se desviavam em ângulos consideráveis. Os grandes desvios surpreenderam Rutheford que, mais tarde, declarou que "foi o mais incrível

acontecimento da minha vida. Tão incrível como se você disparasse um projétil de 15 polegadas contra um pedaço de papel e o projétil se refletisse e viesse atingi-lo."
As conclusões de Rutheford foram:

i. A matéria tem em sua constituição grandes espaços vazios e os núcleos são densos e eletricamente positivos;
ii. Os elétrons ocupam órbitas circulares ao redor do núcleo do átomo (níveis estacionários).
iii. Formulação de um novo modelo atômico, planetário, em substituição do "modelo pudim de passas";
iv. Descoberta dos raios X, radiações eletromagnéticas emitidas pela matéria quando bombardeada pelas partículas alfa. Nestas condições, podemos afirmar que:

a) I, II e III são verdadeiras;
b) I, III e IV são verdadeiras;
c) I e II são verdadeiras;
d) Todas são verdadeiras.

04 - A vastidão do espaço exterior, repleta de eventos intrigantes, sempre aguçou a curiosidade do homem, ansioso por penetrar seus mistérios. Após o aperfeiçoamento do telescópio por Galileu, a observação dos corpos celestes ganhou mais agilidade e eficácia. Finalmente, no século XX, os planetas, nebulosas e galáxias distantes parecem não ter mais como esconder seus segredos ao poderoso telescópio espacial Hubble, em órbita da Terra. Este incrível instrumento da astronomia moderna leva o nome de Edwin Hubble, queem 1923, mostrou a humanidade que a Via Láctea não era a única galáxia existente, mas sim, uma entra varias. O fato tornou-se evidente quando este astrônomo provou que Andrômeda era formada por miríades de estrelas e não apenas por poeira, como se pensava. O espectro das raias luminosas observadas por Hubble, devido às transições doa átomos, proveniente da galáxia de Andrômeda que foram observadas no laboratório. Desse fato, podemos afirmar que:

i. As galáxias estão se aproximando de nos, pois os comprimentos observados são proporcionais à energias transmitidas;
ii. Hublle observou o espectro da luz emitida pela galáxia de Andrômeda, concluiu que a freqüência das cores recebidas está diminuindo, aproximando-se da freqüência da luz vermelha (desvio cosmológico do vermelho), o que indica que não só a galáxia de Andrômeda está se afastando de nós, mas sim todas as galáxias;
iii. Suponha que neste momento, ocorra uma fantástica explosão na galáxia de Andrômeda, a 200.000 anos-luz da Terra. Os efeitos só podem ser detectados por um telescópio há 2000 anos-luz;
iv. Suponha que alguns resíduos de partículas provenientes da explosão possam interagir com atmosfera que vão excitar espécies que irão emitir diversos comprimentos de onda, como o amarelo, 6000Å e o verde, 5577Å. Então, o fóton de maior momento é aquele que apresenta maior periodicidade.

Nestas condições, estão corretas:

a) I e II estão corretas;
b) I e III estão corretas;
c) III e IV estão corretas;
d) Apenas II está correta.

05 - Assinale as afirmativas corretas, some os valores.

01. Em uma célula fotoelétrica, a velocidade dos fotoelétricos emitidos aumenta, quando diminuímos o comprimento de onda da radiação luminosa incidente utilizada para provocar o fenômeno.

02. Em uma célula fotoelétrica, a velocidade dos fotoelétricos emitidos será maior, se utilizarmos para provocar o fenômeno luz vermelha forte, em vez de utilizarmos luz violeta fraca.
04. Numa célula fotoelétrica, a energia cinética dos elétrons arrancados da superfície do metal depende da intensidade da luz incidente.
08. A emissão dos fotoelétrons por uma placa fotossensível só pode ocorrer quando a luz incidente tem menor comprimento de onda que certo comprimento crítico e característico para cada metal.
16. O Princípio da Incerteza de Heisenberg nos ajuda a compreender o Princípio da Exclusão de Pauli, onde dois elétrons de um mesmo átomo nunca pode ter os mesmos quatro números quânticos.
32. O efeito Compton foi verificado quando um fóton incidente colidir elasticamente com um elétron em repouso. O elétron absorveria energia devido ao recuo e o fotn espalhado teria menor energia. Já o fóton incidente é transferido para o elétron, onde o mesmo desaparece.
64. Tanto o efeito Compton como o efeito fotoelétrico evidenciam o caráter corpuscular da luz.

06 - A função trabalho, ϕ = hf, para o tungstênio vale, aproximadamente, 4eV. O menor valor da freqüência da radiação para que ocorra o efeito fotoelétrico, nesse material, em Hz. Dado: h aprox. = $4,0.10^{-15}$ e V.s

a) $0,25.10^{15}$ b) $1,0.10^4$ c) $1,0.10^{15}$ d) $2,5.10^4$

07 - Uma certa partícula elementar, denominada méson ou muon (Mu), origina-se na atmosfera terrestre e é resultado das colisões de raios cósmicos (prótons energizados) com núcleos de moléculas gasosas na atmofera. Os muons têm carga elétrica igual a do elétron e aproximadamente 200 vezes maior. As colisões ocorrem geralmente a 24 Km da superfície terrestre. Após seu surgimento, estas partículas se aproximam da Terra com velocidade V=0,9998C. Se instalarmos detectores posicionados na Terra, estes indicam que um razoável numero de muons atinge a superfície terrestre. Sabendo-se que estas partículas são instáveis, ou seja, transformam-se em outras, e que a vida média do muon em repouso vale $2,2.10^6$s (referencial associado ao muon). Então, a vida média medida por um relógio de um referencial S1 associado à Terra será de:
Considere $\gamma = 1/\alpha = 50$

a) $3,3.10^{-4}$ c) $1,1.10^{-6}$
b) $2,2.10^{-4}$ d) $1,1.10^{-4}$

08 - Um fóton cujo comprimento de onda é λ = 0,1Å, se dispersa segundo um ângulo de Φ=90° e comprimento de λ=0,12Å. Então o comprimento de onda de Compton e momento relativístico fóton espalhado valem:

Considere: h aprox. $6,0.10^{-34}$ J.s.

a) 2.10^{-12}m e p=$0,5.10^{-22}$ kg.m/s   c) 22.10^{-12}m e p=3.10^{-22}kg.m/s
b) 0,02m e p= 3.1^{32}kg.m/s   d) 0,02m e p=$3,3.10^{34}$kg.m/s

09 - Breve historia sobre o modelo atômico:
Segundo Thomson (1898), o átomo seria semelhante a um "pudim de passas": o "pudim" seria a massa de cargas positivas e as "passas"; os elétrons e o átomo seriam uma esfera compacta e uniforme. Rutheford (1911), fazendo experiências com partículas alfa, lançou um modelo para o átomo, onde os elétrons estariam girando ao redor do núcleo e as cargas positivas estão concen-

tradas em um único local do átomo, chamado de núcleo. Ele é muito menor que o átomo todo e concentra quase toda a massa. No modelo de Rutheford, é indiferente considerar os elétrons parados ou em movimento: o átomo seria instável, pois o elétron "cairia dentro do núcleo". Essa instabilidade levaria a destruição natural do átomo. Isso, porém, nunca foi observado. O palco então estava armado para Niels Bohr, que lança o modelo do átomo, onde os elétrons podem percorrer certas linhas circulares (órbitas estacionárias) ao redor do núcleo; nessas linhas, seria possível calcular posição e velocidade do elétron em qualquer instante. O elétron tem uma energia quantizada que depende somente do valor de n (numero quântico principal).

Todos os modelos foram importantes para o avanço da ciência, pois, para passar de um modelo para o outro, é indispensável a compreensão de cada modelo. O modelo atual, apresentado em 1924 tem as seguintes características:

(I) Os elétrons vibram em uma região, formando um volume e não uma linha. Essa região é chamada orbital;
(II) Nos orbitais, não é possível determinar exatamente a posição e velocidade de um elétron em um dado instante (Incerteza de Heinsberg);
(III) Mesmo pertencendo a uma mesma camada, dois elétrons possuem energias diferentes. Portanto, a energia não depende apenas de n (número quântico principal);
(IV) Os elétrons possuem uma energia quantizada, ou seja, podem ter somente discretos valores.

Então estão corretas as seguintes afirmações:

a) todas estão corretas b) I, II e IV; c) III e IV; d) II e IV

10 - A fotossíntese é um importante processo nutritivo dos seres vivos, ocorrendo até nos mais simples organismos, como algas e certas bactérias. Basicamente, consiste na produção da substancia orgânica (carboidrato), a partir do CO_2, H_2O e da energia luminosa. Para a captação da energia da luz solar, os vegetais têm inúmeros pigmentos, especialmente as clorofilas.

Nos vegetais superiores, a sede da fotossíntese é a folha, ou, mais exatamente, os parênquimas clorofilianos (mesófilo), com células ricas em cloroplastos. Tais pigmentos são formados por moléculas constituídas de átomos, que apresentam um núcleo ao redor do qual giram elétrons, em órbitas ou níveis. No vegetal, a clorofila encontra-se em estado de excitação, o qual se relaciona não apenas a uma mudança de órbita de um elétron, mas também à saída da molécula. Quando a clorofila presente num cloroplasto de uma célula da folha absorve luz, sua molécula emite um elétron "carregado" de energia, que poderá ser convertida em energia química e aproveitada para a síntese de carboidratos. O gráfico acima representa o rendimento fotossintético das folhas, nas várias faixas do espectro luminoso:

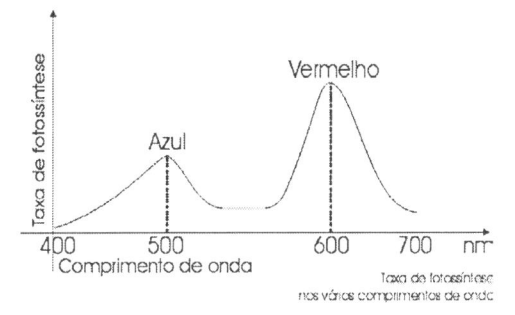

Nestas condições, podemos afirmar que:

i. As clorofilas absorvem melhor o azul do que o vermelho, o vegetal realiza mais fotossíntese com o vermelho do que com o azul. Isso se deve à interferência de outros pigmentos no processo.

ii. Para as plantas verdes, o comprimento de onda menos eficiente na fotossíntese é o verde, pois o simples fato de a clorofila ser verde indica que a componente verde da luz não deve ser absorvida e sim refletida; por isso, a clorofila se apresenta verde aos nossos olhos.

iii. A componente azul do espectro apresenta uma E_{azul} = 2,58 eV, enquanto que a componente vermelha E_{ver} = 1,78 eV, logo, a energia química aproveitada para a síntese de carboidratos é igual a 0,8 eV.

Nestas condições, estão corretas:

a) apenas II; b) apenas I; c) apenas II;I d) todas estão corretas

11 - Dois elétrons, cujas energias são, respectivamente, 9,75 eV e 10,2 eV incidem sobre um átomo de hidrogênio, que esta no estado fundamental. Na figura ao lado, estão representadas as energias de cinco estados possíveis do átomo de hidrogênio.

(I) Apenas o primeiro fóton será absorvido pelo átomo de hidrogênio;
(II) A diferença entre os comprimentos das circunferências é duas unidades da diferença dos comprimentos de onda quando um elétron sofre uma transição direta de n=2 para n=5;
(III) A variação do momento angular na transição direta de n = 2 para n = 4 é ΔL = 2 kg.m² rad/s;
(IV) Considerando o raio de Bohr igual a 0,52 Å, então o raio da órbita estacionária para n=5 vale r=13Å.

Energia	Estado
-0,54	4º estado
-0,85	3º estado
-1,51	2º estado
-3,40	1º estado
-13,6	Estado

Então, nessas condições, estão corretas:

a) todas estão corretas   b) apenas I, II e IV
c) apenas III e IV   d) apenas I e II

12 - No gráfico seguinte, estão representadas três curvas que mostram como varia a energia emitida por um corpo negro para cada comprimento de onda, $E(\lambda)$, em função do comprimento de onda λ, para tres temperaturas absolutas diferentes 1000K, 1200K e 1600K. Com relação à energia total emitida pelo corpo negro e ao máximo de energia em função do comprimento de onda, pode-se afirmar que a energia total é:

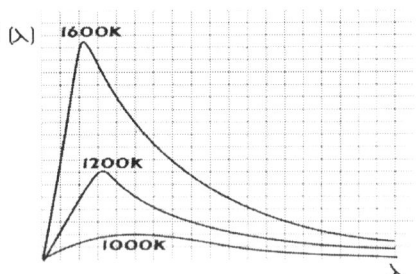

a) Proporcional à quarta potência da temperatura e quanto maior a temperatura, menor o comprimento de onda para o qual o máximo de energia cobre;
b) Proporcional ao quadrado da temperatura e quanto maior a temperatura, maior o comprimento de onda para o qual o máximo de energia ocorre;
c) Proporcional à temperatura e quanto maior a temperatura, menor o comprimento de onda para o qual o máximo de energia ocorre;
d) Inversamente proporcional à temperatura e quanto maior o comprimento de onda, maior a temperatura.

13 - Em biologia, a utilização de marcadores fluorescentes permite o estudo de células através do microscópio de fluorescência. No esquema simplificado ao lado, um feixe de luz incidente F_1, de comprimento de onda entre 450nm e 490nm, é refletido no espelho ER e excita os marcadores fluorescentes da amostra A. A amostra excitada emite um feixe de luz F_2, de comprimento de onda superior a 510nm, que passa atrves do espelho e atravessa um filtro antes de chegar ao observador O. Com base nos princípios físicos envolvidos no funcionamento do microscópio, é correto afirmar:

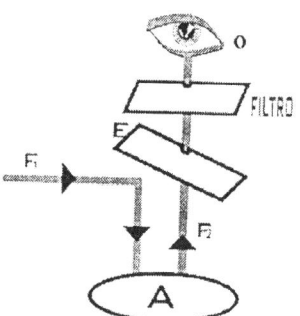

(01) Os ângulos de incidência e de reflexão formados entre um raio do feixe F_1 e a normal ao espelho são iguais;
(02) Considerando-se que o espelho e o ar têm índices de refração diferentes, um raio de luz F_2 é refratado ao passar doa r para o espelho para o ar;
(04) A absorção de parte da luz que não passa pelo filtro transforma a energia luminosa em energia térmica;
(08) A luz incidente, ao excitar os marcadores fluorescentes, aumenta a energia dos elétrons excitados;
(16) Os elétrons dos átomos excitados passam de níveis de menor energia para níveis de maior energia na emissão de luz pela amostra;
(32) A luz que incide na amostra tem maior energia do que a luz emitida após a excitação.

Nessas condições, assinale a resposta certa:

a) 45   b) 61   c) 63   d) 31

14 - Um feixe de elétrons com energia de 13eV atravessa uma massa gasosa contendo o átomo de hidrogênio no estado fundamental. Supondo que os elétrons do hidrogênio só pudessem ser atingidos por um único elétron do feixe. Qual (is) seria (m) as cores obtidas em uma análise espectroscópica da luz emitida por esse experimento?

a) uma linha verde, uma vermelha e duas violeta
b) uma linha verde e outra violeta
c) uma linha vermelha e uma verde
d) apenas a linha vermelha
e) nenhuma linha visível seria obtida

15 - Ainda sobre a questão anterior, quantas linhas da série de Lyman e quantas da série de Paschen seriam obtidas respectivamente?

a) 1 e 1
b) 3 e 1
c) 0 e 0
d) 2 e 1
e) 6 e 4

16 - Considere a energia de ionização do hidrogênio (13,6 eV) e considerando ainda duas movimentações eletrônicas em um átomo de hidrogênio T_1 - do estado com n = 2 para o estado com n = 4 e T_2 - do estado n = 4 para o estado n = 6.

(01) O átomo de hidrogênio não pode absorver um fóton visível em seu estado fundamental
(02) O elétron ganhou mais energia para efetuar a transformação T_1
(04) Supondo que um elétron contendo quantidade de energia 10,25 eV tivesse se chocado com o átomo de hidrogênio no estado fundamental, após o choque restava a este elétron apenas 0,05 eV.

17 - Com base na teoria da relatividade e a Física Quântica, o aluno Glauber pode afirmar qual o somatório correto. Será que ele vai precisar da calculadora?

(01) A radiação eletromagnética manifesta tanto propriedades ondulatórias quanto propriedades corpusculares.
(02) A ordem de grandeza da energia de repouso de um átomo de hidrogênio é de 10^{-12}.
(03) A cinemática desenvolvida com Glauber e a dinâmica mostrada pelas leis de Newton para os movimentos constituem a base denominada física clássica.
(04) Os primeiros princípios da Relatividade - as leis físicas são as mesmas em todo vácuo, velocidade da luz.
(05) A energia que deve ser fornecida a um átomo de hidrogênio para fazer passar seu elétron da órbita interna de Energia ($E_1 = -21,73 \times 10^{-19} J$) a uma órbita mais extensa de Energia ($E_2 = -5,43 \times 10^{-19} J$) e de, aproximadamente 10 eV.
(06) Um elétron-volt (1 eV) = $1,6 \times 10^{-18} J$)
(07) O comprimento de onda da radiação eletromagnética que, absorvida por um átomo de hidrogênio, faz passar o elétron da órbita de energia E_1 para a órbita de energia E_2 sendo $E_2 > E_1$ e dado por: $\lambda = \dfrac{hc}{E_2 - E_1}$
(08) A equação de Einstein, $E = mc^2$, onde E = energia; m = massa e c = velocidade da luz vermelha.
(09) Somente no hidrogênio, os subníveis de mesma energia.
(10) Equações de Rydelberg $\dfrac{1}{\lambda} = R\left[\dfrac{1}{n_1^2} - \dfrac{2}{n_2^2}\right]$. *Generalizando, temos: Infravermelho (Paschen), $n_1 = 3$ e $n_2 = 4,5,6...$, Ultravioleta (Balmer) $n_1 = 2$ e $n_2 = 3,4,16$.*
(11) O cálculo teórico do elétron em cada nível. $E = \dfrac{2,17 \times 10^{-18}}{n^2}$
(12) As freqüências de radiações emitidos pelos íons He⁺ são iguais aos emitidos pelo átomo de hidrogênio.

18 - Uma nave espacial viaja com velocidade de 0,7.c em relação a um referencial inercial no qual um sinal luminoso viaja com velocidade c. A velocidade relativa do sinal luminoso em relação à nave é:

a) 0,3c   b) 1,7c   c) c   d) 1,3c

19 - Pela teoria da relatividade, a massa é relativa, aumentando com o aumento da velocidade. Um elétron é acelerado em três situações diferentes:

I. de 0,06c a 0,07c   II. de 0,90c a 0,91c   III. de 0,12c a 0,13c

- A ordem crescente de energia envolvida nos três processos é:

a) I, II, III   b) I, III, II   c) II, I, III   d) II, III, I

20 - O Sol irradia, por segundo, energia numa taxa média de 4.10^{26} J. A diminuição da massa do Sol, por segundo, corresponde a:
a) $4,4 . 10^9$ kg   b) $2,4 . 10^8$ kg   c) $4,4 . 10^{10}$ kg   d) $2,4 . 10^9$ kg

21 - A medicina encontra nos raios LASER, cada dia que passa, uma nova aplicação. Em cirurgias, têm substituído os bisturis e há muito são usados para "soldar" retinas descoladas. Teoricamente idealizados em 1917 por Albert Einstein, podem hoje em dia ser obtidos a partir de sólidos, líquidos e gases. O primeiro LASER a gás empregava uma mistura de hélio e neônio e produzia um feixe de ondas eletromagnéticas de comprimento de onda $1,15.10^{-6}$ m.

Freqüência (10^{14} Hz)	Cor
6,9	azul
6,2	azul-esverdiada
5,1	amarela
3,9	vermelha
2,6	infravermelha

Com base na tabela que segue e considerando-se a velocidade de propagação da luz 3.10^8 m/s, a "cor" do feixe emitido por este LASER era

(A) azul.
(B) azul - esverdeada.
(C) amarela.
(D) vermelha.
(E) infravermelha.

Bibliografia

A. B. de Pádua, C.G. de Pádua e M.D. de Oliveira, **Aceleradores**, Ed. UEL, Londrina, 2000.

A. Chaves, **Física**, Reichmann & Affonso, Rio de Janeiro, 2001.

A. Gaspar, **Física**, Ed. Ática, São Paulo, 2000.

A. Gibert, **Origens históricas da física moderna**, Fundação Calouste Gulbenkian, Porto, 1982.

A. Máximo e B. Alvarenga, **Curso de física**, Scipione, São Paulo, 2000.

B. Barros Neto, I.S. Scarmínio e R.E. Bruns, **Como fazer experimentos**, Ed. da Unicamp, Campinas, 2001.

C. A. dos Santos, A. Villani, J.M.F. Bassalo, R.A. Martins, **Da revolução científica à revolução tecnológica**, Instituto de Física – UFRGS, 1998.

C. Bruce, **As aventuras científicas de Sherlock Holmes**, Jorge Zahar Ed., Rio de Janeiro, 2002.

C. Porto, **A evolução dos vestibulares da UnB 90/96**, Editora UNB, Brasília, 1998.

C. Porto, **Radioatividade**, Editora UNB, Brasília, 2001.

D. Braz Jr, **Física Moderna**, Companhia da Escola, Campinas, 2002.

E. A. C. Garcia, **Biofísica**, Sarvier, São Paulo, 2002.

Eisberg & Resnick, **Física quântica**, 4ª Ed., Ed. Campus, Rio de Janeiro, 1988.

E. Okuno, I.L. Caldas e C. Chow, **Física para ciências biológicas e biomédicas**, Ed. Harbra, São Paulo, 1982.

F. Capra, **O ponto de mutação**, Cultrix, São Paulo, 1982.

F. J. Keller, W.E. Gettys, M.J. Skove, **Física**, Makron books, São Paulo, 1999.

G. Gamow, **O incrível mundo da física moderna**, IBRASA, São Paulo, 1980.

GREF, 3ª Ed., Edusp, São Paulo, 1998.

Halliday, Resnick e Walker, **Fundamentos de física**, 4ª Ed., Ed. LTC, Rio de Janeiro, 1996.

H. M. Nussenzveig, **Curso de física básica**, 3ª Ed., Edgard Blücher, São Paulo, 1981.

H. Mark e N.T. Olson, **Experiments in modern physics**, McGRAW-HILL, New York, 1966.

J. H. Moore, C.C. Davis e M.A. Coplan, **Building scientific apparatus**, Addison-Wesley, 1983.

J. Jácome, **Noções de física moderna**, Ed. UFRN, Natal, 2000.

M. Rival, **Os grandes experimentos científicos**, Jorge Zahar Ed. Rio de Janeiro, 1997.

M. S. Hussen e S. R. A. Salinas, **100 anos de física quântica**, Livraria da Física – USP, São Paulo, 2001.

M. Tubiana e Michel Bertin, **Radiobiologia e radioproteção**, Edições 79, Rio de Janeiro, 1989.

O. Blackwood, W.B. Herron e W.C. Kelly, **Física na escola secundária**, MEC, Brasília, 1962.

O. Freire Jr e R.A. de Carvalho Neto, **O universo dos quanta**, Ed. FTD, São Paulo, 1997.

Projecto Física, Fundação Galouste Gulbenkian, Coimbra, 1980.

P. A. Tipler e R.A. Llewellyn, **Física moderna**, 3ª Ed,. Ed. LTC, Rio de Janeiro, 2001.

P. G. Hewitt, **Física conceitual**, 9ª Ed., Ed. Bookman, Porto Alegre, 2002.

R. Brennan, **Gigantes da física**, Jorge Zahar Ed. Rio de Janeiro, 1998.

R. Feynman, **Física**, Addison-Wesley, Wilminbton, 1987.

Sears & Semansky, **Física**, 10ª Ed., Addison Wesley, São Paulo, 2004.

Skoog, Holler e Nieman, **Princípios de análise instrumental**, 5ª Ed., Bookman, Porto Alegre, 2002.